以游戏为基础的
多领域融合评估与干预
实施指南

Administration Guide

[美] 托尼·林德◎等著
李 明 毛颖梅 李海峰◎等译

Administration
Guide for
TPBA 2 & TPBI 2

华东师范大学出版社
·上海·

图书在版编目(CIP)数据

以游戏为基础的多领域融合评估与干预实施指南/(美)托尼·林德等著;李明等译.—上海:华东师范大学出版社,2024
ISBN 978-7-5760-3562-9

Ⅰ.①以… Ⅱ.①托…②李… Ⅲ.①儿童-游戏发展-研究 Ⅳ.①B844.1

中国国家版本馆 CIP 数据核字(2024)第 036987 号

Administration Guide for TPBA2 & TPBI2
By Toni W. Linder, Ed. D.
Originally published in the United States of America by Paul H. Brookes Publishing Co., Inc.
Copyright © 2008 by Paul H. Brookes Publishing Co., Inc.
Simplified Chinese translation copyright © East China Normal University Press Ltd., 2024.
All Rights Reserved.

上海市版权局著作权合同登记 图字:09-2017-548 号

以游戏为基础的多领域融合评估与干预实施指南

著 者	[美]托尼·林德 等
译 者	李 明 毛颖梅 李海峰 等
责任编辑	彭呈军
特约审读	单敏月
责任校对	王丽平
装帧设计	卢晓红
出版发行	华东师范大学出版社
社 址	上海市中山北路 3663 号 邮编 200062
网 址	www.ecnupress.com.cn
电 话	021-60821666 行政传真 021-62572105
客服电话	021-62865537 门市(邮购)电话 021-62869887
地 址	上海市中山北路 3663 号华东师范大学校内先锋路口
网 店	http://hdsdcbs.tmall.com
印 刷 者	上海锦佳印刷有限公司
开 本	787 毫米×1092 毫米 1/16
印 张	25.75
字 数	508 千字
版 次	2024 年 11 月第 1 版
印 次	2024 年 11 月第 1 次
书 号	ISBN 978-7-5760-3562-9
定 价	108.00 元

出 版 人 王 焰

(如发现本版图书有印订质量问题,请寄回本社客服中心调换或电话 021-62865537 联系)

感谢多年来与我一起工作过的所有儿童和家庭,是你们教会了我关于发展、学习、耐心、灵活、决心和爱的一切。

中文版赠言

我对《在游戏中评估儿童2：以游戏为基础的多领域融合评估》《在游戏中发展儿童2：以游戏为基础的多领域融合干预》与《以游戏为基础的多领域融合评估与干预实施指南》中文版的出版感到非常自豪。长期以来，我在中国的同仁们一直致力于对儿童进行更真实、更实用的评估，并在包容性课堂中为儿童提供服务。他们认识到，观察是了解每个儿童的个体发展差异和技能的关键。观察能够使我们看到儿童相对于同龄人的功能水平，识别可能阻碍其进步的因素，以及确定可以实施哪些支持以促进其发展。无论专业背景如何，我们都可以成为观察儿童的专家，并结合我们对儿童和家庭的独特知识与专业知识，来提供更好的教育和治疗干预。基于个体差异需要个别化教育这一事实，TPBA2 和 TPBI2 提供了一个框架，指导我们确定观察什么、如何解释观察结果，以及如何将从评估中获得的信息转化为有效的教育方法。

我们必须在一个整体框架中看待儿童，理解影响一个发展领域发展的因素总是会影响其他领域这一规律。我们不能通过单独的测试来"割裂"儿童，以期了解儿童的整体发展情况。通过结合我们在自然环境中观察儿童时所获得的知识，我们可以更准确地了解儿童和可能影响其学习的因素。此外，这项工作也强调了家庭在了解儿童的背景和经历以及这些如何影响儿童整体发展方面的重要性。家庭是评估和干预过程以及干预最终成功的关键。因此，我鼓励专业人士将家庭成员作为团队的重要成员，而非教育过程中的旁观者。我衷心感谢那些承担翻译这一艰巨任务的人们，并祝福他们成功培养专业人员的观察技能，从而在中国推进真实的评估和干预。这可能是一个具有变革性的过程，能够影响早期教育、幼儿特殊教育和治疗专业领域的主要领导者，促使他们共同为所有儿童和家庭的利益而努力。在大学课程和教师专业发展培训中运用这些内容，可以促进教师理解个体差异，以及认识到为有特殊需要的儿童修改教育目标和教学策略的必要性。这项工作有望对中国残障儿童的评估和教育的未来产生深远影响。它可以作为了解残障儿童的基础，并为构建教育计划以满足儿童的广泛需求提供基础。最后，我想用中文对你们说："加油！"

托尼·林德

译者序

一、为什么将这套书介绍给大家

有幸结识这套书的主要作者托尼·林德（Toni Linder）教授，是我在 1996 年受到道兹（Joiash B. Dodds）教授的资助到美国丹佛大学进修的时候。托尼·林德教授当时教授研究生课程"儿童发展"和"儿童评估"，并且领导着一些重量级的研究项目。她在学术生涯中，一直带领多个学科的团队研究儿童发展的规律，以及通过对临床个案的分析来获得和验证儿童行为的评估指标，寻找发展的年龄轨迹；她秉承从生活中、游戏中促进发展的理念，将达成发展指标的干预过程与生活和游戏相贯通，她的工作既具有学术性也具备重大现实意义，更具有较高的学术和实践专业地位。

托尼·林德教授是一位非常关注当下需求、具有创新性的人。为了解决实践中面临的挑战，她重新审视并突破以往的理论和实践做法，带领多个学科的学者和临床医生们，在儿童早期残障的鉴别与干预、特殊教育、融合教育等多个领域都推进了创新。 *Transdisciplinary Play-based Assessment：A Functional Approach to Working with Young Children*（简称 TPBA，中文译名为《在游戏中评价儿童：以游戏为基础的跨学科儿童评价法》）和 *Transdisciplinary Play-based Intervention：Guidelines for Developing a Meaningful Curriculum for Young Children*（简称 TPBI，中文译名为《在游戏中发展儿童：以游戏为基础的跨学科儿童干预法》）这两本书的内容，是托尼和她的合作者们基于科学证据发明的用于儿童和家庭的一套系统化的诊断与干预方法。第一版已经在 2008 年翻译介绍给中国的相关专业人士，以推动这种跨学科的早期发展的专业服务。

《在游戏中评估儿童 2：以游戏为基础的多领域融合评估》（简称 TPBA2）、《在游戏中发展儿童 2：以游戏为基础的多领域融合干预》（简称 TPBI2）和《以游戏为基础的多领域融合评估与干预实施指南》（*Administration Guide for TPBA2 & TPBI2*，简称《TPBA2 和 TPBI2 实施指南》）是对两本书第一版的丰富和修订完善。本人在研读及与来自相关学科的译者们讨论时，感到这三本书对当下儿童早期发展评估干预领域有不可多得的价值。这套书在四个方面的突出特点使得译者们倾注了热情，开展艰苦细致的翻译工作。

1. 在逼近真实的情境下评估儿童的真实水平

多年来,国内在儿童发展评估方面一直以应用标准化测验为主。许多临床儿科医生和心理学家发现,在使用标准化测验时虽然尽最大可能地消除儿童接受测试时的陌生感和紧张情绪,但是有些儿童仍然难以配合测试。在一些发达国家,儿童发展的问题需要由各类医学机构、教育评估机构分别评估,家长和儿童都不堪其扰;而在使用各类标准化测验时,更是由于儿童的不配合,其结果的准确性受到家长的质疑。各自分割的学科专业从各自的视角出发,经常得到相互矛盾的结果;干预措施也是各开其方,效率不高。对于这样的情况,不仅幼儿难以承受,家长也有许多投诉,他们认为测验的分数不准确。托尼·林德教授集合众多学者潜心研究,创立了 TPBA 方法,就是为了解决这些现实问题。

TPBA 这本书的开篇就用两名幼儿的故事来说明他们在被评估时的经历。一名幼儿不停地被送到各种陌生情境中进行各种"测验",另一名则在亲人的陪伴下玩各种好玩的游戏。后者不仅自己感觉轻松好玩,还发挥出了能力的最好水平;而干预也是在游戏中、在好奇心的驱使下和在周围人的陪伴鼓励下进行,取得了好的效果。在教室或者家里,通过设定可刺激儿童进行表现的环境来进行评估,这种条件下的评估结果最大限度地逼近儿童的真实水平。为了让中国的幼儿也能够得到准确的评估和有效的干预,需要学习和借鉴这样的最接近原生态的方法。

2. 基于大量研究的指标体系,集结了大量儿童发展的知识宝库

这套书是儿童发展科学研究和临床经验的结晶,它首先是研究儿童发展和教育的一个知识库。记得在 1996 年读到 TPBA 和 TPBI 初版时,我就被书中儿童发展的知识之全面而吸引,比如它在情感发展领域中纳入了幽默感的指标,这个指标在当时的研究"知识库"里才刚刚出现。这套方法里的评估指标大都很新,真真切切地展示了儿童行为表现的内部因素。比如,动机是儿童学习的重要推手,但是它在标准化的结局性的测验里是不作为指标的。随着阅读的深入,我更为书中对巨量的研究成果进行的解读和运用,以及进而发展出的丰富观察指标所叹服。而目前的新版又根据研究的发展进行了知识的更新。

读懂儿童,是当今幼儿教育质量提升中教师亟需提升的一个关键能力。要实现高质量的融合的教育,这种读懂儿童的能力更为关键。TPBA 极为丰富的观察指标,不仅适用于对残障儿童的鉴别和衡量,还适用于所有正常发展的儿童;书中反映幼儿能力的发展脉络和年龄特点(集中体现在年龄表上)的描述适用于所有儿童,它是一种普遍的、"正常"的发展轨迹。这些展现儿童早期发展各个方面的丰富指标,其深度涵义让我们似乎可以通过显微镜来放大看到儿童发展的肌理。尤其可贵的是,许多指标是从各学科领域收集而来的,又经过多学科专家的实践和碰撞进行了融合,达到可靠和精准,以综合视角帮助我们全面看待一个整体的儿童。我们有理由相信,在如此全面深刻地了解儿童的基础上制订的干预计划,会非常扎实地影响和帮助到儿童。

TPBA 丰富的指标都是基于对研究的分析得出的。TPBA 完整地呈现了跨学科综合评估儿童的理念、科学基础和实施方法。"我们评估我们重视的东西。"但是如果没有大量的研究,我们怎么知道什么是最重要的东西呢？TPBA 通过大量的研究文献综述,对儿童的所有经验对其发展的作用都进行了研究和分析。一开始读这本书可能会觉得比较冗长,但这正是因为作者想把指标背后的原理,即儿童发展的理论和研究成果讲清楚,这也是造成这套书标题层级多的原因。比如,TPBA 的"读写能力"这一章,就是基于丰富的研究结论,把儿童读写能力如何形成的机制,婴儿时期的口头语言能力和交流意识与读写能力的联系都说清楚,这样读者能理解指标的真正含义。在 TPBI 里有如何在读写方面为入学作好准备的问题。书中建议的入学准备干预措施,不流于表面,而是细致地说明了读写能力怎样在家庭和幼儿园的日常生活、游戏、交往中,一步一步由口头语言、交流意识的产生,到对书面材料和印刷品、符号的辨识,再到产生书面的、含有信息交流功能的作品这一系列过程发展而成。这样更加有依据地、透彻地说明了幼儿教育应当如何帮助儿童作好入学准备。

在幼儿教育专业化的过程中,包括我国的《3—6 岁儿童学习与发展指南》在落实过程中遇到的困难,使许多专家意识到,幼儿教师普遍缺乏的是对儿童发展的价值的认识。托尼·林德教授主创的这套方法极大程度上有助于增加我们对儿童发展的规律性的认识,提高各项工作的科学性和专业性。

3. 以游戏为基础的观察、评估和干预,结合生活的干预方式

TPBA 和 TPBI 方法的理论基础是生态学理论、活动理论、社会学习理论、家庭系统理论和交互作用理论(Transactional Theory)等,它们在自然环境中进行干预,包括帮助儿童在日常生活情境中与家庭和社区成员一起学习；后两个理论通过设置"情境化学习"和"情境实践"将学习融入日常活动的场景中。"儿童的一整天中有成千上万个可以成为学习机会的经历,其中有一些可能是有计划或无计划的,有意的或偶然的。能否认识到每一次经历都提供了学习的机会是嵌入式干预目标的关键。"

正如《TPBA2 和 TPBI2 实施指南》的第一章对 TPBA 的简介中所述,传统的方法往往包含成人导向的治疗或教育、细分的方案和根据成就标准衡量的针对性技能。传统的家庭和学校(幼儿园)的干预方案虽然都包括直接与儿童打交道的专业人员,但照料者或教育者不参与其中,他们可以观看或从事其他活动。传统意义上的教育或治疗旨在通过成人的监督、支持、指导或鼓励来完成特定的任务。其中纳入的任务可能来自发展项目检核表、治疗方法或课程目标。也正是因为有针对性的目标通常是从发展测试或检查表中获得的,所以干预常常是"应试教学"或目标指向的。在许多情况下,专家作出的建议是让儿童重复练习某些技巧或活动。在许多方法中,整合功能性活动的技能都没有被列为计划的一部分。托尼指出,"一些研究表明,成人导向的干预、抽离式疗法和治疗场景以外的有针对性的技能练习,其效果比不上由持续与儿童互动的人进行的干预、在实际功能的情形中实施的干预和练习,以及利用交往互动来激发学习动机的干预"。这使她找到游戏这个关键的、顺应规律的方法,让儿童成为了自身在与环境互动中发展的带领者。

自21世纪初,这套方法就不仅看到、而且发挥了游戏在儿童发展评估中和对有特殊需要的儿童的价值,是非常领先的。这套方法的创新意义在美国等国家得到高度承认,其对儿童早期的发育发展的干预,契合了整个教育理念的转变——儿童的游戏天性可以使其达到最高的可能表现水平。除了游戏在评估中的作用,在游戏中进行相对应的功能性的干预时也可以达到最优效果。

TPBI超越了测验分数甚至智商等结局性评定,将实际的全面性的结果与特定的功能过程和行为作为干预目标。TPBI另一个同等重要的特征是基于对儿童学习特征的深刻理解,相信和尊重儿童主动学习的潜能,超越成人主导的训练主义,创立了从成人导向到儿童导向的一系列连续方法,和以"最少催促系统"(System of Least Prompts)为指导的干预措施,以为儿童提供支架。

TPBI是一种功能性的方法,侧重于使儿童有效地解决问题、在游戏中互动、沟通交流、学习新的技能,并引导儿童完成成为独立的人需要学习或做的事情。这些理念体现为具备以下三点:确定儿童个体已经完备的功能性结果;确定儿童自身的优势和学习过程;落实可能支持儿童发展进步或学习的环境调整。这是一个灵活的过程,允许照料者、教育者和治疗师将个性化优先事项确定为儿童日常环境干预的焦点,这体现了对离儿童最近的周围人的信任和尊重。为了调整成人与儿童的互动和环境,最大限度地支持儿童的功能发展,TPBI还建议干预者帮助那些与儿童互动最多的人。

传统的治疗方法通常也是通过领域内的特定技能来解决干预问题。我们看到过一些为了达到一个小的方面的进步,用机械训练的痛苦来挫伤儿童心理和个性发展的训练法。在TPBI中,虽然针对个体领域和技能确定了具体的策略,但其目的是将这些策略整体合并。TPBI鼓励专业团队共同合作,制订全面的干预策略,使用贯穿生活的方法将发展的所有领域融入现实生活中,在家庭和学校的游戏与日常活动中进行整体的干预。

在对儿童的各个侧面都透视的基础上,又要把各个方面需要特别干预的点融入一个有情感的、活生生的人的生活过程中去。好的干预方案就像织一条美丽的毯子,经线和纬线都要交织。其核心理念是调动人的兴趣去发展,以此作为扬长补短的动力。从缺陷补偿性的技能训练到发挥儿童自身的主动性的游戏型的干预方式,我们需要有清楚的理念导向。这套方法的创立者深深认识到,儿童学习成功的一个最重要的因素是完成目标的动力。他们看到,最大限度地提高儿童学习效率的关键是:自发性和自主导向性的问题解决、儿童的积极参与或卷入，以及掌握动机。他们把这三个关键要素作为 TPBA 的基础，使团队能够观察儿童的学习方式和有助于学习的因素，同时也作为 TPBI 干预过程的基础性条件。TPBI 的"游戏"部分提醒我们，干预应该是做儿童想要做的事情，做儿童觉得很有趣的事情，它们是儿童活动的动力。几乎所有的活动都可以设置成游戏的形式。

TPBI2 提供了在家庭、幼儿保育中心、学校或社区环境中实施干预的策略。干预是融入到生活常规和互动中的。每一方面的干预，都明确了在生活和托幼机构里可以做的事情，以及着力的重点。这套干预方法强调以儿童的兴趣为出发点的干预原则。儿童的兴趣各不相同，他们即便面对相同的挑战也未必就能产生同样的动力。玩物品、与人玩耍或运动给不同的儿童带来的动力程度也是不同的。当儿童感兴趣时，他们的注意就会更集中；当更加专注时，他们就会变得更投入；当更加投入时，他们就有动力去学习。对于大多数早期儿童教育工作者来说，这并不新鲜，但将这些原则纳入有特殊需要的儿童的干预模式中，对那些受过在成人导向性活动中"做治疗"或"教育"训练的人而言则是个挑战。"儿童主动"并不意味着将儿童放在常规的教室里，然后希望他们自己有兴趣、有动力去自主学习，而是意味着在儿童的兴趣和能力水平上设计一个吸引儿童与物体或其他人接触的活动。成人也可能需要通过环境改造、增加情绪感染、由行动或同伴示范展示新效果来增加儿童的兴趣和兴奋度。

TPBA2 和 TPBI2 提供的大量实例表明，日常生活的设置和活动是对婴幼儿与学龄前儿童进行干预的重点。教育者和家庭成员都可以利用自然发生的活动和互动来促进儿童的发展进步。TPBI2 中的策略对于从出生到 6 岁的所有儿童都是适宜和有效的，包括普通发展水平的儿童、有特殊需要的儿童等。TPBI2 中列出的各个发展领域的许多策略也都有益于因各种因素而发育迟缓的儿童。全面的发育迟缓、特定遗传疾病、发育障碍，或有与语言和交流、情感或社会发展、认知或学习有关的具体问题，以及有与感觉或感觉—运动相关的特定问题的儿童，均可从 TPBA2 的多个部分提及的策略中获益。TPBI2 和 TPBA2 中所提出的策略对于各种环境中的儿童都是有用的，包括家庭、托儿所、早期教育机构和诊所等。在专业人员的支持下，TPBI2 的流程对于所有需要额外支持以最大化发展的儿童都是有用的。

4. 该套方法非常鲜明地确立了成人与儿童在评估和干预中的角色

托尼·林德带领团队创造了 TPBI，旨在弥补传统干预方法的缺陷。书中特别指出，个别治疗、专业人士导向的干预和孤立的技能练习等干预措施，并不总能为儿童带来大的收益或更多的功能独立性。传统的治疗和干预已被证明有其局限性，包括没有给照料者赋能，照料者难以识别儿童可能获得的新的技能，不了解可以在日常生活里支持儿童学习的必要的干预策略；干预过程由成人驱动，而非儿童发起，也非自我导向；儿童学习那些无功能的单项技能，并不能改善整体功能；儿童学着回应成人的催促，但不会自发地在社交活动中使用，也不会主动利用环境来学习相应技能；照料者往往效能感很低；等等。因此，与过去以"专业的"成人教师为主导的干预关系模式不同,在 TPBI 的干预中,所有相关者的视角均被采纳,有特殊需要的儿童、干预专业人员、照料者和教育者等都在发挥作用。儿童最亲近的周围人应该被看作最了解和最可能实施干预的人。作为 TPBI 的基本原则,书中专门指出,TPBA 和 TPBI 是由以照料者和教育工作者为关键成员组成的团队负责实施环境和互动策略的,而专业人士在 TPBI 过程中承担情感支持者、顾问、教练、榜样、教育者和倡导者等一系列角色。书中特别明确了 TPBI 专业人员的作用是:支持儿童生活中的重要人物来学习掌握可以全天培养儿童发展技能的策略及过程,由此实现在自然环境中,在玩耍和家庭与学校的日常活动中进行的干预,鼓励儿童在环境中自发学习、练习,以及在不同情境和环境中迁移技能。

TPBI 中反复强调了父母和照料者在儿童早期干预中的核心地位。"大部分时间,父母和其他照料者都与儿童在一起。他们每天与孩子交流数百次,提供数百个与环境和其他人互动的机会,通过每天的日常活动来引导孩子。有了这些互动的机会,他们也有了数以千计的支持发展的机会,通过让孩子置身于情境中,以特定的方式呈现需要的或激励性的材料,鼓励孩子应用更高水平的沟通和问题解决方式,并使用协助的技巧来促进孩子独立性与知识和技能获取能力的发展。"随之,书中指出,在大多数最先进的干预模式中,专业人员的角色已经转变为更多参与儿童生活的人。在专业照料者或教师与儿童相处的很多时间里,专业人员可以参与共同解决问题,成为榜样、演示、观察、鼓励反省,并提供反馈、信息或资源。这种关系是一种非评判性的支持性协作。这是大多数经训练的专业人员需要面临的在理论和实践方面的重大转变,许多专业人员将需要额外的培训和监督才能充分实现向新角色的转变。由此,TPBA2 和 TPBI2 提供了专业人员如何与家庭合作来支持他们的学习和实践的原则与范例。

二、关于如何"读"和"使用"这套书

这套书大小标题相互嵌套,开始会有些摸不着头绪,读时需要解构。

由于观察指标以大量的研究为基础,所以你会看到每一个观察指标下都简述了其所基于的研究文献。书中还基于研究划分了观察领域范畴及其子类。比如,在情感范畴中,有情感表达、情感风格、情感调控、儿童对自我、儿童对他人等子类。在每个观察的范畴和子类下面,都会先呈现一段或几段新近的研究。比如,在儿童社会情感方面,书中就指出了婴幼儿具备的幽默感的价值和发展脉络,让我们能更好地读懂儿童的情感丰富性。在行文上,从评估和干预入手,但是反过来又追述了相关的概念和原理:为什么要观察这些方面,其意义和内涵以及表现是什么,其发展脉络是怎样的,等等。

为了满足操作性需要,书中不仅讲了应该怎么做,而且告诉了读者应该避免的做法,尽

管因此花了一些篇幅,但这样做有助于避免在实操中走弯路,提高对儿童评估和引导的效率,以及帮助读者快速地在专业方面成长。书中还有大量值得称道的案例,比如在《TPBA2 和 TPBI2 实施指南》的第七章,在游戏引导员的策略部分,每一个策略后面都给出了不当的引导和更好的引导范例,在真实的情境中向读者说明了成为一个成熟的游戏引导员的策略。第八章则呈现了三名儿童的整体个案。TPBA 和 TPBI 两册书中也充满了个案,帮助读者理解和在实践中参照。

三、读法

以 TPBA2 为例,除了按照发展领域划分章,如"第四章 情绪情感与社会性发展",对应英文原版书里的发展领域(Domain),我们在翻译过程中还为每章划分了节,对应发展领域里包含的子类,比如第四章里的"第一节 情绪情感表达观察指南""第二节 情绪情感风格/适应性观察指南",在节下面细分了由罗马数字代表的观察指标。

每个发展领域的所有子类下的观察指标(TPBA2 中)和与观察指标相对应的干预建议(TPBI2 中)部分都使用了罗马数字编号。它们是贯穿 TPBA2 和 TPBI2,由观察指标和干预建议共享的唯一的身份编号。例如,对于 TPBA2 认知发展领域的注意子类(第七章第一节)里的观察指标"I. A. 儿童在任务中的注意选择、注意集中程度以及注意稳定性如何?",在 TPBI2 认知发展领域的注意子类(第七章第一节)里的 I. A. 是与其对应的干预建议。

四、感谢贡献者

感谢华东师范大学出版社能够在 2008 年可能不被市场看好的情况下决定出版《在游戏中评价儿童:以游戏为基础的跨学科儿童评价法》和《在游戏中发展儿童:以游戏为基础的跨学科儿童干预法》。

北京大学第一医院儿科的李明主任有志于共同推动该方法在国内的推广使用,他召集了杭州儿童医院的李海峰团队和北京联合大学的毛颖梅教授等,一起负责《TPBA2 和 TPBI2 实施指南》的翻译,他还帮助校对了 TPBA2 和 TPBI2 的相关章节。TPBA2 和 TPBI2 这两卷书的翻译,集合了老中青专业人员,并尽量根据各人专长来分配相关章节的翻译。比如,视觉障碍儿童的评估和干预由北京大学第一医院小儿眼科的李晓清主任负责;华东师范大学周兢老师推荐了从事儿童语言发展研究的张义宾博士负责语言和交流部分;郭力平教授领导团队负责了认知发展部分的翻译并认真地审校。这些多学科专家的倾情参与使这套书的跨学科性知识体系的翻译质量得到了保障。

《TPBA2 和 TPBI2 实施指南》译者表
李明 毛颖梅 李海峰 等译

所在部分	具体章节	译者/第一次详细审校者	译者单位
第一部分 以游戏为基础的多领域融合评估（TPBA2）	中文版前言、关于作者、序言、致谢	姚骥坤/姜佳音	北京全纳教育研究中心、国家开放大学培训中心
	第一章 以游戏为基础的多领域融合评估（TPBA）简介	毛颖梅/毛颖梅	北京联合大学特殊教育学院、国家开放大学培训中心
	第二章 TPBA2 的流程	张茜/李明	北京大学附属第一医院儿科
	第三章 计划实施 TPBA2 的注意事项	毛颖梅/毛颖梅	北京联合大学特殊教育学院
	第四章 克服实施 TPBA2 的障碍	毛颖梅/毛颖梅	北京联合大学特殊教育学院
	第五章 预先从家庭获取信息	武元/武元	北京大学附属第一医院儿科
	第六章 协调家庭参与：家庭成员是团队的一部分	段若愚、张茜/段若愚、张茜	北京大学附属第一医院儿科
	第七章 游戏的实施——互动的艺术	毛颖梅/毛颖梅	北京联合大学特殊教育学院
	第八章 报告的书写——结构、过程和个案	毛颖梅/毛颖梅	北京联合大学特殊教育学院
	附录 报告范本	毛颖梅/毛颖梅	北京联合大学特殊教育学院
第二部分 以游戏为基础的多领域融合干预（TPBI2）	第九章 TPBI2 的基本原理	李晨曦、李海峰/李晨曦、李海峰	浙江大学医学院附属儿童医院康复科
	第十章 TPBI2 的过程	李晨曦、李海峰/李晨曦、李海峰	浙江大学医学院附属儿童医院康复科
附录 TPBA2 和 TPBI2 表格	家庭信息表	张茜、毛颖梅/张茜、毛颖梅	北京大学附属第一医院儿科、北京联合大学特殊教育学院
	儿童评价表 儿童干预表	毛颖梅/毛颖梅	北京联合大学特殊教育学院

除了以上译者，在此还要衷心感谢柳沅铮、赵爽对第一至四章的初译，浙江大学医学院附属儿童医院康复科阮雯聪、丁利、严方舟在第九章和第十章的翻译与校对工作中作出的贡献，以及参与了该书附录初译的北京联合大学特殊教育学院原学生白巍、张欢和张雨涵。

TPBA2 译者表

童歌营 等译，姜佳音 审校

具体章节	译者/第一次详细审校者	译者单位
中文版前言、作者简介、序言、致谢	姚骥坤/姜佳音	北京全纳教育研究中心、国家开放大学培训中心
第一章 以游戏为基础的多领域融合儿童评估与干预体系概述	姚骥坤/姜佳音	北京全纳教育研究中心、国家开放大学培训中心
第二章 感觉运动发展领域	周楠/李海峰	首都师范大学学前教育学院
第三章 视觉发展	李晓清/童歌营	北京大学第一医院小儿眼科
第四章 情绪情感与社会性发展	苏玲/赵爽	中国儿童中心
第五章 交流能力发展领域	张义宾/李建芳	华东师范大学脑科学与教育创新研究院、独立执业翻译
第六章 聋儿或听力受损儿童的听力筛查和矫正	张义宾/李建芳	华东师范大学脑科学与教育创新研究院、独立执业翻译
第七章 认知发展领域	郭力平/李佩韦	华东师范大学教育学院学前与特殊教育系、剑桥大学出版与考评院
第八章 读写能力	张涛/姜佳音	国家开放大学培训中心

除以上译者外，还要感谢童馨汇儿童康复中心来晶晶、浙江大学医学院附属儿童医院康复科周斯斯和赵茹在 TPBA2 第二章的校对工作中作出的贡献。

TPBI2 译者表

童歌营 等译，姜佳音 审校

具体章节	译者/第一次详细审校者	译者单位
中文版前言、关于作者、序言、致谢	姚骥坤/姜佳音	北京全纳教育研究中心
第一章 以游戏为基础的多领域融合干预概述	姜佳音/姚骥坤	国家开放大学培训中心、北京全纳教育研究中心
第二章 以游戏为基础的多领域融合干预计划要点	赵爽/姜佳音	北京建筑大学、国家开放大学培训中心
第三章 促进感觉运动发展	刘昊等/李海峰	首都师范大学学前教育学院、浙江大学医学院附属儿童医院康复科
第四章 对视觉障碍儿童的工作策略	李晓清/童歌营	北京大学第一医院小儿眼科
第五章 促进情绪情感与社会性发展	苏玲/赵爽	中国儿童中心　北京建筑大学
第六章 促进交流能力发展	张义宾/李建芳	华东师范大学脑科学与教育创新研究院、独立执业翻译
第七章 促进认知的发展	郭力平/李佩韦	华东师范大学教育学院学前与特殊教育系、剑桥大学出版与考评院
第八章 支持读写能力的策略	张涛/姜佳音	中国儿童中心

除以上译者外，还要感谢浙江大学医学院附属儿童医院康复科翟芳佳、李彦璇在 TPBI2 第三章的校对工作中作出的贡献。

最后，我想代表所有热情的、有专业精神的跨学科译者团队在此呼吁，希望看到此书的读者不仅把它们当作一套书来读，更能够行动起来，实践这套跨学科多领域融合的评估和干预方法，让有特别需要的孩子们在多学科、跨学科的专业人员的支持下得到更好的成长机会。还特别希望托儿所、幼儿园和学校的老师们了解这套方法，能够利用这套方法让有特殊需要的孩子融入到普通班级中，和家长们共同努力，在更高质量的融合教育环境下发挥所有儿童的潜能，实现在儿童发展上的起点公平。

译　者

2024 年 10 月 25 日

中文版序

当前关于神经系统和环境对大脑发育影响的研究表明,早期经验对以后的发展和学习有着巨大的影响。这对于生活在贫困中的儿童,因各种形式的创伤或消极的环境影响而遭受毒性压力的儿童,或者有发育迟缓、残障或学习障碍的儿童尤其重要。我们现在明白,及早对这些儿童及其家庭进行干预,可为幼儿的整体发展和学习带来长远的积极结果。虽然儿童保育中心和幼儿园形式的儿童早期服务已经在许多国家存在了几十年,但新兴研究强调了对因遗传、神经系统或环境问题而易受伤害的儿童进行重点关注的、高质量的早期教育的关键性。

在过去 15 年中,一些国家和国际组织认识到早期生活的重要性。联合国儿童基金会、世界卫生组织、世界学前教育组织、联合国教科文组织、救助儿童会、国际儿童教育协会等机构在协助全球制订重点关注的方面发挥了重要作用,包括高质量的幼儿早期方案标准、制订从出生到学龄阶段的地方方案,以及建立以幼儿为重点的高等教育专业培训方案。此外,这些组织还注意到,在这些为儿童及其家庭提供更多支持的早期儿童方案中纳入高危儿童和有特殊需要的儿童是非常关键的。随着这些儿童被纳入幼儿教育项目中,一些伴随的问题也出现了。几十年来在幼儿方案中使用的策略并不能对所有儿童有效。幼儿专业人员需要专门的知识和技能,以便为那些功能水平低于同龄人、学习方式不同或需要治疗支持和策略的儿童提供个性化教育,使他们可以最大限度地参与到同伴当中,并取得发展意义上的进步。

作为科罗拉多州丹佛市丹佛大学的一名教授,我指导了培养幼儿特殊教育工作者和儿童与家庭专家的研究生项目。在开发这些项目的过程中,我意识到让我的学生了解儿童发展、残障、评估和干预方法、课程方法和家庭支持等方面的知识是很重要的。然而,大多数儿童发展方面的文章都涉及发展研究,却很少提供关于儿童何时获得特定技能或如何看待高危儿童的差异的实际信息。关于残障的文章描述了残障问题,但没有具体说明干预策略。教给幼儿教师的评估方法侧重于标准化测试,这些测试通常不适合高危儿童和残障儿童,并且实际上标准化测验对于任何幼儿来说都很难引起兴趣。残障的鉴别和干预计划的制订往往靠医学的一套基于评估与干预的模式来进行。关于干预的方案往往属于正式的行为矫正,它是碎片化的、针对特定发展领域的治疗活动,而不是将治疗纳入自然的日常活动中。家庭被视为边缘角色,需要"咨询"。此外,许多文章并没有为教师提出一种整体的方法,而是假设各种治疗师都有这种知识,并为儿童单独服务。为了满足这些培训需求,我确定需要一种建立在几个基本前提之上的新方法。

为了给所有的儿童提供优质的教育,专业人员需要基本的知识和技能,包括:

(1) 在感觉运动、情绪情感与社会性发展、语言和交流、认知等领域的儿童发展知识;

(2) 了解与这些发展领域的关键子领域相关的基础研究;

(3) 观察和识别每个儿童在每个领域及其子领域中学习的特定质性方面;

(4) 确定每个儿童在所有发展领域的功能发展水平;

(6) 为每个儿童确定有效学习策略;

(7) 在项目课程中实施个性化策略,并在每个儿童取得进展时修改目标和策略;

(8) 沟通技巧,以建立从学校到家庭的教育桥梁,使家长和专业人员相互理解,并使用一致的方法来支持儿童的学习和发展。

由于认识到这些需要,我与几位同事合作开发了一种系统的方法,以协助专业人员获得与使用上述知识和技能为从出生到6岁的幼儿服务。因此,构想并编写了《在游戏中评估儿童:以游戏为基础的多领域融合评估》[*Transdisciplinary Play-Based Assessment* (TPBA),1990,1993]和《在游戏中发展儿童:以游戏为基础的多领域融合干预》[*Transdisciplinary Play-Based Intervention* (TPBI),1990,1993]。从理论上讲,TPBA 和 TPBI 是基于这样一个事实,即幼儿在具有激励性和参与性、发展水平适当的活动中学习。这就是为什么游戏是幼儿的动力。因此,这套新的体系是以游戏为基础的。此外,与过去将儿童分割成不同专业人员单独检查的"碎片"(例如,言语治疗师评估言语和语言、心理学家评估认知等)的方式大不相同的是,新体系将采取一种整体的方法,与团队一起观察儿童,讨论跨学科的观察(因此这套方法称为多领域融合),并一起规划在儿童的家庭、学校和社区等自然的环境下可行的整体干预策略。虽然这种方法现在听起来合乎逻辑,并被认为是"最佳实践",但是在当时开发的时候它的确是革命性的。

在新体系发表之后的15年中,以整体的、基于游戏的目标和治疗策略,以及基于游戏的课程进行"真实的"评估和干预的想法已经被广泛接受了。如今到了更新与修订 TPBA 和 TPBI 的时候,与幼儿有关的研究成果激增,这使得材料的内容大大扩展。两本书变成了三本。

以游戏为基础的多领域融合评估与干预实施指南

第一本是《以游戏为基础的多领域融合评估与干预实施指南》(*Administrative Guide for TPBA2 and TPBI2*,简称《TPBA2 和 TPBI2 实施指南》;Linder,2008),其中界定了评估过程、不同的人在评估中的作用、策略和程序以及报告的样本。多年来,我们发现许多专业人员习惯了"测试"和提供结构化的治疗,所以他们并不真正知道如何引导儿童的游戏。因此,我们增加了一章关于如何与儿童一起玩耍以鼓励更高水平的表现的内容。在多年的观察团队做 TPBA 的过程中,我们还发现,在访谈内容之外还需要指导团队成员与家长互动的方法。因此,我们增加了一章关于如何成为家长引导者的内容。本书的其他章节讨论了如何制订一个满足家庭、学校或儿童保育中心需求的干预计划,并提供了一些案例。

在游戏中评估儿童 2：以游戏为基础的多领域融合评估

《在游戏中评估儿童 2：以游戏为基础的多领域融合评估》(简称 TPBA2,2008)是系统的第二本,为在感觉运动、情绪情感与社会性发展、语言和交流以及认知等领域对幼儿进行观察提供了框架。本书列出了四个领域中每个领域的七个子类的研究基础,以及如何观察儿童与如何解释优势和需要关注的发展领域。观察指南表格提供了在观察儿童时需要回答的关键问题。儿童如何做某事和是否做某事同样重要。观察表现的质量,需要多少支持,什么样的策略帮助儿童表现出更强的技能,这些信息将在以后对老师和家长有帮助。每个领域还包含"年龄表",这些表格列出了每个年龄段的技能。这些表格使观察员能够确定儿童技能的范围,以及技能在变得具有挑战性之前所集中在的年龄段。TPBA2 经常用于幼儿(教师)培训方案中的儿童发展课程,因为它提供了大量关于儿童发展的实用信息以及研究证据,还有如何解释所观察内容的一些实例。

在游戏中发展儿童 2：以游戏为基础的多领域融合干预

《在游戏中发展儿童 2：以游戏为基础的多领域融合干预》(简称 TPBI2,2008)以游戏为主题,是教师、治疗师和家庭的一种资源,用于确定支持儿童学习和发展的人际互动策略与环境调整的方法。每个领域和子类都使用与 TPBA2 相同的指导问题,以方便使用者进入非常具体的需要关注的发展领域,并从多种策略中选择合适的与儿童一起尝试。本书还概述了父母和教师在一天中的各种日常工作中通常用来支持学习的策略。因此,本书既是正常发育儿童的资源,也是有特殊需要的儿童的资源。

虽然 TPBA/TPBI 模式最初是为识别高危儿童和有特殊需要的儿童,并为其制订方案而开发的,但后来发现它对所有类型课堂的所有教师来说都是一个有用的工具。教师关于儿童发展的知识往往仅限于基本的理论认识和关于发展里程碑的信息。为了适应符合儿童个别特点的教学方法和策略,他们需要有一个更全面、更详细的关于发展的图景。在游戏促进和父母促进方面对幼儿教育工作者进行培训也拓宽了他们的技能范围。TPBI 还为教师提供了资源,以确定对在婴儿、学步儿或学前儿童教育项目中的所有儿童提供的额外支持。例如,对于某些幼儿难以参与特定的活动,有一些章节提供了建议,这些建议也可以与家庭分享。

TPBA2/TPBI2 在中国

我与中国专业人员的合作可以追溯到 20 世纪 90 年代,当时我对中国儿童发展中心的员工进行了关于 TPBA 第一版的培训。TPBA 和 TPBI 的第一版中文版于 2008 年出版。TPBA 通过对儿童游戏的详细观察,为专业人员提供了从出生到 6 岁儿童的发展技能的观察、记录框架。随后,我多次来到中国,目的始终是帮助教师和其他专业人员学习如何观察儿童,并制订基于发展需要和个性化学习的课程。

译者团队目前承担了翻译 TPBA2 和 TPBI2 以及《TPBA2 和 TPBI2 实施指南》的艰巨任务。近年来,中国教育界的领袖们已经认识到,需要制订幼儿教育标准,将有特殊需要的儿童纳入幼儿教育项目,并在高等教育中重点培训幼儿教师。通过各级政府和各界相关人士的努力,已经取得了很大进展。随着该套书籍的中文版出版,该模式将用于支持所有这些任务。虽然需要根据文化环境作一些修改,但它的基本模式将为中国早期教育中广大幼儿的评估和教育计划提供一种没有文化偏见的方法。随着中国各地为婴幼儿设立更多的项目,无论是以家庭为基础的、以社区为基础的,还是以学校(幼儿园)为基础的,这套书籍都可以为融合性的项目计划和实施提供资源。

看到我们在 TPBA 和 TPBI 方面的工作成果现在能够提供给中国幼儿教育工作者使用,我感到非常高兴和兴奋!我还希望看到高等教育项目在幼儿发展的学位课程中把这套书作为教科书。我希望这套书成为各地幼儿教育的领先者们规划和制订融合性课程的资源。

我很希望看到一些项目开始实施 TPBA2/TPBI2 模式,以支持所有儿童的学习和发展。我热切期待这套书为加强中国的幼儿教育作出积极贡献。

目 录

作者简介　1
前言　3
序言　9

第一部分　以游戏为基础的多领域融合评估（TPBA2）　1
　　　　第一章　以游戏为基础的多领域融合评估（TPBA）简介　2
　　　　第二章　TPBA2 的流程　37
　　　　第三章　计划实施 TPBA2 的注意事项　60
　　　　第四章　克服实施 TPBA2 的障碍　88
　　　　第五章　预先从家庭获取信息　98
　　　　第六章　协调家庭参与：家庭成员是团队的一部分　142
　　　　第七章　游戏的实施——互动的艺术　160
　　　　第八章　报告的书写——结构、过程和个案　179
　　　　附录　报告范本　195

第二部分　以游戏为基础的多领域融合干预（TPBI2）　225
　　　　第九章　TPBI2 的基本原理　226
　　　　第十章　TPBI2 的过程　253

附录　TPBA2 和 TPBI2 表格　287
　　　　TPBA2 儿童和家庭史问卷（CFHQ）　288
　　　　TPBA2 儿童功能家庭评估表（FACF）：
　　　　　　日常活动评分表　296
　　　　　　"关于我的一切"问卷　297
　　　　TPBA2 观察指南：感觉运动发展　302

TPBA2 观察记录:感觉运动发展　309
TPBA2 观察总结表:感觉运动发展　311
TPBA2 观察指南:情绪情感与社会性发展　314
TPBA2 观察记录:情绪情感与社会性发展　321
TPBA2 观察总结表:情绪情感与社会性发展　323
TPBA2 观察指南:交流能力发展　326
TPBA2 观察记录:交流能力发展　334
TPBA2 观察总结表:交流能力发展　336
TPBA2 观察指南:认知发展　339
TPBA2 观察记录:认知发展　347
TPBA2 观察总结表:认知发展　349
TPBA2 儿童评价和建议清单　352
TPBI2 团队干预计划　354
TPBI2 协作解决问题工作表(CPSW)　356
TPBI2 团队干预计划策略清单:家庭和社区　357
TPBI2 团队干预计划策略清单:学校和保育中心　358
TPBI2 团队评价进度表(TAP)　359
TPBA2 功能进展量表(FOR):感觉运动发展　360
TPBA2 功能进展量表(FOR):情绪情感与社会性发展　362
TPBA2 功能进展量表(FOR):交流能力发展　364
TPBA2 功能进展量表(FOR):认知发展　366
TPBA2 忠实性核查表(Fidelity Checklist)　368
TPBI2 忠实性核查表(Fidelity Checklist)　372

作者简介

托尼·林德博士（Toni Linder, Ed. D.），从1976年开始担任莫格里奇教育学院（Morgridge College of Education）儿童、家庭和学校心理学项目（Child, Family, and School Psychology Program）教授。林德博士一直是幼儿真实性评估（Authentic Assessment）学科发展的引领者，她在"以游戏为基础的多领域融合评估和以游戏为基础的多领域融合干预"（Transdisciplinary Play-Based Assessment and Transdisciplinary Play-Based Intervention）方面的工作在全美和许多其他国家都获得了公认。她开发了《阅读、游戏和学习！® 幼儿故事书活动：多领域游戏课程》（Read, Play, and Learn!® Storybook Activities for Young Children: The Transdisciplinary Play-Based Curriculum, 1999），这是一套适用于幼儿园儿童学习和发展并基于儿童文学和游戏的包容性课程。此外，林德博士还是丹佛大学儿童游戏和学习评估诊所（Play and Learning Assessment for the Young Clinic, PLAY）主任，她带领专家及专业学生团队在这里为幼儿及其家庭提供基于游戏的多领域融合评估。林德博士为儿童评估及干预、儿童早期教育、家庭参与等议题提供了广泛咨询。她主持了多类研究，如多领域融合研究对发展的影响、亲子互动、课程成果以及技术在农村地区专业发展中的应用。

安·彼得森-史密斯博士（Ann Petersen-Smith, Ph. D.），儿童医院的急性病护理与儿科护理从业者。彼得森博士有着27年的儿科护士的经验，并且从业15年，目前她在儿童医院的急诊科工作，同时在奥罗拉的高级儿科协会从业。彼得森博士在丹佛大学刚刚完成了博士的课业，从事的研究是"以游戏为基础的多领域融合评估"中关于《儿童和家庭史问卷》的相关性、使用友好性和社会效度的问题。

卡伦·赖利博士（Karen Riley, Ph. D.），丹佛大学的助理教授，在莫格里奇学院的儿童、家庭和学校心理学项目工作，合作领导着联邦资助的对学校心理学家的培训项目InSPECT，该项目重点强调早期干预。她的教育背景包括科罗拉多州立大学的心理学学士学位（B. S. in Psychology），丹佛大学的早期特殊教育硕士学位和同校的以儿童与家庭研究为主的教育心理学博士学位。她完成了在丹佛儿童医院的脆性X综合征治疗和研究中心的博士后研究，并有15年的在早期儿童特殊教育项目的教学和管理经验。她另外还有10年的与神经发育问题的儿童及其家庭工作的经验。她也参与了多个心理药物的研究以及其他脆性X综合征及其他神经发育紊乱的研究项目。她对幼童的评价和干预、课程制定、学校咨询、行为干预和低发病率的残障有着特别的兴趣和专长。

前　言

自《在游戏中评价儿童：以游戏为基础的跨学科儿童评价法》(Transdisciplinary Play-Based Assessment，TPBA；Linder，1990)和《在游戏中发展儿童：以游戏为基础的跨学科儿童干预法》(Transdisciplinary Play-Based Intervention，TPBI；Linder，1993)出版以来，早期干预和早期特殊教育都发生了许多变化。随着对文化、家庭以及能力差别的影响力的理解加深，带来了对更灵活的有意义的评估和干预的更多的支持。更加真实和更具选择性的评估获得了好的声誉，现在得到了广泛的应用。家庭成员们在评估和干预方面已变得更加全面。在游戏中评价，这曾经被视为一种不寻常的和独特的方法，现在成为了许多评估主要的，或至少是一个重要的组成部分得到重视。

评估可以而且应该给年幼的儿童提供比数字更多的关于是否满足资格要求的信息，这一观点现在被广泛接受。人们对评估也有了新的理解，即评估信息应为干预所需的方向、重点和战略提供指导。

随着评估方法的接受和扩充，在干预中也演变出了更多的功能性方法。在家庭、学校和社区环境中开展，以家人、其他照顾者和教师作为主要干预者为幼儿提供服务已成为主要模式。专业人员的作用也改为强调他作为一个指导者、顾问、示范者和网络召集人，支持每天与有特殊需要的儿童互动。

以游戏为基础的多领域融合体系的三本新书《在游戏中评估儿童 2：以游戏为基础的多领域融合评估》《在游戏中发展儿童 2：以游戏为基础的多领域融合干预》和《以游戏为基础的多领域融合评估与干预实施指南》(Transdisciplinary Play-Based Assessment, Second Edition (TPBA2), Transdisciplinary Play-Based Intervention, Second Edition (TPBI2); and the Administration Guide for TPBA2 & TPBI2)，实现了原来版本的初衷，尤其是评估和干预的功能性的、有意义的方法，该书的基础也通过吸收了多年的专家意见、家庭反馈和研究意见得到了加强。这三本书结合回应了 TPBA 和 TPBI 上一版的用户的需求，包括专业人员和家庭的需求。

具体来说，专业人士希望有一个更精简的易于使用的系统来帮助他们将评价意见转化为评估结果和有用的报告，并最终进入有效的干预。这一需要引发了对表格的修订，以便使得每个发展领域的优势、关切点和为下一步干预准备好的方面都能以一种形式系统地被注意到。专业人员还指出，需要与地方、州和联邦资格准则进行衔接，这些准则往往需要说明为什么儿童有资格或没有资格获得服务。TPBA2 观察总结表能够帮助团队说明为何有些领域需要特别关切,可以从质的方面(基于儿童表现特点)和量化的方面(基于儿童的表现达到的年龄水平)来说明,为了这个目的开发此表——同时又比较灵活——可以针对不同的州的要求。评估转换到干预的表格,被制定来帮助将评估结果转化为有意义的针对家庭、儿童保育机构、学校和社区的干预策略。TPBA2 领域的功能预后评价表(Functional Outcome Rubrics)以及 OSEP 儿童结果(见可选表格光盘)是用来帮助团队确定干预规划的功能基线,并测量随着时间的推移的儿童取得的进步。这些新工具将使团队能够使用 TPBA2 和 TPBI2 作为一个持续的规划和评估系统。

多年来,专业人员还要求就进行游戏评估具体方法提供更多的指导,包括如何与父母互动和参与,利用各种自然环境,安排游戏环境,安排游戏会话,与儿童互动,激发所需的技能,让同龄人或兄弟姐妹参与进来,并吸收各种团队成员。本书《以游戏为基础的多领域融合评估与干预实施指南》(*Administration Guide for TPBA2 & TPBI2*),通过不同章节详述了 TPBA2/TPBI2 整个过程,包括规划流程时应考虑哪些事项、具体的家长协调策略以及游戏引导策略等。

TPBA 和 *TPBI* 的第一版,假设专业人士在评估幼儿之前已经使用工具获取信息,因此,将不需要另一个儿童和家庭史问卷工具。不幸的是,作者发现,在许多情况下,看到儿童之前获得的信息非常有限。在其他情况下,与儿童的出生和发展有关的发育史已经获得,家族史就不被视为常规询问。另一个差距是缺乏有关儿童在家里的和社区的功能的信息。即使获得了这些信息,往往也是通过评估过程中的非正式的讨论无意中获得的。因为这些信息对于计划与实施评估和干预是非常关键的,因此需要在评估和干预之前进行收集,并且需要对每个相关家庭进行系统的收集。因此 TPBA2 增加了新的儿童及家庭史问卷(Child and Family History Questionnaire,CFHQ)和儿童功能家庭评价(Family Assessment of Child Functioning,FACF)工具。它包含了日常活动评分表(Daily Routines Rating Form)(照顾者一天中感到愉悦或困难的时间)和"关于我的一切"问卷(All About Me Questionnaire)(照顾者眼中的儿童功能)。这些增加的表格可以使团队在计划评估和干预前就获得儿童的全面情况。

专业人员一直提到撰写既能满足行政的要求又可以指导父母的报告很困难。因此第八章增加了各种格式以满足不同的需要。短而精简的报告,分领域撰写的报告,全面、综合的报告都有样例。这些样例报告旨在为团队提供想法,讨论如何开发一个有用的格式,以满足自己的团队和管理需要。报告的建议部分是扩充了的,因为这是对家庭、成员、照顾者和教师最重要的方面。

许多年来关于家庭的反馈强调了他们参与评估的重要性,强调了有明确指向的、有用的建议和对文化敏感性的评估和干预的价值。为了解决这些问题,新版基于游戏的多领域融合体系不仅提供了新的表格来获取相关信息,还专门包含了一些项目,来了解关于影响儿童发展和学习的因素的文化视角,在 TPBA2 观察指南和年龄表(Age Tables)中增加了涉及双语言和双文化儿童的信息,在一些专门章节里讨论文化差异的问题。家庭成员、照顾者和教师也表示,他们希望有来自评估过程的具体的建议。在许多情况下,传统的学校报告只表明儿童是否有资格获得服务,诊所报告则可能推荐服务或疗法。虽然服务建议很重要,但那些在家里、在儿童保育中心和学校与儿童互动的人想从评估那里带回可以帮助儿童取得更好的功能或更高的水平的具体战略。第八章报告的书写讨论如何编写建议,以便让每个人都明白需要什么支持,为什么需要它们,什么战略将提供所需的支持,以及在家里、学校和社区可以运用的具体策略。

TPBA 的原版比 TPBI 早三年首次出版。因此,它们之间的联系并不明显。但在目前的系统中,两者是相互关联的整体。本实施指南包含介绍材料,过程描述,以及 TPBA2 和 TPBI2 的表单。以这种方式集成的两套材料,使评估和干预之间的联系透明化。

TPBI2 中的策略与 TPBA2 中的每个域、子类和评估问题直接相关。这很容易将评估结果转化为干预策略。例如,如果儿童的 TPBA2 结果揭示了认知领域的关注和解决问题子类中的问题,则团队可以参考 TPBI2 第七章"促进认知发展"的第一节"提高注意力策略"和第三节"改进解决问题的战略"。在这里,团队可以精确定位特定问题并找到与儿童适应性互动相关的建议策略,以及修改环境以支持学习的策略。

三卷式的结构

基于游戏的多领域融合体系包括三卷:《在游戏中评估儿童 2:以游戏为基础的多领域融合评估》《在游戏中发展儿童 2:以游戏为基础的多领域融合干预》《以游戏为基础的多领域融合评估与干预实施指南》。每卷都提供有关 TPBA2 或 TPBI2 过程的某方面的信息。

TPBA2 和 TPBI2 的实施指南概述了必要的部分和程序,评估和干预分为两个部分。在第一部分,《TPBA2 和 TPBI2 实施指南》前四章概述了 TPBA2 进程的主要考虑和基本组成部分。第一章"以游戏为基础的多领域融合评估(TPBA)简介"介绍了多领域游戏评估的理由和背景,还讨论了与真实评估过程和 TPBA2 相关的研究。关于总体评估过程的具体信息包含在 TPBA2 过程的第二章中。概述了评估前步骤、评估本身,以及转向评估后会议的过程。计划过程在第三章中概述。本章详细介绍了如何使用家庭信息,包括角色分配,评估场所的规划,确定材料,过程结构安排考虑,团队、家庭和同行的参与等。第四章"克服实施 TPBA2 的障碍"回应了通常听到的有关实施更真实的 TPBA2 过程的问题,本章包括实施的一些障碍,如个人和人事问题,培训,以及地方、州和联邦的要求,并为解决每个问题提供了建议。

从第五章"预先从家庭获取信息"开始,安·彼德森-史密斯(Ann Petersen-Smith, R. N.)博士提供了实施TPBA2过程的工具。本章介绍了对家庭的了解、影响发展的优势、风险和保护因素等。本章包括三个新工具以及相关的背景信息。TPBA2儿童和家庭史问卷(CFHQ)通过访谈或书面形式完成,提供有关孩子和家庭的信息,这对评估或干预很重要。TPBA2儿童功能家庭评估表(FACF),包括日常活动评分表和"关于我的一切"问卷,用于从家庭成员、其他照顾者或教师那里获得信息。日常活动评分表使家长能够思考他们一天的主要常规活动,以及与他们的孩子互动是"好时间""一般时间"还是"困难时间"。这些信息对于规划评估——看看是什么导致了日常变得困难——以及规划干预很重要,因为应该有一个目标是让困难时期变得更容易。减少与孩子的日常生活压力可以转化为更积极的整体互动并加强对发展的促进。"关于我的一切"问卷提出的问题与专业人士通过TPBA2观察指南在每个发展领域将回答的问题是平行的关系。通过提出平行问题,团队成员可以比较他们的观察结果与家庭的有何异同。其目的不是确定哪个是"正确的",而是看在不同的情形中儿童功能如何,以及哪些因素可能会促进更高层次的技能或更好的互动。

这些新工具应能够使团队成员更好地了解一个家庭如何看待孩子,以及他们每天的互动看上去有多么紧张。这些信息还将协助团队规划评估,以确保他们涵盖了所有对家庭很重要的问题。图表还可以帮助团队成员来解读从中发现的儿童和家庭的优势、风险和可能对儿童发展产生影响的保护因素。

将家庭成员纳入团队的问题在第六章中讨论,同时讨论将团队成员指定为家庭协调员的重要性以及此人在实际评估之前、其间和之后所扮演的角色。有效的沟通对于与家庭建立牢固的关系至关重要。TPBA2有一章的内容,涉及如何开展与家人的讨论。多年来与专业人士的讨论导致作者得出结论,许多专业人士在处理与家庭的关系方面有困难。大多数学科(社会工作除外)没有接受过广泛的培训,培训如何沟通、咨询或向家庭成员问询。因此,他们通常避免除问卷方式外的对话,或者他们谈话敷衍了事,仅仅是礼貌的谈话。为了评估幼儿成功,团队成员必须具有与其家人的有效沟通技能。本章概述对家庭促进者和所有团队都很重要的具体策略,在与家庭成员或其他与儿童相关人员沟通时使用。例如,如何将每个战略整合到关于孩子和家庭的生活的讨论中。也强调了文化敏感性的重要性,因为行为期望和家庭价值观因文化而异。此外,在与家庭分享信息和建议时,需要考虑到文化因素。

第七章扩展了TPBA2中的另一个关键角色,即游戏引导员。作者多年来一直在进行基于游戏的评估、培训专业人员和观察他人所做的评估,经常有人很直接地说,"游戏引导是很难的"。TPBA的最初版本谈到了游戏引导技术,但(错误地)假定大多数与幼儿一起工作的专业人士知道如何游戏。在培训期间,专业人士多次发表评论,如"我已经习惯了教学"或

"很难不使用我的治疗技术"。或者,在观察了示范之后,有些人问,"怎么做?你这样做吗?""你怎么知道下一步怎么做?""你如何让儿童做你想让他做的?""你什么时候示范和强化?"所有这些问题,和其他问题,导致了认为引导策略即是不言而喻的,在培训计划中也没有充分解决这些问题。因此,已专门添加一章内容,以解决与TPBA2中的游戏引导相关的问题。

有关如何设置游戏环境、如何建立融洽关系、如何沟通以加强互动和游戏、如何适应有不同特殊需要的儿童的提示以及有效和无效的游戏引导的例子都包含在本书中了,并通过评论讲述了每一项策略背后的理由。

游戏引导需要高超的技巧,是一门真正的艺术。在TPBA2单元中,团队想看看儿童自发地做什么,什么是典型的游戏模式和技能,以及可以做些什么来鼓励或激发更高的技能水平。第七章解释了如何使与儿童的游戏互动达到更好的效果。

如前所述,报告写作是评估的一个具有挑战性的方面;在第八章卡伦·赖利(Karen Riley)博士提供了对报告结构和过程的写作指导。更加注重儿童功能、家庭关注和多领域等转向也影响到报告生成和写法。赖利更新了关于报告如何符合地方、州和联邦政策规范要求的一部分内容,并仍然使用最先进的团队信息共享流程。

人员配置之前就请家庭参与讨论评估信息,具有改变报告所载信息的基调和类型的效果。从TPBA2流程演变而来的报告内容应该是整体的、避免难懂的专业术语并易于解释的,还应包括在家里和社区可以看到的行为,以及在TPBA2游戏单元里的、可以在日常生活中证明存在优势和准备好获得新技能的行为的例子。

在儿科干预领域通常鼓励评估后提出功能建议。为了对那些每天与孩子互动的人,以及所有从事不同学科的专业人员更有帮助,对儿童的建议应明确包括儿童当前的表现或行为、与该表现或行为相关的建议、提出建议的原因,以及对儿童在不同功能环境里进行功能干预的例子。赖利博士也给出了不同风格的报告的例子。

在本书的第二部分,展示了以游戏为基础的多领域融合干预(TPBI2)的过程。第九章"TPBI2的基本原理",包括早期干预方法的演变,特殊教育介绍。然后讨论了TPBI2模式,包括其缘由、团队角色、家庭成员的角色、治疗方法和在家庭和学校的教育,以及教育和治疗支持如何通过儿童的日常嵌入儿童功能活动。第九章还解释了TPBI2卷的内容如何安排,以供专业人员使用。

第十章是对整个TPBI2过程的概览,包括评估的信息如何转化为结果目标、干预目标以及功能干预计划,对过程的每一步都进行了描述。

《TPBA2和TPBI2实施指南》最后的"附录"提供了用于监测儿童进步用的TPBA2和TPBI2有关表格。分领域的功能结果评价表(FOR)与各领域的年龄表(Age Tables),可以用来监测产生的变化,并贡献于项目评估。

序　言

对以游戏为基础的多领域融合评估和干预体系的修订已经酝酿了很多年,过程中涉及到数百名儿童、家庭、学生和专业人士的贡献。我知道无法对每一位参与到这一创作过程中的人士一一致谢,但是我将非常高兴列举几位作出重大贡献的关键人物。

首先,这项工作是建立在原有 TPBA 和 TPBI 基础之上的。为此,我感谢原著的主要贡献者,苏珊·霍尔(Susan Hall)、金·迪克森(Kim Dickson)、葆拉·哈德森(Paula Hudson)、安妮塔·邦迪、卡罗尔·雷(Carol Lay)和桑迪·帕特里克(Sandy Patrick)。所有这些专业人士都帮助塑造了 TPBA/I 的形式和内容。这些同仁在进行初版 TPBA 和 TPBI 工作时,他们的动力并不是来自各领域的奖励,而是纯粹源于一种信念,即游戏是促进幼儿及其家庭的最佳途径。他们在这一进程中的信念对于完成第一版和随后 TPBA 体系的成功至关重要。

那些为 TPBA2、TPBI2 和《TPBA2 和 TPBI2 实施指南》作出贡献的同仁,在完成这项任务时,更多考虑的是正当性和有效性,因为在早期干预和幼儿特殊教育领域已经有很多研究来支持我们所做的正是基于以往各种最佳实践的。这些同仁也致力于为幼儿及其家庭提供功能性的、有意义的评估和干预。再次感谢安妮塔·邦迪,尽管她已经搬到了澳大利亚,但她继续在 TPBA2 和 TPBI2 中提供感知运动发展方面的专业知识。苏珊·德维纳尔还是儿童游戏和学习评价诊所团队和 TPBA 乡村培训团队(TPBA rural training team)的成员,我感谢她及她为手臂和手的使用有关干预的章节所做的工作。蕾妮·查利夫·史密斯教会了我很多关于口语能力和语言的知识,并且她是儿童游戏和学习评价诊所的一位不可缺少的成员。她的专业知识有助于扩大和建立我们工作的经验基础。蕾妮不仅撰写了几个章节的重要部分,她还审编和贡献了所有的交流和听觉评价及干预的章节。蕾妮一直是名坚定的游戏拥护者和忠实的朋友,我非常感谢她的支持。谢丽尔·科尔·鲁克(Cheryl Cole Rooke)和娜塔沙·霍尔加入进来支持蕾妮,为我们打气,并贡献了交流领域的章节。来自华盛顿加拉特大学的简·克里斯蒂安·哈弗将她在听障教育方面的专业知识带到了 TPBA2 和 TPBI2,为听觉评价和干预增加了所需要的新的组成部分。同样的,坦尼·安东尼贡献了视觉方面的内容,这一领域经常被非视觉专家所忽视。坦尼对 TPBA2 的视觉部分的研究表明,来自不同学科的专业人员能够可靠地观察视觉,并为进一步的视觉评价做出决定。安·彼得森-史密斯(Ann Petersen-Smith)将她的护理背景和专业经验带到我们的博士项目,然后带到儿童游戏和学习评价诊所,之后又带到她对儿童和家庭史问卷(the Child and Family

History Questionnaire，CFHQ）的研究。她的工作显示了这部分内容对TPBA2和TPBI2的重要性。卡伦·赖利(Karen Riley)在儿童游戏和学习评价诊所里领导了一个小组，对患有脆性X综合征(fragile X syndrome)的儿童进行了TPBA研究。她在诊所的领导力、她写报告的技巧、她对研究的热情以及她永恒的友谊都是无价之宝。谢谢你，凯伦！福里斯特·汉考克率先将TPBA和TPBI的培训带到得克萨斯州以表达她的支持，她随后为读写部分的评价和干预作出了贡献。此外，她有一个伟大的编辑的眼光！福里斯特的合作、友谊和支持帮助我度过了不止一个艰难的夜晚。

许多人为TPBA2和TPBI2各个方面的实践工作和研究作出了贡献。我要感谢伊萨·阿尔-巴尔汗(Eisa Al-Balhan)、坦尼·安东尼、安·彼得森-史密斯和凯利·德布鲁因(Kelly DeBruin)对这一过程中不同组成部分的专题论文研究。凯利·德布鲁因关于TPBA2同时效度和社会效度(concurrent and social validity)的研究为整个过程提供了一个重要的视角。此外，得克萨斯州的几个小组进行了评估研究，用于检验TPBA的有效性，随后获得得州教育部授予的"前景实践奖"(Promising Practices Award)。来自普莱诺(Plano)、康罗伊(Conroy)、朗德罗克(Round Rock)和凯蒂(Katy)的得克萨斯州团队均收集了数据以显示这一过程的有效性和各种成果带来的影响力。例如，凯莉·约翰逊(Kellie Johnson)和她在朗德罗克的团队证明，与一些流行的看法相反，使用TPBA并不会导致更多的儿童被认为需要特殊服务。事实上，由于儿童表现更好而没有资格获得特殊教育服务，朗德罗克得以取消两个特殊教育学前班。儿童能够通过TPBA方法展示更高水平的技能。感谢所有"前景实践奖"团队致力于实施和分享儿童友好及家庭友好的实践。此外，我要感谢福里斯特·汉考克、伊莱恩·厄尔斯(Elaine Earls)、简·安德烈亚斯(Jan Andreas)、玛吉·拉森(Margie Larsen)、林恩·沙利文(Lynn Sullivan)、斯泰西·沙克尔福德(Stacey Shackelford)和其他独立学区及德州地区服务中心，感谢你们的领导力、实地测试和反馈！安妮玛的德科特-扬(AnneMarie deKort-Young)、科林·加兰(Corrine Garland)和斯特拉·费尔(Stella Fair)从始至终是支持我的同事。

许多人审阅了手稿片段。我要感谢俄亥俄州聋哑学校的凯莉·达文波特(Carrie Davenport)，她对听觉章节给出了重要的反馈。我还要感谢约翰·内斯沃斯(John Neisworth)、菲利普帕·坎贝尔(Phillippa Campbell)、莎拉·兰迪(Sarah Landy)、马西·汉森(Marci Hanson)、安吉拉·诺塔里-赛弗森(Angela Notari-Syverson)、凯瑟琳·斯特雷梅尔(Kathleen Stremmel)和朱利安·伍兹(Juliann Woods)，再次感谢安妮塔·邦迪、卡伦·赖利、蕾妮·查利夫-史密斯和坦尼·安东尼，感谢他们参与跨领域影响的研究，从而证明了跨领域融合结构的有效性。我相信这项工作将引起未来对干预计划的有趣研究。

关于TPBA2的一个令人难以置信的满足是有机会与来自世界各地不同文化的人分享

TPBA 和 TPBI。由于评价和干预模型的灵活性，它们很容易适应不同的情景。我要感谢那些已经开始使用 TPBA 和 TPBI(包括第一版和第二版材料)的人们的支持和正在进行的研究和反馈，特别是挪威的珍妮·辛(Jenny Hsing)和安妮-梅雷特·克莱佩内斯(Anne-Merete Kleppenes)，爱尔兰的玛格丽特·高尔文(Margaret Galvin)、凯文·麦格拉廷(Kevin McGrattin)和露丝·康诺利(Ruth Connolly)，葡萄牙的曼努埃拉·桑切斯·费雷拉(Manuela Sanches Ferreira)和苏珊娜·马丁斯(Susana Martins)以及中国的陈学锋。你们都给了我灵感，让我知道你们是如何为儿童和家庭倡导和创造变革的。谢谢你们！

当然，和每位教授一样，我以很多方式和我的学生们一起工作。虽然我无法一一感谢，但我要对他们多年来的辛勤工作表示感谢。我从你们每个人身上都学到了东西！我要特别感谢凯丽·利纳斯(Keri Linas)、金·斯托卡(Kim Stokka)和珍妮·科尔曼(Jeanine Coleman)在他们的博士项目中的合作。你们每个人都把游戏作为学习的重要组成部分，你们每个人都将为我们的领域作出巨大贡献。谢谢你们积极的、敢作敢为的态度！去吧，去追逐梦想！

对于保罗·布鲁克斯出版公司(Paul H. Brookes Publishing Co.)(过去和现在)的所有人，包括保罗·布鲁克斯(Paul Brookes)、梅丽莎·贝姆(Melissa Behm)、希瑟·什雷斯塔(Heather Shrestha)、塔拉·格布哈特(Tara Gebhardt)、简·克雷奇(Jan Krejci)和苏珊娜·雷(Susannah Ray)，我感谢你们持续的支持、宽容、耐心和辛勤工作。

最后，我要感谢我的家人和朋友们，他们在这个看似难以承受、无休止的任务中几乎被抛弃了，我感谢你们坚定不移的爱和支持(即使在我犹豫不决的时候，你们让我继续前进)！你们的爱支撑着我，为我提供情感能量！谢谢你们！

第一部分

以游戏为基础的多领域融合评估
（TPBA2）

第一章 以游戏为基础的多领域融合评估（TPBA）简介

对 0 到 6 岁间的儿童而言，以游戏为基础的多领域融合评估是一种功能的、动态的和发展上适合的评价方式。TPBA 切合每个儿童及其家庭的情况，是灵活、整体化的评估工具。TPBA 的评估团队由专业人员、家庭成员（父母或其他照料者）组成，在自然情境（家里或社区）或生态化情境（游戏）设置下，选择使用儿童熟悉和新颖的玩具和游戏材料，在玩耍时观察儿童。整个过程需要 1 小时—1.5 小时，儿童有机会和自己的父母或其他照料者、兄弟姐妹或同龄伙伴以及游戏引导员玩耍，其间专业人员、家庭成员用多种方式鼓励儿童活动，在这些活动中表现出儿童在沟通、认知、感知运动、情感、社会性领域的发展情况。评估者随后对应不同年龄儿童在各领域的发展水平指南，通过他们观察到的行为来确定儿童能力发展水平；对能力发展不足或需要关注的方面进行说明；提出能有效促进儿童能力或技能向更高水平发展、增进更具功能性行为的策略。结合照料者填写的评估表中的有关信息（见第五章），有时还使用附加的评估工具（视所在州政府的规定、标准、参考指标或其他观察评估的需要），描述儿童目前能力发展情况，以确定其所需的干预方案并策划干预途径。

TPBA 自 1990 年以来在美国和很多国家被广泛应用，多个学科的学者发现 TPBA 是适用于婴儿、幼儿、学龄前儿童及其家庭的实用的、功能性的、整体化的和发展性的评估工具。TPBA 第 2 版汇集了几百个家庭、专业人士的经验和近期在儿童发展的各个领域及特殊儿童早期干预的研究成果。

1.1 关于评估的新观点：为什么要评估？

幼童的评估主要基于以下原因：（1）筛查（screening），（2）诊断性评估（diagnostic assessment），（3）项目计划（programme planning），（4）评估（evaluation）（Losardo & Notari-Syverson，2001）。筛查是一个从大量人口中快速找到哪些儿童需要进一步的评估的手段，筛查以进行治疗或干预来达到补救和改善为目的。诊断性评价是将儿童的发展情况与同龄人进行比较，来确定其发展优势和弱势以及引起关切的可能原因，尽可能证实诊断。评估结果被用于鉴定优势领域和发展需要，以做出转介和/或安置的决定。因制定项目计划的需要而进行的评价要鉴别出需要干预的更具体领域，关注那些在发展序列或跨功能区呈现或缺失的具体技能和发展过程。制定项目计划附加的评估用来鉴定最可能对儿童的成长和发展有积极影响的学习策略、环境调适的需要、互动途径等。评估工具能作为评价儿童进步情况的前测、后测的工具。

评估的作用远不止于鉴别和诊断(Bagnato & Neisworth,1994)。专业人士已发现,一个残障儿童的诊断中的数字,如百分等级、标准差、达到的技能水平并不能提供多少有用的信息。比诊断书上的分数更有用的是儿童怎样完成一项技能或行为,与什么人之间的互动能使儿童在更高水平进行互动,在什么样的环境中儿童的功能性行为会有最好的表现。技能当然是重要的,但儿童具有行动、交谈、解决问题、与物体和人互动的动机才能习得新的技能。因此,评估需要找到与技能发展相联系的兴趣和意图(Cain & Dweck,1995;Greenspan & Meisels,1996;Linder,1993a;MacTurk & Morgan,1995;Meltzer & Reid,1994;Shonkoff & Phillips,2000)。儿童总是在发展和变化,所以需要评估和干预成为整合的过程,从任一过程中获得的信息推动另一过程的进程(McConnell,2000)。联系儿童在这个复杂的发展序列中所具备的能力可以为干预提供指导(Bricker,2002a;Meisels & Atkins-Burnett,2000;Neisworth & Bagnato,2004),并标识经过干预后表现出来的进步(Bricker & Losardo,2000;Meisels,1996)。

TPBA 第 2 版可以用于上述各种需要评估的情况,但并不表示它是一种筛查工具,因为实施过程比其他通常可用的筛查工具需要更多的观察时间。TPBA2 能用作诊断的评估(要看诊断需要获得什么信息)、项目的规划和儿童进步的评价(包括质和量的变化)。

1.2 标准化评估与真实评估

随着儿童评估的原因变得更复杂,基于上述目的评估要采用的方式也在转变。评估的基本功能是找到潜在的问题,给儿童残障做诊断或分类,确认项目安排、提供干预目标和评价干预后儿童的进步。

1.2.1 标准化评估的局限

筛查和一些诊断评估工具仍然看重评估的标准化,但因为多种原因,幼童领域已经在应用另一些不同的评估工具。专业人士希望评估的工具和过程是灵活的,涉及不同学科背景的专家,能在多种环境中用于评估儿童的各种发展障碍,最终评估能提供功能性的、有用的信息。

筛查会使用标准化或常模参照的评估工具,需要通过与同龄人的发展效果比较,从而识别有发展困难的儿童。多种类型残障的鉴别(例如学习障碍)也需要用统计的方法比较儿童的行为水平。标准化的诊断评估工具能提供那些不受残障影响能完成测验的儿童、在做测验的环境中仍感觉自在的儿童、文化背景与测试项目和常模相符的儿童的足够的信息。对很多残障儿童及文化或语言背景与标准化测验所采集的样本不同的儿童来说,标准化的测验会带来问题。传统的评估工具使用工具箱里提供的一大堆小物件,用来给所有的儿童做测量,不考虑儿童的背景、生活经验或对材料的熟悉程度。这些工具箱和施测过程为使用过这些物品的儿童(通常指白种人、中产阶级群体)提供了便利,对那些没有太多使用评估材料经验的儿童(通常指那些不同文化背景或处境不利的人群)来说是不利的。呈现这些材料时所使用的语言和词汇也会影响评估结果,类似的标准化的语言可能阻碍了儿童表现出最好的水平(Barnett, MacMann, & Carey, 1992; Lynch & Hanson, 2004; Meisels, 1996; Rogoff, 1990)。

标准化测验也可能带有对残障儿童的偏见,因为残障会影响他们完成测验所需要的社会、语言、运动技能,由此得出的对其认知或其他领域的评估结果是不够准确的(McCormick, 1996; Bagnato & Neisworth, 2000; Neisworth & Bagnato, 1992, 2004)。例如,测验工具箱中的材料可能不适合残障儿童使用(拼图、形板、1英寸积木),因此他们更多是受残障的限制而没能表现出理解能力才没有通过测验项目。不能拼出图形的原因可能是视力问题、精细动作做不好或对指令缺乏理解,而不是问题解决能力和认知技能受限导致的。这些测验项目的类型和恰切性对获得儿童评估的准确结果非常重要。基于游戏的评估和生态化的观察趋势,也是为解决标准化测验结果的偏见所做出的改变(Bagnato & Neisworth, 1994)。使用为每位儿童所熟悉的、有意思的、易于接近的评估项目是不同游戏评估领域校准的一种方法。

在传统的测评中,专家们一般独自和儿童一起,完成测验后将测评结果写下来,并在总结会议上与其他专家和家长分享。这些独自完成的报告能不能反映出观察或发现的一致性,取决于观察儿童的时间,测试者与儿童的融洽程度,父母的参与情况,执行测验的情况等。每位观察者的结果反映出的内容可能都不一样,需要做出大量解释才能得出有意义的结果。测评报告通常先由每个观察特定发展领域的专家写出该领域的报告后,由主试者综合,在每个领域报告的最后,或者在总报告的最后部分提出结论和建议。报告一般会罗列每个项目的平均分下标准差、标准分、百分位数、发展商数或年龄水平。在整个发展领域的优势和弱势分析或列举时,会频繁提到未通过的项目。这种缺陷描述方法是在强调那些儿童不能完成的功能。就像巴特勒(Butler, 1997)总结的那样,这些评估文件只说明了儿童已经学会了什么,而不是**能够**学习什么。

巴尼亚托,尼斯沃思和芒森(1997)指出尽管不少专家探索可替代的评估工具,传统的评估方式仍然盛行:

> 对婴儿和学龄前儿童的评估仍旧使用严格的方式和方法,非真实情境评估环

境,人为的发展任务,多个专业人员分别在不同单元中使用从测试工具箱中取出的小小的、不能激发兴趣的玩具,在桌子上或地板上这类不自然的环境中完成,父母在一旁被动地观看,对照典型儿童发展的常模来做出解释,只是服务于(残障—译者)分类和确定是否达到(美国特殊教育计划——译者)受助条件的狭窄的目标。(p.69)

这些方法必须要被真实的评估方式或符合国家幼童组织所要求的标准化要求的其他观察方式所取代。

1.2.2 最好的实施方式

"测试房间"的墙壁毫无生气,有一套桌椅,从测试工具箱中一次取出一个测试材料,既对儿童不友好也是令人生畏的和无趣的。事实上,这样的环境通常只会让儿童想要离开!评估环境是获得大量儿童信息的重要场所。自然的环境,比如家中或游乐场所,或者是自然化的环境,会减少互动的抑制,产生更多语言、更高水平游戏、更多探索行为(Barnett et al.,1992;Linder,1993a;Meisels & Atkins-Burnett,2002)。

那些起初给大龄儿童做评估的专家给年幼儿童做测评时知道婴儿、幼儿、学龄前儿童不是缩小版的大儿童这么简单,每个年幼的儿童正在学习如何掌握自己的情绪和行为,学习如何快速扩展概念,发展运动技能、沟通能力。因此,成功的评估需要在材料使用、互动模式和途径方面适合不同年龄儿童的需要。联邦法律(IDEA 1997,2004)规定合法的评估服务要在自然情境下进行功能性评估。

意识到实施评估需要采用更好的方式导致以下的改变:(1)评估由什么要素组成,(2)幼童进行评估需要检视哪些题目,(3)回答这些题目的方式都有哪些,(4)谁应该参与评估数据的收集,(5)评估的成果应该是怎样的,(6)如何使用评估获得的信息(Bagnato, Smith-Jones, Matesa, & McKeating-Esterle, 2006; Danaher, 2005; Eisert & Lamorey, 1996; Meisels & Atkins-Burnett, 2000; Meltzer & Reid, 1994)。

新的理论方法(New theoretical approaches)、神经生物学、生态学、经验学和质性研究发现和实践结果对评估和干预的立法、政策改变和机构过程产生了影响。法律(IDEA 1997,2004),联邦和州的相关规定已明确要将家庭参与评估过程、多维度的评估和多领域评估团队作为评估过程的有效因素。像美国幼儿教育协会(NAEYC;http://www.naeyc.org/resources/position_statements/positions_intro.asp)、美国学校心理学家协会(NASP;http://www.nasponline.org/information/position_paper.html)、美国言语语言听力协会(ASHA; http://www.asha.org)、国际儿童教育协会(ACEI; http://www.acei.org)、0至3岁组织(http://www.zerotothree.org)、特殊儿童咨询委员会早期儿童部(DEC/CEC; http://www.dec-sped.org)都在积极鼓励在自然环境中实施评估和干预、文化敏感性评估、以实现功能性技能发展为目标、跨学科的方式的应用,以及家庭参与评估过程(Berman & Oser, 2003; Hemmeter, Joseph, Smith, & Sandall, 2001; Meisels & Fenichel, 1996; Prasse, 2002)。

家长组织也参与到倡导幼童评估的最先进方法中,但有不少专家和家长仍然习惯更传统的评估和干预计划。专家和家长都需要理解改变评估方式的重要性,以及适合幼童的发展性的评估应该是怎样构成的。

巴尼亚托和尼斯沃思(Bagnato & Neisworth, 2000)定义适合幼童的评估应具有以下特点:

* 将儿童视为一个整体,随着时间推移在多个发展区域取样;
* 方式灵活,选择能激发儿童动机的玩具,通常用儿童自己的玩具;
* 根据幼童的需要进行活动和游戏;
* 调整语言、行为和期望以符合幼童的发展水平。

为了让评估具有发展性和适宜性,专家探讨了在不同情形下评估内容的组成,采用灵活的设置和材料,将专业人士和家长以多种新的方式联系起来,整合数据的量和质,用多种形式概述和使用评估结果。评价评估工具的方法比评价传统测验的构成所用的统计分析要更扩展,应该对评估的方法论、功能性、效用等更多的方面进行分析。一些新的术语,治疗效度(评估结果能导向合适的治疗)、社会效度(客户认为评估结果是准确和有用的)、种族效度(评估结果反映了相关文化的信息)(Bagnato & Neisworth, 1994; Meisels & Atkins-Burnett, 2000)等如今被用作描述和评价评估工具。评估被看作是一个过程而不仅仅是工具或测量方法(Bagnato & Neisworth, 1991, 1999; Bricker, 2002a; Neisworth & Bagnato, 2004)。

为了能向儿童及其家庭提供更高质量的服务,幼童评估必须满足巴尼亚托和尼斯沃思(1999)提出的8个条件:(1)有用性,评估结果和干预目的、目标、策略之间有紧密联系;(2)可接受性,提供的信息来源于专业人员和家庭成员;(3)真实性,评估中的信息体现了儿童在自然情境中的表现;(4)合作性,在评估和干预过程中专业人员和父母结成合作伙伴;(5)辐合性(convergent),来自不同来源的很少的信息被加以整合和比较;(6)公平性,评估能灵活地使用材料、灵活地调整过程和评估技术来满足儿童个性化的需要;(7)敏感性,提供了观察循序渐进的发展序列的机会,能区分微小的进步;(8)一致性(congruent),使用的词句、材料和方法符合儿童的个体差异。这些指标也被尼斯沃思和巴尼亚托罗列在幼童教育部门关于幼童早期干预和特殊教育建议和实践中(Sandall, McLean, & Smith, 2000)。

1.3 为什么要有跨学科的团队?

对各个发展领域独自评估,如区分"语言"和"认知",经常导致碎片的、不充分的、误导的或不完整的信息。比如一个儿童的语言发展迟滞可能涉及直接影响语言的认知、情绪、社会性或感知运动领域。如果仅评估语言领域可能无法得出准确的诊断，会误导干预目标的制定、生成不够全面的干预计划。每个专业人士都能理解所有领域的发展情况是很重要的，这样才能对某个特定领域的发展做出充分的解释。通过包括父母和其他重要照料者在内的团队合作完成各个领域的评估和信息整合，能将信息综合为有意义的整体（Bailey，1996；Childress，2004）。跨领域评估需要每个团队成员通过展示、持续讨论、反馈和分享知识专长来相互支持（Linder，Goldberg，& Goldberg，2007）。

1.4 什么是以游戏为基础的多领域融合评估？

TPBA 是可以替代标准化和标准参照方式来评估婴儿、学步儿和学龄前儿童发展的一种形式，符合上述提及的要求。TPBA 第 2 版更多反映了这个领域从理念到实践的变化。作者在修订以游戏为基础的多领域融合评估时，已经看到所有参与此评估的儿童、家庭和团队都从中获益多年。TPBA2 增加的新内容体现了目前的研究成果，更多针对促进儿童、家庭参与的特定策略，有效地整合照料者提供的功能性信息、进行讨论的策略，更多跨领域的报告和如何使报告对家庭、教师、其他专业人士的行动更具价值。

TPBA 是一个真实参与观察儿童游戏情境的过程，以结构化和非结构化的方式引导儿童感知运动、情感与社会性、语言与沟通、认知领域的表现。TPBA 模式建立在这样的理念之上：(1)激发儿童的参与动机并让儿童感觉有意义；(2)灵活性强以满足不同儿童的需要；(3)把家庭参与作为评估过程的重要部分；(4)评估结果要与安置和干预计划有关；(5)为持续评估儿童取得的进步提供基础。

敏感性、灵活性、相关性的特性在 TPBA 评估过程中都有如下体现：

1. 通过家庭了解关于孩子及其家庭发展、健康、社会性进程的信息；
2. 通过家长和照料者了解他们是如何看待孩子的发展、行为和日常互动的；
3. 通过照料者在 TPBA 过程中看到的孩子的行为，来判定评估中孩子的表现与其日常有无异同；
4. 通过团队成员了解其观察的孩子在游戏中表现出来的发展性技能、行为、操作过程、学习风格、互动模式；
5. 整合信息并在评估后的讨论过程中与家庭成员分享；
6. 撰写反映家庭和专业人员共同参与评估过程所做出的完整和综合评价、识别残障、发育迟缓及在评估过程中确定地需要关切的表现，特别是对各方面的服务需求，并提供说明：

- 什么技能、行为或过程是孩子"可以达到"的，为什么；

- 说明如何能达到"下一步";
- 举例说明家庭或学校的哪些活动或经验能支持孩子学习。

TPBA 领域是"会聚性评估模式"（convergent assessment model）（Bagnato & Neisworth,1991）,整合照料者在家和在社区中观察到的孩子的发展,与跨学科团队成员在游戏评估中观察到的信息。这个过程使团队通过使用发展年龄表,通过儿童怎样和如何表现的临床信息、通过照料者和专业人员运用质性观察而了解到儿童表现出的与年龄不相符的行为,来找到发展的局限、给出特定的建议,并监测儿童发展情况。这种评估模式的每个组成部分在下面的内容中再作介绍。

1.5　为什么要采用以游戏为基础的多领域融合评价?

TPBA 能用来识别对干预服务的需要,形成干预计划和评价干预效果。应用 TPBA 主要的理由在于评估过程提供了很多场景下关于儿童功能的有价值的信息,整合了家庭对儿童的了解,奠定了确定干预目标的基础。评估过程若能调整到最适合儿童的状态,便能有效地用于观察各种能力、背景和经验的 6 岁以下儿童各个方面的表现。

TPBA 是一种真实、有效的评估和干预方式。父母在评估过程中全程积极参与。这种评估模式比起由成年人控制的传统模式,让儿童感到压力更小,家庭也感到更不拘谨,评估提供的有意义的信息容易转化为干预目标和策略。TPBA 与特殊儿童咨询委员会早期儿童部建议的评估模式一致（Hemmeter et al., 2001）,符合联邦条例 IDEA（Individnals with Disabilities Education Improvement Act of 1997)的要求(2003 年重新修订为《残疾人教育改革法案》）,能鉴别儿童是否有发展迟缓或残障,是否具备接受早期干预服务的资格。H. R. 1350 在 2004 年重新修订了 IDEA,其中的新规定是取消以成就取向确定差异的模式来鉴别学习障碍儿童。这一改变开启了为这个群体提供在标准化测验之外选择评估方式的机会。

多维度的评估方式需要被联邦法律认可用于鉴别儿童接受早期干预服务的资格。TPBA2 目前有三个组成部分:儿童及家庭史问卷（the Child and Family History Questionnaire, CFHQ）,儿童功能的家庭评价（the Family Assessment of Child Functioning Tool, FACF）,TPBA2 观察指南。这些组成部分丰富了评估维度,使评估过程将父母的观察和专业人员的观察整合到结果中。尽管一些州可能仍要求提供标准化测验来证实接受服务的资格,在很多案例中 TPBA 坚持执行各州法律规定,提供不同等级的可以使用的替代测验,包括参照标准的方式、观察式的测评、父母访谈和/或依据的临床意见。即使当法律规定评估工具必须包含标准化测验,TPBA 仍可以作为制定个别化教育计划(IEP)和个别化家庭服务计划(IFSP)的基础。TPBA 结合其他的儿童和家庭评估技术,在整个评估过程中能发挥奠定基础的作用。

1.5.1 确定服务需求

TPBA2 概括的信息有助于识别感知运动、情感与社会、沟通、认知发展的各领域内及跨领域需要关注的方面。另外,视力和听力状况筛查也包含在指南中(见第三章和第六章)。通过提供儿童是如何能表现出技能的临床观点和儿童表现出与年龄不符的行为的主观评价这些特殊信息,对应发展出某些技能和行为的年龄范围就能确定儿童能力发展情况(见 TPBA2 不同年龄儿童各领域发展观察指南)。在每一章提供了对每个领域的子项目进行深思熟虑的、高质量的讨论。检查儿童在完成每个领域的子项目时的表现,以及这些项目之间的内在联系,为家庭和团队讨论和确定为儿童申请服务的资格以及需要申请何种服务。

1.5.2 制定干预计划

在 TPBA 中,提供了观察儿童在多种情境下表现出功能性行为的详细信息,这些信息由几个不同的人来收集。团队还要记录技能水平、儿童的个人学习风格、最有益的互动方式、更基础的发展过程、行为表现的重要质性特征等。当把在家观察到的信息与团队观察到的信息组合在一起的时候,一个丰富的儿童功能性发展全貌就描绘出来了。这幅完整的图画可用于制定个别化教育计划和个别化家庭服务计划,这些信息对儿童、家庭和干预团队来说是发展性的、功能性的、有意义的。另外,团队在完成 TPBA 评估后的讨论将会提出有针对性的干预策略来支持儿童在家、在早期教育机构和社区环境中的发展(见第二章)。

以游戏为基础的多领域融合评价是为协助家庭和专业人员确定符合儿童个体发展需要策略而设计的。TPBI2 是建立在 TPBA2 检查儿童日常生活、游戏、社区活动中各领域发展的技能及其展现过程的基础上,尤其在 TPBA2 列出的每个子项目中有针对性干预计划的策略,以及根据不同年龄水平进行调整的建议。在 TPBA 完成评估单元后,会展开儿童在家中、在学校或儿童照料机构和社区中的干预方案的讨论,这时可以立即开始实施 TPBI,可以全过程监督和调整儿童的个性化计划。

1.5.3 评价儿童的进步

TPBA2 可同时作为形成性(进行中)和终结性(年末)评估,联邦立法要求对个别化教育计划(IEP)做年度和半年度的评估,个别项目可能要求更频繁地更新提交评价信息。儿童一整年内将参与多次游戏评估。这些评估在干预项目中实施,允许团队记录儿童的进步,调整儿童的干预目标。使用摄像机是特别有帮助的,因为团队成员能在不同时间单独观看视频片段,团队会在年终进行前测或后测时重复 TPBA 的过程。视频提供了完好的质性的、量化的、发展的技能改变。另外，TPBI2 的 FACF 工具中的日常活动评分表和"关于我的一切"问卷能用在儿童照料中心、幼儿园、从头开始的课堂、早教课堂来检测儿童在这一年的课程中有哪些质性的变化。TPBA2 观察指南和新的工具，都被用来监测儿童取得的进步，也都已作为本书的内容被包含在附录中。

1.6 谁能被评估？

标准化的评估对幼童而言经常是个艰巨的任务，阻碍了他们沟通、认知、感知运动和社交主动性。这些标准化评估的结果之一是很多孩子不能表现出他们最好的水平，因而得到的分数比他们实际能力低(Bagnato & Neisworth, 1991, 1994; Greenspan, 1997; Meisels, 1996)。另一个结果是大量儿童被贴上不可测试的标签，意味着这些儿童不能在测验中完成任务是因为存在行为问题或残障状况，因此测验分数不能确定。故而很多需要评估的儿童不能从测验中受益。比如有严重情绪障碍儿童、自闭症儿童、多重残障儿童，经常被归类为不可测试的。在巴尼亚托和尼斯沃思(1994)的研究中，43%的儿童被学校心理学家确定为不可测试的，这些所谓不能测试的儿童最终被确认为符合使用替代工具的条件，包括父母访谈、基于游戏的评估、亲子观察、课程本位评估或标准参照等工具。

TPBA 可以用于这些 0—6 岁儿童的功能性发展评估，包括那些发展正常或超前的儿童和有残障或有残障风险的儿童，以收集适当安置、接受教育或治疗项目相关的发展性信息。

1.7 谁可以实施评估？

TPBA 评估可以由任意人数的专业团队和家长共同使用。当然，父母是 TPBA 评估团队的组成部分。因为 TPBA2 观察指南列出了感知运动、情感和社会性、语言和沟通、认知领域的发展情况，有这些领域的专家参与评估是很重要的，但任何具有儿童发展知识的人员都可以参与。TPBA 允许以非技术化的方式进行评估，以便非专业人员和父母能明白如何使用评估信息。尝试删除专业术语，以便来自不同背景的人都能看懂每个部分的信息、能学到新的发展性的资料、能更整体地观察和解释行为。

实施评估的人员影响评估效果。儿童与熟悉的家长、同伴、手足或熟识的成人互动，会比与陌生人互动的反应更自然，在舒适度更高及增加沟通的情况下，专业人员更容易看到儿童最好的表现状态，收集到更多的有效信息(Grisham-Brown, 2000)。因此，家庭成员和同伴参与评估过程的做法变得更为普遍。

另一个发生在早期干预领域的变化是评估过程的团队合作。州和联邦的规定都要求幼童的诊断评估要有多样化信息来源和多学科评估团队。信息来源包括常模对照和标准化测验的组合、基于游戏的评估、自然情境观察和对照料者的访谈或评分表。TPBA 通过分析家庭成员的反馈和对儿童游戏行为的个体观察，使团队成员多方面了解儿童。

在传统的评估设置中，专业人员经常在不同评估环节单独会见儿童，连续进行评估。这样做常常得到并不准确的评估结果，第一个评估的人见到的是害羞、焦虑的儿童，最后一个评估的人见到的可能是疲劳、暴躁、不合作的儿童。所有的专业人员和儿童进行不同的互动，才能了解儿童不同方面的社会性表现。每个专业人员只检测他负责评估的那部分领域还会导致对儿童的印象支离破碎。现有的实践强调跨学科评估团队的重要性，来自不同学科的专业人员和家庭成员像一个团队那样一起工作，以便更好地理解儿童发展各领域间的内在联系。每个团队成员为所有团队成员提供知识支持，以获得对儿童的整体了解（Bailey, 1996；Sandall, 1997）。

另一个趋势是让早期干预人员、教师，还有言语和语言病理学家、职业心理治疗师、物理治疗师、心理学家和其他领域的专业人员参与评估过程。要明白评估的主要目标是制定适合儿童的干预计划，负责实施这个计划的人员能提供评估和干预有效对接的重要意见（Puckett & Black, 2000）。

一个团队要发挥制定评估计划、观察、讨论的功能，父母和专业人士基于各自的对儿童的了解和专业知识，会使评估更多体现跨领域的特点。

1.8 如何使父母和其他人能参与 TPBA2 评估过程？

过去十年的实践表明了家庭成员参与的重要性，而不是将他们作为评估团队之外的人员。为了绘出精确的儿童发展状态图像，从家庭的价值观、在家中表现出的技能和行为、以及看到的其他表现、家庭成员评估前后、项目实施前后对孩子各方面的了解都是必需收集的信息（Bricker, 2002b；Childress, 2004；Greenspan & Meisels, 1996；Ireton, 1996；McWilliam, 2000；Trivette & Dunst, 2000；Weston, Irvins, Heffron, & Sweet, 1997）。

在上述内容中提及的，标准化的测验通常由预先经过严格训练的专业人员来实施。父母（尤其是学龄前儿童的）常常不在场，父母如果在评估室，也会被要求尽量不与孩子互动，因为会影响孩子对评估者做出回应。然而，评估的主要目标应该是了解儿童在日常的沟通和社会互动中的表现，而在特殊情境与陌生人互动时这类表现往往是不会发生的。

另一个要达到的评估目标应该是了解儿童各个领域的最好表现。熟悉的人或能提供脚手架支持策略（supportive scaffolding strategies）的专业人员在一起更能引发儿童最好的表现，但这些条件在标准化评估过程中都不具备。了解儿童在不同互动模式中表现的差异能为实施干预提供有用的信息，因为团队能确认哪种互动模式能更有效地让儿童表现出最好的行为水平。强调了解儿童在什么环境下能达到最好水平，对干预也是很重要的。Lowenthal(1997)发现基于游戏的评估和家庭干预结合突出了儿童和家庭的力量，有助于制定适宜儿童发展的实践方案。

现有可替代传统评估的工具力图和家庭成员一起通过观察收集儿童通常的和最好的表现，通过和专业人员一起构建和调整评估环境来支持儿童的活动。基于游戏和生活常规的评估需要照料者和其他家庭成员以几种不同方式参与。基于游戏的评估从访谈中向父母了解儿童包括评估前、评估期间、评估结束后在家的表现。另外，照料者和兄弟姐妹（或同伴）通过和儿童玩和互动的方式参与到评估过程中。家用摄像机也可以用于收集更多信息并将其与儿童在不同场合中的表现作比较(Guiry, Van den Pol, Keeley, & Neilsen, 1996)。基于生活常规的评估通常在家实施，经过观察和对照料者的深度访谈，了解儿童在家和社区是如何表现出功能性行为的。对来自不同的语言背景的家庭来说，翻译对整个评估过程很重要。翻译在儿童、父母与专业人员之间起到沟通桥梁的作用（见第三章关于口语翻译和书面翻译的讨论）。

要让父母在评估初期、其间、游戏环节结束后都参与TPBA过程以确定收集到所有必要的信息并用于协助制定计划。开始评估环节之前，父母提供两个方面的信息：(1)儿童和家庭史问卷(CFHQ)，用于确定他们孩子的发育、社会性、健康方面的历史和家族健康史；(2)儿童功能家庭评估(FACF)，用于了解家庭或照料者在家里、儿童照料机构以及其他多个场所观察到的其各个发展领域的行为表现（见第五章）。在评估环节中，家庭成员也参与到游戏中并观察孩子，他们会告诉专业人员孩子在此时的表现与他们在家中看到的有何异同，帮助团队成员了解孩子表达出的沟通意愿和行为。根据儿童的年龄和需要以及家庭的意愿，家庭成员包括兄弟姐妹也可能作为玩伴与孩子一起游戏。游戏环节结束后，家庭成员参加对儿童在游戏环节和在家的行为表现的讨论，他们作为评估团队成员，帮助确认信息的含义，这事关接受服务的资格、孩子和家庭需要的程度、需要哪些服务和资源等。综合家庭提供的信息才能给出有针对性的建议，才能保证可操作、功能性需要得到解决。TPBA2使用新的会谈表格，体现了结合观察和基于常规活动的评估模式。

1.9 在哪里实施以游戏为基础的多领域融合评估？

TPBA在家里或在游戏环境如游戏室、游戏区、保育室或幼儿园的教室里实施。基于每日常规的评估经常采用在家会谈或观察的形式(Bricker, 2002a; McWilliam, 1992, 2000)。这样做有很多好处，比起在办公室或诊所这样的环境，儿童及其家庭会觉得更自在，更不拘谨。因为不会要求儿童完成特定任务，只是观察其在自主游戏和被吸引参与有意思的活动时引发的功能性技能，所以能获得更准确的信息。家里、保育中心或幼儿园的环境也非常有助于专业人员明白儿童为何要发展出某个技能。定期在游戏环境和日常生活环境中评估儿童的功能性技能，对父母和最终实施干预方案更有意义（Childress，2004；McConnell，2000；McLean，Bailey，& Wolery，1996；McWilliam，2000）。

TPBA2 能在任何创造性的游戏环境中实施。游戏中的儿童动机水平高，游戏式的互动能有结构地检测儿童的技能、行为、动机、学习风格、各发展领域所需的支持（Linder，1993a）。可以观察儿童在游戏室、保育环境、家里或社区环境中的游戏。例如公园的游戏场可能对家庭成员来说是个没有危险的环境，提供了很好的观察大肌肉群运动技能的机会。

幼童非常喜欢游戏，这是他们学习的首要途径，独特的材料和支持性的互动通常能引发游戏和类似的行为。所有发展领域都能在游戏中观察到，所以对环境的唯一要求是它能鼓励探索、操控和问题解决行为，提供锻炼情感表达和沟通技巧的游戏机会。

父母在日常生活中所观察到的儿童行为表现也是很重要的信息。居家观察能解释相关环境下的儿童行为，特别是与家庭的文化和经验相关的。尽管评估团队会要求调适评估环境，但特别是对婴儿和病弱的儿童来说，最适合的环境就是儿童的家（见第三章）。

1.10 用什么材料？

观察儿童如何使用熟悉的物品和材料，增加一个陌生的材料时能看到很多信息，比如儿童的记忆力、问题解决和一般的技能。适用的评估材料和过程考虑文化或残障因素，会能得到更准确和中肯的评估结果。

1.11 评估过程包括哪些？

TPBA 是从向家庭成员了解儿童的健康状况、社会和发展史以及家中观察到的儿童行为开始的。这些信息用于以下几个方面：(1)产生评估问题以引导游戏评估方向；(2)帮助制定游戏的主要结构、环节和使用的策略；(3)在游戏环节后与观察评估的信息进行整合，明确儿童的发展水平以及是否存在某种发展迟缓、功能失调或偏差；(4)检测可能导致或影响儿童发展的因素。基于游戏的评估活动安排提供给团队观察儿童在各个领域发展情况的机会，包括视力和听力发展（见第二章至第八章）。评估团队要和家庭成员紧密合作，制定最接地气的评估计划，也要确定特定的游戏活动是否能表现出儿童发展需要。游戏时还要选出某个团队成员作为游戏引导员。

TPBA 是一种灵活的评估模式，它允许团队根据儿童发展的、情绪的或行为的需要切换评估环节。不管 TPBA 进行到哪个环节，保持儿童与家庭成员之间的互动直到其与游戏引导员和其他团队成员在一起也能感觉到自在（见第八章）。在一些情况下，一直保持儿童和家庭成员长时间游戏，不需要和评估团队成员游戏，就可以观察到儿童游戏行为最理想的水平表现。当儿童开始能自在地玩时，一位团队成员（家庭协调员）开始和正在观察的家庭成员对话，以了解他们是怎么看儿童表现出来的行为的（见第八章）。游戏环节往往依儿童的独立性和探索的动机而各不相同。在游戏单元中，团队不仅要观察儿童主导的非结构游戏，还要观察引导者让儿童使用其引入的陌生的游戏材料的结构化游戏。游戏引导员根据需要选择设置结构游戏和非结构游戏的形式。在游戏单元中观察儿童和熟悉的成人或同伴的互动也很重要。

标准化测试要求的和传统测试者使用的指导式的做法，使儿童处在严格按要求做出回应而不是互动的模式下。这样做常常会导致儿童变得安静或不愿做出回应，儿童典型的沟通和技能可能表现不出来，因此评估结果可能是无效的，创造性是被扼杀的。用非指导的、非正式的、同步的互动取代问答模式能增加儿童的自主性（Grisham-Brown, 2000）。在 TPBA 中，游戏实施的过程包括以下步骤：

- 观察儿童自发的行为（spontaneous behaviore）；
- 通过模仿鼓励轮流行为（turn-taking）；
- 对儿童的回应要适合其发展水平；
- 通过提供脚手架式的支持、必要的结构性行为强化，帮助儿童表现出高一级水平的行为；
- 提供问题解决和创造的机会；
- 促进社交互动和沟通（见第八章关于游戏实施技术的进一步讨论）。

与儿童的互动模式会影响到评估数据的收集。这也是基于日常生活、采用游戏方式、观察典型互动和使用相关材料的自然测量方式越来越被广泛接受和应用的重要原因（Losardo & Notari-Syverson, 2001）。

由一名受过训练的引导员观察儿童的互动是一个重要的策略，它能有效促进儿童提高能力，并可能将一些具体的做法整合到干预建议中。如果可以，家庭成员应尽量作为游戏伙伴在场观察儿童的互动。观察儿童与不同年龄的熟悉及不熟悉的人（比如成人和孩子）互动的情况能使评估团队观察到多种社会性和沟通互动的模式，包括与父母或照料者，手足或同伴以及治疗师、引导者这些儿童可能不认识的人。

在实施 TPBA 评估期间，评估团队观察儿童吃点心、穿衣和如厕等随机出现的适应性行为，了解自理和适应性技能发展的情况。整个游戏单元，团队观察儿童在技能和行为中的感知运动、情感和社会性、语言和沟通、认知发展情况，以及伴随早期阅读、视觉和听觉能力表现。将观察记录与发展指南和年龄表作比较,来说明儿童的发展水平和做出发展的定性的描述。

1.12 TPBA2 是如何将评估和干预联系在一起的?

TPBA2 既是评估的过程也是干预的过程。事实上,TPBA 的某些方面可以看作策略上的"试验性的干预",在其中通过修改策略使之更符合个体特点来尝试引导儿童达到最好的水平。因此,发展性观察的附带结果是,团队也观察到怎样做是有效的。例如,观察儿童是否需要特别类型和一定数量的刺激,观察儿童如何加工感觉信息可以使我们察觉到环境中呈现的信息哪些是可能促进或抑制学习的。什么可以激发儿童动机,儿童是否自发地发起活动、模仿他人,是否需要身体的、语言或视觉的提示等都可以给我们提供信息,即儿童需要何种程度的结构化的支持来进行学习。这些方面的前后联系是制定干预方案必需的信息,额外的观察信息可以整合到干预建议中,包括:

- 可以纳入干预方案建议的游戏或日常生活中的成功策略;
- 在评估中发现的可以列入每天例行活动的能够引发儿童动机的玩具和材料;
- 在评估中可以增进游戏和沟通并可以建议在平时重复使用的互动模式;
- 可以应用到调整儿童所处的自然环境的有利于儿童更好表现的环境改进措施。

TPBA 观察到的这些定性资料使评估结果更富有前后联系,提高了制定干预计划的效能(Linder,1993a)。评估结果也更具有文化特点和发展适宜性,能更好地被家庭接受,具有文化、社会和治疗的效用(Barrera,1996)。作为结果的建议能直接联系儿童日常生活经验和功能性行为,因而更容易实施(Childress,2004;Human & Taglasi,1993;McWilliam,2000)。

跨领域游戏干预(TPBI)是以跨领域游戏评估(TPBA)的原理为基础的,TPBI2 吸收了TPBA2 的发现,以及对各个发展领域在游戏和日常生活中如何实施的针对性、功能性的建议。为 0—6 岁儿童设计的活动建议都特意整合到在家庭中、保育中心或学校的每日常规活动中。新版也包含了协助父母和专业人员追踪儿童进步的新工具。

1.13 怎么做 TPBA 观察记录?

TPBA2 观察指南(The TPBA2 Observation Guidelines)和年龄表(Age Tables)是进行跨领域游戏观察的基础,它们提供了感知运动、情感和社会性、语言和沟通、早期阅读和认知发展的观察结构,还提供了进行视觉和听觉筛查的依据。TPBA2 观察指南建立在现有研究基础上,每章都对每个领域及其所涵盖的能力进行了详细描述。每个领域的发展进程和定性的内容都在 TPBA2 的每章进行了深入阐述。每个领域的子类都有各自的观察指南,以提问的形式列举。设计的问题鼓励团队成员重视那些质性的信息,即不仅只是确定儿童能否完成任务,而是儿童如何能有好的表现。表格的形式能让团队成员标记儿童的强项(strength),需要关注的问题(concerns)和已经准备好即将发展的能力(areas of readiness)。TPBA2 观察指南的每个设置都与儿童发展的年龄范围协同一致,还有特别空间用于预测用何种手段能使儿童表现出某个技能。量化的数据对鉴别发展迟缓以及发展偏离是有用的,由此判断儿童是否可以有资格进入到专门设立的项目(eligibility for programmes——指经过鉴别属于残障的儿童可以进入到按照法律由国家设立的或有资助的干预项目),同时,既有定量又有定性的数据有助于了解儿童哪些方面已做好学习准备、如何学习对儿童最好,有利于项目计划的制定。TPBA2 观察指南和发展年龄表使评估团队根据定量和定性的信息给儿童的表现划分等级。以下的等级可以根据各州的要求做适当调整:

- 超过平均水平(above average),技能水平比年龄水平高 25% 及以上,且没有质的需要特别关注的问题;
- 平均水平(typical),在年龄水平上下 24% 之内,没有质的需要特别关注的发展问题;
- 待观察(watch),边缘行为有待在以后的评估中观察;
- 令人担心的(concern),技能水平比年龄水平低 25% 以上,或在该子项目上有质的问题需要特别关注。

另外,如果有需要子项目对应的年龄范围可以在图表中标示出来,完成表格的范例见第二章的有关内容。

强烈建议记录在保育中心、儿童家中或社区评估期间的影像。录制的视频可用于多个目的,团队成员能回看视频,恢复对特定行为表现的记忆,协助完成 TPBA2 的观察指南、年龄表、观察记录和观察概览表。视频记录还能在评估之后和家庭成员一起观看,指明儿童发展的特殊表现或演示特别好用的引导策略。视频分析和数据对比还能反映一年来儿童的进步。视频是为家庭和工作人员展示儿童进步的图示说明。

1.14　如何分享 TPBA 观察到的信息?

与家庭成员分享 TPBA 评估的信息和建议,将其与问题解决联系在一起,是 TPBA 过程的重要环节。要根据 TPBA 是如何和在哪里实施的、家庭成员空闲时间、儿童情绪和行为情况而定,TPBA 后期安排是多样化的。可以在游戏单元结束后直接展开一次深入的讨论,也可以在游戏单元结束后先有一个简短的报告会,之后不久的某天再有一个更长时间的讨论和计划会议,抑或以上所有讨论都安排到更晚的时候。通过分享信息和讨论,能生成跨领域的建议,召开项目计划会议,在与家庭讨论过程中制定个别化教育计划或个别化家庭服务计划。正式的报告对所有评估相关的信息都进行概述,提出建议。也要按地方和州的要求填写地方教育部门(LEAs)或州教育部门(SEAs)所需的附加表格。

1.14.1 报告怎么写?

TPBA 的报告应该按一定格式书写,要反映出当前最优做法,鼓励基于优势能力的功能性的报告,要记录儿童当下能做到的和接下来准备学习的方面。数字要用来服务于描述注重功能性的、准确的和可识别的儿童发展面貌。一份完整的报告要联系各个发展领域的信息,说明一个领域的发展是如何影响另一个领域的,讨论儿童怎样才能有最好的学习结果,这样的报告对照料者和干预者来说才是有价值的。报告能使父母理解儿童能力发展的复杂性,也能够支持他们真正实施全面综合的干预方案(Linder,1993a)。

功能性的建议也是重要的。传统的报告仅罗列全领域需要干预的部分,更实际的一个建议是提及儿童现在的表现、将要发展的能力及其重要性并提出解决问题的途径。应该提供家庭易于在日常生活和多个环境中实施的干预办法(见第八章中关于报告书写)。

1.15 什么数据用来支持 TPBA?

1.15.1 对 TPBA 方法的研究

很多研究评判以游戏为基础的多领域融合评价(TPBA)模式的优点和缺点,在接下来的讨论中,研究验证了 TPBA 实施的信度和效度。高尔和柏格(Gall & Borgand,2006)认为信度是指内容一致性水平或测量的稳定性。关于 TPBA 跨时间和评分者的信度已有研究实证(Al-Balhan,1998;Cornett & Farmer-Dougan,1998;Friedli,1994;Linder, Green, & Friedli,1996;Myers, McBride, & Peterson,1996),很多再测信度和评分者信度的研究都支持这个结论。

1.15.1.1 信度

1. 评分者信度(Interrater Reliability)

评分者信度一般涉及多个评分者对特定测试项目上打分的一致性水平,迈尔斯及其同事(1996)研究了评分者信度,发现使用 TPBA 的评分者间评分的一致性系数比使用标准化测验的更高。他们的研究比较了其他团队成员和儿童父母对每个发展项目的评分,结论是使用以游戏为基础的多领域融合评价工具的评分一致性比标准化测验工具更高。TPBA 的 15 个发展领域中的 11 个超出严格一致性标准,有 12 个领域超出一致性标准的 1%。TPBA 工作人员和家长评分一致性的范围是 28.8%—84.4%,一致性平均达到 51.8%。标准化测验工作人员和家长评分一致性的范围是 38.4%—77.3%,一致性平均只有 46.5%。

第二项衡量评分者内部信度是工作人员和家长打分的平均分的相关性,在为儿童发展轮廓赋值方面,以游戏为基础的多领域融合评估中父母和专业人员之间的相关系数($r=0.70, p=0.001$)比标准化测验的系数($r=0.67, p=0.001$)更高。在费歇尔检验中表明以游戏为基础的多领域融合评估中父母和专业人员之间的相关系数稍高,二者评分不存在显著差异。

弗里德利(Friedli, 1994)使用评估期间的视频资料检验了 TPBA 评分者内部信度,评分者独自为每个儿童打分,结果显示在语言、动作和综合领域的信度达到与可以决定特殊干预项目资格的标准化测验一样的标准。她还发现,不同学科背景的专业人员在观察指南的帮助下也能较为准确地给儿童在非本学科领域的表现计分。

阿尔-巴尔汉(Al-Balhan, 1998)检验评分者内部信度时研究了在科威特的幼儿园培训和使用 TPBA 的情况,对比新受训的幼儿园评估团队与同样新受训的专业人员对儿童各发展领域的评估结果。他发现两组人员一致性的平均百分比在 68% 到 82% 之间。特别值得关注的是,在科威特进行培训和应用需要考虑到语言和本土化的问题。尽管需要额外的改编,TPBA 仍然展示了科威特新受训的幼儿园教师和专业人员之间在多个领域的计分能达到合理的一致性水平。

2. 再测信度(Test-retest Validity)

再测信度指测验在跨时间周期使用的总体稳定性。1994 年弗里德利通过评估 3—6 岁之间的 10 名儿童研究了 TPBA 测验的稳定性。使用 TPBA 评估每个儿童两次,间隔六周,她的研究结果显示两次测验各个领域计分的协同性卡方检验达到显著水平($p<0.0001$)。

1.15.1.2 效度

效度由内容效度、效标关联效度、结构效度几个方面构成,这些方面都对 TPBA 的效度研究以有力的支持(Al-Balhan, 1998; Friedli, 1994; Karr, 1998; Linder & Green, 1995; Myers et al., 1996)。

1. 内容效度(Content Validity)

高尔等人(Gall, 2006)提出内容效度是指测验项目的样本对要测量内容的代表程度。弗里德利(1994)发现大多数使用了 TPBA 指南的早期干预专业人士,例如心理学家、教育家、言语语言治疗师和动作领域的专家成为了它的支持者。这些专家用李克特量表的 1—7 等级给发展领域和子项目的关联性、清晰度、理解程度打分,所有 TPBA 指南的子领域项目都获得不错的分数(高于 4 分),多数在 6—7 分之间。琳达和格林(Linder & Green, 1995)统计了 40 名不同国家的专家(每个领域打分人数 N=10)就每个领域的内容效度打分,使用李克特量表的 1—7 等级评分,所有领域的所有子项目得分在 6—7 分之间,显示其有很好的内容效度。

迈尔斯等人(Myers,1996)也检验了工作人员对评估中获得的信息数量和信息是否有用等方面的评分。每次评估之后都让每个工作人员对主要的发展领域收集到的信息数量,使用李克特量表(1=没有,2=有限的,3=一般,4=中等,5=非常好)打分。研究者发现使用TPBA在沟通、社会和动作技能领域获得的信息非常多。工作人员则报告使用TPBA在认知、感觉和自助领域获得的信息也非常多。

2. 效标关联效度(Criterion-related,也称同时效度,Concurrent Validity)

高尔等人(2006)指出效标关联效度或同时效度是通过将一组受试者的测验分数与同时或间隔较短时间收集的效标测验分数进行相关比较而得出的。TPBA的同时效度是通过比较基于游戏的评估和传统的标准化、常模参照测验在测量残障儿童和普通儿童时的结果而得出的。弗里德利(1994)通过与巴特尔发展测评(Battelle Developmental Inventory)(BDI-2;Newborg,Stock,Wnek,Guidubaldi,& Svinicki,1984)的评估结果对比发现:TPBA在确定儿童是否具有接受干预服务法定资格方面的准确程度与标准化测验是一样的。她还发现这两个测验对被试的优势和需要情况的描述是类似的。另外,弗里德利的研究发现TPBA实际上能更精确地鉴别一个儿童在社会性情绪方面是否有问题。

卡尔(Karr,1998)曾用一个典型发展儿童为样本,把贝利婴儿发展量表第二版(BSID-Ⅱ)和TPBA的评估结果转换为标准分后进行比较,发现二者之间存在显著相关。凯莉·万斯、尼德尔曼、特洛伊亚和瑞尔斯(Kelly-Vance,Needelman,Troia & Ryalls 1999)以2岁的发展高危儿童为样本,修订了TPBA之后将认知领域的得分与贝利婴儿发展量表第二版(BSID-Ⅱ;Bayley,1993)的测验分数比较,将TPBA认知领域每个子领域的发展相当年龄(Age Equivalence,AE)平均后,比贝利婴儿发展量表的精神分量表的相当年龄要高,表明儿童在TPBA的评估过程中有更好的表现。在此应说明这项研究没有包含其他发展领域,所以结果不是跨领域的,任何领域的发展都与认知发展有关,从某种程度上说损害了这个过程的原本目的。另外,之前提到的研究没有考虑指南中质性观察的内容,就因此忽略了TPBA评估的主要目的是了解儿童**如何**能有好的成就、行为、学习,而不仅仅是根据观察到的技能划分年龄水平。这些跨领域和质性的因素对确定儿童的(特殊干预)法定资格和制定干预计划都是必不可少的。

3. 社会效度(Social Validity)

社会效度指评估信息的生态完整性,评估方法的可接受性和评估结果对家庭和专业人员的重要性(Neisworth,1990)。迈尔斯及其同事(Myers,1996)用多学科标准化的模式与以游戏为基础的多领域融合评价方法作比较,随机安排40名3岁以下儿童接受其中一种评估。他们检验了客户(父母和专业人员)对所用评估方法、评估所花时间、书面报告的反馈。

通过问卷调查，用 17 道题目描述了评估和报告过程的积极表现，请父母按从同意到不同意做出李克特量表五级评分。Myers 等人发现 TPBA 在 17 道题中有 13 道，虽然未达到统计学上的显著水平，但高于其他标准化评估工具的平均分数。父母尤其提到，在 TPBA 过程中专业人员收集信息的方式令他们感到更自在，也理解 TPBA 的鉴定目标的重要性。迈尔斯和同事们还发现言语语言病理学家和学校心理学家在评分时认为 TPBA 在鉴别儿童的强项和弱项，并制定发展项目计划方面的效用显著大于其他标准化工具。

功能性的效用(functional utility)，指信息的清晰度、完整性和有用性，迈尔斯等人(1996)也进行了研究。迈尔斯和同事们检验了 TPBA 评估报告的功能性效用，将其与完成了标准化测验后书写的报告作比较，TPBA 报告的得分更高，特别是易于获得对儿童的能力概览、确定哪些发展领域需要关注，发展领域的分数在报告中都展开了讨论，书写时不使用专业术语、整合了特定领域的信息，明确地基于儿童的强项和弱项制定目标。当把这些项目的得分合计，TPBA 评估报告的平均得分显著高于标准化测验报告的得分。在另一项研究中，科内特和法默-杜根(Cornett & Farmer-Dougan, 1998)尝试了 TPBA 的两种不同评分方式，发现更客观的评分程序更受欢迎。

阿尔-巴尔汉(Al-Balhan, 1998)在另一项研究中通过科威特的工作人员在鉴定儿童的强项和弱项方面的效用以及在训练和应用中生成项目或干预想法的情况，检验了 TPBA 的社会效度。经过分析，他发现 90% 接受过训练的专业人员认为 TPBA 在确定儿童强项、需要和生成项目或干预想法方面是有用的。他的发现对在多文化环境中使用 TPBA 有重要意义。另一种审视社会效度的方式是当标准化测验不能满足评估需要时，专业人员会选择使用哪种工具。巴尼亚托和尼斯沃思(Bagnato & Neisworth, 1994)在一项对学校心理学家的调查中发现当传统的测验显示儿童"不能测验"，用来代替的评估方式大多数包括父母会谈(58%)、与玩具和人一同进行的基于游戏的评估(44%)、自然环境中观察亲子活动(30%)。这些发现显示专业人员在寻求可替代的更有效的评估结果。经修订的 TPBA 程序吸收了多维的方法，包括常用的可选择的多种方法。在对科罗拉多州(科罗拉多大学，2003)专业人员的调查中发现用于认定服务合法性资格的评估中，C 部分有 97%、B 部分有 82% 包括了基于游戏的评估作为其主要内容。比较之前，1999 年 C 部分有 21%、B 部分有 18% 包含基于游戏的评估，现在这两个部分都有超过 50% 的内容使用了基于游戏的评估。显示使用基于游戏的评估和跨学科的方式已成为这个领域的发展趋势。

1.15.2 对 TPBA2 的研究

在一项研究中由美国和国际专家们分析了修订后的以游戏为基础的多领域融合评估(TPBA2)的结构效度和内容效度(Linder, Goldberg, & Goldberg, 2007)。研究的第一个方面是了解跨领域概念的有效性,12 名专家分成 4 组,每个领域分配 3 人,调查所有内容之间的联系,每个专家都要给一个子项目对另一些子项目有是否有直接帮助打分,提问句式是"项目 A 直接对项目 B 有帮助吗?"回答的选项是:从不、很少、有时、经常、总是。这些频率的选项随后会用频率的专家评分表转换为 0(从不)到 10(总是)的分数。通过计算了解领域内和领域间的联系。28 个子项目之间,可能的双向跨领域影响的总数是 588 次,跨领域影响频率分值超过 5 分的占 31.4%,达 185 次。同时,专家选择没有影响的仅有 61 次,占总体的 10.4%,意味着专家报告表现出跨领域影响的情况有近 90%。

这些发现揭示在发展领域内部和跨领域之间都存在强烈的相互依存的关系,从而支持了跨领域发展的框架,以及评估方式存在将评估与干预整合的需要(见图表 1.1)。因为一些领域间的影响较之其他领域强,需要进一步的研究考察发展出"影响地图"的潜力,以基于这些内在的联系指导干预进程。

图表 1.1 发展领域之间的联合影响

有影响的	被影响的				平均影响
	认知	感觉运动	语言和沟通	情绪和社会性	
认知	Mean 6.53 SD 1.78	Mean all 1.68 Mean Cog 2.08 Mean SM 1.29 SD all 1.51 SD Cog 1.39 SD SM 1.35	Mean all 3.03 Mean Cog 3.45 Mean Comm 2.61 SD all 1.69 SD Cog 1.48 SD Comm 1.41	Mean all 4.03 Mean Cog 4.86 Mean ES 3.21 SD all 2.23 SD Cog 2.24 SD ES 1.63	3.82
感知运动	Mean all 3.79 Mean SM 2.86 Mean Cog 4.73 SD all 2.10 SD SM 1.77 SD Cog 1.79	Mean 3.75 SD 2.02	Mean all 2.09 Mean SM 2.00 Mean Comm 2.17 SD all 1.86 SD SM 1.43 SD Comm 1.85	Mean all 3.31 Mean SM 3.01 Mean ES 3.61 SD all 2.05 SD SM 1.85 SD ES 1.77	3.23
语言和沟通	Mean Comm 3.16 Mean Cog 4.22 SD all 1.81 SD Comm 1.41 SD Cog 1.88	Mean all 0.44 Mean Comm 0.55 Mean SM 0.32 SD all 0.64 SD Comm 0.65 SD SM 0.61	Mean 3.13 SD 1.68	Mean all 3.74 Mean Comm 3.18 Mean ES 4.29 SD all 2.17 SD Comm 1.99 SD ES 1.92	2.75
情绪和社会性	Mean all 4.64 Mean ES 3.57 Mean Cog 5.71 SD all 2.15 SD ES 1.69 SD Cog 1.60	Mean all 1.59 Mean ES 1.63 Mean SM 1.55 SD all 1.55 SD ES 1.25 SD SM 1.51	Mean all 2.52 Mean ES 2.41 Mean Comm 2.63 SD all 1.77 SD ES 1.64 SD Comm 1.46	Mean 5.34 SD 2.17	3.52
平均影响	4.66	1.86	2.69	4.10	

备注:SD=标准差,Cog=认知领域;SM=感知运动领域;Comm=语言和沟通领域;ES=情感和社会性领域。

参与这项研究的 12 名专家也应用其所在学科领域的知识回答了每个发展领域的内容和每个子项目的定义,评论每个子项目的涉及的内容,定义的清晰度,子项目组成的完整性,能否覆盖该发展领域的内容等。调查结果表明子项目的定义是可靠的,并根据专家的反馈对子项目做出了适当调整。

1. 评分者信度(Interrater Reliability)

一些对 TPBA2 展开的评分者信度的研究将用以表明各个领域的评分者的一致情况。这些研究涵盖了来自多个领域的参与者:(1)一位参加过两天 TPBA2 初级培训;(2)一位是参加过两天初级培训,定期实习,然后又参加了 2 天进阶培训;(3)一些学习了十周 TPBA2 儿童、家庭和学校心理学课程的研究生;(4)在过去几年使用 TPBA2 的专业人员。研究选择 4 名不同儿童的评估录像,从 TPBA 评估期间的录像中剪辑了儿童活动的部分,要求专业人员给录像中每个儿童表现出来的相关领域评分。提供给观察者该名儿童除了年龄之外的背景信息,录像中的儿童有发展正常的也有中度发展迟缓的。专业人员和学生,无论其学科背景如何,都要根据 TPBA2 的观察指南和年龄表给儿童所有发展领域评分,判断儿童是否存在以下情况:(1)发展高于平均水平,(2)发展正常,(3)发展需要进一步监测,(4)发展存在风险需要为儿童申请干预服务项目的合法资格。由此获得每个样本团体对每个孩子评分的一致性水平。研究所有学科背景的人员给每个儿童的评分来确定跨学科的观察是否有效。另外,他们各自独立地给每个儿童评分之后,10 个团队的分数也要合成团队分。

图表 1.2 显示对所看录像的每个儿童四个领域的个人评分和团体分。应该注意的是,仅仅放映了每个儿童整个评估的部分录像。录像经常不能像生动的现场观察那样能捕捉到细微的信息。在有这些限制的情况下,研究结果仍显示了很强的可信度。应该提及的是对发展正常或发展中度迟缓的儿童的评分的可信度是最高的。对于细微的风险,观察者表现得更谨慎,评分范围跨度较大,介于"待观察"和"需要关注风险"之间。由于环境因素导致的发展风险的儿童个案,评分有轻微不同,介于"正常"和"待观察"之间,表明这些细微问题在 TPBA 评估中也是可以显现的。观察者不确定时倾向于将儿童归类为"待观察"。团队讨论的价值可以清晰地显现,因为参与者讨论他们观察到的信息和对比他们的观点,能对儿童的表现看得更清楚。所有儿童的团队评分与个体评分作比较,能达到 90%—100% 的一致性。这表明团队讨论有助于对儿童处于"灰色"地带的表现做出判断,风险是否严重到可以获得干预项目服务的资格。

图表 1.2　TPBA 视频观察的信度

培训水平	儿童 1 感知运动 一致的比例 （轻中度）	儿童 2 语言和沟通 一致的比例 （中度）	儿童 3 情感和社会性 一致的比例 （轻度）	儿童 4 认知 一致的比例 （存在风险）	所有领域
2 天培训（专业人员）情况 A	N=9 0.88	N=10 0.90	N=11 1.00	N=10 0.80	0.89
2 天培训（专业人员）情况 B	N=8 0.75	N=8 1.00	N=8 0.75	N=8 0.875	0.843
2 天进阶培训（专业人员）	N=23 0.95	N=23 0.95	N=23 0.95	N=23 0.95	0.95
20 小时培训（学生）	N=9 1.00	N=9 1.00	N=9 1.00	N=9 1.00	1.00
专家	N=4 1.00	N=4 1.00	N=4 1.00	N=4 1.00	1.00
团队	N=10 1.00	N=10 1.00	N=10 0.90	N=10 1.00	0.975

备注：儿童 1 在之前的评估中确定肌张力、运动计划和感觉调整有轻微到中度的发育迟缓；
儿童 2 在之前的评估中确定中度的语言发育迟缓和沟通障碍；
儿童 3 在之前的评估中确定有注意缺陷障碍和调节障碍问题，在与语言和社会互动有关的方面有轻微问题；
儿童 4 在之前的评估中确定由于环境因素导致发育风险，但认知发展尚在普通水平；
有人提前结束培训或没有完整填写表格，导致每个项目的人数可能不一样。

另一个有趣的发现是培训和实践的影响，在图表 1.3 中可以看到，几乎一有时间就去实践并应用 TPBA 的人员的可信度会提高。这可能和实践中发生的跨领域学习和教学有关。当团队成员在一起工作时，他们对儿童整体能力的评估会变得更好。从应用 TPBA 几年的团队工作中成长起来的专家之间的一致性能达到 100%，这也显示了一起长时间团队工作能理解彼此的看法。

图表 1.3　培训对信度的影响

培训水平	N	儿童 5 感知运动 一致性（%）	儿童 5 语言和沟通 一致性（%）	儿童 5 情感和社会性 一致性（%）	儿童 5 认知 一致性（%）	所有领域
20 小时真实情境观察的培训	10	100	100	90	100	97.5%
与儿童工作的专家	4	100	100	100	100	100%

备注：儿童 5 在之前的评估中确定所有领域有轻微到中度的发育迟缓；N 表示观察者人数，即样本量。

在另一项研究中，TPBA 专家团队评估了每个成员和一位儿童，另外还有 10 名学生观察员一起对儿童4个发展领域的观察评分。这种情况下,儿童在所有领域都存在轻度到中度的发展迟缓,仅有情绪发展领域存在评分不一致,而这位儿童恰好在情绪发展领域有相对优势。

2. 效度(Validity)

同时使用TPBA2和其他评估工具的效度是很难保证的,因为TPBA的特点是强调独特性,对传统测验来讲这个观点甚至是怪异的(例如,提供临床观点,与团队成员讨论跨领域之间的影响,吸收家长的看法)。在比较TPBA与巴特尔发展测评(BDI-2)的同时效度和社会效度的研究(DeBruin,2005)中可以看到这一点。两类效度能同时相互关联,因为社会效度了解家长和专业人员是否都感觉到了评估是全面综合的并呈现了儿童发展的精确图像。

德布吕因(DeBruin)所做的一项研究确定了TPBA在服务项目B部分中对接受服务的合法资格的项目的判断是否与BDI-2一致。这项研究从得克萨斯州某个大的学区招募了45名2—5岁的儿童做了群体研究,有些儿童要从服务项目C转到学区的学前教育项目正在接受评估,还有一些儿童因为照料者、医生和早期儿童教育项目提出"需要特别关注"而被转介到这个学区。用TPBA和BDI-2对这45名儿童进行评估,将这些儿童随机分成两组,一组先做TPBA评估,另一组先做巴特尔发展测评(BDI-2)。

使用卡方分析和f和谐系数检验TPBA和BDI-2在服务项目B部分中的资格合法性项目的判断一致性是否达到统计学的显著水平。评估团队成员实施这两项评估,将儿童分为"具有服务合法性资格"与"不具有服务合法性资格"两类。具有服务合法性资格,是达到州的政策条例的要求,儿童的发展水平要低于25%。为了使比较更可行,从以下方面审视评估结果:(1)是否省略了针对临床的信息;(2)TPBA中提到的"待观察"项目是否被省略(在BDI-2中没有考虑这种情况);(3)是否忽视了儿童发展历史(在BDI-2中没有这一项评分)。当调整了TPBA评估这些方面的内容之后,发现二者评估结果的一致性达到82.2%($p<0.001$)。但是,因为TPBA并不打算要这样使用评估结果,所以将这些评估结果包含在内做检验。当包含针对临床的信息、"待观察"项目和发展历史时,巴特尔临界值取值70一致性下降到57.8%,巴特尔临界值取值75一致性是62.2%。然而,当将社会效度中不一致的数据进行比较时发现,很多案例中心理学家和父母都认为BDI-2不能准确地描绘儿童的发展优势和需要。

这些发现表明,当使用绝对临界值时,TPBA和BDI-2之间具有很强的协同性,但当将TPBA的专业观点、"待观察"分类和发展风险因素考虑在内时,协同性会弱一些。以传统的视角看待如何测量同时效度,附加测量社会效度的时候,从专业人员和家长的角度看TPBA实际上可能更准确,下面第二部分德布吕因的研究会说明这个观点。

德布吕因也调查了TPBA和BDI-2在儿童B部分合法性资格评估结果上具有的社会效度,评估过程吸纳主要照料者作为评估团队成员参与,然后完成对每个评估过程的了解程度的调查问卷。每个问卷要求主要照料者使用李克特量表的五级评分制,"1"表示很不同意,"5"表示很同意,为他们对所经历的儿童评估过程的了解程度打分。赋值"4"及以上看作表示具有高社会效度。分析比较 TPBA 和 BDI-2 在每个问题上的平均分和标准分,采用配对样本 T 检验来比较均分(结果见图表1.4)。

图表1.4 TPBA 和 BDI-2 中父母的感受

照料者问卷题目	工具	N	Mean	SD	不小于4分的百分比*	p值
在评估过程中我的孩子表现得自在	TPBA2	44	4.86	0.35	100.0%	0.002
	BDI-2	44	4.50	0.73	90.9%	
评估能让我的孩子表现出最好的能力水平	TPBA2	45	4.60	0.54	97.8%	0.000
	BDI-2	45	3.82	1.13	66.7%	
评估准确地呈现了孩子的需要和要关注的方面	TPBA2	45	4.40	0.94	88.9%	0.009
	BDI-2	45	3.87	1.10	62.2%	
孩子能表现出在家里或社区中通常可见的技能或行为	TPBA2	45	4.31	0.87	86.7%	0.037
	BDI-2	45	3.96	1.07	71.1%	
评估孩子的方式让我感到自在	TPBA2	45	4.84	0.37	100.0%	0.004
	BDI-2	45	4.44	0.87	84.4%	
我对要评估的技能有很好的理解	TPBA2	43	4.72	0.45	100.0%	0.002
	BDI-2	43	4.30	0.86	84.5%	
我感觉自己是个有价值的团队成员	TPBA2	42	4.74	0.54	95.3%	0.001
	BDI-2	42	4.31	0.81	84.5%	

备注:基于李克特五级量表评分,父母非常不同意1分,父母非常同意5分。

配对样本 T 检验结果显示,照料者的理解方面 TPBA 的所有项目的分值都显著高于 BDI-2。分析结果揭示了父母在对 TPBA 和 BDI-2 的了解在以下几方面有显著的差异:(1)儿童的自在程度($p<0.002$);(2)儿童被允许表现他最好的能力水平($p<0.000$);(3)准确呈现儿童的需要和要关注的方面($p<0.001$);(4)表现了在家里可见到的技能和行为($p<0.037$);(5)父母在评估过程中感觉自在($p<0.004$);(6)理解被评估的技能($p<0.002$);(7)他们感到自己是评估团队中有价值的成员($p<0.001$)。

德布吕因(DeBruin,2005)的研究也从团队成员的理解程度检验 TPBA 和 BDI-2 的社会效度,每个参与评估的团队成员完成李克特五级量表评分的问卷,为他们对评估过程的社会效度打分。评分项目包括评估的以下几个方面:(1)能让儿童感觉自在;(2)评估儿童优势的准确性;(3)评估儿童需要的准确性;(4)评估最高技能水平的能力;(5)提供的信息对制定方案的有用性；(6)能够得出对儿童统一整体的看法。再次计算平均分和标准差，并做 T 检验了解二者之间是否存在显著差异。同样的，父母问卷得分等于或大于 4 分也是高社会效度的表现，团队成员对 TPBA 评估的反馈在各题目的得分均达到或高于 4 分，除了 TPBA 团队对评估为制定项目方案提供信息的有用程度的反馈的平均分是 3.98。

心理学家对 BDI-2 评估的上述六个方面的评分均分都低于 4 分。心理学家的各项评分最高平均分 3.29 分是针对儿童感到自在的情况，最低平均分 2.13 分是针对能准确评估儿童的需要。

总的来说，社会效度的分析结果揭示了父母和专业人员认可 TPBA 的社会有效性。德布吕因对同时效度和社会效度的分析结果清楚地说明了 TPBA 因为更准确、统一、有效而被父母和专业人员所接受。同时效度的分析结果说明通过取绝对临界值两种工具一致性达到显著水平，要更准确地描绘出儿童发展的情况可能需将背景和发展历史及专业判断结合。根据这项研究结果，调整观察概览表(the observation summary forms)能让专业观点更好地区分迟缓的水平。

1.16　以游戏为基础的多领域融合评估修订的内容

TPBA 的一些部分做了些改变，包括增加使用了几年 TPBA 的专业人员的意见，早先研究结果的发现，一些文献研究的发现。这些变化包括了与儿童和家庭有关的新内容。

儿童和家庭史问卷(CFHQ)和儿童功能家庭评估表(FACF)是能使家庭成员全面参与评估团队的工具，这些表格提供的信息对计划 TPBA 和理解家庭成员对自己孩子的了解情况很有价值。经过游戏观察后，这些信息能帮助团队将他们的观察与家庭的观察联系起来，并通过确认家庭关心和优先考虑的方面来制定功能性的干预计划。这些工具在第五章中会有所描述。

TPBA2 观察指南，观察记录和年龄表

TPBA2 确定感知运动、情感和社会性、语言和沟通、认知发展四个领域，TPBA2 的观察指南和观察记录提供了对每个领域及其子项目的界定。在每个相应领域的章节提供了对每个子项目的定义，阐明子项目的内容，确保跨领域的条目都能被理解。TPBA2 观察指南(Observation Guideline)能让每位专业人员回顾他们要观察的每个领域的子项目，什么行为可能构成优势，什么要被关注，什么是儿童可能准备好要发展出的行为。TPBA2 观察记录允许专业人员记录子项目，因而组成了用于讨论和书写报告的观察信息。另外，年龄表(Age Table)细化罗列了 1 个月到 6 岁之间每个领域的技能。年龄表能让团队成员确定儿童表现出哪些技能，哪个年龄阶段应发展出这些技能。TPBA2 观察指南和年龄表都是基于当前对该领域的研究和实践(见第二至第八章中对 TPBA2 每个领域和相应图表的讨论)。这些数据随后与事前从照料者那里收集到的信息(见第五章)整合,以便能更好理解儿童。

感知运动的发展

感知运动领域加上视觉领域中确定运动发展和感觉功能的项目包含六个子项目(见图表1.5),在TPBA2的第二章的开始定义各个子项目。视觉发展在TPBA2的第三章单独介绍。

视觉发展

视觉对儿童的发展有重大的影响,但不幸的是在很多评估中都没有注明。尽管所有儿童在做发展评估之前应该先做视觉筛查,现实中却常常被忽视。即使做了视觉筛查,也仅仅涉及视敏度,没有检测视觉能力其他的重要组成部分的情况。另外,一些残障儿童有视觉方面的问题,在传统的视敏度测验中未做测查。这些指南提供了一个机制,来了解视觉对其他领域可能造成影响,是否需要进行更长远更深入的视觉评估。这个部分也提供了对很多没有做过视觉筛查的儿童做初始的视觉评估的指导。

情感和社会性发展

情感和社会性领域的七个子项目反映了日益增多的对情感、人际关系和互动对儿童发展有重要影响的研究。图表1.6列举了情感和社会性发展的子项目,在TPBA2的第四章中有具体的介绍和讨论。

图表1.5 感知运动领域的子类
行动所需功能
大动作能力
使用胳膊和手的情况
运动计划和协调
调节感官及其与情感、活动和注意的关系
感知运动对日常生活和自我照料的贡献
视觉情况(见TPBA2,第三章)

图表1.6 情感和社会性领域的子类
情绪情感表达
情绪情感类型及调节
情绪调控和唤醒状态
行为调节
对自我的感受
游戏中的情感主题
社交互动

沟通交流的发展

基于回顾文献和目前评估过程、沟通交流领域确定了沟通交流质量方面的内容和发展出的语言技能。另外,考虑到人口特征和技术进步,要介绍三个特别关注的领域:孤独症障碍谱系儿童,双语儿童和辅助沟通系统。请看图表1.7中沟通交流领域的子项目,尽管在一个独立的章节涉及听觉(见TPBA2第六章),但它与沟通交流领域紧密联系,应一起提及。TPBA2中的第六章包括了在TPBA中就已经有的听力筛查的一般指南。有听力问题的儿童应该被转介去做进一步的听力评估。针对那些做TPBA评估前就被鉴定有听力困难的儿童，TPBA 也做了一些改编。

认知发展

认知领域的研究与整体游戏技能有关，以及这些游戏技能中表现的儿童执行功能、社会理解和处于萌芽期的科学、数学、阅读技能的发展情况。TPBA2 的第七章涉及了大量对该领域的文献回顾。这个领域子项目的说明列举在图表 1.8 中，阅读能力萌芽情况在单独的另一章提到（见 TPBA2 第八章）

图表 1.7　沟通交流领域的子类

语言理解
造句
语用学
吐字清晰/音韵学
声音和流畅性
口语机能
听觉（见 TPBA2，第六章）

图表 1.8　认知领域的子类

注意
记忆
问题解决
社会认知
游戏复杂性
概念性的知识
识字（见 TPBA2，第八章）

应该说明的是，从不同领域的多个子项目中收集到的信息会有相互重叠的情况，这是评估有意安排的，因为这些内容被视为相互关联的，没有哪个可以完全独立存在。跨领域方式的重要性显而易见，跨领域的讨论是至关重要的，这样做对行为的解读才可能是整合的。例如，概念发展这个认知领域的子项目应该与沟通交流领域的接受和表达子项目的观察信息进行整合。这些项目的内容重叠也同时反映了两个领域的信息。言语语言病理学家看到语言水平、句子结构等的表现，心理学家或教育者可能看到概念理解和处于萌芽阶段的科学、数学、阅读概念（literacy concepts），心理学家看到情绪调控的困难，作业治疗师可能将此解释为感觉机能失调。所有领域都有类似要从不同角度考虑的内容，所以在 TPBA 过程中整合这些解释是必要的。

TPBA 由团队协作来实施，团队在儿童与父母、游戏引导员、手足或（如果可能的话）同伴一起玩耍和进行的功能性活动中观察 1—1.5 小时（了解更多 TPBA 流程的信息可见第二章和第三章）。参与评估的学科代表通常包含心理学家、言语语言病理学家、物理或作业治疗师和特殊教育工作者，护士、社会工作者、视觉损伤专家或聋儿教育工作者也可以包括在其中。团队中的角色还包括家庭协调员者（见第六章），游戏引导员（见第七章），摄像师和观察者（见第二章）。

TPBA 能在一个或多个地点实施一个或更多单元来观察典型行为表现，基于 TPBA 观察指南来分析儿童的跨领域的发展水平、学习风格、互动模式和其他相关行为。家庭成员是TPBA团队中的重要成员,他们提供了有价值的信息,帮助团队计划评估活动,在评估过程中充当孩子的玩伴,帮助团队解读孩子的特异行为,确认从评估过程中收集到的信息,讨论评估结果及其实际应用。在TPBA实施前、实施期间和实施后与家长沟通是成功实施评估过程的重要条件(在第二章和第六章深入讨论与家庭沟通)。

评估的地点、内容、团队成员组成、游戏单元的结构、提问和回答的方式将大部分根据被评估儿童的情况来确定(更完整的讨论见第三章)。TPBA应该对每位儿童都是独一无二的,针对语言、文化和儿童及其家庭的价值观做出调整。基于游戏的评估方式是动态的,应该根据参与者——儿童、家庭和专业人员的变化而变化。评估结果报告的形式和为儿童及其家庭制定的项目方案也应该是个性化的。整个过程或过程中的特定的部分有必要的话可以重复一遍,以更新儿童的项目计划(见第二章,进一步讨论TPBA实施过程)。

本书,即《以游戏为基础的多领域融合评估和干预实施指南》,描述了TPBA的全流程和管理,包括讨论如何获得事前资料、介绍与家庭谈话和与儿童一起游戏的策略、概括数据和将其整合到报告中的方法。TPBA2的详细章节包括涵盖每个领域重要方面的相关研究和文献。TPBA2观察指南、年龄表、观察记录和观察概览表为每个领域提供了聚焦观察的工具、鉴别优势强项、需要特别关注的问题、指明支持发展的策略。年龄表也有助于确定儿童发展水平、儿童表现出来的技能、儿童可能会出现的不足或准备好发展的技能。TPBA过程提供的工具意在补充或在一些情况下代替评估团队当前使用的一些评估形式。需要团队成员来确认是否和如何使用这一工具。提供这些工具可以使TPBA系统化,确保评估过程是综合的。

TPBI2是TPBA2的自然逻辑结果。在TPBA2和TPBI2的实施指南中对TPBA信息如何用于制定干预计划进行了说明,在如何在自然环境中提供干预这部分内容里阐述了制定干预计划和监督实施过程的做法(见TPBI2第十章)。专业人员和照料者参与共同确认想要达到的干预结果和干预的特别功能目标,这样得出的策略能在促进儿童发展和学习方面符合家庭优先考虑的、需要的和生活化的要求。对那些重要和持续的儿童照料者来说专业人员像教练和咨询者。第三卷中TPBI 2过程的详细介绍和特殊策略都是与TPBA中所有子项目所确认的儿童发展需要一一对应的。

1.17 结论

因为过程灵活、动态,对所有儿童及其家庭的需要反应灵敏,TPBA和TPBI在国内外被广泛应用。20世纪90年代早期以来的理论、研究和实践逐渐加深了专业人员对评估和干预必须针对广泛的目标、整合对发展的洞察和考虑儿童所处家庭和社区背景的理解。TPBA 和 TPBI 被看作最能满足以上条件的评估和干预方式。

实施指南的第一部分详细介绍了 TPBA 的实施，先概述了整个过程，之后描述了从父母或照料者那里获得事前信息的过程，并给出了评估过程中如何设置游戏内容的建议和与父母沟通的具体策略，还有独立的章节指导如何撰写报告。

儿童的每个发展领域加上视觉和听觉的观察在 TPBA2 中均设有独立的章节。这些章节内容广泛，提供了对指南中每个子项目的观察和对收集到的信息的解读。广泛的年龄表也提供了发展出某个技能的年龄范围，什么年龄应该表现出某项技能。这些章节提供了 TPBA2 评估过程的核心内容。仔细阅读才能理解 TPBA 观察指南与在服务、干预中应用的关系。通读每个章节能帮助团队成员对发展有整体的理解，强烈建议在团队中讨论每个章节和观察指南的每个安排，以增进对跨领域知识和专业技能的理解。

所有团队成员还应该阅读和讨论跨领域基于游戏的干预第二版中罗列的策略，以便能制定整体的干预计划和进行实施。用能与照料者和教师分享的方式来描述干预，团队成员可以选择和组合这些策略使之适合儿童、家庭和儿童照料者，以及教育环境的个性化的需要。

TPBA2 和 TPBI2 相互结合，提供了灵活的、功能性的评估和干预模式来支持儿童发展、行动和学习需要。同时通过家庭成员和其他儿童生活中的重要他人有意义地参与 TPBA2 和 TPBI2 过程，提供了家庭和教育持续合作的基础。

参考文献

Al-Balhan, E. M. (1998). Training Kuwaiti professionals in TPBA (Doctoral dissertation, University of Denver, 1998). *Dissertation Abstracts International*, 387. (UMI No. 9826065)

Bagnato, S. J., & Neisworth, J. T. (1991). *Assessment for early intervention: Best practices for professionals*. New York: Guilford Press.

Bagnato, S. J., & Neisworth, J. T. (1994). A national study of the social and treatment "invalidity" of intelligence testing for early intervention. *School Psychology Quarterly*, 9, 81–102.

Bagnato, S. J., & Neisworth, J. T. (1999). Collaboration and team work in assessment for early intervention. *Child and Adolescent Psychiatric Clinics of North America*, 8(2), 347–363.

Bagnato, S. J., & Neisworth, J. T. (2000, Spring). Assessment is adjusted to each child's developmental needs. *Birth through 5 Newsletter*, 1(2), 1.

Bagnato, S. J., Neisworth, J. T., & Munson, S. M. (1997). *LINKing assessment and early intervention: An authentic curriculum-based approach*. Baltimore: Paul H. Brookes Publishing Co.

Bagnato, S. J., Smith-Jones, J., Matesa, M., & McKeating-Esterle, E. (2006). Research foundations for using clinical judgment (informed opinion) for early intervention eligibility determination. *Cornerstones*, 2(3), 1–14.

Bailey, D. B. (1996). An overview of interdisciplinary training. In D. Bricker & A. Widerstrom (Eds.), *Preparing personnel to work with infants and young children and their families: A team approach* (pp. 3–21). Baltimore: Paul H. Brookes Publishing Co.

Barnett, D. W., MacMann, G. M., & Carey, K. T. (1992). Early intervention and the assessment of developmental skills: Challenges and directions. *Topics in Early Childhood Special Education*, 12(1), 21–43.

Barrera, I. (1996). Thoughts on the assessment of young children whose sociocultural background is unfamiliar to the assessor. In S. J. Meisels & E. Fenichel (Eds.), *New visions for the developmental assessment of infants and young children* (pp. 69–84). Washington, DC: ZERO TO THREE: National Center for Infants, Toddlers, and Families.

Bayley, N. (1993). *Bayley Scales of Infant Development — Second edition manual*. San Antonio, TX: Harcourt Assessment.

Berman, C., & Oser, C. (2003). The idea behind IDEA: Creating, shaping, and refining early intervention legislation. *Zero to Three*, 24(1), 44–50.

Bracken, B. A. (1987). Limitations of preschool instruments and standards for minimal levels of technical adequacy. *Journal of Psychoeducational Assessment*, 4, 313–326.

Bricker, D. (Ed). (2002a). *Assessment, Evaluation, and Programming System (AEPS®) for Infants and Children: Volume 1. Administration guide* (2nd ed.). Baltimore: Paul H. Brookes Publishing Co.

Bricker, D. (Ed.). (2002b). Family report. In *Assessment, Evaluation, and Programming System (AEPS®) for Infants and Children: Volume 1. Administration guide* (2nd ed., pp. 215–266). Baltimore: Paul H. Brookes Publishing Co.

Bricker, D., & Losardo, A. (2000). Linking assessment and intervention for children with developmental disabilities. In L. Watson, T. Layton, & E. Crais (Eds.), *Handbook of early language impairment in children: Assessment and treatment.* Albany, NY: Delmar Publishing.

Butler, K. G. (1997). Dynamic assessment at the millennium: Transient tutorial for today! *Journal of Children's Communication Development*, 19(1), 43-54.

Cain, K. M., & Dweck, C. S. (1995). The relation between motivational patterns and achievement cognitions throughout the elementary school years. *Merrill-Palmer Quarterly*, 41, 25-52.

Childress, D. C. (2004). Special instruction and natural environments: Best practices in early intervention. *Infants and Young Children*, 17(2), 162-170.

Cornett, Y., & Farmer-Dougan, V. (1998, April). *Transdisciplinary PBA: Preliminary findings of an investigation of the reliability and validity of two observation coding methods.* Paper presented at the annual meeting of the National Association of School Psychologists, Orlando, FL.

Danaher, J. (2005). *Eligibility policies and practices for young children under Part B of IDEA* (NECTAC Notes, No. 15). Chapel Hill, University of North Carolina, Frank Porter Graham Child Development Institute, National Early Childhood Technical Assistance Center.

DeBruin, K. A. (2005). *A validation study of TPBA-R with the BDI-2.* Unpublished doctoral dissertation, University of Denver, Colorado.

Eisert, D., & Lamorey, S. (1996). Play as a window on child development: The relationship between play and other developmental domains. *Early Education and Development*, 7, 221-234.

Friedli, C. (1994). *Transdisciplinary Play-Based Assessment: A study of reliability and validity.* Unpublished doctoral dissertation, University of Colorado at Boulder.

Gall, M. D., Borg, W. R., & Gall, J. P. (2006). *Educational research: An introduction* (8th ed.). Boston: Allyn & Bacon.

Greenspan, S. I. (1997). *Infancy and early childhood: The practice of clinical assessment and intervention with emotional and developmental challenges.* Madison, CT: International Universities Press.

Greenspan, S. I., & Meisels, S. J. (1996). Toward a new vision for the developmental assessment of infants and young children. In S. J. Meisels & E. Fenichel (Eds.), *New visions for the developmental assessment of infants and young children* (pp. 11-26). Washington, DC: ZERO TO THREE: National Center for Infants, Toddlers, and Families.

Grisham-Brown, J. (2000). Transdisciplinary Activity-Based Assessment for young children with multiple disabilities. *Young Exceptional Children*, 3(2),3-10.

Guiry, J., van den Pol, R., Keeley, E., & Neilsen, S. (1996). Augmenting traditional assessment and information: The videoshare model. *Topics in Early Childhood Special Education*, 16(1),51-65.

Hemmeter, M. L., Joseph, G. E., Smith, B. J., & Sandall, S. (2001). *DEC recommended practices program assessment: Improving practices for young children with special needs and their families.* Denver: DEC.

Human, M. T., & Taglasi, H. (1993). Parent's satisfaction and compliance with recommendations following psychoeducational assessment of children. *Journal of School Psychology*, 31(4),449-467.

Individuals with Disabilities Education Act Amendments of 1997, PL 105-17,20 U. S. C. §§1400 *et seq.*

Individuals with Disabilities Education Improvement Act of 2004, PL 108-446,20 U. S. C. §§1400 *et seq.*

Ireton, H. (1996). The child development review: Monitoring children's development using parents' and pediatrician's observations. *Infants and Young Children*, 9,42-52.

Karr, S. K. (1998, April). *Transdisciplinary Play-Based Assessment and the Bayley Scales of Infant Development-Second Edition.* Poster presented at the annual meeting of the National Association of School Psychologists, Orlando, FL.

Kelly-Vance, L., Needelman, H., Troia, K., & Ryalls, B. O. (1999). Early childhood assessment: A comparison of the Bayley Scales of Infant Development and Play-Based Assessment in two-year old at-risk children. *Developmental Disabilities Bulletin*, 27(1),1-15.

Linder, T. W. (1993a). *Transdisciplinary Play-Based Assessment: A functional approach to working with young children.* Baltimore: Paul H. Brookes Publishing Co.

Linder, T. W. (1993b). *Transdisciplinary Play-Based Intervention.* Baltimore: Paul H. Brookes Publishing Co.

Linder, T. W. (1995). *Transdisciplinary Play-Based Assessment: Inter-rater reliability*. Unpublished manuscript, University of Denver.

Linder, T. W. (2005). *Interrater reliability of the revised Transdisciplinary Play-Based Assessment*. Unpublished manuscript, University of Denver.

Linder, T. W., Goldberg, D., & Goldberg, M. (2007). *Validity of "transdisciplinary" as a construct: Implications for assessment and intervention*. Manuscript submitted for publication.

Linder, T., & Green, K. (1995). *Content validity of Transdisciplinary Play-Based Assessment*. Unpublished manuscript, University of Denver.

Linder, T., Green, K., & Friedli, C. (1996). *Validity and reliability of Transdisciplinary Play-Based Assessment*. Unpublished manuscript, University of Denver.

Losardo, A. N., & Notari-Syverson, A. (2001). *Alternative approaches to assessing young children*. Baltimore: Paul H. Brookes Publishing Co.

Lowenthal, B. (1997). Useful early childhood assessment: Play-based, interview and multiple intelligences. *Early Childhood Development and Care*, *129*, 43-49.

Lynch, E. W., & Hanson, M. J. (Eds.). (2004). *Developing cross-cultural competence: A guide for working with young children and their families* (3rd ed.). Baltimore: Paul H. Brookes Publishing Co.

MacTurk, R., & Morgan, G. (1995). *Mastery motivation: Origins, conceptualizations, and applications. Advances in applied developmental psychology* (Vol. 12). Norwood, NJ: Ablex.

McConnell, S. R. (2000). Assessment in early intervention and early childhood special education: Building on our past to project into our future. *Topics in Early Childhood Special Education*, *20*, 43-48.

McCormick, K. (1996). Assessing cognitive development. In M. McLean, D. B. Bailey, Jr., & M. Wolery (Eds.), *Assessing infants and preschoolers with special needs* (3rd ed., pp. 268-304). Englewood Cliffs, NJ: Merrill-Prentice Hall.

McLean, M., Bailey, D. B., & Wolery, M. (1996). *Assessing infants and preschoolers with special needs* (2nd ed.). Columbus, OH: Charles E. Merrill.

McWilliam, R. (1992). *Family-centered intervention-planning: A routines-based approach*. San Antonio, TX: Communication Skill Builders.

McWilliam, R. (2000). Recommended practices in interdisciplinary models. In S. Sandall, M. McLean, & B. J. Smith (Eds.), *DEC recommended practices in early intervention/*

early childhood special education (pp. 47–54). Longmont, CO: Sopris West.

Meisels, M. J. (1996). Charting the continuum of assessment and intervention. In S. J. Meisels & E. Fenichel (Eds.), *New visions for the developmental assessment of infants and young children* (pp. 27–52). Washington, DC: ZERO TO THREE: National Center for Infants, Toddlers, and Families.

Meisels, M. J., & Atkins-Burnett, S. (2000). The elements of early childhood assessment. In J. P. Shonkoff & S. J. Meisels (Eds.), *Handbook of early childhood intervention* (2nd ed., pp. 231–257). New York: Cambridge University Press.

Meisels, M. J., & Fenichel, E. (1996). Charting the continuum of assessment and intervention. In S. J. Meisels & E. Fenichel (Eds.), *New visions for the developmental assessment of infants and young children* (pp. 27–52). Washington, DC: ZERO TO THREE: National Center for Infants, Toddlers, and Families.

Meltzer, L., & Reid, D. K. (1994). New directions in the assessment of students with special needs: The shift toward a constructivist perspective. *The Journal of Special Education*, 28(3), 338–355.

Muller, E., & Markowitz, J. (2004). *Disability categories: State terminology, definitions, and eligibility criteria*. Alexandria, VA: Project FORUM, NASDSE.

Myers, C. L., McBride, S. L., & Peterson, C. A. (1996). Transdisciplinary Play-Based Assessment in early childhood special education: An examination of social validity. *Topics in Early Childhood Special Education*, 16(1), 102–126.

Neisworth, J. T. (1990). Judgment-based assessment and social validity [Special issue]. *Topics in Early Childhood Special Education*, 10, 13–23.

Neisworth, J. T., & Bagnato, S. J. (1992). The case against intelligence testing in early intervention. *Topics in Early Childhood Special Education*, 12, 1–20.

Neisworth, J. T., & Bagnato, S. J. (2004). The mismeasure of young children: The authentic assessment alternative. *Infants and Young Children*, 17(3), 198–212.

Newborg, J., Stock, J., Wnek, L., Guidubaldi, J., & Svinicki, J. (1984). *Battelle Developmental Inventory: Examiner's manual*. Dallas: DLM/Teaching Resources.

Prasse, D. (2002). Best practices in school psychology and the law. In A. Thomas & J. Grimes (Eds.), *Best practices in school psychology IV* (Vol. 1, pp. 57–76). Bethesda: National Association of School Psychologists.

Puckett, M. B., & Black, J. K. (2000). *Authentic assessment of the young child*. Upper

Saddle River, NJ: Charles E. Merrill.

Rogoff, E. (1990). *Apprenticeship in thinking: Cognitive development in social contexts*. New York: Oxford University Press.

Sandall, S. R. (1997). The family service team. In A. H. Widerstrom, B. A. Mowder, & S. R. Sandall (Eds.), *Infant development and risk: An introduction* (2nd ed., pp. 155 - 172). Baltimore: Paul H. Brookes Publishing Co.

Sandall, S. R., McLean, M. E., & Smith, B. J. (2000). *DEC recommended best practices in early intervention/early childhood special education*. Longmont, CO: Sopris West.

Shackelford, J. (2005). State and jurisdictional eligibility definitions for infants and toddlers with disabilities under IDEA (NECTAC Notes, No. 18). University of North Carolina, FPG Child Development Institute, National Early Childhood Technical Assistance Center.

Shonkoff, J. P., & Phillips, D. A. (Eds.). (2000). *From neurons to neighborhoods*. Washington, DC: National Academies Press.

Trivette, C. M., & Dunst, C. J. (2000). Recommended practices in family-based practices. In S. Sandall, M. McLean, & B. J. Smith (Eds.), *DEC recommended practices in early intervention/ early childhood special education* (pp. 39 - 46). Longmont, CO: Sopris West.

University of Colorado, Project ACT-II. (2003). *Child identification assessment survey report*, 2003. SLHS 409 UCB, Boulder, CO.

Weston, D. R., Irvins, B., Heffron, M. C., & Sweet, N. (1997). Formulating the centrality of relationships in early intervention: An organizational perspective. *Infants and Young Children*, 9, 1 - 12.

Wiggins, G. (1989). A true test: Toward more authentic and equitable assessment. *Phi Delta Kappa*, 70, 703 - 713.

第二章　TPBA2 的流程

　　完整的 TPBA2 流程主要包含以下内容：收集家庭背景资料；分配团队成员职责；准备游戏评估（详见第三章）；实施游戏评估（详见本章）；共享和分析数据（详见第八章）。图表 2.1 用一个流程图显示了整个游戏评估的过程。TPBA2 的有效性取决于是否认真留意了这个过程的各个方面。在本章中，将会对每一个环节进行剖析。

2.1　在游戏评估进程开始之前

　　在游戏开始之前，团队需要从被评估儿童的家庭收集信息。正如第五章所描述的，涉及到填写儿童及家庭史问卷（CFHQ）以及儿童功能家庭评估表（FACF）等，并且这些工作需要在评估之前完成。父母可以通过邮件填写调查问卷，或者以面对面和电话的形式，向团队成员提供这些信息（参见第六章），我们建议采用第二种方式，它便于解释调查者的疑问并提出进一步的问题。如果孩子在托幼机构、学前班，或其他社区规划项目中，建议其他监护人也来参与完成儿童功能家庭评估表（FACF）。由家庭协调员汇总所有收集到的信息并在 TPBA 评估前准备会议中呈现。该会议还会讨论此次评估的成员角色、地点、结构、材料、顺序和适应性调整（详见第三章）。

2.2　游戏评估进程

　　每个 TPBA 游戏评估进程都将根据儿童和家庭的特点，转介的问题，评估地点，团队成员组成，可利用的材料，儿童及家庭的反应，以及评估顺序如何演变等而做出相应的调整。典型 TPBA 评估的观察部分要花费大约 1 个小时，尽管该时间受上述因素影响会有所不同。如果确有必要，评估可以多次或在多个场合进行。在观察过程中，家庭协调员和家长应该用各式各样玩具和材料，让儿童参与到多种互动和活动中来，并尽可能多地获取必要的信息，以确定儿童能够做什么，以及在什么样的情况下他们会有这样的行为和技能。

　　游戏引导者负责整合出一套与发育水平相适应的游戏活动，使团队成员能够看到他们在各领域中所需观察的所有技能（参见第七章）。观察团队成员也应该记住发展指南和他们想要看到的那些方面，如果自己有机会使儿童呈现出对各种情况的反应，他们也会偶尔给游

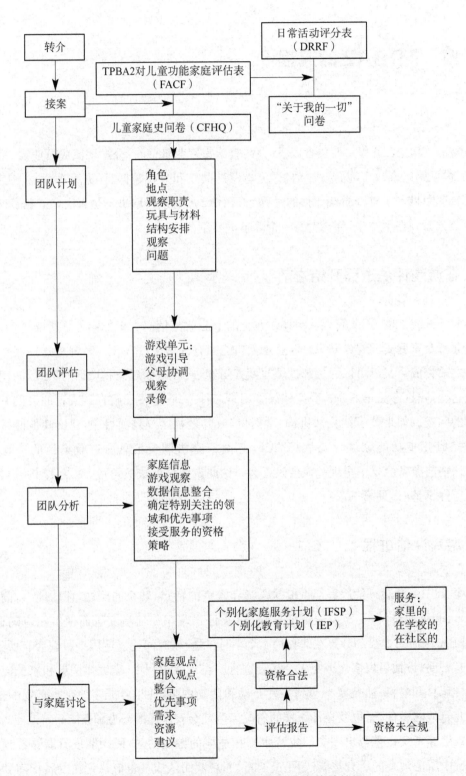

图表 2.1 基于游戏的多领域融合评估的流程

戏主持人以提示。TPBA是一个团队的努力，所有成员都需要确保能使了解儿童的机会最大化，而各种提示（文字、手势或耳语）可以帮助游戏引导员使其了解得更加全面。

希望有机会看到儿童与他人的互动，团队应该努力让儿童和他的家人、同伴和游戏引导者一起玩耍。此外，儿童可能会选择独自或与其他观察者一起玩耍（见第七章，讨论如何融入家庭或同龄人）。

在游戏评估结束前，当儿童和家人在谈话和玩游戏的时候，所有的团队成员都应该花一分钟的时间来回顾一下TPBA2的观察指南和其他信息，以确定是否应该尝试其他的活动以引起额外的行为。评估者还需确认这些观察到的行为是否是儿童生活中的典型行为。如果不是典型的行为，团队可能会想要计划额外的观察。他们认为家庭对孩子的理解是非常重要的，他们会对家长提问一些评估过程中未看到的技能和行为。团队成员应该向家长了解，孩子有哪些家长认为重要的行为和技能在此次评估中没有表现出来。团队观察员要观察孩子所有的重要行为，以便能得到一些相关信息，这是非常重要的。如果家长心目中一些重要的技能和行为被忽略，那么团队成员应该努力去引导出来。在某些情况下，家长可能会被询问"演示给我看"。通过这种方式，团队不仅可以看到技能或行为，还可以看到这些行为是在什么情况下发生的。这一点尤其重要，因为需要让家庭感觉到，团队已经看到了孩子的技能和行为并对它们进行了较全面的评估，以便让他们相信结果。

2.2.1 收集观察数据

尽管每个团队成员在TPBA过程中并非是一个特定的专业角色，但他们也有各自的专长领域。团队成员在观察自己的专业领域外，还要记录儿童在其他领域的发展。无论通过哪种路径，儿童发育或发展的各个领域都应被观察。各领域的专家应该在评估后的讨论中提出意见。数据收集可以采用几种不同的方式进行。基于团队成员的个人风格偏好、TPBA评估经验以及对专长领域的观察，每个团队成员可以选择采用他认为最有效的方法：(1)使用TPBA2观察记录表，以观察指南和TPBA2年龄表作为参照；(2)使用TPBA2观察记录表，然后完成观察指南和年龄表；(3)在观察指南上直接记录，并在之后依年龄表进行标记。

无论选择哪种方法，都希望每个团队成员做笔记。例如，言语语言病理学家希望得到一个语言样本，但由于一些团队成员也会参与到游戏引导者或摄影师的工作，在实际的评估过程中，他们可能很难做笔记。在这种情况下，团队成员可以在观察后立即做笔记，无论是在观察记录表还是在观察指南上。

使用TPBA2观察记录表

为每个发展领域提供了一个简单的笔记表单，指定区域来记录领域内的子类。在每个子类别的标题下，子类别的关键元素都被列出来，作为对观察者重点关注的提醒（参见图表

2.2）。比起单纯按顺序记录行为表现原始数据的笔记形式，这种形式的笔记能够让后续的观察总结更加简单，也更容易转换为报告。团队成员应该记录一些被观察到的行为的例子，如社交、语言等方面的，这些例子可作为儿童评估结果报告中的依据（见第八章）。在每一个章节的末尾，以及本卷的附录中都要附上相关领域的观察笔记，并且可以根据需要进行重新加工。

使用 TPBA2 观察指南

TPBA2 的观察指南（见图表2.3）可在观察前、观察中和观察后的整个过程中作为参考。一些专业人士发现，直接在观察指南上做记录、查看或圈出观察到的行为和技能是很有用的。在观察过程中，它们可以被用来代替观察笔记，但更多的是与观察笔记结合在一起使用。观察进程结束后，可以用观察笔记对其进行校验，在总结与家庭讨论的信息和撰写报告时，也可以将观察指南上的随手记录作为参考。

对于那些新手或不习惯使用观察方法进行评估的人来说，观察指南可以帮助他们专注于儿童行为的品质方面的观察。最初使用观察指南显得很长很耗时，但由于每个子类别的项目都很容易被标注，团队成员可以集中精力记录观察到的例子。根据团队成员的习惯，观察到的行为可以直接写在表单的各领域上，或者一张单独的纸上。团队成员需要阅读每个领域章节的内容，熟悉其中的研究、发展顺序及举例等。当准备一个新领域时，可由所有的团队成员在简易午餐会时一起讨论，也可由各成员单独准备。每个领域的内容将使读者能够理解为什么会问及这些问题，以及每一个指南中的问题应该记录什么样的信息。与任何评估工具一样，在真实的儿童中练习使用 TPBA2 观察指南和行为观察笔记，以及评估后的讨论，使得每个团队成员不断地变得更熟练。

如上所述，这个过程可以非常灵活，观察期间或观察之后都有可能使用这些观察记录。这些注释是分类别的，因此它们可以很容易地与子类中的指南中的问题相匹配。尽管这种方法花费更多的时间，但是特别适合推荐给那些刚刚学习了 TPBA（在职的或者入职之前）或者正在练习观察一个相对陌生领域的人。对于新手来说，搞清楚观察指南上的每个问题，并且知道记录什么内容可能还需要动一些脑筋。但熟悉观察指南之后，在表单上直接标注就很容易了。不过也有一些人更倾向于使用观察笔记，只将观察指南作为参考。

在观察指南中，第一栏列出了该领域各子类的指南问题。第二栏列出通过该指南问题所观察到的强势（最高或最佳能力）或相对长处。记录这些强项或长处尤其重要，因为 TPBA 是一种基于强势能力的评估模式。第三栏允许观察者标记或指出与指南问题相关的任何问题。如果没有可以保持空白。第四栏指出了适合于儿童的干预区域。如果在此处有干预建议，该列才需要填写，并且仅仅作为建议而已。TPBA2 观测指南应该在观察过程中或者观察结束不久后就立即完成。每个团队成员在评估完成后都应该花几分钟时间回顾他所观察领

TPBA2 观察记录：认知发展
儿童姓名：＿＿＿＿＿＿　家长：＿＿＿＿＿＿
出生日期：＿＿＿＿＿＿　年龄：＿＿＿＿＿＿
填表人：＿＿＿＿＿＿　评估日期：＿＿＿＿＿＿
指导语：记录儿童的信息（姓名、照料者、出生日期、年龄）、评估数据和完成评估的人。在记录您的观察之前，您可以查看相应的《TPBA2 观察指南》，因为指南列出了要观察的内容。刚接触 TPBA 的使用者可选择使用《TPBA2 观察指南》作为在评估期间收集信息的工具，而不是《TPBA2 观察笔记》。
Ⅰ. 注意（选择、焦点、抑制、刺激、转移、注意）
Ⅱ. 记忆（认识、产生、重复、再造、简单的、复杂的、短期目标、长期目标、加工处理时间）
Ⅲ. 问题解决（因果关系、辨别、计划、组织、监控、适应、分析、加工处理时间、概括）

图表 2.2　TPBA2 观察记录部分：认知发展（详见 TPBA2 第七章）

TPBA2 观察指南：情绪情感与社会性发展

儿童姓名：_____ 年龄：_____ 出生日期：_____
家长：_____ 评估日期：_____
完成评估者：

指导语：记录儿童的信息（姓名、照料者、出生日期、年龄），评估数据和完成评估的人。观察指南提供了自己的行为优势、需要引起特别关注的行为举例和"可发展的新技能"。在您观察到的行为对应的三个类别下画圈，突出显示或做出标记。在"注释"栏中列举观察到的其他行为。有经验的TPBA使用者可以选择仅使用TPBA2 观察记录作为评估期间收集信息的工具。

问题	优势	需要关注的行为举例	可发展的新技能	注释
I. 情绪情感表达				
I.A. 儿童是如何表达情绪情感的？	用表情 用身体动作 用出声 用言语 以上都用 以独特的方式	非常有限的表达方式 不寻常的表达方式 很难看懂的情绪或情感表达	面部表情的 身体动作或姿态的 出声 言语 增强情绪情感表达的易懂性 增加情绪情感表达的适应性 增加情绪情感表达的强度	
I.B. 儿童能否表现出各种情绪情感，包括积极的、不舒服的以及与自我意识有关的情绪情感？	表现出和年龄相符的各种情绪情感	情绪情感范围有限，多为负面的 情绪情感范围有限，不能表达 所有的情绪或情感 情绪情感与所处情境不相符	快乐 生气、挫折 悲伤 警惕、害怕 害怕 内疚 骄傲	
I.C. 何种经历使得儿童快乐、不快乐或者影响其自我意识（PR/TR）？	有很多经历能让儿童感到快乐 有很多经历让儿童不高兴 有些事情影响到儿童的自我意识	较轻的情绪刺激就可以激起儿童的情绪情感 较强的刺激才可以激起儿童的情绪情感 较少刺激可以激起儿童的情绪情感 其他情况：	儿童会在下列情况下增加快乐： 人际互动 感觉输入 身体游戏 物品游戏 戏剧、扮演游戏	

图表 2.3　TPBA2 观察指南的部分：情绪情感与社会性发展（详见 TPBA2 第四章）

域的观察指南。观察指南中获得的信息可以引导与家庭的讨论,并且用来撰写最终报告。

经验丰富的专业人员可能不需要用观察指南记录,也能识别出强势的领域、关注的领域和干预的目标。对于这些人来说,观察指南可作为参考,用来检查评估的全面性,以确保重要项不会被遗漏。作为参考的话,可以在完成观察笔记后对观察指南进行检查,以确保收集到儿童相关领域足够多的信息。根据儿童的年龄和能力,评估的重点也会有不同。观察指南的目的是让团队成员能够快速地找到每个领域分类别的观察项目。

2.3 游戏进程后

在游戏结束后,TPBA 团队需要分析数据,整合所有信息,与家庭成员讨论评估结果,定制后续的服务计划,并撰写一份书面的报告。根据评估的场合,在家里,在社区,还是在保育中心或诊所,游戏结束后的工作是可以灵活开展的,工作顺序、地点、时间和人员出席也都可以根据家庭、团队和研究机构的需要进行调整。

2.3.1 分析数据

根据游戏评估的场所,对数据的分析将以不同的方式进行。如果评估是在家庭或社区完成的,那么每个团队成员应该立即完成上面的表格。那些没有参加评估的人会在看完视频后分析数据。然后,团队需要将所有的信息整合在一起,与家庭成员会面,进行讨论。

当评估是在学校或专业场所下完成时,团队和家庭成员可以在同一天进行交流和分析。当团队在游戏中完成了对孩子的观察,这个家庭可以在小组回顾数据的时候休息 20 分钟。如果有家庭休息室或娱乐室,家长可以和孩子一起玩、一起吃点心、读书或者散步。通常情况下,团队成员可以在 15—20 分钟内快速回顾、总结数据,并完成 TPBA2 观察总结表单的每个领域。

数据的分析包括整合 CFHQ、FACF、每个发展领域的观察记录或观察指南中的信息,以及关于技能获取的年龄表和其他观察信息。从家庭中获得最多的信息,并且在整个游戏过程中一直在与他们交谈的游戏引导者,负责主持这个整合过程,不过其他团队成员也可以扮演这个角色。该过程的目的是整合需要讨论的问题并融入对家庭的讨论中。这个讨论可以包括家庭成员,但通常情况下,在与家庭成员进行全面讨论之前,团队成员最好能够提前分析和整合信息。

儿童和家庭史问卷(CFHQ)

儿童及家庭的医疗、社会和发展史可以作为诊断和治疗的重要依据。尽管在评估之前 CFHQ 已经将信息进行归纳总结,并与团队共享,但是团队还是需要核查已经识别的风险和积极因素（见第五章）。如果评估小组中有护士，他可以评论在游戏过程中观察到的行为与孩子或家庭成员的健康、社会或发育发展史之间的相关性，以及风险和积极因素。如果团队中没有护士，游戏引导者应该审核这些信息。例如，如果儿童接受了药物治疗，护士应该看看药物对孩子在 TPBA 的表现有什么影响。如果儿童来自一个有学习障碍史的家庭，观察到的行为可能符合类似的行为模式。如果儿童有各种各样的发育发展问题，但有很多积极因素，指出这些因素可能有助于消弭家长的担忧。

儿童功能的家庭评估（FACF）工具

游戏引导者应该审查 FACF 工具数据（包括日常活动评分表和"关于我的一切"问卷，参见第五章），以确定父母和团队观察之间是否存在差异，并与家庭成员进行讨论。这样做并不是要决定谁是"正确的"，而是要确定哪些因素可能会影响孩子在不同情境下的表现或行为。在评估过程中，来自游戏引导者的深入追问或来自家庭成员或照看者的额外评价也可能提供更多的信息。例如，斯旺森夫人在日常活动评分表中提出，卢卡斯很享受他的沐浴时间。在评估过程中，卢卡斯非常抗拒触摸不同的质感。与斯旺森夫人进一步讨论了卢卡斯对各种感官体验的反应，她说卢卡斯喜欢洗澡，只是水不能碰他的脸，而且他也不能容忍洗发水。换句话说，只要他能控制那些因素，卢卡斯还是挺喜欢洗澡。他的母亲表示，他的头发从他还是婴儿起只用水洗。这些内容为更加全面地评估这个孩子提供了信息，并且可能对诊断或干预有重要的意义。对家庭和团队的观察结果进行比较，也可以让我们更好地了解这个家庭。

TPBA2 观察指南的分析

如果使用观察指南作为参考，团队成员可以快速总结其观察数据，指出每个领域的优势、关注点和准备发展的领域。没有参与游戏的团队成员很快就会完成这个任务，因为他们在观察时一直在做笔记。担任游戏引导者或摄影师角色的团队成员可能需要查看几段视频片段来帮助他们回忆他对具体行为的记忆。视频播放对团队成员完成表格很有帮助，它可以快速地唤醒成员对技能、行为质量以及行为发生的环境的记忆。

TPBA2 年龄表的分析

提供每个领域技能发展的年龄表，将观察到的技能与该表格对照，找到技能发展对应的年龄范围。每个团队成员可以查看子类别下的一列（见图表 2.4 年龄表样例），按所观察到的儿童的功能以找到技能所在的最高年龄段。年龄表提示在给定的年龄应具备的技能。如果一个孩子没有展现出在他的实际年龄应该具备的一些技能，那么该团队成员将会检查在更小的年龄范围内获得的技能，以确定孩子所表现出的大部分技能符合哪个年龄水平。例如，9 个月大的杰西卡还没有玩躲猫猫的游戏，还不会把物体组合在一起玩，或者还不能根据玩具的特点采用不同的方式玩玩具。然而，这些技能都是在这个表格的 9 个月的年龄表中所呈

TPBA2年龄表：情绪情感与社会性发展

儿童姓名：_____ 年龄：_____ 出生日期：_____
父母：_____
填表人：_____ 评估日期：_____

指导语：根据《TPBA2观察指南》和《TPBA2观察要点》所做的观察记录，对照年龄表中的具体表现，确定儿童在多个年龄段中最为接近的年龄水平。这样可以在年龄表上把儿童能够做到的项目标注出来。如果标注出的项目出现在多个年龄段，那么就需要根据哪个年龄水平标注出的项目最多来确定儿童的年龄水平。12个月(1岁)以上的年龄水平代表做到的是一定的范围，而不是按月来分的，涵盖了那个年龄水平之前的各个月份。如果大多数被标注出的项目出现在某个年龄水平，那么可以认为该儿童的年龄水平就在那个年龄水平（比如，如果大多数被标注出的项目出现在了"21个月"，那么这个孩子在该子范畴的年龄水平就是21个月）。

注释：情绪风格/适应性这个子类别，未被包含在年龄表中，对该子类别的评估，可直接观察儿童可量化的成就表现，而不一定与儿童的年龄水平有关联。

注释：在社会情感领域，未列出第10个月和第11个月的阶段，因为这两个月没有月龄特定的行为的标志。

年龄水平	情绪情感表达	情绪和觉醒状态的调整	行为调控	自我感知	游戏中的情绪情感主题	社交互动
1个月	表现出从情绪激动到生气，从不高兴到沮丧，从愉快到兴高采烈的表情；睁大眼睛盯着看；对苦或者酸的味道表现出厌恶。	通过爱抚和摇晃，可以安静下来；盯着人的脸，对安抚有回应；每10个小时中有一个小时时间是清醒的。	间隔一定的时间就想要吃奶；用哭声来得到帮助。	研究周围环境；对别人的脸感兴趣。	游戏反映出他的兴趣，愉快、不喜欢（0—9个月）。参见情绪表达。	聚焦于别人的脸部，对抚有反应；对抚摸和发声做出反应；看到成人嘴动，同步做出反应。
2个月	能区分出成人的表情，惊喜，难过的表情，婴儿的面部表情发生变化；对感兴趣的事物会盯着看；对他喜欢的感觉刺激会笑。	对过度刺激会表现出厌恶的目光；通过吸吮手指使自己安静；吃、睡、醒模式初现。	对抱着他的成人发出的轻声细语给出积极的回应；调整身体的姿势以适应抱着他的人；期待着会动的物体动起来；回应身体的运动。	用眼睛追随父母的移动；协调感官源（比如看，吸吮嘴）；开始辨认出家庭成员。	游戏反映出他感兴趣，愉快、不愉快的情绪（0—9个月）；看到熟悉的面孔，整个身体都会激动。参见情绪表达。	（目光越过成人的眼睛）关注兴奋，以兴奋、摇腿、晃动身体或着成人发声对他人做出回应；玩自己的嘴和手。

图表 2.4 TPBA2年龄表：情绪情感与社会性发展（详见TPBA2第四章）

现的(大多数的9个月月龄的儿童拥有的技能)。根据年龄表,她表现出的技能:伸手去拿玩具、敲打和摇晃玩具等,被认为更符合6个月月龄儿童的表现。因此,她的游戏的复杂性更符合6个月大的婴儿的表现,而不是一个9个月大的婴儿。

评估应该对年龄表上的多个年龄段进行,因为有些儿童可能会表现出一些能力发展的不均衡,或者他们通过大量练习所获得的技能已经超出了实际年龄阶段应该有的水平。在这种情况下,团队成员对所观察到的最高水平技能和较典型行为都要记录。这一点很重要,因为能力发展的不均衡可能会让家庭和看护者对孩子的实际能力有一个误解。

例如,一个儿童在认识字母、数字、形状和颜色方面可能符合4—5岁儿童的水平,但实际上,他别的游戏技能主要还是在2—3岁儿童的水平。团队需要为他通过学习所掌握的技能给予肯定,但需要记录这些干预。

一些专业人士发现,将年龄表影印出来可以帮助我们更好的认识儿童。可以使用两种不同颜色的荧光笔来标注,一种颜色用来记录孩子的最高技能,另一种颜色表示儿童缺失或存在差距的技能。这可能对报告写作也有帮助,因为报告应该记录所观察到的最高技能,以及需要进一步重点干预的技能,以确保这些技能获得发展,或那些刚开始出现的技能达至熟练应用。

一些儿童也有可能表现出不同寻常的发展模式,他们可能不遵循典型的年龄发展顺序。例如,一些儿童可能缺乏早期技能,而这些技能是其他技能的基础。婴儿时期的情绪情感与社会性的发展对之后的社会技能的发展至关重要,例如共同注意、社会参照等(见第四章)。例如,团队成员可能会看到一个学前儿童,他具备一些学前水平的技能,但是缺少在婴儿期就应该具备的社交能力。因此,团队成员必须认识高级技能发展的先决条件,以便知道需要在年龄表上回顾的区域,阐明关键性发展差距(Kopp, Baker, & Brown, 1992)。年龄表既用于识别儿童发展能力的范围,也可用于识别技能或发展进程中的差距。该表不要用于标定某一特定功能年龄,或为了获得某一个"分数"平均处理。该表的确可以表明一个儿童在各领域内的发展优势和劣势,以及跨领域的优势和劣势。TPBA可以用于识别有特殊需要的儿童,除此之外,它还应该为制定一项干预计划提供基础,该计划以儿童的能力和学习优势为起点,为干预目标的制定和合适干预策略的选择提供指导。

发展不连续性领域也可能需要指出来进一步研究和讨论。不同技能发展序列或技能缺失可能影响诊断。例如,12个月月龄应该具有的社会认知方面基本技能的缺乏,可能与孤独症有关。团队成员应该查看其优势和拥有的技能,以及缺乏的技能。需要写出技能的范围(最低到最高),以及最常被识别的模式(mode)或年龄范围,后者通常被用来提示所有领域的典型功能范围。模式显示了儿童的主要功能之所在,但完整的技能范围能更准确地反映儿童的能力。

需要注意的是，仅仅因为儿童的多数技能所在的年龄范围低于他的实足年龄，并不意味着其行动或功能就像一个典型的小年龄的孩子。例如，一名 4 岁的幼儿，他的技能在年龄表中呈现为典型的 18 个月月龄特征，但和一个 18 个月大的孩子有质的区别。因此，年龄表应该只提供一般的参考点，以识别发育迟滞以及是否需要干预。在与父母讨论孩子的发展水平时，团队成员应该格外谨慎。首先，团队成员应该对家长在听到他们的 4 岁孩子功能上表现为婴儿发展水平上很敏感。为了提供发育迟滞及符合干预条件证明文件，通常需要明确提出儿童的功能发育水平；但是，在与家庭讨论发展水平时，团队成员需要对这些信息进行必要的修饰。此外，对表现、学习、行为以及与环境的交互等质的方面的检视，如孩子如何最好的学习、需要什么支持、如何改造环境，对理解幼儿和适当干预是至关重要的。

TPBA2 观察总结表的使用

观察总结表提供了每个儿童发育发展的优势、劣势以及总体发育发展的情况，并提供是否需要干预的资格证明。每个领域都有自己的观察总结表，其中包括各个子类。定量（年龄水平）和定性（孩子如何表现）的信息都包括在内。目标达成量表从 1 到 9 划分儿童功能水平的定性评级，也被包含在每个领域的观察总结中（见图表 2.5）。这些可以用来记录对发育发展质的关切，帮助家庭了解孩子之后就要发育发展的下一步，并有助于确定干预的目标。这些表单的使用是可选的，但它们是帮助诊断和干预的重要文件。如果评估要用来决定干预服务资格，应包括在团队完成的最后报告中（参见图表 2.6）。这一最终的团队总结表在对所有信息分析之后完成。

各领域的观察总结表和 TPBA2 的发育发展总结及服务资格认证表能够提供有关儿童发育发展水平的证明，包括：(1)高于平均水平（在同年龄的 25% 及以上）；(2)典型；(3)需要观察（在指定的一段时间内监测，以确定是否需要进一步的评估）；(4)有些担心（技能迟滞 25% 及以上，或行为质量对发育发展有负面影响）。这些水平的选择与各州对干预对象的要求有关(Muller & Markowitz, 2004; Shakelford, 2005)。一般的，迟滞 25% 及以上被作为有干预服务资格的标准。这个百分等级可以根据当地政府的实际要求来做调整。如果有需要，团队成员还可根据它提出儿童在分领域的优势以及各个子类中的相当年龄。TPBA2 的发育发展总结及服务资格认证表还有一处，用于记下团队成员对儿童干预资格的临床判断。根据评估的理由和特定机构和各州的要求，此表格可作为备选或必需的内容。TPBA2 的观察指南、年龄表和观察记录与传统测试一样，是专业记录的一部分。需要的话，可以附加到正式报告中。

TPBA2 观察总结表：情绪情感与社会性发展

儿童姓名：_____ 年龄：_____ 出生日期：_____
父母亲：_____ 评估日期：_____
填表人：_____

说明：对于下面的每个子类别，以 1—9 分的目标实现量表显示，使用来自该领域的 TPBA2 观察笔记的结果，圈出与儿童发育状态相匹配的数字。接下来，通过将孩子的表现与 TPBA2 年龄表进行比较，考虑孩子与同龄人相比的表现。使用年龄表得出每个子年龄级别（按照年龄表上的说明进行操作），圈出延迟或与同龄人相当的 AA、T、W 或 C：

如果孩子的发育年龄<实际年龄：1－（发育年龄/实际年龄）＝延迟百分比
如果孩子的发育年龄>实际年龄：（发育年龄/实际年龄）－1＝优秀百分比

为了计算实际年龄，请从评估日期中减去孩子的出生日期，并根据需要向上或向下含入。减去天数时，请考虑当月的天数（即 28、30、31）。

TPBA2 Subcategory	在功能活动中观察到的儿童能力水平									与其他同龄儿童相比的评分 高于 平均 典型 观察 关注 年龄 水平(AA) (T) (W) (C) (mode)
情感表达	1 表达身体的舒服或不适相关情绪使用声音或者肢体语言。	2	3 尝试不同类型、层次和形式的情绪压抑，以表达需求。	4	5 为了去满足需求或者得到他人的回应经常表现出强烈的情感。	6	7 全面的情绪表达，主要的情绪表达是积极的。	8	9 在适当的情景中轻松传达各种情感，并具有可接受的强度。	AA T W C 评价：
情感类型/适应性	1 不适应新的人、新物、新事件或日常生活变化，而没有强烈的、持久的情绪反应。	2	3 通过大量的语言准备和环境支持适应个人、物体、事件或环境的变化	4	5 利用与过渡情景的逻辑联系，适应个人、对象、事件或变化。	6	7 通过语言准备适应个人、物体、事件或变化。	8	9 独立地适应新的人、新物、新事件或变化，并具有适当的谨慎和情绪反应。	AA T W C 评价：

图表 2.5 TPBA2 观察总结表：情绪情感与社会性发展（详见 TPBA2 第四章）

TPBA2 发展总结和资格建议

儿童姓名：_____ 日期：_____
填写表格人员：_____

领域	领域的总体评价			年龄范围	担心质量
否 是 ：_____	平均值之上 >25%	典型	关注	担心（质量或 >25%或更多）	
运动感觉	AA	T	W	C	最低： 最高： 模式(mode)：	否□ 是□
情感和社会	AA	T	W	C	最低： 最高： 模式(mode)：	否□ 是□
交流	AA	T	W	C	最低： 最高： 模式(mode)：	否□ 是□
认知	AA	T	W	C	最低： 最高： 模式(mode)：	否□ 是□

说明：圈出每个领域中儿童的适当总体评级（AA、T、W、C）。使用每个领域的 TPBA2 观察总结表来表现总体评级。团队应讨论该孩子的表现，并考虑定性和定量的信息，以确定适当的评级。

记录年龄水平。请参阅每个领域的 TPBA2 年龄表，并记录观察到的儿童最低和最高年龄水平。记录模式，请确定每个领域中观察到的儿童最频繁年龄水平。

如果由于担心质量而表示担心或延迟资格，请在担心质量一栏勾选，请使用以下指南和知情临床意见的担忧。

团队要求根据孩子的表现出高于平均水平 25%，低于平均水平 25%。根据您所在州的资格标准调整指定的百分比。

平均水平之上：儿童的表现>高于平均水平 25%。
典型：孩子的表现是典型的，但有质量的担心。
关注：孩子的表现<高于平均水平 25%，>低于平均水平 25%。
担心：儿童的表现>低于平均水平 25%。
资格建议
（供 TPBA 团队确定 IDEA 服务的资格）
□ 根据本团队的意见，该儿童有资格获得 IDEA 的 C 部分下的服务。
□ 根据本小组的意见，该儿童有资格获得 IDEA 的 B 部分下的服务。
□ 根据该小组的知情情况，该儿童不符合 IDEA 项下的服务条件。

Transdisciplinary Play-Based System (TPBA2/TPBI2)
by Toni Linder.
Copyright © 2008 Paul H. Brookes Publishing Co., Inc. All rights reserved.

图表 2.6　TPBA2 发展总结和资格建议表

2.3.2 与家庭成员讨论

在所有的团队成员分析完资料后,参加了基于家庭或社区的游戏评估的家庭被邀请参加讨论。在基于保育中心的游戏评估中,家庭成员在短暂休息后重新加入评估团队,以检视评估结果。如果被评估的儿童年龄较小,他可能在团队讨论时自己玩游戏。如果孩子是活泼好动的,可能需要有人带孩子到另一个地方玩耍。有时,团队需要收集更多的信息或需要更多时间来分析数据,并确定与家人讨论的最佳方式。如果出现上述情况,需要与家人进行简短的会面,听取他们的意见,并初步分享结果,并安排与家人的下一次会面。

基于实施评估的机构以及各方代表人员是否在场,这次讨论可以作为制定个别化家庭服务计划(IFSP)或个别化的教育计划(IEP)之前的预备会。如果所有必要的参与方都在场,所有相关的信息都已经得到,并且这个孩子确定为有资格获得服务,在这次会议期间可以制定 IFSP 或 IEP。图表 2.7 列出了在评估后一次或多次会议需要解决的议题。解决所有这些问题可能需要多个会议,某些方面可能由服务协调员或其他服务提供者解决,但应该注意确保所有问题都有一个团队成员来追踪。

为评估之后的讨论指派团队角色是非常重要的。首先,安排一个讨论的引领者是非常重要的。这可能是家庭协调员、指定的服务协调者或其他合适的人。其次,如果可能的话,应该专门指派一个团队成员去做笔记(最好在笔记本电脑上)。这将为以后的综合报告提供一个基础。再次,如果评估会议是一个干预方案制定会议,另有一个团队成员完成 TPBA2 的儿童评估及建议清单(参见图表 2.8)和家庭服务与协调清单(见图表 2.9)是很重要的,家庭成员可以在会议结束时带上它们。这些表格是选择性填写的,但有助于他们带回家后在有机会时去翻阅并认真思考。儿童评估及建议清单(参见图表 2.8)记录孩子在每个领域所表现出的相对优势并指出可以在会议中优先讨论的干预的条目或"我准备好了的事情"。这些表格也包括可以回答疑问的人员联系方式。一份更全面的报告将会在一段时间后给予,但是这个简短的摘要给了家庭一些即时的书面反馈。

如果正在制定 IFSP,需要完成家庭服务与协调清单(参见图表 2.9)。这将帮助团队提出 IFSP 所要求的那些方面。然后,这些信息可以很容易地反馈到当地或州的机构。同样,这个表单的使用是可选的。它能为孩子和家庭的需要提供完整的信息。

尽管能对父母的感受与关切很敏感并能做出反应非常重要,但如何与家庭成员进行总结讨论仍然没有一个所谓的正确的方法。每次评估会议中都应该强调图表 2.7 中提到的每一个关键因素。通常情况下,会议将首先向家庭询问他们对 TPBA 的感受,以及评价中对他们孩子的描述是否准确。当家庭成员被问及是否注意到孩子的一些技能和行为时不应该被视为家庭的关注不足,对于家庭成员的任何回应,团队成员都应该持开放包容的态度。接着,

1. 讨论 TPBA 过程以及家庭对他们所看到的感受。
2. 回顾一下这个家庭的评估问题。
3. 回顾一下孩子和家庭的优势。
4. 讨论与评估结果、病因学或干预措施相关的儿童健康、发展和社交历史等方面。
5. 讨论儿童在评估过程中的观察结果,从家庭的问题开始,并将团队的观察结果与父母在儿童功能家庭评估表(FACF)和 TPBA 期间的观察结果进行比较。
6. 确定观察结果对孩子意味着什么,并让家庭决定他们的干预重点是什么。
   a. 哪些教育或发展领域对家庭最重要?
   b. 在这些领域中,应该处理哪些具体的技能、过程或行为?
7. 团队成员将讨论如何实现这些目标,以及领域如何相互关联,因此,也需要关注,以实现家庭的目标。
8. 讨论服务提供的选项。如何才能支持这个家庭的需要。
   a. 家
   b. 儿童照顾
   c. 学校(包括学校或隔离学校)
   d. 社区设置
9. 讨论在选定的环境中,谁将与孩子进行互动,并需要了解评估结果和建议。
   a. 父母或代理人
   b. 大家庭
   c. 兄弟姐妹
   d. 其他护理人员
   e. 早期的干预者或治疗师
   f. 教师
   g. 翻译或助理
10. 讨论家庭的日常生活和可以自然地嵌入到孩子的日常活动和互动中的具体策略。
    a. 在家里
    b. 在学校或儿童看护所
    c. 在社区活动中
11. 讨论家庭对如何让家庭和与孩子互动的其他人最好地学习这些策略的偏好。
    a. 通过在家里的咨询模式
    b. 通过观察在治疗时或在学校时与团队成员的互动
    c. 通过诸如视频、书面建议或电话等支持
12. 讨论家庭目前用于支持孩子的学习和发展的资源(见图 2.9,家庭服务协调清单)。这些可能包括:
    a. 社会和心理健康资源(例:与家庭和/或朋友、社区活动、心理健康或支持团体的联系)
    b. 身体健康资源(例:家庭保健、诊所、医院、治疗服务)
    c. 专业的设备和材料(例:定位和/或移动设备、通信、听力和视觉辅助设备,和/或辅助技术)
    d. 儿童保育或临时护理
    e. 可用的和无障碍的交通工具
    f. 满足儿童需要的经济手段(包括保险)
    g. 培训或支持,以能够理解和实施计划
    h. 为儿童和家庭提供养育、安全、健康、教育和娱乐的工作机会
13. 讨论家庭可能需要的任何额外资源,以满足儿童的发展和教育需求(见上文第 11 条)。
    a. 在家庭、学校、儿童护理中心是否需要前面提到的任何资源?
    b. 特定的家庭成员能否从任何资源中受益,使他们能够更有效地支持孩子的学习和发展?
14. 谁将负责寻找和安排每一个需要的资源?
    a. 家庭成员
    b. 服务协调员
    c. 团队成员
    d. 学校
15. 将采取什么类型的后续行动,何时采取,以确保计划得到执行和需求得到满足?

图表 2.7 评估会议后需要处理的问题

TPBA2 发展总结和资格建议

儿童姓名：_____ 出生日期：_____ 日期：_____
填写表格的人员：_____

说明：这个表格在基于跨领域的游戏评估完成后，为跨领域的游戏评估干预做准备。记录孩子的信息（姓名和出生日期）、日期，记录表格的人员姓名。在"什么"一栏下面写日期、时间、频率和强度。"哪里""由谁"以及"怎么支持"的专栏下面，在和即将把干预的需求清单相关条目旁边进行标记。在"准备好"一栏下面写下例子和策略。

什么？ 相关优势标记"s" 优先标记"p" 不需要标记所有	"准备好？" 说明干预技能和 策略的例子	哪里？ 检查哪里需要干预	由谁？ 说明谁会执行并需要 有关干预策略的知识	怎么支持？ 说明需要提供什么样的 服务检查，所有的应用 包括所有的频率/强度	多长？ 说明在审查过后能 提供多久的服务
运动感觉发展	接下来的技能：	☐家庭：	☐父亲 ☐大家庭 ☐兄弟姐妹 ☐母 ☐老师 ☐儿童照料者 ☐翻译者或助理 ☐其他：	☐咨询：	计划审核日期：
☐基础运动功能					
☐粗大运动活动	更多的：	☐学校：		☐日常规划：	
☐上肢和手的使用					
	修改：	☐社区：		☐包含：	
☐运动计划和协调					
☐感觉调节以及它和情绪、活动水平和注意力之间的关系	互动：	☐其他：		☐隔离程序：	
☐运动感觉对自我照顾和日常生活的贡献	材料：			☐临床和私人治疗：	
☐视力	环境：			☐特定的社区活动：	

Transdisciplinary Play-Based System (TPBA2/TPBI2)
by Toni Linder.
Copyright © 2008 Paul H. Brookes Publishing Co., Inc. All rights reserved.

图表 2.8 TPBA2 儿童评估和建议清单部分

家庭服务与协调清单

儿童姓名：_____ 日期：_____
家庭成员：_____ 联系电话：_____
主要服务联系人：_____ 联系电话：_____

说明：在家庭资源的每一个领域下面，指出是否具有优势。如果有需要，请在各列中进行标记，以指示谁需要特定的资源，在哪里需要它，以及谁将进行初始联系。写下与家人进行后续跟进的日期。

家庭资源	优势	谁需要支持？					哪里需要支持？				与谁联系？			随访日期
		儿童	家庭成员	家庭			家	学校	社区		家庭成员	团队成员	服务协调员	
精神健康														
与家属的关系														
与伙伴的关系														
与社区的关系														
精神健康服务的使用														
身体健康														
家庭健康														
临床														
医院														
治疗														

Transdisciplinary Play-Based System (TPBA2/TPBI2) by Toni Linder.
Copyright © 2008 Paul H. Brookes Publishing Co., Inc. All rights reserved.

图表 2.9 家庭服务与协调清单部分

团队成员和这个家庭进行一次非正式的讨论，内容包括：(1)家长和评估小组认为孩子具有的优势；(2)回顾家长的优先考虑与关切；(3)总结家庭初步调查问卷的要点，包括有关发育发展和健康史资料、对评估孩子的典型行为的看法等；(4)团队成员和家庭就游戏期间孩子行为表现交换看法，并讨论这些观察所提示的孩子预备发育发展的下一阶段。

建议小组成员不要机械式汇报，而是以父母的观察和关注点为基础，将整个团队的意见与家庭成员进行讨论。这应该是与家庭成员的讨论，而不是一场演讲。讨论中应该整合各领域的观察结果，尤其是来自家人的意见。例如，如果家长说他们的孩子是非常活跃的，总是"对任何事情都感兴趣"，这个可能可以作为基础来讨论孩子在运动领域、独立性和好奇心上的优势，也可能让我们想到是否需要有意识地去控制这些冲动行为。反过来，这也可能导向讨论孩子如何理解概念以及如何表达自己的想法和感受。对于团队来说，把儿童各领域的能力与家庭或游戏中看到的游戏情节相关联，这一点很重要。用专业术语进行抽象的讨论通常不被家庭成员所欣赏，甚至可能令人望而却步。在基于游戏的评价期间看到的具体实例，以及这些与家庭在家中看到的关系如何，是在更有意义的背景下要说明的要点。

团队成员的观察可能会发现家庭成员没有发现的问题。为了讨论家人的关注点，并尊重被评估家庭的意见，团队成员需要说明他们所关注领域的发展问题会对其他领域的发展产生什么影响。通过讨论家庭的最主要关注的问题以及讨论其他领域（团队的关注）如何阻碍孩子的发展，家庭将获得更全面的分析结果，并获得需解决问题的优先级顺序。例如，卢卡斯的父母对他的行为、脾气以及他的语言匮乏感到担忧。他们经常避免做一些让他发脾气的行为（比如洗头）。父母没有意识到是由于不同类型的感觉输入，包括触摸，导致了他行为的爆发，而卢卡斯使用的是尖叫和哭泣而不是语言来表达自己的诉求，因为这样他能更快得到他想要的东西。多领域融合的跨领域讨论可以制定一项干预计划，该计划既解决了父母的担忧，也解决了团队提出的问题。所有的发展领域都是相互关联的，所以团队需要考虑这些领域与父母关注点的相关性。

视频的使用

游戏过程由一个团队成员录制（关于录像请详见第三章）。记录这个游戏过程是非常重要的。正如第一章所指出的，视频可以在团队成员游戏评估完成后立即使用，用于与家人分享以说明问题或干预策略，或用于记录进展情况。

一些团队成员发现，在游戏结束后，无论是作为一个小组，还是单独的个人对视频进行回顾都是非常重要的。当在家中或社区中进行 TPBA 时，并不是所有的团队成员都在场。没有出席评估的团队成员可以评估结束后观看视频并完成他们的评估。比起让团队成员单独观看视频，让整个团队审视并讨论视频更可取。如果某些团队成员参加了整个评估过程，那么他就不需要再次观看整个视频，他们可以只观看他们关注的那部分。这个过程鼓励了团队进行讨论和跨领域的观察比较。

为了佐证一些观点，视频片段也可用于家庭讨论中。这些视频对家庭有两个主要用途。一是为了说明家庭成员可能不了解的技能、行为等，如讨论观察到的孩子的行为、语言模式或与同伴相处模式，并解释孩子的这些行为。视频的第二个用途是使用片段来说明一些策略，这些策略可能有助于孩子的成长。例如，环境修改、定位技术、脚手架策略或其他一些可能提高孩子的水平或让孩子有更好表现的辅助方法都可以被展示和讨论。家庭成员还可以使用视频片段观看能支持孩子更好发展的积极的教育方式。家庭协调员使用的策略或设备的结果也可以被审查，以确定哪些类型的技术可以加入到日常生活或干预计划中。如果家庭成员想要这些视频，他们可以在游戏结束后立即复制，以便有一份备份。有这样的记录，大多数家庭都很高兴；对于那些没有摄像机的家庭来说，一个小时的孩子玩耍视频备份是一种特别的财富。如果做备份文件的成本太高，可以要求家庭带一张空白的磁带或者只读光盘。这段录像可以与报告一起交给家长。当孩子进入一个新项目时，这个视频也是特别有价值的。在孩子进入新项目之前，家人可以与孩子新的服务提供者分享视频。视频和报告可以大大缩短新的服务提供者了解孩子的时间，并提供适当的干预。随着时间的推移，持续的录像记录可以记录孩子的成长过程，并且可以帮助家庭成员和服务提供者分析干预策略是如何帮助孩子成长和发展的，如果有必要还可以做一些修改。

讨论建议方案

讨论应该包括在 TPBA 过程中或者在家里要采取的对团队和家人有明显帮助的具体策略。图表 2.10 描述了可提出的问题，用以提供更准确的干预指导。

---

1. 儿童在没有支持的情况下会自发地表现出什么技能？
2. 通过脚手架或支持可以引出哪些技能？
3. 什么策略导致了更高水平的行为或表现？
4. 指出了哪些能力或困难？
5. 是什么导致了这些能力或障碍？
6. 如果儿童没有资格获得服务，建议进行什么随访？
7. 如果儿童有资格获得服务，那么干预的发展优先级是什么？
8. 对每个优先级都建议使用什么策略？回家吗？学校吗？给出适合儿童的日常生活和活动的具体例子。

图表 2.10　整合干预策略的建议

与家人的讨论应该是非正式的，并且兼顾倾听和沟通技巧。团队成员应该将家庭成员视作评估过程中的合作伙伴。他们应该表现出对家庭观点的尊重，对家庭无偏见，并向家庭表达同理心（Beckman，1996）。对于一些家庭，TPBA 将向他们保证，他们的孩子正在以典型的方式发展，甚至可能展现出超常的技能。然而，对于许多家庭来说，TPBA 将证实他们的担忧或揭示出他们不知道的困难。"优生优育基金会"（2003 年）估计，大概每 3 分钟就有一

名家长被告知他的孩子有严重的健康问题或残疾。研究指出，儿童在发育发展方面的问题会给家庭带来很大的困难。抚养患有慢性病或残疾的儿童所需要的情感和身体付出，会给整个家庭和孩子都带来影响（Barnett, Clements, Kaplan-Estrin, & Fialka, 2003; Florian & Findler, 2001; Hauser-Cram, Warfield, Shonkoff, & Krauss, 2001）。因此，团队成员需要认识到家庭对情感支持的需要，以及他们要了解的孩子的信息、孩子的情况和有益于干预措施的需求。

每位儿童都成长在一个既有优势又有短板的家庭里，并有不同的资源来弥补这些短板。儿童及家庭史问卷能帮助团队来鉴别这些优势和短板，除此之外还有对儿童成长有影响的风险性和保护性因素。家庭服务与协调清单（参见图表2.9，参见光盘中的可选表格）指出了对C部分服务与协调特别重要的因素。团队成员可能想利用这个表格工具总结评估前从TPBA中了解到的信息，然后再在后续的评估讨论中进一步加工。

家庭服务与协调清单的第一列列出了家庭支持子女发展至关重要的资源的领域。第二列对这些资源进行具体说明。后续的列构成了一个矩阵，分别表示每个资源区域需要什么支持，谁需要支持，哪里需要，谁负责进行必要的联系。还有一列用来标注日期。

结合TPBA2儿童评价及建议清单（见图表2.8），这个清单可以协助完成规划过程。如果需要的话，也可用于年龄较大的儿童。

在整个讨论过程中，团队会讨论他们所观察到的内容，以及在孩子的成长环境中，需要干预哪些行为，哪些对于孩子的成长以及技能提高会有帮助。根据评估的结果，讨论产生了一系列的结论和建议。具备资格的服务人员可能会给予适当的安置或服务，甚至给予进一步的医学干预或发展评估。更具体的建议应该指定相应的干预策略，包括：(1)技能的纵向扩展（或建立现有技能的下一级技能）；(2)技能的横向扩展（或激发现有技能的使用和转变）；(3)改善环境，调整玩具和材料，或者使用特定的交互策略。尽管团队可能会产生无数的建议，但重要的是要将这些建议与家庭的优先事项进行比较，并将建议的数量限制在可接受的范围之内。对于其他服务提供者或照护者，也可适当提供额外的建议。儿童评价及建议清单可以在对孩子进行讨论的过程中完成。团队成员应该指出所确定的相对优势（S）和干预的优先级（P），并且应该使用符号（√）来勾选进行干预的地点，提供支持的人选，以及提供服务的方式。具有处理优先级的子类可以画星。这个总结可以在最终报告形成之前向家庭提供初步反馈。它也能总结团队希望在报告中提供的信息。

最后的书面报告详述了这些内容，具体的细节和例子说明了什么，干预的含义是什么，以及推荐的服务。推荐的策略、材料，例常调整或相互作用模式也包括在内。此外，报告将讨论各个方面的优先级（详见第八章）。根据图表2.9确定的有资格获得服务的0至3岁儿童，口头讨论应该确保涉及发展摘要以及家庭服务与协调清单中列出的所有领域（见图表2.9）。

团队需要意识到一个家庭在处理过多信息时的局限性(Barnett et al., 2003)。良好的咨询过程和询问策略在评估后的会议中很被需要。其中重要的因素包括:(1)过程技能——定义和执行角色和责任的能力;(2)专业技能——在专业领域解决问题的能力;(3)个性特征,如积极的态度和幽默感;(4)人际交往技巧,如热情、得体的沟通;(5)一种尊重他人,挑战自我的风格(Knoff, McKenna, & Riser, 1991; Wesley, Buysse, & Skinner, 2001)。在口头讨论和书面报告中,排列优先顺序对于让绝大多数家庭成员掌握所能处理的信息是至关重要的。家庭成员可能更倾向于以一种循序渐进的方式处理孩子和家庭的需求,而不是一次性地解决所有问题。总结和计划表可以用来确定家庭首先想要解决的问题,以及他们以后可能想要解决的问题。接下来的评估或与之相关的会议可以参考这些表格,以确定是否需要满足这些需求。

2.3.3 遵守TPBA的流程

成功的TPBA取决于很多因素,这些因素都被编写到了TPBA2的清单中(见附录)。团队可能会希望偶尔使用这些因素来锻炼TPBA流程。可以使用信度表(Fidelity Scale)来确定评测团队是否遵守了TPBA的原始模型。信度表包含以下几项标准:

1. 团队如何承担和执行角色;
2. 如何选择评估地点;
3. 选择什么样的玩具和材料;
4. 如何确定评估的流程结构;
5. 家庭协调人如何使用在会议之前收集的信息;
6. 家庭协调人同家庭成员之间的沟通及倾听情况;
7. 引导人员或家庭协调人与孩子互动的程度及引导孩子必要技能的行为;
8. 团队整合家庭相关信息和评估信息的情况,解释家庭和评估团队的关注点并制定有效的建议的程度。

2.4 结论

TPBA的过程是动态全面的,通过了解儿童和家庭的社会史、发展史和健康史信息,评估小组能够确定可能会影响儿童发育发展的风险性和可康复性因素。通过结合孩子监护人在家里的观察情况,评估团队可以将TPBA扩大为多地点多观察者的形式。周密地计划整个多领域融合评估过程,包括收集来自父母的信息,战略性地运用团队成员中的个体优势,有效地纳入儿童照顾者和其他相关人员,合适地选择玩具、材料、地点和评测构成内容,对幼儿进行有效的全面的评估。当每个团队成员都能够倾听、响应、分享和解答疑惑时,团队与家庭的讨论将更加有效。每个团队成员也都扮演着做笔记和记录讨论结果的角色,这使得报告的写作也更加有效。通过收集数据而得出发育建议的 TPBA 方法,是一种全面灵活的实践活动。指南提供的表格工具是可选的,但 TPBA 自身的过程——以团队的形式收集家庭信息、仔细观察孩子的表现、与家人分享有用的信息——是不能忽略的。尽管 TPBA 过程是可变化的,但 TPBA 模型整体性决定了它的基本准则:TPBA 过程是一个多维的、以家庭为中心的,TPBA 是发展的、整体的、综合的,以干预为目标的模型。

参考文献

Barnett, D., Clements, M., Kaplan-Estrin, M., & Fialka, J. (2003). Building new dreams: Supporting parents' adaptation to their child with special needs. *Infants and Young Children*, 16(3), 184–200.

Beckman, P. (Ed.). (1996). *Strategies for working with families of young children with disabilities*. Baltimore: Paul H. Brookes Publishing Co.

Florian, V., & Findler, L. (2001). Mental health and marital adaptation among mothers of children with cerebral palsy. *American Journal of Orthopsychiatry*, 71, 358–367.

Hauser-Cram, P., Warfield, M. E., Shonkoff, J. P., & Krauss, M. W. (2001). Children with disabilities. *Monographs of the Society for Research in Child Development*, 66(3).

Knoff, H. M., McKenna, A. F., & Riser, K. (1991). Toward a consultant effectiveness scale: Investigating the characteristics of effective consultation. *School Psychology Review*, 20(1), 81–96.

Kopp, C. B., Baker, B. L., & Brown, K. W. (1992). Social skills and their correlates: Preschoolers with developmental delays. *American Journal on Mental Retardation*, 96, 357–366.

March of Dimes. (2003). *From polio to prematurity: 2003 annual report*. White Plains, NY: March of Dimes Birth Defects Foundation.

Muller, E., & Markowitz, J. (2004). *Disability categories: State terminology, definitions, and eligibility criteria*. Alexandria, VA: Project FORUM, NASDSE.

Shackelford, J. (2005). *State and jurisdictional eligibility definitions for infants and toddlers with disabilities under IDEA* (NECTAC Notes, No. 18). University of North

Carolina, FPG Child Development Institute, National Early Childhood Technical Assistance Center.

Wesley, P. W., Buysse, V., & Skinner, D. (2001). Early interventionists' perspectives on professional comfort as consultants. *Journal of Early Intervention*, 24(2), 112–128.

第三章 计划实施 TPBA2 的注意事项

实施基于游戏的多领域融合评估(TPBA)比使用大多数评估工具都要复杂得多。TPBA 不是一个工具,而是一个过程。就如第二章中提到的那样,TPBA 是一个多学科领域成员共同参与的过程,包括从家庭和其他照料者那里收集信息,实施游戏单元,分析信息,形成儿童及家庭可执行的干预计划。本章概述了在规划 TPBA2 的游戏单元时要注意的问题,下一章进一步深入描述了 TPBA2 的其他工作环节,第五章介绍评估前期从家庭那里收集信息的工具,第六章、第七章分别讨论了家庭引导和游戏引导的策略,第八章阐述了报告如何写作的信息。第二章到第八章完整介绍了具体的 TPBA2 观察指南。

3.1 计划 TPBA2 的游戏单元

整合多因素会使 TPBA 行之有效,因此注意所有要素显得十分重要。图表 3.1 列举了评估团队在计划 TPBA 时需要深思熟虑的一系列问题,虽然有的只是提示了部分信息。没有哪次评估能完全按计划进行,但如果仔细考虑背景信息,对家庭和儿童的引导措施就可能得以完全实施,评估结果就是可信和有效的。通过游戏设置获得对儿童的完整认识,人们将能描绘出儿童技能和行为的整体形象。评估团队要确定是否需要进一步观察或实施测验来获得儿童的完整形象。

图表 3.1 收集到基本信息后,计划 TPBA 的游戏单元要考虑的问题

提出转诊是因为哪些疑问,家庭优先关注的是什么?
家长提到在家里看到孩子表现出哪些技能和行为?
从 TPBA2 的儿童及家庭史问卷中收集到的信息显示,哪些会影响到 TPBA?
评估的危险因素和保护性因素,是数据分析的结果,或是干预需要?
团队还提出了哪些他们感兴趣的评估问题?
什么玩具和材料是收集信息所需要的工具?
是否需要一些特别的设备或安抚玩具?
需要尝试特别的措施或活动吗?
谁来担任游戏引导员?
什么时候让家长参与进来,在活动时还是在固定时间?
应该让一个同伴或手足参加吗,要是需要,选谁?
谁来摄像?
谁观察每个领域的表现?
谁在讨论时做记录?
谁来完成 TPBA2 的观察总结表?
谁负责协调团队完成报告?

3.1.1 TPBA 的目的

TPBA 的目的是要回答以下问题：

1. 儿童在没有协助或引导的情况下，自发表现出哪些行为或技能？
2. 在没有协助的情况下，儿童的最好表现是什么？
3. 什么类型的支持或条件能使儿童的行为和技能有更好或更高水平的表现？
4. 儿童的哪些能力表现得特别，如果有的话是迟缓还是残障？
5. 如果有证据表明残障，那么病因是什么？

在 TPBA2 团队看来，每个儿童都是可评估的，因为儿童的能力水平、行为或情绪现状都可能存在问题。在游戏单元中，团队成员要对这些问题了然于心（比如需要在评估中回答的问题有哪些）。游戏引导的目标，是确定能让团队成员尽可能多地了解儿童的技能、行为、学习风格、互动模式和促进成长的潜在动力。换句话说，就是怎样鼓励儿童才能促使他们达到更高水平的表现？怎样激发儿童参与活动的动机，使他们愿意更努力地尝试，愿意模仿一个新的动作或新词，愿意参与到一个新的活动？为了提高儿童的游戏技能要做出怎样的调适？儿童需要什么风格的情绪、言语或肢体上的支持？怎样的评估过程或主题会影响儿童呈现出最佳表现、典型发展或学习进步？一个好的游戏评估过程不仅有助于确认认知、沟通、情绪社会化、感知运动是否存在发展迟缓或其他需要注意的情况，还能让团队（包括父母）看到什么活动是能支持儿童学习的，什么会抑制儿童的能力向更好的方向发展，并使其发展难以达到普遍水平或需要进行持续学习。

为了达到这些目标，实施 TPBA 要考虑以下各种因素：

- 团队的角色；
- 评估的设置；
- 玩具和游戏材料；
- 评估的结构；
- 家庭中引导的问题；
- 游戏引导技术，包括沟通、互动和辅助措施。

以上这些因素需依据儿童及其家庭的情况进行调整。

计划 TPBA 的过程、收集观察数据、用 TPBA 观察指南和年龄表分析数据、进行家庭讨论，是形成建议意见所要依据的重要因素。

3.1.2 TPBA 团队的角色

TPBA 团队一般由来自不同领域的、承担不同角色的专家组成。TPBA 通常包括 2 至 4

个,或者更多领域,这要看具体的儿童和家庭的实际需求。团队成员除了是各行各业的专家,还包括以下职业:

- 心理学家;
- 言语语言病理学家;
- 作业治疗师;
- 物理治疗师;
- 特殊教育工作者;
- 社会工作者;
- 护士或其他卫生保健提供者;
- 视觉专家;
- 听觉专家。

每个团队成员都承担着双重角色,除了拥有专业领域的知识外还具有与学科领域无关的角色。一个团队成员做游戏引导员,他在游戏评估过程中和儿童一起游戏(见第七章)。一个团队成员做家庭协调员,他观察评估过程并和照料者对评估展开讨论(见第六章)。另一个团队成员是摄像师,负责拍摄评估过程。其余的成员是观察者,他们观察评估过程并做笔记。

团队成员的角色分工是 TPBA 成功的关键因素。如果游戏引导员工作有效,团队会收集到足够多的数据来得出结论并提出建议。如果家庭协调员工作有效,团队会有坚实的信息基础来描绘出儿童的精确形象。团队要有能力收集到所有相关信息,要能知道他们是否看到了儿童表现出的典型行为和技能,要能充分提供家庭所关心的所有信息。在支持游戏过程和提供数据方面,观察者是一个关键的角色,必须在准确地列出该儿童一系列数据的基础上得出临床观点和基本判断。在某个可以提高某项技能或行为水平的机会出现的时候,在引导者需要转换互动模式让儿童有更多控制权的时候,观察者要支持游戏引导员并提醒游戏引导员根据他给的提示来做出调整。摄像师担任着记录游戏过程的重要角色,这个角色的技术含量在于确保捕捉了评估过程中的重要细节,有能让团队回看相关的信息、和家庭进行进一步讨论的视频文件。视频也可以用于建立儿童发展的基线水平,记录儿童一段时间以来的变化。在特定的情形下,得到父母的允许和授权,这些视频还可以用于培训或者研究。

选择哪个成员来承担这些角色是根据每个儿童及其家庭的个体需求来确定的。如果团队中有成员认识这个儿童及其家庭成员,或者帮助过这个儿童,这个成员担任家庭协调员或游戏引导员的角色就比较自然。从另一个方面讲,一个专业人士为这个家庭服务过或是这个家庭的密友就不太能保持客观的态度,所以有时也会有换人的情况。如果有团队成员和这个个案的家庭建立了亲密关系,要注意保证所有主题要不带任何假设或回避地展开讨论和回应。

让父母感觉放松也是要考虑的因素,尽管所有专业人员应该善于与父母沟通,有的成员还是比其他人更擅长此道。因此选择游戏引导员和家庭协调员时个人因素和沟通风格都应该考虑在内。

3.1.3 跨领域的团队

对儿童某个领域的观察，并不一定非得由负责此领域的专家来完成。尽管也常常出现这样的情况，当 TPBA 团队熟悉了观察指南和过程，就可以交换角色，真正实现跨领域工作。交换角色或允许团队成员负责观察儿童在别人的专业领域中的表现，能使每个成员学习观察指南，从而熟悉其他领域的能力在不同年龄的发展顺序。专业人员解除了观察的角色并不意味着他就放弃其在这个领域的专业责任，而是要支持代替自己的成员在团队讨论整个观察情况时对本专业领域内观察到的情况做出解释。这样做有益于所有团队成员更多了解所有发展领域，使评估更具有整体性。另外，他们从整体上更了解各领域之间的相互影响，更能结合其他领域的发展来对自己专业领域观察的情况做出解释。跨领域的知识对进行评估和实施干预都很重要。当所有发展领域的情况得到整合之后，干预会更具有整体性和效率（关于从评估结果到进行干预的相关问题会在第八章报告撰写中详细讨论）。

3.1.4 选择游戏引导员

尽管所有团队成员都应该具备一个好的游戏引导员的条件，但由谁在评估过程中引导游戏必须要事先考虑好。充当游戏引导员的先决条件往往是能和儿童建立关系，有专业背景和人格魅力。

与儿童的关系

如果一个团队成员已经准备好和儿童建立积极的关系，熟悉的人应当充当游戏引导员，这会比安排一个陌生人更容易与儿童和谐相处，除非有其他理由让另一位成员来扮演与之不同的角色。例如，如果某位评估团队成员认识这个家庭，和父母关系融洽，而他们的孩子容易和其他人建立关系，那么这个熟识的团队成员更合适充当父母或其他照料人的引导者。然而评估要考虑所有的需求，因此如果团队成员是言语语言病理学家并认识这个有语言的儿童，那最好由这个成员来做语言方面的评量而不是由他来做游戏引导员，这样的安排目的是确保语言领域的记录足够充分。

专业原则

如果一名儿童被提及的问题与评估团队成员的特定专业领域有关，那由他担任引导员的可能性大。特定相关领域包括儿童有运动方面的问题，有情感或社会性问题，有认知发育迟缓或障碍。与不说话或言语表达很少的儿童建立联系，言语语言病理学家可能能够引导出非言语的交流。然而，如果儿童说两个字及两个字以上的短语，言语语言病理学家则可能想收集他的语言样本，这样的想法会妨碍他作为游戏引导员，因此需要由其他团队成员承担这个游戏引导任务。

性格特点或个性特征

选择游戏引导员的第三个标准是性格特点。父母与儿童、儿童与老师相处中体现出来的脾气和期望值之间的"适合度"对形成积极的互动是很重要的。团队成员，像父母和老师一样，有不同的脾气或性格，他们中的一些人的性格对特殊儿童来讲可能会更适合。例如，一个多动和专注力差的儿童若由一个过于热情、动作快的成员来引导，可能会使情况变得更糟。一个团队成员如果"比较拖拉"，说话和动作比较慢，也许能对这个儿童的多动产生有效缓解作用。反之一个无精打采的、缺少情感表达、反应慢的儿童，由一个热情、活跃的团队成员来引导会表现出更多情感和更好的互动。

性别或族裔

游戏引导员的性别、族裔或其他明显的特征也很重要。比如，如果一个儿童与一个特定性别的人有过消极的互动经历（例如性虐待或身体虐待），引导者的性别如果和施暴者的性别一样就有可能被儿童拒绝。即便像是肤色或头发颜色这样的特征也可能会对儿童产生积极或消极的影响。如果团队事先能了解这些情况，应在选择游戏引导员时就考虑到这些信息。反之团队则希望能在游戏评估环节结束之前观察到儿童对他不喜欢的引导者的反应，以确定这些信息的影响，观察儿童特定的反应。如果事先不了解这些信息，团队应保持一定的灵活性，能换一个较容易被儿童接受的引导员。

语言

儿童使用的语言也应该是选择游戏引导员和家庭协调员时应考虑的因素。一个使用手语或非英语的儿童或家庭需要能有效与之沟通的协调员。请翻译可能是必要的（请参考本章中"翻译者作为家庭协调员"）。

通常我们期望在整个游戏评估环节不更换游戏引导员，这样能让儿童建立信任感和与他人建立联结。更换引导员需要儿童与之建立新的人际关系，而同一个引导员在整个游戏评估过程中持续地引导更容易使儿童表现出需要观察的典型行为。事实上，使用一位游戏引导员是 TPBA 的一个优点。很多临床实践需要儿童从一个专业人员更换到另一个专业人员那里接受评估，每个专业人员有各自的评估准则；然而对儿童、家庭或评估结果来说这并不是理想的做法。儿童对不同个性特点、不同类型活动和多种评估结构有不同的反应，因此面对各自独立工作的专业人员所表现出来的技能、社会互动、行为反应能力水平是分离的，换专业人员会相应增加儿童及其家庭的压力。允许儿童有充分的时间和一个专业人员接触，能增加儿童在放松状态下表现出典型行为的概率。

更换游戏引导员

在某些情况下有可能需要更换游戏引导员。当儿童表现出与原来的游戏引导员相处得不舒服时,应该向儿童介绍新的游戏引导员。例如,由于先前的经验、个性或互动方式给儿童带来不舒服的感觉,可以用"三人组合"的方法让一个新的游戏引导员加入游戏,当新的人际关系建立,原来的引导员开始逐步撤出,转换为观察者。

有时,儿童会接近一个观察者然后和他玩耍互动,由儿童来"选出"一个游戏引导员。这种情况下,观察者不应该不理儿童,而应做出回应。如果儿童坚持要和这个被"选中"的人玩耍,观察者和引导员之间就要互换角色,此时仍可以用"三人组合"的方式。

父母或照料者充当游戏引导员

在 TPBA 过程中,父母或照料者常常被邀请以引导者的角色参与评估过程。父母参与玩耍的时机和时间长度取决于很多因素,包括儿童的需要。小婴儿的父母,或那些还不能独立行走的婴儿的父母通常全程陪在孩子身边。对这些小婴儿来说游戏引导员的工作是要观察,提供新的玩具或建议给父母,询问家庭协调员一般会问的问题。因为小婴儿的评估通常是在家里进行,这样安排能减少对单独安排一个家庭协调员的需要。结束了对儿童与家长游戏的观察以后,游戏引导员可能要尝试多种变化或调整来确认什么样的干预对婴儿有效。有人在一旁观察自己和孩子玩耍可能会令有的父母感觉不舒服,如果照料者不希望参与评估过程,也不必勉强他们。在评估过程中团队成员还是会有很多自然的机会观察到儿童和家庭成员互动的情况。

对年长的儿童,对特别害羞或寡言少语、特别依恋的儿童,或对那些显得不愿接近他人的儿童,这时他们父母中的一方或他们的照料者可能是游戏引导员的人选。尽管有的父母起初不愿尝试这个角色,在多数人了解到自己的孩子很难与他人建立关系的时候还是会做出调整来充当最初的游戏引导员的角色。团队中的游戏引导员变成"三人组合"中的游戏伙伴或是父母的游戏"教练"。当游戏引导员是最初与儿童玩耍的那个人,父母与孩子之间自发的互动都是进行游戏的基础。对特定行为的建议或转换活动的尝试要在结束亲子间自发的互动后再提出。

对父母双方充当游戏引导员的观察是非常重要的,因为他们各自和孩子互动的方式无疑是有差异的。父亲常常更活跃地参与,与孩子的肢体玩耍较多(Clarke-Stewart, 1980; Horn, 2000; Palm, 1997; Power & Parke, 1982; Radin, 1993; Yogman, 1983),相反的,妈妈表现出更多照顾儿童的行为,更多地参与社会游戏、戏剧游戏或"教"孩子玩(Power & Parke, 1982)。在可能观察到父母与儿童互动的任何时间,观察两种不同的互动方式是很重要的。

如果有其他的照料者参加 TPBA 评估,比如祖父母或提供儿童照料服务者,也应该观察他们与儿童的互动情况。照料者多花时间和孩子在一起是特别重要的。

TPBA 得以成功实施的重要因素是儿童在此过程中感到舒服并能和游戏引导员建立积

极的关系。正是这个原因,无论是谁,只要能够激发儿童探索和愉快玩耍的动机,就应该鼓励他继续承担引导员的角色。有的情况是游戏引导员仅仅需要在游戏即将结束时才加入到游戏过程中去,以引导出没有观察到的行为或尝试特定的干预措施。另外的情况是,游戏引导员变成游戏教练,指导在游戏过程之初成为玩伴的那个人来完成整个游戏环节。例如,如果游戏环节的大部分时间里一个孩子和他的爸爸玩玩具汽车和卡车玩得很好,这时就不要打断他们的游戏去问孩子是否认识颜色、能否画直线和圆,游戏引导员可能会建议爸爸可以尝试让孩子画一条公路让玩具汽车开过去。谨慎地推动游戏的进程,有助于爸爸引导出团队想要观察的技能。

3.1.5 选择家庭协调员

家庭协调员的选择类似游戏引导员。就像和儿童一起玩的游戏引导员,选择家庭协调员也要建立在他与家庭的关系,他的专业背景、人格或个性上。一些团队有专门聘请的父母支持者、社工、个案管理者这样的专业人员,这些人接受了心理咨询或家庭咨询的专业训练。根据儿童被评估的情况,有些团队里有护士或其他可以充当家庭协调员的成员。如果一个儿童有医疗方面的问题或多方面的病史,护士就比较合适来充当家庭协调员的角色。无论家庭协调员的职责是什么,充当这个角色的人都需要有优异的倾听和沟通能力,知道如何引导父母参与到观察的过程中。

如果团队中有成员已经和家庭建立起信任关系,这个熟悉儿童家庭的成员是担任家庭协调员的好人选。因为多数儿童在来接受评估之前并不认识团队成员,然而家庭协调员的选择是基于其他因素的考虑,像语言、文化、种族等因素都需要考虑在内。如果团队中有成员和家庭有类似的背景,游戏引导员和家庭协调员要相应地选择这个成员。然而,也常常会出现语言、文化和种族可能都不匹配的情况,这时团队可以根据评估内容的要求来选择人选。比如,如果有个儿童被提及在语言上有问题,言语语言病理学家能探寻到更多关于沟通方式、理解、沟通频率的信息;一个被提及有情绪行为困扰的儿童,心理学家更能讨论行为的意图和使用这些策略的情境。

如上述对选择游戏引导员的讨论,轮流充当家庭协调员是个好办法,这样能让所有的专业人员都有机会和父母互动,更好地理解他们所收集到的信息。确定谁来充当家庭协调员在接受转介来的儿童时就要确定,团队成员自愿地承担不同的角色。在接触接受评估的儿童的家庭成员表现出来的不同个性特点的过程中,也磨砺了团队成员的沟通技能。第六章会提到家庭协调员的角色。

翻译者作为家庭协调员

TPBA 很容易适应多种文化环境,所以在全世界的评估过程都是一样的。但把标准化测验翻译成不同语言来使用的做法是不提倡的。首先,测验的常模通常是根据不同的群体来制定的,换句话说,不同文化背景中的儿童发展出某个能力的年龄是不一样的,这个文化下的行为模式也是不同的。其次,考虑到语言的因素,不同领域的均值是不能确定的。例如,美国版的测验中使用的一些词汇在其他语言中是不存在的,或在当地的语言中这个词有不同的意思。转换为使用质性的方式进行评估,能提供更精确的资料(Langdon, 2002)。

因为差不多有几千种口语和方言,一个专业人员不可能精通所有家庭使用的主要语言。如果儿童及其家庭使用的语言和评估团队使用的语言不一样,或者这个家庭虽然是双语,但是他们使用的主要语言不是测评团队所使用的,就需要一个做口译或笔译的翻译人员。口译是要将一种语言口头翻译成另一种语言,笔译是要将一种语言的文本书面译成另一种语言的文本。例如,给一个来自非洲部落的儿童实施评估时,评估团队请一位来自同部落的大学生,在评估之前向他了解该部落的文化期待是什么,他们发现该文化背景中的大多数儿童拥有的玩具很少,主要的游戏场所是在户外,大学生随后提议 TPBA 如何观察,以及如何跟随儿童的引导与互动来引发语言和游戏行为。团队于是决定将评估地点放在户外的游戏场地。大学生先与儿童的父母交谈,并为团队做口译来了解父母观察到的信息是什么,他们关心的是什么,他们对孩子的期望是什么。经过讨论,儿童的父母和大学生一起在游戏场地上游戏,团队建议这个大学生参与游戏进程,向儿童介绍新玩具和游戏材料。在游戏环节,通过这个大学生的口译,团队和家庭成员进行了交谈。

第二个选择是像一般情况那样从团队成员中选择一人来实施评估,加入两位翻译人员来组成"三人组合"——一位翻译和家庭协调员一起工作,另一位翻译和游戏引导员及孩子一起工作。例如,当和一个来自墨西哥的家庭做评估时,就用到两个翻译人员。一个翻译员和家庭协调员坐在一起,翻译提问和回答的内容,第二个翻译员和游戏引导员一起坐在地上,为她与孩子的交流内容做翻译。

第三个选择是一个翻译人员直接和家庭交流,协助家庭成员充当游戏引导员,教导他们用不同的游戏互动方式和孩子一起玩,在此过程中向家庭成员了解孩子当下的游戏行为与平时观察到的有无异同。例如,一个团队要评估从罗马尼亚来的孩子,他们找一个翻译员先和家庭成员交流,然后帮助家庭成员和孩子一起玩,通常把父母与孩子之间交谈的内容翻译给评估团队。结束游戏环节之后,翻译员会询问父母在家中是否还看到孩子表现出来的其他技能。这种工作方式很少作为首选,因为它依赖翻译员提供的概述信息,团队成员只能通过观察,而难以借助伴随孩子及其父母的行为出现的语言信息来更好地理解他们的行为。

确保翻译者所说、所写的信息是确切详细的非常重要,因为借助概述的信息不能公正客观地了解儿童及其家庭。正是这个原因,团队成员应该事先培训翻译者,告知他们 TPBA 的评估过程和准确传递语言及非语言信息的重要性。口译者也需要在开展评估之前做培训,以便能用适合儿童及其家庭的方式帮助他们更多地理解和了解评估过程。培训的其他关键内容还涉及保持立场中立、遵守伦理规范和真诚。兰登（Langdon，2002）指出专业人员在使用翻译员的过程中要注意避免的四个普遍问题：(1)遗漏家庭成员的部分信息；(2)在家庭成员的表述内容中添油加醋；(3)用不同含义的词语替代家庭成员的原话；(4)复杂化、简单化或改变了家庭成员提供的信息。培训翻译者时应强调完整转述信息的重要性。

选择一个立场客观的人比让家庭成员之一担任翻译要好，家庭成员会在无意间增加一些信息或从自己理解的角度去解释信息，而不是准确地转述。当家庭成员来为孩子提供翻译时，他们可能会"替孩子说话"，提供他们认为"对"的回答来把孩子的原话补充得更完整。使用翻译对完成评估来说是必需的，单独对将要承担翻译者角色的人做培训时需要非常细心。最好能有一支稳定的翻译团队，因为可以事先培训他们，这些翻译者也可以不断积累经验。然而提前预见需要评估的不同文化背景的儿童的需求是不可能的，因此通过一些组织、教堂等与社区保持联系，能有助于确定文化转译者和翻译者的合适人选，为这些人选提供必要的一对一的短期培训。

3.1.6 选择摄像者

摄像者可以由评估团队中的成员或接受过专门训练的工作人员来担任。尽管大多数摄像器材是容易操作的，但选择完成摄像工作的专门人员仍需考虑几个方面的影响因素。在评估过程中多数时间能拍摄到儿童和引导者之间的互动，摄像机需要安置在合适的位置，这对及时审视自发行为、模仿行为、调整游戏是很重要的。从监视器看到儿童的面部也比较容易确定儿童是否在试图沟通。让摄像机保持正对着儿童的位置就需要摄像者和摄像机能够及时移动。使用三脚架的话就不太易于及时移动位置。保持机位的稳定是必需的（需要在实践中积累）。当评估对象是婴儿或不经常动来动去的儿童时，三脚架就比较好用。晃动或移动摄像机会干扰观察，当摄像者需要移动的时候，摄像机也要跟着平稳地移动，或者按下"暂停"等来到新的位置后再开始。

有些时候，摄像师想要捕捉儿童的手指、嘴或其他身体部位的细节来检视抓、口腔运动技能或其他动作的情况。另一些时候，观察儿童的身体姿态和全身运动需要摄像师捕捉儿童全身的镜头，知道在如何及何时使用长焦和短焦镜头是必备的技能，当然摄像师也要注意不要把镜头一会儿拉近一会儿推远。

知道如何利用光线来拍摄也是很重要的，因为人如果处于背光的位置，会让人像显得暗淡，在看录像的时候难以看清细节。有足够的光线、合适的照射位置会显著提升拍摄的录像的质量。拍摄者还需要小心房间里的噪音，例如，如果家庭协调员在和照料者谈话，摄像机就要远离他们谈话的位置，这样录像里就不会录入了他们说话的声音而听不到儿童和游戏引导员互动的声音。在游戏过程中和家庭成员的讨论应该尽可能小声,因为团队成员在观察和事后看录像时能听清儿童说的话是很重要的。

录像作为评估的记录被长期保存,也便于在儿童今后发展中作为基线来参照,高质量的录像需要捕捉关键信息、生动、易于听和观察。花时间学习如何使用摄像机,练习使用各种设置,对所有团队成员来说是个有价值的工作。

在摄像之前通常要征得家庭的同意,家庭协调员需要向家庭成员解释摄像的目的,以及对于评估团队和家庭的价值。同意书中要说明录像将会如何被使用,将会被保留多长时间。1996年颁布的《健康保险携带和责任法案》(也称《医疗电子交换法案》)(HIPAA)(PL 104-191),规范了合规性数据的委托(2003 见 http://www.hhs.gov/ocr/hipaa/),团队需要确认他们的同意书是按照规定来做的。

在开展游戏之前尽可能早地确认承担摄像者角色的人选,这样家庭协调员才能有足够的时间与家庭成员讨论,及早安排团队成员在评估前、评估期间和游戏环节之后的工作角色安排,有助于做好准备工作和相互协调配合。不同的角色可以轮流承担,以便使团队成员有机会实践,成为每个环节的工作专家。图表3.2呈现了可以用于记录角色分工安排的表格。

TPBA2 角色分工安排表
指南:在实施以游戏为基础的多领域融合评价前,评估团队应确定参与人员及角色分工。以下是需要记录的儿童信息、评估数据及时间,团队成员各自承担的角色和相应的工作职责。 儿童姓名:_____ 评估日期:_____   评估时间:_____ TPBA 开始前和过程中的角色安排 家庭协调员: 游戏引导员: 摄像者: 观察者: 感知运动领域:_____ 情绪情感和社会性领域:_____ 沟通领域:_____ 认知领域:_____ TPBA 后的角色分工 主持讨论: 讨论记录: 播放录像: 完成儿童评估分析及建议备忘录:_____ 完成家庭服务协作备忘录:_____ 协调整理报告:_____

以游戏为基础的多领域融合体系(TPBA2/TPBI2)由托尼·林德制定。
Copyright © 2008 Paul H. Brookes Publishing Co., Inc. All rights reserved

图表 3.2　TPBA2 角色分工安排表

3.2 评估地点

在哪里实施 TPBA 也是需要考虑的重要内容。TPBA 能在家里、诊所、幼儿园的教室、保育中心、游戏场地或其他社区设施中进行。当团队要确认在哪里能让大家感到舒服和得到更丰富的评估信息时，需要考虑下列一系列因素（Meisels & Atkins-Burnett，2000；Meisels & Provence，1989）：

- 家庭感觉舒服；
- 环境有利于获得关于转诊的最好的回复；
- 环境里有推荐使用的材料；
- 评估团队的能力和经验。

首先，要考虑家庭的舒适感。专业人员到自己的家里来会令有的家庭成员感到不舒服，也有的家庭愿意选择在家里进行评估，这样会比较方便，孩子和家庭成员感受到的压力小一些。在熟悉的环境里，儿童也会表现出更自然的行为。团队要在确定评估设置前了解家庭的偏好及儿童对新环境的反应。

在考虑环境因素时，什么环境最能提供与评估设问最相关的信息也要考虑在内。例如，一些评估提出的问题是关于体弱多病儿童的，最好是在儿童度过主要时间的场所，通常是家里来回答。这些评估的提问可能包括照料或日常生活技能的情况，也可能是沟通交流策略。儿童本人生活的环境能提供观察家庭中现有资源和典型养育方式的机会，有助于给家庭提出针对特定功能的建议。对婴儿或特别害羞的儿童来说，在家里或在学校观察转介时关于社会互动方面的问题能得到更准确的信息。如果父母或照料者提到在不同情境下儿童的行为会有所不同，或者是在游戏室完成观察之后照料者提出这些行为表现与他们在家里看到的很不一样的时候，对有些儿童的观察就需要在不止一个情境下进行。多个情境下的观察能提供更多准确的信息，帮助评估者了解为何在不同情境下儿童的行为会有所不同。

哪些环境可能具备针对支持或干预工作提出最有用的建议的材料和装备呢？比如，对重度多种残疾的儿童来说，需要哪些技术装备使他能沟通和游戏得更好。在家里或儿童照料环境里可能不具备合适的装备或材料的类型。临床的设置能允许尝试不同的方式，在儿童多数时间待着的教室或其他环境里观察的话，能使团队观察到儿童在自然环境里的行为反应，并能据此给教师和其他相关人员提出建议，分析教室材料、调整环境或互动模式，促进同伴之间的沟通。当然，通过对儿童在环境里度过的时间进行的一系列观察是积极的，但由于时间限制并不常常可行。个别团队成员可能被安排在不同的环境设置里观察记录，之后所有的观察和录像都要汇总到团队进行分析和讨论。

第四个因素是团队的能力水平。团队的专业性和成员在进行 TPBA 过程中的舒适性也是在选择评估场所时需要考虑的因素。对经验不多的团队来说，建议选择较可控的环境，这样的环境有助于团队聚焦在 TPBA 评估内容上而不是被一些意外事件干扰，如电话铃声、电视的声音、孩子的手足或宠物等。当团队成员的能力和信心得到提升之后，他们可以扩大评估场所的选择范围。当有新成员加入团队时，他们可以充当观察者，由其他团队成员来督导他的工作以便帮助他了解和掌握评估全过程。

因此选定评估场所应当考虑环境能否最大程度上满足儿童的需要、儿童及其家庭的舒适感、团队理解信息的需要。和家庭成员讨论转介的问题的时候，儿童对新环境的反应、团队收集信息的需要有助于选定最好的评估场所或实施观察的场所。在做出决定之前，团队需要权衡上述因素以确认该场所对儿童及其家庭来说是最好的。根据场所的选择，团队的分工和组合可能需要随之调整，游戏引导员通常这时要选出来，但在家里或教室里进行观察，不便让整个团队的成员都到场，这样的话，就不能使整个团队都能做现场观察，作为现场观察的替代，其他未到场的团队成员就只能通过看录像来完成观察了。

3.3 玩具和游戏材料

TPBA2 与其他评估工具的不同之处，同时也是它的优势，在于它使用的游戏材料并不是标准化的，在对不同特点的儿童进行评估的时候，游戏材料可以进行调整，以便获得所需的信息。根据儿童的情况，在评估中所使用的游戏材料从发展水平、数量和类型上可能有多种变化和组合。玩具和游戏材料要符合儿童的发展水平，团队需要在评估之前了解儿童的发展情况，以确定适合的游戏材料。如果父母在 TPBA2 的儿童功能家庭评估表（FACF，见第五章）中提到儿童喜欢的玩具或经常玩的玩具，团队可以计划将这些玩具增加到评估使用的游戏材料中。还可以请父母带一些吃的和喝的东西，在 TPBA 的点心时间来使用，这样可以避免出现过敏的情况。

另外，一个时段内小心地拿出但不要呈现太多的玩具和游戏材料，因为太多物品会促使儿童的行为浮于表面，只是去探索这些材料。在家里、保育中心、教育机构或其他社区场所实施评估时，团队可以控制儿童可见可接近的玩具的设置和数量。在这种情形下，团队需要观察儿童对所见的游戏材料的反应，确认是同龄儿童通常的反应还是因为情境有所提升的反应。在游戏室里，会把评估用不到的玩具盖起来或放到整理箱里，这样就不会干扰儿童的游戏。儿童结束使用特定玩具或材料的玩耍，转移到一个新的活动时，团队成员会拿走这些玩具，放入其他玩具。这样做有助于儿童保持玩耍的动机，也能让团队看到儿童表现出更丰富多样的游戏技巧，以减少儿童因为偏爱在评估过程中一直使用类似的玩具重复一种行为的情况。

另一个需要考虑的是现有玩具、游戏材料、情境的多样性。研究显示可获得的玩具的种类和特定的玩具会影响观察到的游戏种类（Linn，Goodman，& Lender，2000；McCabe，Jenkins，Mills，Dale，& Cole，1999）。因为评估涉及所有发展的领域，能看到广泛的能力和缺陷的表现，多样的玩具、游戏材料、适合的设备，还要提供其他一些低科技含量的材料（例如，保持身体位置的枕头或垫子）来确定儿童有支撑和调整的需要。这些评估材料和评估材料箱应由评估机构来购买。当在家里或社区实施评估时，团队成员会被告知他们要评估的儿童的信息，以确定要带多少玩具和可携带的设备来提供不同领域活动的刺激，来观察可提升的技能（图表3.3玩具和游戏材料示例）。因为两个一样的玩具能让引导员、父母或同伴也使用玩具向儿童示范动作或行为，有两个一样的玩具还能减少冲突，所以提供玩具的副本也是需要考虑的事情。当然不是所有的玩具都需要副本，但像汽车、娃娃、玩具电话、纸张和马克笔如能有1个以上则会增进互动。玩具、游戏材料或其他资源应据此来提供：

1. 游戏活动的所有领域和类型；
2. 熟悉或不熟悉的经验；
3. 简单的和具有挑战性的问题解决机会；
4. 多种类型的从弱到强的感觉刺激；
5. 独立社交的游戏机会；
6. 沟通交流的机会；
7. 使用精细运动技能的机会；
8. 需要大运动技能的机会；
9. 使用学前技能的机会；
10. 用于确认转介问题的机会。

每个材料和资源在下面的内容中会进一步说明。

3.3.1 提供游戏活动的所有领域和类型

各种类型的游戏 TPBA 都应涉及，包括使用一些不同感知模式的感知或探索游戏，功能性地使用物品和组合游戏（在游戏中组合物品）、建构游戏（用各种材料建造或制作东西）、扮演类游戏（包括象征性地使用物品）、规则游戏（例如棋盘游戏）。打闹游戏（rough-and-tumble）也应该在适当的时机整合到评估过程中。以上提到的游戏类型能不能被观察到，这要看儿童的年龄和能力。将提供的玩具和游戏材料与游戏类型相对应，会令儿童表现出对游戏的兴趣，令游戏引导员搭建"脚手架"来帮助引导出更高水平的行为。

图表 3.3　TPBA 使用的玩具和游戏材料范本

玩具和游戏材料类型	提供给婴儿和幼儿的例子	提供给学前儿童的例子
因果关系的玩具或材料	有简单的扣子或开关(如弹出盒子,弹出小丑的盒子) 发出噪音或光线,摇晃或移动的玩具 有大号运动机械装置的发条或机械玩具 可以拍打、扔、插入或移动的物品 乐器(如鼓、号角) 家居用品(如盐瓶、厕纸卷、平底锅、勺子、电灯开关、钥匙)	有活动梯、把手、扣子、开关、杠杆等装置的玩具(如收银机、带电梯的车库) CD 播放器或其他机械装置 发条或机械玩具,有小的部件或更复杂的机械装备 带键盘的乐器 糖果机 家居用品(如电视遥控器、水龙头)
小型教具	小零食(例如葡萄干或小块饼干) 书和有开扣的玩具 万花筒 绕圈教具 带开扣、旋钮、把手的玩具 简单形状分类 串珠 家居用品(如带盖子和大开口,或能把乒乓球放进去的空容器,量杯,小空盒,线垛) 堆积环 简单的拼图	需要组合在一起有小部件的玩具或教具 小拼图或地图 线迷宫 带开扣、旋钮、把手的玩具 复杂形状分类,拼图 用钥匙的带锁盒子或打开装置 家居用品(如不同大小和形状的空盒子及其匹配的盖子) 发条玩具,音乐盒
大号教具	大号积木 家居用品(带或不带盖子的大号空盒子) 可用来装填和倾倒的玩具	不同规格、形状、材质的积木(如木制、泡沫、磁性的) 家居用品(如有盖子或没盖子的大的空盒子)
感知材料	前庭装置(如秋千、摇椅) 触觉材料(如肥皂泡、浴液、水、酷什球、推拉玩具、可以摇动的玩具) 本体感材料(如串珠、拖拉玩具) 用来闻的东西(如马克笔、食物、橡皮泥) 声音玩具(如吱吱响的玩具) 肥皂泡	前庭装置(如秋千、摇床、滑板车、三轮车) 触觉材料(如橡皮泥、黏的东西、沙子、水、豆子、砂纸、漂浮玩具) 本体感材料(如黏土、陀螺、玩具工具、推行玩具) 用来闻的东西(如马克笔、食物、橡皮泥) 肥皂泡和吹气装置
角色扮演游戏的微型玩具	手指偶 代表了儿童熟悉的角色的小娃娃或小玩偶 玩具动物	家庭成员娃娃 能活动的人偶 时尚娃娃 汽车和卡车 主题微型玩具
自己和他人玩角色扮演游戏的材料	娃娃玩偶、衣服、奶瓶 塑料食物和盘子 清扫房间的工具(如喷瓶、衣服、玩具吸尘器、扫帚)、电话 塑料工具	烹饪和吃饭的玩具 电话 主题服装、道具和材料
大运动技能游戏材料	球 楼梯,攀爬玩具 椅子 能推的玩具 坐着玩的玩具	球(小号和大号) 三轮车或骑着的玩具 秋千等游戏场地装备 平衡玩具 小型蹦床

续表

玩具和游戏材料类型	提供给婴儿和幼儿的例子	提供给学前儿童的例子
艺术材料	磁性涂鸦板 蜡笔,绘画滚轮,印章 纸张 手指画颜料	剪刀,订书机,打孔机 胶水,胶带,闪光材料,羽毛等 铅笔、马克笔、画刷、适合制作的工具 橡皮泥和制作工具
音乐或声音材料	音乐盒 摇铃 录音机 鼓,号角	乐器 磁带录音机 小笛子
语言刺激材料	图片 电话 回音装置或录音机 说话娃娃或动物	电话 声音记录仪 玩偶 手机或扩音器
识字材料	塑料和硬板书 有声书 纸张和蜡笔	图画书 故事书 说明书 记事本 支票,信用卡 铅笔,马克笔,粉笔 杂志 电话本 食谱 标志或符号 改编的书(例如盲文书)

引自 Filla, A., Wolery, M., & Anthony, L. (1999). Promoting children's conversations during play with adult prompts. *Journal of Early Intervention*, 22(2), 93-108. Adapted by permission。

3.3.2 提供熟悉和不熟悉的玩具和游戏材料

确认儿童在熟悉和不熟悉的环境中的表现,他或她对熟悉和不熟悉的人的反应,以及会怎么对待熟悉和不熟悉的玩具和游戏材料是很重要的。通过与父母讨论和观察是可以了解这些信息的。如果父母能事先填写信息表(见第五章),在做评估之前的几天就会有人去与之面谈或进行电话访谈来讨论更多的信息。如果他们不能填写完这些表格,评估前的会谈就很重要。在讨论的时候,引导员可以确认哪些玩具对儿童来说是新鲜的,哪些是之前玩过的。这个非常重要,因为儿童如果使用非常熟悉的玩具,表现的是反复练习过的技能,就可能看起来技能(比实际水平)更高或更容易达到目标。相反的,如果儿童使用不熟悉的玩具时表现出了相似的水平,所观察到的行为可能代表一种新的问题解决的方法和学习的技能。如果评估是在家庭的户外进行,根据评估的优先顺序,会要求父母或照料者带一些孩子喜欢的书、玩具和游戏材料以便在游戏过程中使用。这样做是出于两个方面的原因,第一个原因,儿童使用熟悉的物品玩耍会感到更舒服,有些儿童在接受和使用新的游戏材料时会有些困难。有自己的玩具能让他们减少被威胁恐吓的感觉。熟悉的玩具还能作为游戏引导员引导儿童用不熟悉的玩具来做游戏的基础。第二个原因,使用儿童喜欢的玩具能提供关于儿童兴趣、能力水平、感觉偏好的线索。例如,一位儿童喜欢的玩具都有按动就发声的按钮,就显示其对因果关系的兴趣和对声音信息的偏好。熟悉和不熟悉的玩具都要提供,这样更能使儿童表现出他的偏好。

如果 TPBA 在家里进行,引导者应尽量使用家里有的玩具和游戏材料,也要带一些儿童不熟悉的玩具和游戏材料,帮助团队观察儿童选择熟悉还是新奇的玩具。例如,盐瓶和胡椒瓶可以用来观察有因果关系的动作计划能力;毯子能用于藏藏找找物品的问题解决的游戏;罐子和平底锅能用来进行感知运动游戏和更高水平的角色扮演游戏;厕纸能用来做像藏东西、给娃娃穿衣服、艺术创作等创造性的游戏;杂志和购物目录能用于图片指认和发展概念;家具和家庭空间布局(例如楼梯、房间)可用于多种活动、探索、分离和问题解决。几乎所有家里的东西都能以不同方式用于游戏评估。使用家里的资源也是演示给家长看——好玩的玩具并不是学习所必需的,学习可以在每天都接触到的材料中发生(如果家里有日常用品但没有玩具,团队也可以自带一些)。

如果 TPBA 在户外进行,家庭提供的玩具要放在游戏环境中提供的玩具里来做介绍,熟悉的书可以包含在其中,因为比起使用新书,儿童用熟悉的书会产生更多语言活动。有熟悉的图片,使用词汇、物品来命名和形成概念,讨论新书、获得新词汇等情境,都有利于更好地评估儿童的语言和词汇水平。例如,如果游戏引导员介绍一本新书给儿童,儿童可能安静地看着图片,对引导员关于书的互动很少的做出回应。当呈现一本熟悉的书时,儿童会忽然伸手去指、命名、谈论图片或故事。将使用熟悉的和不熟悉的游戏材料时儿童自发的反应进行对比能让评估者更了解儿童学习的过程和一般情况下的技能水平。

3.3.3 提供简单的确有挑战性的问题解决机会

在游戏环节,团队想要观察儿童玩简单和相对复杂的玩具和游戏材料时的表现。即便儿童会玩熟悉的、复杂的玩具,介绍一种新的具有挑战性(或者更简单)的玩具也可以给儿童设置一个困难情境。因此,引导者需要呈现多种玩具,儿童可能在使用某种类型的玩具时(如机械类的玩具)表现出好的问题解决技能,而对另一些类型的复杂游戏(如建造复杂的结构)则不然。能力的不同表现反映了兴趣、先前经验和特别的技能。引导者通过使用不同类型的游戏材料,想要尝试多种简单和复杂问题解决的任务,才能确定其理解和偏好的模式。引导者还可以专门看儿童如何在"故意捣乱"(sabotage)的情境下解决认知或社交问题。故意捣乱是指设计一个情境来阻止儿童容易地做到某些事情,事实上创造了之前并不存在的一个问题情境。例如,把儿童完成任务需要的某个材料藏起来、把电池从玩具里拿出、把蜡笔盒捆起来、移走斜坡使球或汽车不能顺利滑下来，诸如此类鼓励儿童寻找解决问题的办法或寻求帮助的情境。这些技巧可以用在儿童使用常规的办法就能解决的简单任务中，这个策略可帮助评估者了解儿童对挫折的忍耐程度。

3.3.4 提供不同的感官刺激的类型和强度

我们会在TPBA2第二章中进一步讨论，在感知运动领域一些儿童对不同水平和不同类型感官刺激会有反应过于迟钝或过于活跃的问题。儿童对视觉、听觉、触觉、前庭（例如运动）、本体觉（例如，肌肉、筋、关节对压力的感知）、嗅觉（例如，闻）、味觉（例如，尝）的刺激的反应在游戏和吃点心这样的常规活动中都能看到。引导员应努力尝试广泛和多样的、不同强度的刺激。如果一位儿童连轻轻的触碰都不能接受的话，就应该给这类对触觉刺激敏感的儿童呈现胶水、泡沫、黏土、食物、其他湿的或黏的东西。同时，儿童可能对大的、快速移动的、推拉的动作有偏好，说明他需要本体觉的刺激。引导者需要确认已经向儿童介绍了所有的感觉体验，来明确感觉反应的方式是否得到了足够的观察（见TPBA2给出的特别建议，视觉建议在第三章，听觉建议在第六章，对感官刺激的情感互动在第四章，其他感觉领域的信息在第二章）。

3.3.5 提供独自游戏和社交游戏的机会

所有的玩具和游戏材料都以一定方式提供儿童沟通和社会互动的机会，但一些玩具更鼓励儿童独自玩耍，而另一些则鼓励社会游戏行为（Filla, Wolery, & Anthony, 1999; Kim et al., 2003; Rettig, Kallam, & McCarthy-Salm, 1993）。拼图就是一个鼓励儿童独自玩耍的例子，然而球则更多激发社交游戏。游戏材料和玩具包括所有类型是很重要的，因为游戏材料很大程度上影响了儿童的游戏行为和社交互动。

即便提供了社交游戏的材料，游戏引导员要注意一定容许儿童在发起互动前先自主开始游戏。这部分会在游戏引导的内容中做讨论，观察儿童自主反应或儿童面对每个新玩具或材料的自发活动的机会仅有一次。因此，每个活动应该从独立的活动开始，然后在适当的时机转换到社交游戏。

角色扮演游戏（dramatic play）的机会也是重要的，不仅因为它鼓励了社交互动，还因为其促进了认知表达、沟通和动作技能。角色扮演游戏有助于引导更丰富的语言和更频繁的沟通，比起其他类型的游戏更可能会引发更高水平的认知游戏（Kopp, Baker, & Brown, 1992; McCabe et al., 1999）。提供的角色扮演游戏材料的类型也能影响所观察的认知游戏的水平。小件的可活动的人物和相关的角色，比如"人"和汽车、车库、马路，能鼓励儿童自己表演出接下来会发生什么，但引导者、父母或者同伴也能用这些玩具加入到儿童的社交游戏中。生活化的角色扮演游戏材料和可穿着的用于扮演实际生活的服装能鼓励社交互动。可以提供儿童比较熟悉的主题游戏盒子(Filla et al., 1999)里的材料,典型的主题游戏可以包含与家庭活动(例如烹饪、清扫、照料宝宝)、医生办公室、生日会、学校活动、购物、美容院或者邮局等相关的游戏材料。见图表3.4主题游戏盒子的建议。

图表3.4 主题游戏盒子和材料的范本

主题游戏盒	材料		
聚会	聚会帽 噪音发声器 盘子 杯子 塑料器皿 餐巾	包装纸和胶带 盒子 马克笔 贴纸 信封	橡皮泥 蜡烛 竞赛游戏 用于制作邀请函或生日贺卡的纸张、胶水等材料
邮局	空白信封 明信片 马克笔	信纸 邮票 电话簿	卡片和信封 铅笔 邮递员的包 帽子
学校	笔记本 蜡笔 闪光卡 订书机	铅笔 贴纸 留言卡 工作簿	故事书 磁带和录音机 地图 教鞭
医生办公室	医药包 绷带 视力表 耳镜 听诊器	医用锤子 预约簿 处方笺	真的创可贴 血压计 体温计
户外厨房与野餐	平盘和深盘 餐具垫 桌布或毯子 野餐地图 玩游戏的材料(如球、球棒、球拍)	飞盘 塑料西瓜和其他塑料食物 铲子	保温杯或热水瓶 烧烤架 木炭、煤球块或烧火用的树枝
烘焙	碗 蛋糕盘 量勺	杯子蛋糕模 围裙 食谱卡	液体和固体物品的量杯 隔热手套
兽医	毛绒玩具 医药包 绷带	狗粮袋 牵引绳 小笼子 体重秤	动物床 药瓶 橡胶手套 体温计
考古学家	小铲子 沙子 假的恐龙骨头	太阳帽 地图 刷子 放大镜	锤子 小型工具 收纳盒 画骨头用的纸

引自:Filla, A., Wolery, M., & Anthony, L. (1999). Promoting children's conversations during play with adult prompts. *Journal of Early Intervention*, 22(2), 93-108. 已经过允许。

多数的活动都可以融入社交游戏。例如,引导员和儿童可以一边轮流放入拼图板一边谈论他们选择了什么,以及为什么要把这一块放在特定的位置。看书可以是独自进行的活动,也可以是互动的活动。对着玩具电话说话可以是独自的活动也可以是社会性的活动。如果儿童愿意,引导员要允许他去尝试独自游戏活动,不要强求所有的游戏都是互动的。允许儿童有独自游戏的时间是很重要的,因为这样做能让儿童自己做选择,按自己的节奏来玩,在想要社交互动时自发去尝试,实现不被打断的有序活动。引导员需要保持好独自游戏和社会游戏机会之间的平衡。在引导员加入游戏之前,要允许儿童按照自己喜欢的方式选择活动或游戏。当儿童尝试和照料者或引导员互动时,当儿童需要脚手架式的支持时,游戏引导员就可以加入到游戏中了。如果儿童没有选择任何活动,或者选择的活动不知道如何玩,或者不断重复同样的行为,看起来"卡住"了,引导员可以加入儿童的游戏。如果儿童逃避社交游戏,可以推荐社交性玩具或活动,和他玩来回滚球、吹泡泡、用角色服装玩角色表演等等。

3.3.6 提供沟通交流的动机

尽管使用有效的引导策略,所有的玩具都能用来引发沟通,但有些玩具还是更能激发沟通的动机。以玩具电话为例,鼓励多数幼儿把电话放在耳边模仿成人讲话的样子。书也是激发儿童指点、评论、提问和交谈的材料。多种多样"诱导沟通"的方法也可以和玩具一起使用(例如把盖子紧紧盖住,这样儿童需要请求帮助)。手机或磁带录音机常常有效提升发声或语言。低科技含量的材料,例如图片或象征性的暗示(例如图片交换沟通系统,PECS)或科技辅具装置(例如摇臂开关)也可以用于引发沟通或提供沟通的机会。这些策略在 TPBA2 第五章会围绕沟通和语言观察进行更深入的讨论。

3.3.7 提供需要使用精细运动技能的玩具和游戏材料

很多玩具、游戏材料和游戏活动需要使用精细运动技能。推荐使用的一些资源包括:拼图、小积木、带按钮的玩具、杠杆、把手、洞和小的机械装置。一般来说,如果提供丰富种类的游戏材料,手和手指自动就开始活动起来。引导员要确保评估团队能有机会看到儿童使用手臂、手、手指一起运动或分别运动来完成任务。适当的任务是需要双手一起完成的,例如,打开一个装橡皮泥的容器,一只手扶稳纸张另一只手涂色,或用一个打蛋器来做假扮游戏。要单独使用手指来操作的玩具可能有玩具钢琴或笛子、带按钮的收银机、玩具电话或真的电话。在白板上绘画或在大张白纸上用手指作画需要使用手臂。全面提供所有这些类型的活动不仅对儿童来说是重要的,对于精细运动或学前能力有问题的儿童来说更为重要。

准备各种规格和种类的游戏材料能让团队更广泛观察儿童精细运动的能力。例如,一个儿童可能在抓握小块积木时有困难,但可能抓一个大一点的就可以成功。多种类型的书写材料和剪刀应该随手可得，以便团队不仅能看到儿童有困难的精细动作活动，也能替换或调整材料让儿童有更好的表现。

3.3.8 提供需要使用大运动技能的玩具和游戏材料

大运动活动通常在一些评估中是省略的，除非儿童因为这个原因才被转介来。游戏材料中包括检查大运动技能的资源，对所有儿童来说都是重要的，因为细微的问题不一定被照料者或儿科医生发现，但却对其他领域的发展造成影响。例如，一个因为学业问题和行为问题被转介来的儿童可能有细微的行为显示低张力或运动计划方面的问题，从而影响到他坐、集中注意、书写、社交互动或自信。如果仅仅检查社会和认知领域，基础能力的发展情况反而被遗漏。正是这个原因，提供涉及大运动技能的玩具和设备，观察平衡、协调、身体双侧运动、在空间操控身体的能力是必须要做的。

尽管作业治疗师和物理治疗师会想提供一些治疗设备，但最初阶段不推荐使用这些设备。因为团队特别关注检查在日常生活环境中表现的功能性技能的水平、使用物品和活动的情况。楼梯、椅子、桌子、长凳，还有环境中的障碍物都可以用来观察儿童需要向上移动、转身、下来或是爬上去的行为。击球游戏和投篮等运动是儿童喜欢的活动，游戏引导员可以适当使用一些活动，例如在摇摆的船上钓鱼，滑滑板车，跳到"河里"等。当游戏引导员在角色扮演游戏或追打游戏中加入这些动作，儿童通常会有很高的兴致。如果可以让儿童使用户外游戏场的设施，从中也能获得运动评估所需的信息。

如同其他领域的发展一样，引导者应允许儿童采取任何自然状态下使用的姿势或行动，然后尝试做适应性的调整。包含特别的动作或让游戏材料只有唯一的使用方式将能让团队看到儿童是怎样运用运动计划能力的。例如，一个球可能"意外地"滚到家具或者设施下面，需要儿童指出如何移动其身体去够到它。在完成了儿童在自然情境下的表现的观察之后，使用包括调整过的设备或位置装置，来确定做出什么调整能引导出更高水平的行为。在制定 TPBA 的评估计划时，团队需要考虑何种类型的大运动活动和材料最可能调动儿童参与。

在观察了儿童的自发行为之后，可以尝试调适或附加特殊的设备。比方说游戏引导员可以尝试给婴儿提供垫子来帮助她抬起身体垫高肚子来玩，也可以调整坐姿或是改变儿童的体位进行游戏。先观察自然的行为能让团队确定如何来增加出现的技能或容易参与到环境中。（见 TPBA2 第二章）

3.3.9 提供使用学前技能的机会

游戏引导员还需要注明儿童对玩具和游戏材料的概念技能，来评估其相应的发展水平。使用玩具和游戏材料能评估不同水平的概念，包括命名物品，不同用法或归类（如关系、颜色、形状、大小、功能),游戏材料可以有不同的描述方式(如毛茸茸的、滑的、光滑的),材料要同时具备识数(倍数和数量)和识字(具有象征意义的材料、图片、印刷品)功能。引导员一般使用普通材料(如积木、戏剧表演道具和美工材料)来确认儿童的概念能力,但一些书或有符号的游戏材料和书写材料也是必需的,它适用于那些已经对这些刺激具备了反应能力的儿童。对在幼儿园或学前班的儿童来讲,"学校"游戏可能是很有趣的,能让团队看到儿童对很多不同概念的反应。对不能说话或者言语活动很少,或有视力障碍、孤独症、运动障碍的儿童来说,可以使用典型的游戏材料来做自然观察,使用特定的材料或辅助技术来做附加的观察。这能使团队确定使用电脑技术或手势、图形符号等其他支持系统能否提升儿童对概念的理解。

3.3.10 提供手段证实特定的转介问题

根据评估问题的需要,所用材料是可以改变的,例如,如果团队了解到一个儿童有严重的认知发展滞后,且评估的问题是关于如何增进认知理解,引导员会用一些简单的、易引起高度兴趣的玩具并进行按钮改装,并根据儿童需要的等待时间使用合适的时间控制装置。如有儿童是因为创伤或其他可辨认的原因导致情绪方面的问题转介,团队要提供和儿童兴趣有关的材料,例如,如果儿童曾经住院治疗,医生和护士的娃娃或布偶和医药箱是适合的材料。对因为触觉防御(tactile defensiveness)有关的问题转介来的儿童,要准备多种触觉材料,应包括软的、硬的、毛茸茸的、光滑的、黏的等材料。儿童由于学业准备方面的问题转介的话,需要让团队观察到儿童对各种类型的书,比如文字书和图画书的反应情况的游戏材料,这些材料都可以通过各种方式整合到游戏中(例如列出杂货店购物清单或菜单)不会让儿童感觉到在"测试"。

有些儿童由某个评估后的特殊建议而转介来此,例如非常聪明的儿童可能被转介来确定其学习风格(learning style)和适合的学习环境。这种情况下引导员会提供一个自我指导的、解决创造性问题的情境,像是搭建方面的问题解决的任务给儿童。引导者也可能会试验视觉与听觉学习,让儿童有更多机会带领游戏,以便发现领导素质和学习方式(approaches to learning)。使用书和电脑游戏可以给儿童提供探索角色扮演和创造性游戏的机会。

多种残障或者孤独症的孩子也以同样的原因转介来,以确定其学习方式。有趣的是,也会使用类似的方式。游戏引导员可以通过特定的材料、符号系统和给残障人士设计的辅助技术来测试儿童。要想知道儿童学习新概念所需的结构和支持的总量,就要看儿童在此学习一个概念时需要多少特定的脚手架式支持和材料。什么类型的辅助是儿童需要的(如身体上的或者是语言上的),以及儿童对哪类强化有反应也是可以被测试的。

确认诊断结论也要小心计划使用的材料来确定所有领域的发展得到足够的证实。就像之前提到，儿童因为一个基本的领域被转介来，当足够的跨领域评估实施时，可能在评估中表现出更为复杂的跨领域的问题。因此评估所用的材料涉及所有领域是很重要的。转介来的原因只是其中一个需要考虑的方面，图表3.3包含了可能用到的材料的范本、情境和活动，详尽无遗地列出了所需的物件，有些项目清单的内容是重叠的，使用时要注意到每个种类的材料应有助于确认评估的内容。

3.3.11 主题游戏盒

对学龄前阶段的儿童来说，主题游戏盒能进一步发展到容纳图表3.3中列举的各种材料，但以鼓励角色扮演游戏的方式组织起来。例如主题游戏盒可能关于去看医生或兽医，去理发店或美容院，去餐馆、鞋店，去露营、挖掘恐龙骨、钓鱼等等。这些盒子里可能包括小型或微型玩具、书、图片、角色扮演的道具、文字材料。这些主题中的材料项目列举在了图表3.4中。儿童能随后根据自己的兴趣选择一个盒子。

举例来讲，一些幼儿园的儿童对恐龙很着迷，"寻找恐龙"游戏盒子里应该包括如下物品：
- 帽子、吸汗带、考古背心；
- 不同大小和颜色的塑料恐龙，用来讨论、命名、绘画和进行角色扮演游戏；
- 关于恐龙的图画书，用来讲故事或者阅读；
- 恐龙拼图，用来操作和拼完整；
- 恐龙蛋糕刀和橡皮泥；
- 塑料或木制的骨头，用来在感知桌上掩埋，然后挖掘、清洗、画画和做标签；
- 完成这些"工作"所需的工具，如铲子、用来清扫骨头上尘土的画刷、清洁骨头的布、研究骨头的放大镜；
- 地图；
- 纸张和蜡笔用来绘画、记录发现、标识展品。

例如积木、感知桌、一辆三轮车、一辆运货马车、一辆滑板车，甚至是玩具电话，这些材料要和提供的其他物品、设备一起放在房间里。根据儿童的能力发展水平，这些主题能激发儿童游戏并发展成为相当复杂的游戏。和这些资源相匹配的其他资源，例如在游戏设置中加入书，能引导出更多语言、更长时间的游戏、更合作的互动。父母和手足通常能通过这些现有的材料提出更多的点子，然后带着他们自己的兴趣，加入到活动中来（见图表3.4）。

3.3.12 辅助技术

对有更严重的沟通交流和运动问题的儿童来说，需要提供辅助技术。辅具可以定义为"其他"类型的设备，或产品系统。无论是普通的商业款、调整款还是定制款，都可以用于增加、维持或提高残障儿童的功能性潜在能力(34 C. F. R. §300.5；authority：20 U. S. C. §1401[1])。如果这些设备能帮助儿童表现出他已有的能力,那么在评估残障儿童时是需要使用的。图表3.5 显示一些类型的辅具在 TPBA 中可能会用到。一些辅具需要在诊所或游戏室的环境中使用,而其他一些可能用在家里或者用在项目中心。

图表3.5 TPBA 使用的辅具

视觉	听觉	游戏和日常生活	动作	配置
放大镜	手语装置	有魔术贴、大把手、磁铁或夹子的玩具	抓杆和栏杆	椅子表面防滑
大字体书	扩音器	适合单开关操作的玩具	助行架	垫子、毛巾卷、切小块的浮力条
布莱尔盲文材料	视觉线索(例如图片、绘画或符号)	调整或增大了部件(如按钮、把手)	动力十足的玩具	脚步支撑物(如木块、凳子)
大的按键键盘或布莱尔键盘	触觉线索	增强的视觉或触觉线索(例如亮的、大的或振动的玩具)	儿童号轮椅	可以调整的座椅,站着或靠着的支架
给材料提供背光的装置		电脑和不同水平的软件,包括声音输出设备	推的玩具(如婴儿车)	画画或涂色时需要的胳膊支架
颜色对比鲜明的材料		大的键或大的电脑键盘	可以坐着的滑板车或趴着的滑板车	可以倾斜的书写台面
在开关或主要部位表面粗糙的玩具		防滑材料和支撑物		
振动的玩具		适应性饮食用具		

资料来源：The Council for Exceptional Children, Technology and Media Division (www. ideapractices. org)。

3.4 TPBA 环节的结构

对每个儿童和家庭实施的 TPBA 的结构是不一样的,但每次评估包含的内容还根据儿童和家庭的需要在不同的时间里做介绍。多数评估包括以下内容：

1. 在观察儿童独自自发行为、引导者跟随儿童的游戏行为、结构化的引导、游戏引导员试图拓展儿童游戏或引导出之前未表现出的更高水平的行为之间保持平衡；

2. 父母(或照料者)以结构和非结构的互动方式与儿童玩耍；

3. 与父母(或照料者)分开然后再重聚；

4. 和手足或同伴一对一地互动；
5. 非结构和结构化的运动游戏；
6. 将日常活动包括其中（例如吃点心、上厕所）；
7. 通过人为事件或情境来引导出有问题的技能或行为（例如发脾气的行为）。

有时不是所有的要素都能包含其中，因为家庭希望看到一些行为（如希望团队成员观察而不是和孩子玩），因为没有手足，或者因为没法诱导儿童参与到吃点心活动或其他活动中。在这种情况下，家庭协调员需要确认这些无法观察到的家庭信息。有时可以增加附加的部分来观察以帮助评估者更好地理解TPBA。在一天中不同的时间观察或在不同环境中进行观察（例如在家里和在幼儿园）有时也是必要的。

3.4.1 顺序

谁来和儿童互动并向儿童介绍玩具及游戏材料对不同儿童来讲会有不同效果，如果转介问题与沟通方面相关，团队可能想要首先观察父母和儿童的互动来看何种互动是通常使用的，以及何种策略会有效地得到儿童的回应。从另一个方面来讲，被父母要求来确认孩子是否行为方面有足够显著的问题需要干预，就要使用不同的方式进行评估。如果父母提出的行为是较棘手的，引导者可能要先和儿童互动。通过儿童的引导和让儿童控制游戏局面，引导者能确认何种策略会使儿童表现出更高水平的行为或更好的社会性或情绪行为表现。挑战儿童能力、处理起来有限制的策略也应标注，同时通过引导者的观察和通过亲子互动观察记录父母感到挫折的表现。首先看到积极的互动和行为是很重要的，因为一旦儿童变得开始捣乱、沮丧或失控，就很难让他或她做出积极的反应和再次回来做游戏。

依据接受评估的儿童的年龄和个性特征，介绍手足或同伴的做法也是不同的。从婴儿期就可以观察到儿童对他人的知觉和与手足、同伴互动的类型。如果手足和儿童有特别积极或特别困难的关系，就要观察同胞参与活动的情况。第一种情况，在游戏过程的起始就介绍手足参与，能帮助儿童快一些参与到游戏中。第二种情况，游戏过程的晚些时候介绍手足参加会比较好，因为手足关系的压力会对游戏有消极影响，并影响到对该儿童的评估。团队还要确定如果需要，在什么时间介绍同伴参加。如果没有合适的同伴，团队需要依赖家庭对儿童与同伴交往情况的陈述。如果有同伴可以参与，要审慎思考几个方面的因素，发展水平、性别、和该儿童熟悉的程度都应该被考虑在内。一个在功能发展水平上稍微高于被评估儿童的同伴能示范更高水平的技能，因此可以充当一个实际游戏引导员。儿童倾向于和自己同性别的伙伴玩耍，和被评估儿童熟悉的同伴也能更快地加入游戏。团队要在游戏过程中确定什么时候（有些时候要在游戏单元开始前）介绍同伴加入。对害羞的儿童来说，在游戏单元早期只和一个伙伴一起会比较有帮助，对比较容易参与到游戏过程中的儿童，也许在角色扮演游戏、大运动游戏或互动游戏开始时就介绍同伴参与比较合适。

介绍玩具和游戏材料的顺序也是不同的。首先介绍儿童喜欢的材料，以便吸引儿童参与，那些儿童拒绝或回避的游戏材料要等儿童有机会与游戏引导员、环境建立信任关系以后再作介绍。一种截然相反的做法用于持续玩同一种类型材料的儿童。儿童如果持续玩同一种类型材料，例如旋转的物品，这时就应该先介绍一些没有旋转的部件或旋转移动的玩具。通过这种方式，团队能更好地了解儿童对其他没有可移动部件这样的干扰因素材料的兴趣和使用的能力。

3.4.2 结构性参量因素

根据评估问题的不同，游戏单元的结构也是多样的。儿童在特定的活动上花多长时间部分取决于转介的问题。如果一个儿童因为大运动能力方面的问题被转介，团队会设计一些机会以观察儿童的运动模式，比如看儿童如何从一个位置运动到另一个位置，在无章可循的运动挑战中观察运动计划技能，查明儿童对不同类型运动和感觉输入信息的反应。语言、社会性和认知技能，应在活动中尽可能多地协同使用，例如数一数儿童在小蹦床上能跳几下，就是将数数能力整合到一个大运动游戏中。大运动活动不可能都被观察到，但这类基本和重要的活动应该在计划之中。

即使转介的问题与某个基本发展领域相关，游戏引导员和团队也需要一直抱着跨领域的评估心态，这样所有领域的评估内容才能得到足够的证实。评估问题起初可能与某一个发展领域有关，但观察可能显示有要点包含在另一个领域。例如，一个儿童因为情绪调节或情绪自控能力被转介，适当的评估内容可能就是观察社交和情绪互动活动。然而，由于对感觉统合与情绪调节之间存在内在联系的了解，引导员会让儿童经历不同类型和强度的感觉刺激来观察儿童的反应。一个有触觉防御的儿童，可能对触碰不同质感的物品或他人靠近有过激的情绪反应。没有看到所有领域和可能存在的关系，团队就可能对儿童的行为做出错误的解读。更少地考虑转介的原因是团队需要看到儿童的整体，在各个发展领域的情况，因为各个发展领域之间存在相互影响。

另一个结构化的要点是给儿童多少引导或脚手架才是他所需要的。一些情况下，儿童热情而自由地使用各种玩具和游戏材料玩耍，另一些情况下，材料及与材料的互动需要更结构化。例如，一个有多动行为的儿童可能需要多种支持才能参与到不同材料的使用和活动中，这种情形在第七章会做进一步的探讨。

3.4.3 结合自然和人为的事件

因为 TPBA 是在自然（如家庭或社区）或生态化的环境（如仿真环境和自然地互动）中实

施,很容易混合一些与诊断、干预相联系的事件。有些关键的事件普遍发生在评估中,来提供有价值的信息。儿童可能进入一个新环境,对陌生人或玩具和材料做出反应,在一群人面前玩,从一个活动转换到另一个活动,应付不可能成功的活动挑战,对不舒服的情形或有限的设置做出回应,承受不期而至的感官刺激,不得不忍受和照料者分离,不得不在没有"结束"时停止玩耍,对无法预期的事件做出反应。所有这些事件都提供了关于儿童发展、适应性、自我调控、应对策略、技能和行为的重要信息。引导者需要有足够的敏感能对儿童的反应做出及时回应,既要能反映儿童的情绪,还要能支持儿童转移到下一个活动而不是游离出去。

一些自然的事件可能在游戏环节中发生,包括换尿布、上厕所、喂饭或吃点心、脱衣服或穿衣服去玩水、去室外玩等。如果在家实施评估,像和宠物玩或洗澡就可以一起观察。

偶尔地,根据评估儿童的需要,观察者可能需要插入不舒服的事件以便激起儿童的消极情绪或行为。尽管这样做引导员总会感到不舒服,但观察一些儿童对消极事件的反应的机会是 TPBA 重要的组成部分。一般来说,引导者极少需要问父母什么类型的事情会让孩子沮丧。但根据情况,照料者或者引导者会引入这类机会。这是 TPBA 重要的组成部分,因为它能让团队看到"真实"的儿童,就像父母或他人看到的那样,这样做是非常必要的。如果没法做到这一点,父母可能感受不到评估的精确性,然后建议就会被搁置一边或重要性大大降低。

3.5 结论

因为 TPBA 对每个儿童及其家庭来讲是不同的,它需要谨慎考虑一系列因素。检查转介的原因,父母的期望和优先关注的部分,儿童和家庭的历史能提供信息来引导 TPBA 的过程。确定每个团队成员的角色和责任,包括是谁引导游戏及其与家庭成员之间的关系,谁来做记录、谁来摄像、谁来做好和儿童及其家庭及团队工作的基础准备。另外,团队需要确认在什么地方实施评估,要用到什么材料,如何使游戏评估结构化以包含所有必要的内容。对这些要素深思熟虑将使 TPBA 成为一个真正个性化的评估过程。

参考文献

Clarke-Stewart, K. A. (1980). The father's contribution to children's cognitive and social development in early childhood. In F. Pederson (Ed.), *The father-infant relationship* (pp. 214-256). New York: Praeger.

Filla, A., Wolery, M., & Anthony, L. (1999). Promoting children's conversations during play with adult prompts. *Journal of Early Intervention*, 22(2), 93–108.

Health Insurance Portability and Accountability Act (HIPAA) of 1996, PL 104–191, 42 U. S. C. § § 201 *et seq.*

Horn, W. (2000). Fathering infants. In J. D. Osofsky & H. Fitzgerald (Eds.), *WAIMH handbook of infant mental health* (pp. 271–297). New York: John Wiley & Sons.

Individuals with Disabilities Education Act Amendments of 1997, PL 105–17, 20 U. S. C. § § 1400 *et seq.*

Keogh, B. K. (1986). Temperament and schooling: Meaning of "goodness of fit?" In J. V. Lerner & R. M. Lerner (Eds.), *Temperament and social interaction in infancy and childhood: New dimensions for child development* (Vol. 31, pp. 89–108). San Francisco: Jossey Bass.

Kim, A., Vaughn, S., Erlbaum, B., Hughes, M. T., Morris, C. V., & Sridhar, D. (2003). Effects of toys or group composition for children with disabilities: A synthesis. *Journal of Early Intervention*, 25(3), 189–205.

Kopp, C. B., Baker, B. L., & Brown, K. W. (1992). Social skills and their correlates: Preschoolers with developmental delays. *American Journal on Mental Retardation*, 96, 357–366.

Langdon, H. W. (2002). Language interpreters and translators: Bridging communication with clients and families. *The ASHA Leader Online*. Retrieved November 15, 2004, from www.asha.org/about/publications/leader-online/archives/2002/020402g.htm.

Linn, M. I., Goodman, J. F., & Lender, W. L. (2000). Played out? Behavior by children with Down syndrome during unstructured play. *Journal of Early Intervention*, 23(4), 264–278.

McCabe, J. R., Jenkins, J. R., Mills, P. E., Dale, P. S., & Cole, K. N. (1999). Effects of group composition, materials, and developmental level on play in preschool children with disabilities. *Journal of Early Intervention*, 22(2), 164–178.

Meisels, S. J., & Atkins-Burnett, S. (2000). The elements of early childhood assessment. In J. P. Shonkoff & S. J. Meisels (Eds.), *Handbook of early childhood intervention* (pp. 231–257). Cambridge, England: Cambridge University Press.

Meisels, S. J., & Provence, S. (1989). *Screening and assessment: Guidelines for identifying young disabled and developmentally vulnerable children and their families.*

Washington, DC: National Center for Clinical Infant Programs.

Palm, G. F. (1997). Promoting generative fathering through parent and family education. In A. J. Hawkins & D. C. Dollahite (Eds.), *Current issues in the family: Vol. 3. Generative fathering: Beyond deficit perspectives* (pp. 167-182). Thousand Oaks, CA: Sage Publications.

Power, T. G., & Parke, R. D. (1982). Play as a context for early learning: Lab and home analysis. In I. E. Siegal & L. M. Laosa (Eds.), *The family as a learning environment* (pp. 147-178). New York: Plenum.

Radin, N. (1993). Primary caregiving fathers in intact families. In A. Gottfried & A. Gottfried (Eds.), *Redefining families* (pp. 11-54). New York: Plenum.

Rettig, M., Kallam, M., & McCarthy-Salm, K. (1993). The effects of social and isolate toys on social interactions of preschool-aged children. *Education and Training in Mental Retardation, 28*, 252-256.

Thomas, A., & Chess, S. (1977). *Temperament and development*. New York: Brunner/Mazel.

Yogman, M. W. (1983). Development of the father-infant relationship. In H. Fitzgerald, B. Lester, & M. W. Yogman (Eds.), *Theory and research in behavioral pediatrics* (Vol. 1, pp. 221-279). New York: Plenum.

第四章 克服实施 TPBA2 的障碍

由于以游戏为基础的多领域融合评估（TPBA）的优势已经得到肯定，此方法逐渐在更广泛的领域得以应用，主要包括学校，基于家庭的项目，诊所以及其他的社区项目。在多种场所应用能了解实施 TPBA 所需要的技能。专业人员使用 TPBA2 和 TPBA2 管理手册、TPBA2 的大量资料、团队跨领域综合训练作为研究和学习的方式。专业训练来源于大量的学科领域，通常是 1—5 天的在职工作坊的形式，由学校、社区代理或者专业组织提供。参加的人观察评估过程并且练习使用 TPBA2 观察指南和年龄对照表，讨论实践中出现的多种情况。在会议或研究机构的工作坊，向大量专业人员介绍 TPBA 的优势、评估的组成部分、实际评估的案例（Brookes On Location；http://www.brookespublishing.com/onlocation/index.htm）。除此之外，越来越多的大学提供了 TPBA 训练，这使得有相关知识和经验的专业人员在应用 TPBA 时很顺畅。使用实训室、实践经验、临床和医疗机会支持了临床评估技能的发展（Ostrosky, Bruns, Stayton, & Linder, 2006）。

父母和多数专业人员明白幼童需要使用调整过的方式来进行评估。他们知道测试强调弱势和缺损的测试评分并无助于确定儿童的特殊需要。家长和专家想要评估更有意义、评估提供更多信息并能直接用于实施干预。尽管过去的十年中，越来越多人意识到要评估年幼儿童的最佳表现，但要改变 20 世纪中期以来形成的固有观念仍然阻力重重。传统的标准化的方法仍在广泛应用，因为这种方法被认为效度更高（Danaher, Kraus, Armijo, Hipps, Cory, & Lazara, 2006; Whaley & Goode, 2005）。因此，在很多情况下很难改变现状。即使改变发生了，使用更高级评估技巧的障碍还是很难克服。许多障碍来自管理，也有一些来自个人本性，剩余障碍则是系统性的。这些阻碍许多存在于个体，一些来自团队，一些来自管理者，其他则来自家长或专业组织。指出这些障碍很重要，目的是使评估发挥实质性作用，帮助儿童和家庭实施干预。

4.1 实施的障碍

4.1.1 时间限制

专业人员经常提到的限制是时间，不仅需要协调评估团队的时间，也要协调家庭成员的时间，包括安排在家里和其他自然情境下做评估。所需时间涉及从家庭获取信息、做评估计划、观察孩子并且会见家庭,但往往会被抱怨太费时。这种感觉可能是个人感受而非现实情况。在实际操作中,TPBA 所用时间与传统评估相差无几。大多数专业人士都会在评估前先向家庭收集信息。事实上,很多家长疲于在不同的专家那里回答相同的问题做相同的评估。大多数专家用一个小时测试孩子,另外两个小时写报告,和家长的会谈一般会推迟,直到所有专业人员完成自己领域的报告后才进行。这个过程通常会延长,无论是对于团队还是家庭成员,都需要留出多次时间来讨论评估中的不同部分的内容。

TPBA 只不过将个人完成的评估时间压缩整合成团队评估时间,有一个不同点是在写报告之前小组需要额外的时间做讨论。有些小组成员通过省略小组讨论来节省时间,把时间只花在完成他们个人负责的那个领域的报告,这样做是严重错误的。小组讨论对内在因素的因果关系做出有效判断是很重要的,充分理解,紧密结合建议,最后才能形成精确的跨领域评估报告。这个过程很耗费时间但并不比通过别的方式得到类似的评估结果费时。事实上,迈尔斯、麦克布莱德和彼得森的研究表明,涉及所有领域的评估,以游戏为基础的评估比起传统的评估要少花 45 分钟。更重要的是,传统方法完成整个评估过程所需的平均天数是 58.3 天,对于 TPBA 来说是 37.6 天,比传统的方法少 3 周。当团队合作一致的时候,在有限的时间里能更有效地完成工作。最重要的是,这个过程能得出更有意义的评估结果和处置建议。尤其是由团队之外的人来提供后继的干预时,把时间用在完成一个可实施的报告和计划能节约很多时间。专业人员通常抱怨他们拿到的传统的基于缺陷的医学报告对于干预没有帮助,当他们接收计划中的孩子来做干预时所做的第一件事是实施另一个评估来确定从哪里开始和如何开始干预。这就要更费时费力地去写出一个有用的、干预导向的报告,而不能用原先的以安置为导向的报告,传统的过程将评估和干预两个功能分割开了。

在团队讨论的过程中安排好各个角色的任务有助于提高效率。一个讨论的组织者可以根据时间推进讨论的进度,确保所有的团体成员都有机会提供自己收集到的信息,但是要保证讨论围绕家庭优先关注的方面进行,尽可能避免离题和重复。由一个成员用电脑记录讨论的内容可以提高效率。这些记录可以提供给所有的团队成员,加速写报告的进度。也可以由一个成员把所有信息集中在一起确保报告的连贯性。当团队成员逐步熟悉各个领域的评估内容和每个成员的个人风格的时候,团队会议也可以进行得很快、很顺利。综合的、整体的、聚焦于干预的发展报告是 TPBA 的主要优点,这是被家长和提供服务的人所肯定的。

4.1.2 人员限制

有一些方面是来自人员的限制,尤其是基于游戏的评价。因为 TPBA 是一个团队完成的过程,需要团队成员在同一个时间、同一个地方,尤其是对于基于学校或临床的评估以及评估之后与家长的会谈。在学校环境里很难有像专业治疗师这样履行合同工作的专业人员,更常见的是,治疗师在不同的学校工作,因此很难安排出时间。为了应对这些挑战,用看录像的方式可以使那些不能安排出时间或者不能在指定地点观察的成员之后再完成评估工作。即使有必要的录像,也要通过团队面谈来确保所有成员观察到了内容,指出了可能在录像中没有看到的部分。这需要管理者灵活处理哪些是需要花时间看录像、哪些是需要与团队成员及家庭见面讨论的。如果讨论时间已经包含在评估和干预过程的时间之内,那么就不需要另作安排。

4.1.3 协调团队的时间

正如之前所提到的,把一整个团队带到家里是不明智的,通常对家庭来说是令人不安的,因此需要做出调整。协调时间要灵活安排并考虑到家庭的时间安排。一个更复杂的情况是当为来自非主流文化的家庭充当翻译,需要翻译表格中的信息给家庭成员,或翻译儿童或家庭成员的对话。尽管口译或笔译在任何类型的评估工具或评估过程中都会用到,但TPBA可能要求翻译要涉足各个领域的内容,从很多方面看,这样做比起不得不给各个领域的评估安排不同的翻译难度要小得多。如果可以,安排一个固定的时间做评估能更好地协调时间安排。

4.2 个人障碍

4.2.1 需要一个简单的过程

传统评估的好处是要用到的材料都来自一个小盒子或者箱子。专业人员不需要决定哪种玩具和材料适合特定的儿童。许多专业人士喜欢做这种轻松的评估,所需要的就是工具箱和知道如何适当地进行测验得出分数。对TPBA而言,只有这些准备是不可能完成评估的。每个儿童都不一样,因此要做出不同的调整,包括玩具和材料要准备儿童感兴趣的,要和他的文化背景相关,要考虑儿童的残疾。这样做比仅仅打开一个评估工具箱需要更多时间、精力和创造性,才能将所需物品组合在一起完成一次个性化的评估。这样做看起来具有挑战性,但比起实施不便来说,其实获益更多。基于家庭环境的游戏评估和常规的评估,家里的材料都可以作为评估的基本材料,但团队会计划增加附加的材料来进行特别的活动或满足儿童的需要。因为每一个儿童和家庭都是与众不同的,每一次评估也是不一样的。对那些喜欢唯一正确答案的人来讲,这样做是费力和困难的。一个实施TPBA的专业人员,也许已经学会了用于不同儿童的"把戏",找到了能吸引儿童玩耍的玩具,创造了涉及所有发展领域的主题盒子,能提供支持以确认所有技能水平的同事,儿童的父母以好玩的方式参与评估的过程,儿童所有经验都是自然体验到的。TPBA中大多数专业经历不会换来标准化测验的简单易行,而是丰富了团队的跨领域评估经验(DeBruin, 2005; K. Johnson, personal commu-nication, June 6,2005; J. Nelson, personal communication, October 6,2006; M. Sanchez Ferreira, personal communication, July 4,2006)。

4.2.2 让其他孩子加入的困难

传统的测试需要考官在测试时间里只关注接受测试的儿童,其他孩子通常不会参与到评估过程中。基于游戏的评估要求专业人员尽可能协调手足或同伴一起玩耍。TPBA的专业人员在学校或临床的设置下通常是可以控制在什么时间或如何介绍其他儿童加入,还能选择与被评估的孩子相匹配的同伴。在家实施评估可能有手足或同伴出现,这是团队很难控制的情况,出现其他儿童可能会干扰了被评估的儿童,儿童变得需要得到父母的关注,可能对与照料者沟通儿童的技能、日常生活情况等带来更多的困难。手足和同伴的出现需要实施者具备与多个儿童同时相处的能力,需要创造性解决问题的能力。有其他儿童参加游戏单元,提供了观察儿童和同龄儿童一起游戏、沟通、社会互动,与和成人有何不同的机会。儿童可以在一起角色扮演、一起画画、一起玩户外游戏或一起搭建积木,使用黏土或橡皮泥时也可以一起玩。另一种情形是,当使用同一种玩具(例如娃娃、套装积木、拼图)时,能允许儿童各自独自玩耍和在游戏中保持同步交流。有时当参与的儿童主导了游戏,或者抑制了观察希望看到的行为的机会,一个家长或者其他的团队成员可以吸引手足的注意。让其他儿童参与应被看作是对评估过程有益的事情而不是阻碍。

4.2.3 缺乏对不确定性的容忍

在传统的评估中,通过完成表格的形式在评估之前从父母那里可以得到大量的信息,而当孩子在测试的时候家庭成员可能出现,也可能不出现。很多专业人员只有在评估后的会谈、个别化教育计划(IEP)或个别化家庭服务计划(IFSP)开始前能有少量时间与家长交流。在TPBA中与家长的交流是评估取得成功的重要因素。TPBA的评估需要灵活性和根据多种情况及时调整的能力,来满足儿童和家庭的需要。每个家庭和孩子对于游戏评估的反应都是独一无二的,最终专业人员需要站在他们的立场上考虑问题(或根据个案的实际情况考虑)。比如,一个照料者对一个问题的态度或者回应,将会引导后继的专业建议或者回复以及提出相关的问题。因此团队成员必须具备反应灵敏的交流技能。

和儿童的交流也是灵活的。游戏引导者可能需要尝试不同的交流技术、玩具、互动模式,或者环境调整。回应的灵敏性、灵活性和可调节性会降低评估的效率。然而,效率的降低会被更多理解和精确性、获得相关信息来补偿,效率需要接受不确定性。经过实践、经验和团队支持才能具备这样的包容性。

4.2.4 拒绝改变

因为之前所提到的种种障碍，一些专业人员一直不情愿改变他们熟悉的传统模式评估。在高等教育课程转变评估年幼儿童的方式之前，其中一些人已经通过了专业训练项目的考核。这些专业人员对这样的评估方式感到陌生，而继续使用他们多年采用的评估方式会更容易些。实际使用 TPBA 时，通常需要改变的是觉察，因为 TPBA 提供了保持专业发展的方法，激发和推动了整个团队。TPBA 提供了从每个孩子、家庭、团队成员身上学习的机会。团队和家庭的讨论提供了交换观察到的内容、想法、感受、解释、说明和举例的方式，启发每位团队成员运用所具有的知识和经验。除此之外，团队在此过程中建立了友情及朝向共同目的努力的气氛，这会拓展到和儿童及其家庭一起工作的其他情境中。一旦这个团队感觉轻松，专业人员就不会又想使用"老"办法。

4.3 专业训练的障碍

4.3.1 对儿童发展方面的训练不足

评估幼童和其家庭需要具备大量的关于婴儿、幼儿和学龄前儿童的多个领域发展情况的知识、对学习理论的理解、有关成人和家庭发展的知识、有关与儿童和成人一起工作的专业技能。尽管受训给儿童做评估的专业人员都具备他们各自领域的专业知识，但并不是所有的人都从自己和非本学科领域的方面对儿童早期发展有细致的了解。跨领域的方法，比如 TPBA，需要专业人员更精通儿童发展的知识。对儿童发展有深入了解是计划好评估过程、做出适当调整和为他们所观察到的内容给出准确解释的必要条件。很多专业人员只了解儿童在某方面发展的知识，包括从出生到青少年，接受某个专业测验的训练、某个相当狭窄的发展领域使用的方法和过程。他们没有学习过如何做跨领域的观察，如何从儿童的所有发展领域的能力水平出发考虑调整评估和互动，从对各个领域技能和行为的解释中找到内在联系。例如，大多数学校心理学家没有接受过相应训练，不了解肌肉紧张和姿势能如何冲击到社交互动的训练、口头语言的表达和问题解决的技能等。这些了解能使从来没学过大运动能力与调整座位之间联系的游戏引导员能够通过调整座位、姿势和玩具，为有运动困难的儿童增加评估过程的时间，认识到儿童可能因肌肉张力不足不能充分表现出认知的技能。

训练项目的多数内容是针对特定学科，以符合每个专业领域证书的要求。很多新进入这个领域的专业人员没有学习过培养广泛发展洞察力的相关课程，也没有在自己的专业领域工作过，没有接受过与家庭一起工作的培训，没有任何与团队工作的经验，更不要说在一个跨领域的团队工作了。要使专业人员在实施整体评估时感觉自己有知识准备,在应用高水平的方法工作时感觉到自信,这些培训和经验是重要的。

另外,游戏评估不仅使用量化的年龄表还要进行质性的观察,需要团队成员根据与儿童表现出来的技能相对应的支持内容做出专业的判断,功能性地应用技能,使儿童表现出潜在的发展过程。很多专业人员感到比借助测验项目确定儿童的发展进程,做出质性的判断令他们不舒服,然而,正是这类质性的信息对形成干预计划是有用的(Bagnato, Smith-Jones, Matesa, & McKeating-Esterle, 2006)。专业人员培训项目通常不提供此类特别针对婴儿、幼儿和学前儿童的培训和督导来使结业者感觉作出"专业判断"是轻而易举的。

4.3.2 对幼童的评估方法的训练不足

目前很多专业准备项目还满足于培训传统的评估方法,因此现状没有得到多大改变。幼童的评估需要采取多维度的评估方式,多领域融合评估比做一项测验能提供更多的信息。专业人员需要知道多维度评估能广泛收集到各个不同角度所观察到的各个发展领域的情况,包括父母和其他照料者在内,包含多种评估表格的内容。

很多专业培训项目对为儿童做非常有效的评估的技能缺乏重视。这些培训往往强调心理测量和医学模式的专业技能,而不是提供更自然或更具功能的途径给幼儿。在应用多种方式的评估实施之前,学生们常常是得到很少的训练及更少的实践经验。

4.3.3 对成人咨询的训练不足

专业人员不仅在对幼儿发展方面的训练不足,也常常在成人发展与沟通方面的训练不足。正如此前提到,评估所需的专业技能包括会谈、辅导和咨询技术。和家长会谈需要的不仅是收集基本信息,还要了解关于发展的、社会性和健康史的情况。专业人员需要具备对照料者倾听、回应、做出反应、探索、做保证、协作和问题解决的技能。多数专业人员没有接受过多少培养这些能力的训练,他们使用简单、直接的问卷会更舒适,因为这不需要他们去探索、去对情感做出反应或协同解决问题。

4.3.4 职前和在职的训练

对那些和有残障的婴儿、幼儿和学前儿童一起工作的专业人员来说需要特别的专业知识,职前的训练机构和在职培训应提供更多训练。职前的培训项目需要做到:

1. 提供与家庭如何有效沟通和辅导服务的培训。在学生参与实践之前学习辅导技术的课程和积累该领域的经验,学会倾听和与家庭互动是必要的。通过督导更好地理解家庭系统、文化差异、残障带来的影响和父母与专业人员之间关系的影响。这些人进入评估领域,干预幼儿和他们的家庭,需要学会如何建立联系、提供支持和像教育儿童那样教育成人。

2. 提供多领域融合评估和干预训练。课程要帮助学生获取对儿童和家庭的历史的整体了解。具备对儿童及其家庭跨领域的理解基础才可能获得各个领域的知识(Foley & Hochman, 2006; Linder, Linas, & Stokka, in press),各个学科的课程学习能使专业人员进入多学科专业知识的工作领域,而理解各个学科知识并能和团队协作不是一件容易做到的事。

3. 在跨领域团队里提供学习和实践的机会。在跨领域团队里进行工作和实践,由督导来确保团队的特定学科知识和工作技能(Linder et al., in press)。在专业人员进入实际工作前就具备跨领域团队工作技能,会大大提高工作效率和早期干预团队的工作成效。

4. 提供实践案例和支持系统(管理的、咨询的和督导)来帮助专业人员的工作发挥到最高水平。在职前的培训项目中,学生们常常被安排到方便的或仅仅是可能去的实习地点。很多实习地点不仅不能演示最好的实践示范,反而是提供糟糕的实践展示。于是,学生们被置身于"了解什么是不能做"的角色,或者学习了不适当的实践方式方法。所以,他们在经过培训后仍然处于没有充分准备的状态。推动将来实践变革的重要内容就是要在高质量的地点学习和实习。

4.3.5 让管理者有所了解

管理者常常疲于应付日复一日的管理项目的责任,没时间掌握他们所管理的项目最新的情况。特别是当在一个为较大年龄范围的人群服务的机构里,这些项目的专业人员有责任让管理者及时了解项目实施的最好的情况和研究这些工作方式。这些大型工作体系的管理者不一定完全明白为婴儿、幼儿和学龄前儿童提供的服务是如何的独特。没有专业人员或管理者能了解多个学科的专业期刊研究的前沿知识,但目前的发展趋势和研究方向是首先要了解的。专业人员和父母需要跟上这些变革:

1. 和相关管理者以及相互之间分享政策性文件、文章和关于幼童的研究。通过专业研究人员向管理者介绍他们发现的(而不是由组织机构自上而下传达下来的)新评估工具和干预技术。

2. 坚持对幼童评估的重要性的立场,提供文件来改变目前的形势,而不是接受和保持现状。

4.3.6 倡导变革

一旦管理者从理论的、立法的、实践的和研究的方面理解在方法的、程序的、人员的等方面变革的合理性,变革就非常可能实现。例如,当管理者被告知和赞同对幼童及其家庭实施功能性评估需要跨领域团队合作时,他们会理解从管理上需要做出相应调整。比如,一个管理者可能认识到期望让各个领域的专业人员能像一个团队一样有效合作,意味着以下条件:

1. 需要时间来让团队成员见面、分享专业技能、做计划和解释评估内容,以及在此基础上讨论干预方案。
2. 专业人员从一开始就作为团队一员来签订工作合同(而不是像全职工作的职员单独执行工作合同)以发展出最有效的评估和干预过程。
3. 必须有个人的工作合同的时间表,因此,要注明要求参与团队工作。
4. 根据儿童及其家庭的需要,评估可能在多种场合进行,包括地方机构、家庭和社区。

4.4 监管障碍

4.4.1 地方和各州的要求

实施更具功能性的评估的另一个障碍是地方和各州对鉴别和安置儿童的常模数据的要求。很多对幼童鉴别的监管要求等同于对年长儿童的鉴别,这种平级的监管模式在多年前就建立起来,并没有根据评估模式的发展现状做出相应调整。管理者的工作要遵循地方和各州对基金使用管理的要求,这使他们的工作陷入困境。很多州和地方的项目确实列举了可选择的工作方式,包括参照标准、基于游戏、甚至基于判断的方式,但这些可选择的方式常常被管理者看作低级的或低标准的评估方式。除非对此有充分了解的专业人员和家长要求使用这些可选择的方式,管理者通常更希望他们使用传统的评估工具。一般而言,不会禁止专业人员使用功能化的评估方法,但如果想要使用观察法,他们常常需要将观察转换为标准化的方式。这样的做法是不划算或无实效性的。

为了让专业人员能有信心使用像 TPBA 这样的高水平评估方法,地方和州立机构需要在监管、政策和过程方面鼓励他们从更宽泛的范围里选择评估工具。有些州或地方机构列出了"可接受"的用于幼儿评估的工具清单,这些清单可能并不包含所有可选择的评估工具,可能遗漏自然的或基于判断的评估工具。机构间的协同委员会、专业人员、家长组织以及倡导变革的团体需要一起努力,帮助州政府、地方机构的管理者和政策制定者明白提供一定范围可接受评估工具的选择是有研究基础和实践理由的。在何时和如何传达用于做出合理决策的观点还需要其他研究的支持(Bagnato et al.,2006)。州级监管要反映已知的对儿童及其家庭提供的最佳实践,保险机构根据评估结果做出赔付的规定也应如此。

4.4.2 概念上将评估理解为干预过程

以上的所有问题的核心是,幼童能得到或需要什么样的评估,理解评估即是干预,反之亦然,这个观点很重要。当儿童经历 TPBA 时,引导者正是用干预的策略来规划干预的计划。在干预时,专业人员常常观察儿童在哪个发展水平,什么有助于提升发展的进程。换句话讲,评估和干预在某种程度上是同在一个进程中的,为了使评估对鉴别、诊断、干预和评价进程是有意义的,评估进程应从以下方面进行分析:

1. 通过分析目前表现出来的功能性的技能和能力来完成对儿童发展水平的鉴定,而不是儿童未达到的技能能力。
2. 鉴定对当前技能或未具备的技能产生影响的根本的发展进程。
3. 分析观察到的和未观察到的技能或行为的内容及发生的条件。
4. 分析影响儿童学习的动机因素。
5. 联系儿童的经历、文化和家庭成长健康史来分析以上信息。

考虑到以上所有因素不仅可以使评估有更实质性意义,还可以使干预更有效——实际达到所有关于幼童的训练目标。

4.5 结论

一个令人激动的幼童评估的新时代开启了。新的模式对家庭更有意义,与儿童的发展联系更紧密,对与干预效果相关的因素的分析更有效。接下要做的大部分工作是专业人员如何克服现有的障碍来应用和实践这种方法,尝试调整和拓展并丰富我们原有的认识。专业培养计划的理念和实践需要转变,各州和地方的管理水平、团队实践水平需要提高。当所有这些条件都具备的时候,潜在的创造力、个性化的评估和干预就能够实现了。

参考文献

Bagnato, S. J., Smith-Jones, J., Matesa, M., & McKeating-Esterle, E. (2006). Research foundations for using clinical judgment (informed opinion) for early intervention eligibility determination. *Cornerstones*, 2(3), 1–14.

Danaher, J., Kraus, R., Armijo, C., Hipps, C., Cory, S., & Lazara, A. (2006). *Section 619 profile* (14th ed.). Chapel Hill, NC: NECTAC Clearinghouse on Early Intervention and Early Childhood Special Education.

DeBruin, K. A. (2005). *A validation study of TPBA-R with the BDI-2*. Unpublished doctoral dissertation, University of Denver, Colorado.

Foley, G. M., & Hochman, J. (2006). *Mental health in early intervention: Achieving *unity in principles and practice*. Baltimore: Paul H. Brookes Publishing Co.

Hanft, B. E., Rush, D. D., & Shelden, M. L. (2004). *Coaching families and colleagues in early childhood*. Baltimore: Paul H. Brookes Publishing Co.

Linder, T., Linas, K., & Stokka, K. (in press). Transdisciplinary Play-Based Intervention with young children with disabilities. In C. Schaefer (Ed.), *Play therapy for very young children*. Lanham, MD: Rowman and Littlefield.

Myers, C. L., McBride, S. L., & Peterson, C. A. (1996). Transdisciplinary, play-based assessment in early childhood special education: An examination of social validity. *Topics in Early Childhood Special Education*, 16(1), 102–126.

Ostrosky, M. M., Bruns, D., Stayton, V., & Linder, T. (2006, October 20). *Play-based assessment: Providing pre-service professionals with hands-on experience in a lab setting*. International DEC conference, Little Rock, AR.

Whaley, K. T., & Goode, S. (2005). *Transitions from infant-toddler services to preschool education*. Chapel Hill, NC: NECTAC Clearinghouse on Early Intervention and Early Childhood Special Education.

第五章 预先从家庭获取信息

与安·彼德森-史密斯（Ann Petersen-Smith）合著

既往父母也经常参与到孩子评估的过程中，但如今其作用显得越来越重要。我们现在愈发认识到父母对孩子的了解程度的重要性。要获得一个更为精确的评估，父母在评估过程中扮演的角色尤为重要。父母对所提供的信息的合理解释对于评估的准确性来说也尤为重要。本章的目的在于帮助评估者从父母处获得所需要的信息，并理解这信息对儿童发育发展的意义。

梅塞尔（Meisels，1991）描述了对有可疑发育发展障碍儿童进行发育发展评估及早期识别的 5 项基本原则：

- 发展是由多种因素决定的。
- 发展可以被环境因素支持、促进和阻碍。
- 社会和文化通过父母对孩子产生影响。
- 家庭扮演着特别的角色，并对儿童各方面的发展起着重要的作用。
- 亲子关系是一个发展的和适应的过程。

这些原则解释了父母、看护者以及其他的家庭成员对评估过程至关重要的原因。他们可以提供儿童日常生活中的重要信息。由于家庭和其他环境因素的不同，遗传、生物和发育因素的表达也必然会受到其影响。

父母的参与在该评估和干预过程中尤其重要，我们为此加入了一系列的收集相关儿童及家庭信息的方法。这些方法包括访谈、观察和一些调查工具（Sandall，McLean，& Smith，2000）。基于评估的需要和每个家庭的情况不同，我们在 TPBA 的实施过程中可以选择一个或者多个方法。本章提供两种有助于更加准确评估家庭情况以及更为有效观察儿童的工具——TPBA2 儿童及家庭史问卷（CFHQ）和儿童功能家庭评估表（FACF），后者包括两部分，分别是日常活动评分表和"关于我的一切"问卷。

父母既往参与孩子评估的主要形式为填写关于儿童的发展、社会及健康的相关问卷。这些问卷形式多较为粗糙，比如快速浏览提示儿童可能存在发展风险的"警示红旗"（red flag）等。这些信息并不是评估所必需的，然而却可以用来帮助制定评估计划及分析结果等。本章将介绍家庭健康问卷中经常出现的问题的用途。

各个领域的专业人士都应当熟悉各种可以加剧发展落后、发展障碍和残疾风险的医学问题、社会和发展因素的重要性。本章的第一部分将详细阐述发展的、社会的和身体的因素,解释每个部分的重要性及其对儿童发展产生特定影响的原因。

正如之前所述,评估者可以从父母和看护者提供的有质量的数据中增强对儿童的整体认识。父母对他们的孩子的性格、情绪调节、功能性行为和某些行为所处的环境可以提供有价值的信息。而且父母所看到的孩子行为的变化范围也较特定的评估过程宽广得多。从父母和看护者那里获得有质量的信息,这样可以获得关于儿童的更为全面的信息。FACF 工具,在本章的后半部分会提到,会帮助 TPBA2 团队了解父母在日常生活中是如何看待自己的孩子的。

对于专业人士来说,理解保护性因素(可以促进成长的因素)的影响以及危险因素(可以抑制成长的因素)的重要性可以使得发展的结果最优化。因此,我们也会呈现保护性因素和危险因素,以及它们对孩子发展的影响。另外,我们将呈现一份总结这些因素和其相关影响的表单(见图表 5.1 和 5.2)。这在 CFHQ 和 FACF 工具的使用过程中可以被用作识别危险因素及保护因素的快速参考表或者一览表。这些信息可以帮助识别出那些即便暴露在危险因素下但看起来更容易复原的或者表现更好的儿童,以及那些由于危险因素增多而更加高危的孩子。这些信息使得工作团队能够对其提供最可能的改善危险因素的支持,并对儿童及家庭产生积极的长期的效应。这些父母信息工具的使用及解释更加凸显了 TPBA2 的多学科领域融合协作的本质,提供了更多的比较,这样可以增加结果的信度及效度(Glascoe & Sandler, 1995; Squires, Nickel, & Bricker, 1990)。

图表 5.1 危险因素

因素	如果是,请填"X"	解释
确定的危险因素		
遗传学异常(如唐氏综合征、脆性 X 综合征) 先天异常		可能与多器官发育异常相关,如先天性心脏病、甲状腺功能减低、听力丧失、视力损害、发育落后等。
脊膜膨出		可能会增加全面发育落后、移动性变差、脑积水、由反复手术带来的乳胶过敏反应等风险。
先天代谢异常(如 PKU,高胱氨酸尿症等)		如果未经检测出来或者未经治疗,可能导致明显发育落后,可以导致死亡。
甲状腺功能减低		如果未经检测出来或者未经治疗,可能导致明显发育落后。
遗传的代谢不良(如美洲原著居民的酒精综合征 FAS 和非洲美洲裔的镰刀状细胞病)		酒精综合征 FAS 与总体发育发展迟缓、行为问题、多动症(ADHD)相关,而镰刀状细胞病与感染和血栓的风险相关。
感觉受损		影响与环境的联系及学习。

续表

因素	如果是,请填"X"	解释
生物学危险因素		
宫内因素 母亲年龄(16—40岁)		宫内生长迟缓、胎儿窘迫、宫内死亡风险增加。
父亲年龄增加		孕期子痫风险增加,可能导致早产及孕母死亡,出生缺陷、神经精神疾患及营养不良概率增加。
母亲慢性疾病(如心脏病、糖尿病、甲减或甲亢、狼疮、癫痫、代谢性疾病)		可能和孕期合并症相关,包括出血、早产及营养不良。
不良孕史		不良孕史会增加日后孕期风险。
未进行产前保健		孕期的问题未被识别或及时干预。
孕期感染或发热(如流感、泌尿系统感染)		可能导致早产或者永久性损害(如发育迟缓、眼盲等)。
致畸物暴露(如酒精、烟草、药物、毒物等)		与生长发育迟缓、孕母营养不良、胎儿畸形、早产、低出生体重和发育迟缓相关。
放射线暴露		与胎儿结构性损害有关。
异常三倍体检测		与脊髓、腹部及基因缺陷有关。也和早产、低出生体重、异常外观及流产相关。
羊水过多		与早产、胎盘早剥相关,或者可能预示肾脏、胃肠道及神经肌肉发育异常。
羊水过少		与先天异常、宫内发育迟缓、鼻梁低平、脐带受压所致缺氧相关。
宫内生长发育迟缓(IUGR)		营养不良及胎儿缺氧风险增高,可能影响胎儿的脑发育和出生体重。
围产期因素		
胎膜早破(PROM)		与早产、产时感染、脐带脱垂所致缺氧、羊水过少和肺发育不成熟相关。
母亲产时感染(如水痘、B族链球菌感染、疱疹等)		与早产、新生儿严重感染等相关,可能致病。
早产(胎龄小于32周)		胎龄小于32周和新生儿死亡以及早产相关并发症最为相关。与低出生体重、脑出血、发育异常,包括脑瘫、慢性肺病等需要辅助呼吸支持的问题相关。早产儿可能更容易出现较低的社会能力、更难适应社会,并随着年龄的增长仍可能持续。
低出生体重		婴儿小于2500克(5.5磅),更容易出现呼吸窘迫、慢性肺疾病、脑出血、感染、白内障、视力损害、听力丧失、住院时间长和死亡。婴儿出生时低于1500克(3.3磅)更容易出现感觉神经缺陷、发展落后、行为及学习困难。

续表

因素	如果是,请填"X"	解释
围产期缺氧缺血(婴儿血氧低于正常,脑及其他器官乏氧)。多种原因包括分娩过程中母亲血压低、脐带绕颈、可卡因应用及生后休克等		与脑及神经系统持久的损害相关,包括脑瘫和视听损害。
低阿普加(Apgar)评分		20分钟时阿普加评分分数低于3分和致残率和死亡率升高相关。
儿童相关因素		
多种(大于3种)身体异常		与早孕期受损相关,可能提示为某种先天综合征,可能和发育落后相关。可以合并视听损害。
巨颅伴或不伴脑积水		可能与遗传综合征、发展落后和癫痫发作相关。
脑外伤或者感染		可能与脑损伤和发育发展落后相关。
营养不良;生长迟缓		与脑发育不良、生长受限以及感染风险增大相关。可能和躯体及情感忽视相关。
感觉缺陷(听力丧失,如耳毒性药物暴露、内耳感染,以及脑膜炎、过度的噪音暴露、耳聋家族史)和视力受损、感染或者其他未治愈的视觉异常		可能与发育发展落后相关。
"难对付"的脾气		与儿童晚期过度活跃及强攻击性相关,和同伴关系差,违法犯罪、学业成绩不佳。脾气不好的儿童容易惹怒父母,并受其苛责。
环境危险因素		
依恋缺失		与精神错乱、疏离、缺乏接受感和精神健康状况不佳相关。缺乏回应的母亲其孩子可能出现破坏性行为和寻求关注的行为。
情感忽视		与内在化障碍(焦虑和抑郁)、母亲参与过少、母子关系消极、婴儿反应低下和发育迟缓相关。
父母患精神疾病		与精神疾病(抑郁、攻击性、外在化障碍和敌意)及躯体疾病(慢性疾病、心脏病、夭折)易感相关。与危及生命的事件(吸烟、酗酒和性早熟)相关。
家庭环境差		儿童虐待和忽视的发生率增加。儿童可能出现暴力行为、沮丧、孤僻或者患其他精神疾患。年长儿童可能出现学业不佳或者违法犯罪。
父母物质滥用		
贫穷		与身体状况不佳、孕期保健不佳、早产、低出生体重、婴儿死亡率高、铅暴露和慢性疾病风险增加相关。
家庭水平		与经济压力及精神压力大相关。不能提供一个正向支持的、激励的和学习的环境。
环境水平		拥挤和不安全的环境与情绪错乱及暴力相关,也和内在化障碍相关(焦虑和抑郁)。

图表 5.2　保护性因素

因素	如果是,请填"X"	解释
健康的家庭		儿童的行为可帮助他们保持好的身体及精神状态。自我调节能力好。
情感安全		儿童带有足够安全感体验生活。组织能力及对经历的理解能力增加。
儿童特点		
可爱的,情感丰富的婴儿;易养型婴儿;天性精力充沛		此类型的婴儿较其他类型发育得更好。
对变化耐受好的婴儿		适应性好。
愉快、自信、自立的幼儿		与良好的沟通及社会技能相关,与环境更好的融合。
分担责任的儿童(家务活)		与使命感增加相关。
自控力和外界管束		与自尊感增加以及好的发展结局相关。
家庭特点		
有一个强大的依恋者形象		最强大的保护性因素,尤其是在有危险因素出现的情况下。对身体健康、生存欲望和社会性情感发展均至关重要。
早期母亲响应性		与婴儿期的社交能力相关,可以帮助儿童承受压力。可以帮助婴儿和儿童学习到他们可以期望别人做什么,以及别人对自己的期望。
母亲的胜任力(教育水平、工作和家庭大小)		可以为儿童提供一个积极的榜样,更了解养育儿童的知识和方法。
与其他养育者(祖父母、兄弟姐妹)的情感链接		可以成为压力的缓冲剂,练习社会交往技能。
基于性别导致的社会化的做法		女童往往受益于不过度保护、被鼓励去冒险,以及可靠的父母支持。男童往往受益于更大的格局、更多的规矩、更多的父母监督、有强大的男性榜样,以及鼓励情绪表达等做法。
信仰		可以提供归属感、是非感,在需要的时候提供资源。
社区特征		
和朋友及朋友的父母之间的密切联系		处于高危家庭中的儿童往往有让自己和自己麻烦的家庭保持距离的能力。
有质量的儿童看护和学前教育		导致高度适应的行为,尤其对于处在高危环境中的儿童。
在儿童看护和学校中的正面积极的榜样角色		"最喜欢的老师"可以给儿童树立正面的榜样,并使之自信。
亲社会的组织(教堂及俱乐部)		可以增加归属感。
有质量的邻里关系		与人身安全及情感安全感都相关。

对比儿童在游戏过程中的表现和家庭在日常生活中的观察,对于获得儿童的完整评估来说十分重要(Wachs,1999,2004)。在 TPBA 实施之前或者实施过程中,工作团队针对其中的某些具体问题和家庭成员一起展开讨论,这样能够对既往的和现在的健康、行为或者文化因素更为明晰(见第六章)。

CFHQ 和 FACF 工具最好能够在游戏评估前提供给家庭成员。被分配担任家庭引导员的人(在第六章中描述)应当帮助获得这些信息、识别危险因素和保护性因素、为团队中其他人汇总这些信息,并在游戏后帮助其他观察者整合信息。基于团队的组成,护士、社会工作者和其他团队成员都可能承担这个角色。TPBA2 实施过程在第三章中对家庭引导员的角色进行了详细描述,第六章描述了家庭引导员在与家庭成员进行沟通时的策略。基于父母的能力及完成表单的意愿,如果有必要的话,家庭引导员可能需要在游戏开始前通过访问的形式先完成表格。CFHQ 的每一个部分在接下来的讨论中都会被提及,整个工具在附录中将会呈现。本章的最后一部分将对 FACF 加以描述,附录中会提供该工具的描述和举例。

5.1 分析从初步的工具中得来的数据

TPBA 实施过程中很重要的一步,即分析从 CFHQ 和 FACF 工具中得来的关于保护性因素和危险因素的质性的和量化的评估资料,这些因素可能会正面或负面地影响儿童的发展及学习(后续段落会更为深入地进行探讨)。危险因素对发展不利,而保护性因素则可以减轻危险因素的影响。问卷的初始分析多由家庭辅导员完成,也可由另一名团队成员同时完成。之后由家庭辅导员和其他团队成员在游戏评估前分享相关数据,以决定游戏评估的过程中是否有需要特别注意的方面,以及是否存在评估过程中需要再次确认的问题。在游戏评估结束后,需再次考虑危险因素和保护性因素,结合父母、老师和评估专业人士提供的资料,以期能够更为全面地分析儿童,识别其家庭的优势,以及阻碍或促进其发展的因素。

5.2 危险因素和保护性因素

5.2.1 危险因素

这里的危险因素是指对儿童的正常发展产生威胁的因素。当内部和外部环境对儿童的心理、身体以及社交造成困难,进而对其学习及积极互动产生负面影响时,危险因素则可以对发展产生影响(Murphy & Moriarty, 1976)。危险是一个过程,儿童所暴露其中的危险因素的总数越多,暴露的时间越长,对儿童产生的不良后果越严重(Sameroff, Siefer, Baldwin,

& Baldwin, 1993)。

CFHQ 和 FACF 中的每个条目都可以从两方面被评估：数据本身以及数据所代表的保护或者危险的含义。一些积极的过程（如足月、孕期及分娩平顺）或结果（如 7 磅（约 3 175 克）的婴儿 1 分钟阿普加评分 9 分，5 分钟 10 分）是保护性因素。消极的过程（如孕期服药、酗酒）和结果（如低出生体重、胎儿酒精综合征）就会使儿童具有发育发展迟缓、疾病或者残疾的风险。见图表 5.1 和 5.2 中对这些因素的识别和解释。

分析儿童的发育史时需要了解家庭成员的发育史以及家庭的社会史，这些可以提供危险因素和保护性因素。了解这些信息是必要的，因为危险因素存在瀑布效应，可以使一件事情接着另一件事情，并导致后续的问题出现（Masten & Powell, 2003）。比如，儿童期的反社会行为会影响学业成绩，之后会导致儿童在很多领域不能胜任，且难以产生内在的幸福感。这些问题对其后代也会产生影响。而且，当一系列生活压力事件或者加重的危险因素（如贫穷、药物、压力）出现时，则会出现累积风险（Masten & Powell, 2003）。

瑞佩蒂（Repetti）、泰勒（Taylor）和西曼（Seeman）（2002）描述了导致学习分心的因素的累积效应，其中多数都可以在 TPBA 实施的过程中被识别出来。生物的、情绪的和社会的因素以一种瀑布式的方式互相影响。而且，生物学上对压力的失调反应在整个生命当中是可以累加的。生物调节系统的失调可能在宫内或者婴儿期已经发生，这些时期被认为是生物调节系统发育的关键时期。损伤可能来自这些系统的反复激活。儿童早期暴露在接二连三的家庭压力中所造成的结果可能是累积性的。遗传易感性和环境因素之间存在不可逆的联系，可以导致个体年长后对压力的耐受性大不相同、压力累积效应的生物学标志物表达不同，并产生与压力相关的身体和精神障碍（Shonkoff & Phillips, 2000）。

维尔纳（Werner, 2000）警告暴露在多种危险因素下的儿童更容易出现不良的发育结果，所以此类儿童更应该被保护（Garbarino & Ganzel, 2000; Werner & Smith, 1982）。出于这个原因，在 TPBA 实施的过程中对危险因素的识别是很重要的。确定危险因素的存在和识别危险因素的种类及数量可能能够帮助确诊疾病、明确病因，并且可能为其所需要的帮助和干预提供线索。三类需要识别的危险因素的种类包括已经确定的、生物的和环境的（Meisels & Provence, 1989）。

已经确定的危险因素

已经确定的危险因素包括已经诊断的身体的和精神的疾病，它们增加了导致发育发展落后的可能性。已经确定的危险因素包括唐氏综合征及其他的先天性的和遗传性的异常、脊膜膨出（脊柱裂）、代谢性疾病（苯丙酮尿症，PKU）以及癫痫等。遗传性的代谢异常也可以成为已经确定的危险因素，尤其是在某些特殊的人群中。比如，本土的美国人患胎儿寂静综合征的危险要高，程度要重，而非裔美国人更容易出现镰刀细胞贫血，有近亲属患抑郁症本人更容易患上抑郁症,另外注意缺陷多动障碍综合征也是如此,这些都是高度遗传的,至少部分受遗传因素的影响(Gershon, 1990; Needlman, 2000; Spencer, Biederman, Wilens, & Faraone, 2002; Winokur, Coryell, Keller, Endicott, & Leon, 1995)。另外,执行功能障碍和酒精依赖也存在遗传的高危因素(Slutske et al., 1998)。存在感觉反应和加工困难,以及存在创造、排序和计划等方面困难也被认为是确定的危险因素(Greenspan & Weider, 1998)。医学和遗传学检查被用于已经确定的危险因素的分类,TPBA2 则更强调这些危险因素对于发育发展的影响。所有的已经确定的在接下来的章节中提到的危险因素都总结在图表 5.3 中。这个表单可以作为一个快速参考来帮助团队成员分析关于家庭问卷的数据,尤其是 CFHQ。很多出现在既往病史的医学术语对于非医学人士来说很陌生,基于这个原因,我们提供了关于病史描述中常见术语的简单解释。小组成员也应该拥有一本医学字典以便寻求更为详细的解释,遇到一些本表中列举出来的术语时也方便使用。

图表 5.3　产前和围产期病史中的常见元素

社会信息(社会经济地位、母亲年龄和种族、家庭结构)
包括医学的、手术的或者是精神疾患的母亲病史(如糖尿病、甲状腺疾病、肾脏疾病、癫痫、肌肉病、狼疮、哮喘、抑郁)
包括医学的、手术的或者精神疾患的家族史
母亲生殖系统问题(排卵、自然流产、人工流产等)
怀孕次数
活产次数
孕期事件
早产
大出血
药物使用
非法药品滥用
酒精暴露
孕期吸烟
超声次数
X 线暴露
疾病、发热或感染
皮疹或其他皮肤疾患
妊娠期高血压或子痫前期
毒血症
溶血肝酶升高、血小板减少(HELLP)综合征

续表

妊娠期糖尿病	
体重增长不良	
体重过度增长	
分娩事件	
胎位(臀位、足位、头位)	
孕周(足月、早产、过期产)	
脐带绕颈	
分娩方式(经阴、剖宫产、产钳助产)	
分娩过程中用药	
产前缺氧或缺血	
新生儿事件	
体重、身高、头围	
阿普加(Apgar)评分	
新生儿听力筛查	
母乳喂养或奶瓶喂养	
医学情况	
遗传或先天综合征	
住院时间长	
呼吸机使用时间	
氧气	
胃管	
黄疸	
发热	
感染	
急诊就诊	
明显易激惹	
关于喂养的担忧	
关于睡眠的担忧	
关于行为的担忧	

生物学危险因素

生物学危险因素是指那些使儿童更容易发生发育残疾的因素。在孕前直到成人期,存在很多种生物学危险因素,包括产前、围产期、婴儿早期和儿童期。应该重新翻阅一下CFHQ,浏览在这些时期都有哪些生物学危险因素可能对儿童的健康和发展产生影响。

产前的危险因素是明确的(见图表 5.3),因为发育落后最大的危险因素发生在受精卵形成到出生这个阶段(DeCoufle, Boyle, Paulozzi, & Lary, 2001)。很多产前危险因素包括母亲年龄、父亲年龄、父母的基因异常、母亲的慢性疾病、母亲孕期合并症和缺乏孕期正规产检管理等(在图表 5.3 中均有详细描述)。其他的产前危险因素包括致畸物暴露、先天性疾病、遗传学异常、感觉障碍、不良产史(如死产等)、多胎妊娠、羊水过多或羊水过少、血型不合、妊娠期糖尿病、妊娠期高血压和其他的妊娠期合并症等(Desch, 2000; Jaffee & Perloff, 2003; Merenstein & Gardner, 1998; O'Shea, Klinepeter, Meis, & Dillard, 1998; Stoll & Kliegman, 2000)。

三重检验(也被称为多种标记物检验)是一个重要的产前筛查,在孕 15 周至 22 周之间完成。它可以测量由生长中的胎儿产生的三种物质,包括甲胎蛋白(AFP)、人绒毛膜促性腺激素(hCG)和雌三醇,而这些物质可以在母亲的血液中检测到。三重检验可以筛查神经管畸形(脑和脊髓的)、腹壁缺陷和遗传异常等,也可以帮助识别多胎妊娠。异常的筛查结果可能与早产、低出生体重、异常体征、自然流产等相关。如果筛查结果异常,则需要孕期进行更进一步的诊断试验(Roberson, King, & Scanlon, 2003)。如果孕期曾进行三重检验,小组成员需要询问其结果。

围产期生物学危险因素

围产期生物学危险因素是指发生在分娩前后的危险因素。其中包括胎膜早破、母亲产时感染、早产、低出生体重、围产期缺氧缺血(由于血流灌注不足导致的缺氧)、异常的阿普加评分(20 分钟时评分低于 3 分则和发病率和死亡率的增加相关)。

图表 5.4 和早产相关的情况

血液异常(贫血、血小板减低、凝血异常)
黄疸
先天性感染(单纯疱疹病毒、淋病奈瑟菌、巨细胞病毒、弓形虫、梅毒、艾滋病)
新生儿期感染(败血症、脑膜炎、肺炎、皮肤感染、胃肠道感染、骨感染、泌尿系统感染、耳感染)
呼吸系统疾患(胎粪吸入、窒息、辅助呼吸、气管切开术、用氧时间长、慢性肺疾病)
感觉障碍(耳部的听力丧失,眼部的视网膜不成熟或失明)
心脏疾病(房间隔或室间隔缺损,卒中)
肾脏(肾衰,高血压)
神经系统疾患(脊髓疾病、脑积水、脑分流术、分娩造成的颅脑创伤、惊厥、脑室内出血、脑室旁白质软化)

注:图表 5.4 来自 Merenstein, G., & Gardner, S. (1998). *Handbook of neonatal intensive care* (4th ed.). St. Louis: Mosby.

早产儿自出生开始危险因素就较多(见图表5.4)。早产儿各脏器发育不成熟,在维持生命的过程中更为艰难、更容易受到宫外环境以及新生儿重症监护室早期治疗干预的影响。有很多和早产儿相关的情况(见图表5.4)都对生长和发育发展产生不良的影响(Hagedorn, Gardner, & Abman, 1998)。

早产儿胎龄在对其进行发育发展评估时应该被考虑在内(Hagedorn et al., 1998)。发育发展评估应该采用其矫正年龄,而非实际年龄。换言之,一个生后12个月但早产8周(2月)的孩子,在对其进行发育发展评估时应当采用10个月孩子的标准。这种年龄矫正一直要到孩子的2岁。

所有在分娩后的新生儿都应该进行阿普加(Apgar)评分。阿普加评分是对一个新生儿进行快速全面检查的一个实用方式,用于识别那些需要复苏或者需要采取支持措施的新生儿。在TPBA实施前可以询问父母其孩子阿普加评分的分数。尽管很多父母可能不知道孩子的得分,但是有些家长可能会知道,尤其是当孩子得分低的时候。

出生后,一些异常体征往往可以预示有先天性疾患。多发(超过3个)畸形(如异常外貌、多指或趾畸形、扁平脸、眼球内聚)经常预示孕早期损伤,可能存在遗传或先天性的综合征,可能和发育迟缓相关。巨颅(头围大于98百分位)合并或者不合并脑积水,是癫痫的危险因素,且和其他遗传或者先天综合征相关(Nevo et al., 2002)。如果发现存在这些危险因素,应当积极去寻找其他的相关危险因素。

婴儿和儿童期的生物学危险因素

与婴儿和儿童后期相关的生物学危险因素发生在出生后的时期。新生儿期之后的生物学危险因素包括脑损伤、感染、创伤、营养不良、生长迟缓、获得性感觉缺陷以及性情因素等。详见图表5.1。

一些情况,包括感觉缺陷,如听力丧失或耳聋、视觉缺损或失明等,可能是同时存在先天因素和后天获得性因素,可能和多种原因相关(Desch, 2000; San Giovanni et al., 2002)(见TPBA2的第三章和第六章)。性情不佳的儿童应当尽早被识别出来,因为他们更容易受伤害,是发育发展结果不佳的高危人群(Seifer, 2003)。关于气质的问题可能会被父母识别出来,也是使用CFHQ或者FACF工具时需要考虑的问题,这将会在后面的章节中讨论(见附表)。

发育发展倒退、不能达到发育发展里程碑或者发育停滞需要引起注意,这些儿童均需要进行详细的发育发展评估和医学评价。小组成员需要和儿童的医生进行沟通,这样所有相关的问题都可以一起被讨论和协商。如果需要既往病历需要征得父母的同意。

环境危险因素

环境危险因素指的是存在于看护环境中的危险因素,其中家庭环境也很重要(Meisels &

Provence，1989)(见图表 5.5)。尽管其中的一些已经在 CFHQ 上面有说明(如贫穷、低教育文化水平)，很多情况是家庭不愿意进行分享的。和家庭成员进行仔细的讨论对于寻找出危险因素很重要。环境中的危险因素包括和父母情感忽视、父母精神疾患、家庭环境不稳定、父母吸毒和贫穷(详见图表 5.1)，以及家庭成员关系不和谐、家庭社会经济地位低、父母受教育程度低、亲子关系模式不佳、儿童不与父母居住等(Cassidy & Berlin，1999；Main & Hesse，1990；Sameroff & Fiese，2000)。

墨菲和莫里亚蒂(Murphy & Moriarty，1976)观察到:"当儿童和环境之间的相互作用产生新的极限或者较大的压力时，当对稳态或者整合产生新的威胁时，当学习出现新的困难时，当控制焦虑情绪越来越困难时，当不好的预期出现时，危险因素开始发挥作用。"(p. 202) 雷佩蒂(Repetti)及其同事(2002)指出，家庭关系的问题是一种可以产生压力并可能影响发育发展的危险因素。类似问题详见图表 5.5。

图表 5.5　家庭环境中的危险因素

明显的家庭纷争(反复的争吵和打骂)
明显的家庭暴力或虐待
看护不够(寒冷、没有支持、忽视、情感忽视)
不恰当的教养方式(不恰当的管理策略)
家庭成员对彼此态度不当
夫妻关系不和谐
儿童虐待(身体的、精神的和性虐待)
不安全的依恋
母亲充满敌意或抗拒
成瘾物质滥用
父母监视不佳
贫穷(单独存在或者和其他危险因素同时存在)

注:图表 5.5 来自 Repetti, R., Taylor, S., & Seeman, T. (2002). *Risky families: Family social environments and the mental and physical health of off-spring. Psychological Bulletin*, 128(2), 330-366。

环境因素如这些列在图表 5.5 中所提出的，会导致个体受伤害。齐默尔曼(Zimmerman)和阿伦库马尔(Arunkumar)(1994)将易受伤害定义为个体易感性、行为无效性或者对负面环境结局的敏感性。维尔纳(Werner，1989)发现大多数暴露在多个危险因素中的儿童比暴露在 1 或 2 个危险因素的儿童更容易受到伤害。小组成员在分析家庭信息和游戏过程中观察到这些现象的时候应该认识到它们和危险因素之间的相关性。当然，能够识别那些对儿童有积极影响的因素也同样重要。

通过 CFHQ、后续的讨论以及 TPBA 实施过程中的观察,我们可以收集和家庭环境相关的信息。关于家庭内部功能的问题难以在家庭问卷上面得以显现。然而,在和家庭成员讨论的环节中,却经常能够显露出很多争执、暴露出养育模式,等等。家庭中的游戏环节往往能够提供一个好的观察典型养育模式的机会。由于可能会遇到上述提到的问题,社区资源可能会被用来帮助充分地了解儿童和家庭的关系。

5.2.2 保护性因素

在健康和发育发展评估过程中,我们可以收集到很多关于儿童和家庭的信息,进而帮助识别哪些因素对儿童的发育发展产生了积极的影响。当然,我们也可以通过预防来避免危险因素,比如早期持续的孕期保健、怀孕前口服叶酸来预防胎儿神经管缺陷及避免接触已知的致畸物等。然而,很多危险因素是难以控制和预防的。本章重点描述可能产生积极效应的影响因素,我们称之为保护性因素,它们存在于儿童、家庭或者环境中,可以减轻危险因素所带来的伤害(见图表5.2)。和识别危险因素一样,在 TPBA2 实施的过程中保护性因素的识别也同样重要,因为保护性因素可能会介入潜在的问题中。将危险因素和保护性因素结合起来看有助于使小组成员对其进行平衡,并能够更好地识别对儿童发育发展产生正面影响的因素。

维尔纳(Werner,2000)描述了保护性因素作为缓冲剂以及改善儿童对应激的反应的机制。它们也被认为是危险因素和逆境中可以改善发育发展结局的主要因素。保护性因素超越种族、社会阶层和地域界限,在逆境中对儿童的成长起到良好的影响(Werner,2000)。

拉特(Rutter,1989)称保护性因素可以帮助增加对环境的适应性。他也指出,保护性因素只有在存在危险因素的时候其保护作用才明显。在低危人群中,保护性因素效果不明显,而在高危人群中,保护性因素的效果很明显。拉特(1989)描述了保护性因素和危险因素的催化关系在于保护性因素可以降低危险因素的影响,同时还可以增加自尊和自我效能感。由于积极的效应可能源于保护性因素,因此在 TPBA 实施的过程中识别儿童、家庭和社区中存在的保护性因素非常重要。尽管传统上来说在评估的过程中存在识别危险因素的环节,支持性因素也应当被考虑进去,以便更全面地了解影响儿童发育发展的所有方面。下面的部分描述了在 TPBA 实施前小组成员需要知晓的重要的保护性因素:

健康的家庭

情绪安全感

儿童特征

家庭特征

有质量的儿童看护

社区特征

健康的家庭

健康的家庭可以促进个体健康,并可以提供给儿童一个可以依赖的氛围来保证身体健康、情绪安全和个体幸福(Repetti et al.,2002)。在这样的环境中,儿童会获得使他们保持身心健康的行为,不管有没有照看者存在。一个健康的家庭环境可以提供一种心理上的安全感和社会联系,并提供某些关键的社交经历,从而使得儿童获得一些行为,而这些行为最终可以促进儿童进行有效的自我调节(Repetti et al.,2002)。尽管在 TPBA 的实施过程中没有对儿童家庭环境是否健康的直接分析,但我们可以通过 CFHQ 家庭史来确定家庭是否存在影响儿童健康的因素。在 TPBA 实施前、实施中和实施后,积极和家庭进行讨论,也可以发现对儿童产生积极影响的家庭因素。

情绪安全感

情绪安全感对于儿童调节生活体验来说十分重要(Cassidy & Berlin,1999;Davies,Harold,Goeke-Morey,& Cummings,2002)。儿童发展强烈的安全感十分重要,这样他们能够管理和理解自己的心理经历、了解自己并建立成功的人际关系。"情绪安全假说假设了保护、安全和保障是人类最重要的目标,而情绪安全可以被亲子关系增强或者破坏"(Davies et al.,2002,p.6)。TPBA 中"社交互动"子类的"亲子互动"中"情绪情感与社会性领域"重点描述了情绪安全感的观察(见 TPBA2 第四章)。在评估之前,家庭引导员可以观察家庭和邻里环境、家族情况以及家庭内部的关系等,以寻找家庭内部所可以提供的情感支持。需要指出的是,即便没有一个可以提供支持的家庭,仍然可能存在对儿童来说的保护性因素。比如,较强的征服的动机,积极的人可以抵消掉一些负面的家庭因素。

儿童特征

儿童自身早在婴儿期就可以有保护性因素(Werner & Smith,1992)。那些活泼的、热情的、惹人喜爱的、性格好的婴儿,被看护者描述为"易养型",最终的发育发展情况往往比其他的婴儿要好。而且,那些充满精力、动机和活力,对外界反应好的婴儿,经常也发育发展较好(Moriarty,1987;Murphy,1987);那些对环境变化耐受好、对醒睡周期调节好的婴儿之后适应性较好(Block & Block,1980)。对于幼儿和学龄前儿童来说,那些愉悦的、反应好的、自信的、独立的、交流和社交能力好的、更能适应环境的儿童,也会获得更好的发育发展结果。对于年龄大一点的儿童来说,那些有积极的性情/气质特征的(反应好、独立),有较好的认知水平、自我价值感和较强自我意识的孩子,能够更好地适应各种压力(Doll & Lyon,1998;Luthar & Zigler,1991;Werner,1989);那些承担家庭责任的儿童,如干家务活或者帮着照顾幼儿的儿童有着更强的目的性(Bleuler,1984)。而且,研究者发现那些具有内在控制点(一种贯穿一生的控制力和力量感)和外在归因(不是总是自责)的儿童发育发展情况也比较好。这些儿童的特征通过 FACF 工具的分析以及 TPBA 实施前和家长的讨论就能够被发现。儿童的特质十分重要,儿童家长的特质也被证实十分重要。

家庭特质

在家庭中,儿童学习与他们的看护者以及其他儿童分享和交流他们的感情和经验。布朗芬布伦纳(Bronfenbrenner,1991)指出,儿童至少需要一名成人乐于对他们的快乐幸福及生长发育发展负责,并且乐于参与到他们丰富的想法和情绪的交流中。优质的家庭和育儿的特质,包括提供温暖、敏感感知、监测、有意义的交流的机会,以及有适宜的发育发展期待、在沮丧的时候可以提供帮助等,这些即便是在有明显危险因素时同样可以成为有力的保护性因素(Luthar,2003;McCord,1979;McWhirter,McWhirter,Mc-Whirter,& McWhirter,1993;Seifer,2003;Werner,2000;Wright & Masten,1997)。同样,这些因素可以通过父母陈述他们的亲子关系时得到,也可以通过评估者观察亲子互动时得到。

早期对婴儿需求的积极响应可以培养婴儿的社会胜任力,这可以帮助他们抵抗压力(Rutter,1987)。科勒(Cohler,1987)指出家庭中的四种保护性因素:母亲胜任力、不同看护者之间的情感交流、针对男女童不同的社会实践、信念。母亲的胜任力包括受过教育、儿童 3 岁时有可观的收入以及限制家庭规模的大小(Cohler,1987)。和祖父母关系密切以及有一个大的兄弟姐妹提供看护和情感支持也是保护性因素。和主要看护者关系密切对于身体健康和社会情感发展十分重要,这些都对儿童日后承受压力能起到缓冲的保护作用(Parlakian & Seibel,2002)。

亲子之间的依恋也是 TPBA 观察的内容。积极的、和自己的母亲关系好的、乐观个性的青少年,其母亲被认为是好的养育者(Hess,Pappas,& Black,2002)。"具有培育性的关系教给婴儿别人对他们的期望以及他们可以从别人那里期望得到什么"(Parlakian & Seibel,2002,p.3)。女童更容易从父母的不过度保护、被鼓励独立和冒险、拥有可依赖的父母的支持中获益。而男童更容易从大的格局、更多的规矩、更多的父母监视、一个强大的男性偶像、鼓励情绪表达中获益(Cohler,1987)。团队成员在从父母处提前获得信息时需要将这些原则牢记在心。在整个 TPBA 的背景下,团队成员应当认识到这种家庭关系和期望。

儿童看护服务的质量

优质的托儿所和学前班提供了机构、组织和一系列的规则和职责。赫瑟林顿(Hetherington,1989)发现离婚家庭的孩子如果在一个有响应性的、看护好的环境中长大,他们的适应行为会更好。在学前班或学校被鼓励的孩子可能会把学校当成另一个家,在某些情况下,可能会当成一个远离混乱家庭的避难所。进入一个更有序、有约束的学校的男孩,以及在学校里能够担负伴随职责的受培养角色的女孩更能够适应压力(Wallerstein & Kelly,1980)。学校里面儿童的看护人和老师对儿童来说可能是保护性的。最常见的保护性的偶像是自己喜欢的老师(Werner & Smith, 1992)。老师能够提供学术方面的知识,但是更重要的是,他们发挥了知己的作用和积极的榜样作用,因此对生活在高危环境中的儿童可以产生积极的影响(Radke-Yarrow & Brown, 1993; Wallerstein & Blakeslee, 1989; Werner, 1989; Werner & Smith, 1992)。由于其他的成人在儿童的幼年也可以扮演这样的角色,因此在 TPBA 的实施过程中,和家长讨论托儿所和学前班环境是十分必要的。

社区特质

社区可以提供给儿童保护性因素,因此评价儿童居住的环境是十分重要的(Luthar, Cicchetti, & Becker, 2000; Masten & Coatsworth, 1998; Werner, 2000)。一些资源比如教堂和一些能够给儿童提供和社会组织的联系的俱乐部等,都可以提供给儿童社区支持。儿童居住环境的质量也可以通过是否具备公共安全防护、图书馆、娱乐场所等来评价,这些都可以使儿童感到安全,并使其免受伤害。给儿童提供优质的看护和社会设施也是使社区变得安全的重要因素。即便儿童并没有亲自使用这些设施,其存在也给使用提供了可能。

5.2.3 评估的目的

发育发展评估小组成员需要明确被评估者来自的转诊单位以及进行评估的原因。如果评估最终不能满足家庭或者转诊单位的需求,评估本身就失去了意义。转诊评估的原因可能包括:(1)发育发展水平评估,明确儿童的发育发展是落后的还是超前的;(2)儿童为什么会出现某种行为,或者某种顾虑存在的原因是什么;(3)为了提升技能、行为等,我们应该做什么。

转诊的最主要的原因是想明确儿童的发育发展水平。通常来说,父母和教育工作者对孩子发育发展明显高于或者低于同龄儿童很感兴趣。而多数被推荐使用 TPBA 评估的儿童是在一个或者多个领域表现出了落后。明确孩子发育发展落后的水平和原因以及其对于发育发展和学习的影响对于寻找合适的方法和干预来说十分必要。细心的看护者会主动寻求进一步的发育发展评估,并且经常会寻求除身体原因导致的发育发展落后之外的原因,以及关注发育发展是如何被医学因素所影响的。

父母或者老师可能需要一个评估来更好地理解儿童的发育发展和行为,并获取可能的干预措施,从而使教室变成一个更好的学习的环境。很多被推荐来进行评估的儿童之前确定患有某种疾病或者发育发展迟缓。

其次,转诊来进行评估的另一个常见的原因是为了明确发育发展落后的病因。父母经常希望知道为什么他们的孩子表现出这种特殊的方式,以及他们自身是否造成了或者从某种程度上来说恶化了这种后果。可能的担忧的原因包括既往史中的高危因素(见之前章节中关于高危因素的讨论)。鲁宾(Rubin, 1990)指出,寻找病因是儿童临床评估中的重要部分,因为它可以使父母更加了解疾病的原因,并帮助他们缓解内疚和自责的心情。病因的明确也可以帮助儿童更好地去适应他的落后。除此之外,由遗传因素导致的病因可能提示儿童的家庭需要进行遗传咨询,并且需要更多地了解该疾病的信息(Guralnick,2001;Rubin,1990)。即使最终的病因没有被明确,父母也可能因为自己可能不是造成"后果"的原因而释然。

最终,不是所有的家长都是为了确定诊断或者明确病因。有一些家长只是希望能够明确儿童的发育发展水平,希望了解哪些行为可以帮助提高儿童的发育发展水平,从而尽可能地学习更多的育儿知识。有一些家长希望知道自己的孩子的水平是否高于平均水平,以及什么类型的学前班或者幼儿园更能适合儿童的水平。了解父母来进行评估的目的和动机可以帮助我们更好地进行评估。

5.3 儿童和家庭史问卷(CFHQ)

负责对有特殊需要的儿童进行评估和制定计划的团队成员致力于通过"减少儿童的风险和脆弱性、减少压力源和多种压力源的堆积、增加儿童和家庭的可用资源,并动员所有保护性资源"来提高儿童的适应能力(Masten,1994,p.4)。CFHQ 和 FACF 工具为团队提供了明确危险因素和保护性因素的一套方法,因此在确定儿童的状况、诊断、病因和干预需求时要将这些因素考虑在内。图表 5.1 和 5.2 可以作为帮助确定孩子的危险因素和保护性因素的快速参考。

全面的身体评估、发育发展水平和社会评估是所有发展评估的组成部分。我们需要有关这些因素的信息,以帮助确定问题是否存在以及可能导致这些问题的原因。在 TPBA2 实施过程中,在实际评估开始之前,我们先使用 CFHQ 来获取这些信息(请参阅附录)。尽管评估团队并非必须使用此特定工具,但仍应检查其他进行过的发展或健康评估的历史记录,以确保它们包含下一节讨论中的所有基本组成部分。

对儿童的健康评估包括人口统计学信息、完整的既往病史、全面的家族史以及详细的儿童发育史。健康、发展和社会地位的概况还应包括家庭、邻里和社区中家庭运作的模式(Guralnick,2001)。评估必须具有文化敏感性,这可能需要将 CFHQ 翻译成母语,或者要求由口译员进行 CFHQ 询问(请参阅附录,其中包含 CFHQ 和 FACF 表格的西班牙语翻译)。从健康评估中获得的信息可用于帮助制定 TPBA 计划,帮助进行病因学讨论,并识别儿童和家庭中的危险因素(即对发育有威胁的因素)和保护性因素(即对发育发展有积极影响的因素)。完成评估后,CFHQ 所提供的信息对于制定、实施和评估干预策略也很有用。在评估后的会议中,在讨论对儿童和家庭有意义的计划时,需要将医疗、环境和发展问题纳入。

5.3.1 健康评估

每名儿童的健康史中都应该包含下列信息。

人口学信息和评估的基础

人口统计信息应包括儿童和直系亲属的姓名、出生日期和地址信息。为了对家庭需求保持文化敏感性并制定 TPBA 计划,需要了解家庭中使用的所有语言,尤其是对儿童使用的主要语言。家庭成员的年龄可能与病因有关(例如唐氏综合征),也可能提示家庭中其他潜在的压力或支持。还应该收集其他为儿童提供福利的人的有关信息,包括继父母、老师、育儿服务提供者、祖父母、其他大家庭成员或神职人员等,因为这些人可能可以为干预计划的实施提供有价值的支持。这些信息还有助于使团队更好地感知家庭情况及可能包含重要的家庭关系和动态的信息。积极获得有关父母受教育程度、职业和就业状况的信息,这些也可以是危险因素或保护性因素(Aronen & Arajarvi, 2000; Garbarino & Ganzel, 2000; Lonigan et al., 1999; Repetti et al., 2002; Sameroff & Fiese, 2000; Weed, Keogh, & Borkowski, 2000; Wider-strom, Mowder, & Sandall, 1997)。

如果儿童是由儿科医生或老师转诊的,那么了解父母所认为的对孩子进行评估的原因以及他们想获得哪些信息非常重要。其不仅可以为评估过程提供信息,还可以帮助团队更好地与父母口头和书面沟通调查结果。此外,CFHQ 第二节中的问题有助于团队理解儿童喜欢的互动和活动、家庭成员喜欢回答的问题、他们对孩子问题的看法及造成这些问题的原因、这些问题对家庭的影响,以及对孩子成长的希望和担忧等。这些信息可以帮助团队成员深入了解家庭对孩子发育发展的理解及家庭可能存在的担忧,以及孩子对家庭的影响及家庭对未来的期望。对于来自不同教育或文化背景的家庭,对这些问题的回答可能尤其重要,特别是当对发育发展差异和期望的看法与主流文化的看法有所不同时(Fadiman, 1997; Kleinman, 1980)。

在图表 5.6 中,苏菲的 CFHQ 中儿童和家庭信息(第一部分)和评估的基础(第二部分)表明,她的父母读了高中,其社会经济地位可能是中下阶层,因为其中一人正在进行着蓝领工作。苏菲和父母及哥哥住在一个公寓里。这个核心家庭中,母亲在家中看护苏菲。如果与家庭讨论后提示这是一个和谐的家庭,那么这可能表明家庭对苏菲来说提供了一种力量支撑。对苏菲来说另一个好的方面是,她的祖父母住在城镇并与她共度时光。

一个潜在的危险因素是父母中仅有一人工作,家庭存在潜在的财务压力。但是,上面提到的保护性因素可以弥补这一点,因为家人住在一起、有大家庭的支持、有医疗保险以及有充分的时间与母亲共度。

图表 5.6　苏菲的"儿童和家庭史问卷"第Ⅰ部分和第Ⅱ部分

TPBA2 儿童和家庭史问卷

第Ⅰ部分　儿童和家庭信息

儿童姓名:<u>苏菲</u>　　　　　　　　　　　　性别:(圈出来) M　**F**
儿童和谁住在一起:<u>她的父母</u>　　　　　　出生日期:<u>8/5/2005</u>
住址:<u>123 W. Forest St. #A-531</u>　　　　评估日期:<u>11/9/2006</u>
　　　<u>Denver, CO 80231</u>　　　　　　　电话:<u>303-555-1212</u>
完成表格人的身份:<u>Patricia</u>
看护者在家中的首选语言:<u>英语</u>
儿童说话的首选语言:<u>英语</u>
儿童保健医生:<u>史密斯先生</u>
保险:<u>BC/BS</u>

	母亲	父亲
姓名	帕特丽夏(Patricia)	Tim
住址(如有不同)	相同	相同
电子邮箱地址		
家庭电话(如有不同)	303-555-4212	303-555-1218
工作手机		
手机/寻呼机		
最高学历	高中	高中
职业		建筑

对儿童来说重要的人?

姓名	年龄	性别	与儿童住一起?	关系
Scott	4岁	Ⓜ/F	Ⓨ/N	哥哥
奶奶		M/Ⓕ	Y/N	
爷爷		Ⓜ/F	Ⓨ/N	
		M/F	Y/N	
		M/F	Y/N	
		M/F	Y/N	
		M/F	Y/N	

儿童的大部分时间和谁一起度过?　<u>妈妈</u>

第Ⅱ部分　评估的基础

A. 孩子和您最喜欢什么时光?
   苏菲喜欢洗澡。这可以让她安静下来。

B. 孩子和其他对孩子来说重要的人喜欢做什么事?
   她喜欢和祖父母一起散步。

C. 如果有的话,孩子最喜欢的户外活动是什么?
   苏菲喜欢在公园玩,她很喜欢观察其他小朋友。

D. 孩子最喜欢什么活动?
   洗澡。和家人在一起共度时光。与爸爸和爷爷打闹。

E. 您认为孩子下一步会学会什么?
   走路。

F. 孩子进行发育评估的目的是什么?
   我们对她目前还不会走路十分担心。她的医生介绍我们来这里,看看她是否还存在其他问题。

G. 评估过程中您喜欢回答关于孩子的什么问题?
   为什么她还不会走?为什么她不能像她应该的那样说话和玩耍?她为什么和她哥哥不一样?

H. 您对孩子的发育的担忧是什么?
   我担心她永远走不了路。我担心她发育落后。

I. 如果您有担忧,您担心是什么导致孩子的问题?
   我的孕期不顺利。她和我都生病了。

J. 您什么时候开始对孩子出现这种担忧?
   她一直和她哥哥不太一样。

K. 您认为孩子的问题会对未来的发育和学习产生什么影响?
   我在想她是不是永远不会走路。

L. 您认为何种治疗会对孩子有帮助呢?
   治疗可能会有所帮助。

M. 孩子的事情对家庭有什么影响?
   我们花了很多时间和金钱看护她。这很困难,但是这是我们应该做的。

N. 您对孩子的最大的希望是什么?
   我希望她是正常的。

   您对孩子最大的担心是什么?
   她永远不会和别的孩子一样。

O. 您是被转诊过来的么?(圈一个) 是　否
   如果是,是被谁介绍?
   我们的医生。

苏菲的 CFHQ 结果提示她的家人担心她的整体发育发展情况,并希望支持她取得进步。他们认为运动发育发展是主要需要关注的领域。她的医生请她进行评估,表明医生还需要更多的发育发展信息。我们重要的是要明白父母的意图以及运动发育发展是否是他们唯一需要关心的领域。家人认为治疗正在产生积极的影响,但他们也显然想知道她的预后情况。团队不仅要确保解决他们的问题,还要明白他们对未来的担忧。

既往史

既往评估和当前服务

了解所有过去或现在的健康和发展评估情况,了解个别化家庭服务计划(IFSP)或个别化教育计划(IEP)以及各类服务提供者(例如职业治疗、物理治疗、言语治疗、心理治疗)对于沟通和制定计划至关重要。知晓儿童已经做了什么诊断以及已经使用了哪些服务,对于制定和组织一个全面、协调的干预计划来说十分重要。

对既往情况的了解也可以提供其发育发展的情况,判断其是否缺乏进步,甚至技能倒退。CFHQ 的第三部分讨论了这些问题。

苏菲已被诊断出患有斜头畸形,这种情况是由于胎儿和子宫相对位置不当使头部的一部分反复受到异常压力,而导致头部畸形(见图表 5.7)。头部的形状像平行四边形,头部的一侧平坦。苏菲还被诊断出斜颈,颈部和头部扭曲,颈部一侧肌肉缩短,导致头部向一侧倾斜,而下巴向另一侧倾斜。对于苏菲来说,这很可能是一种先天性疾病,与子宫的外部压力有关,并在出生时因产钳助产而变得复杂。

苏菲已接受评估,并每周参加物理治疗师制定的以治疗斜颈和其他运动落后为主的治疗(见图表 5.7)。她的母亲将她的诊断描述为"发育发展落后",并表示苏菲已取得"很大进步"。有趣的是,苏菲的母亲帕特丽夏(Patricia)不知道苏菲是否拥有 IFSP 资格。这可能表明她没有被 C 部分代理人见过,也没有被转介给 C 部分进行服务。与家人讨论后,如果苏菲有资格获得该服务,则应邀请 C 部分协调员参与评估。

妊娠过程和出生史

健康和发育发展史的第一个主要临床组成部分是母亲的妊娠过程和孩子的出生史,因为这些通常会揭示与发育发展落后、疾病或残疾的诊断或病因有关的信息。CFHQ 的第四部分应包括详细的妊娠过程,其中包括有关孕前、产前、出生、新生儿期(生命的头 28 天)和婴儿早期的信息。如果孩子正在寄养或已经被收养,则来自社会工作者、寄养父母和大家庭的医疗记录或信息可能会有所帮助。请参阅之前关于危险因素的讨论和图表 5.1 中的摘要,其中指出了与出生史相关的一些医学问题,这些问题对发育发展有影响。

苏菲的母亲妊娠期很不顺利(见图表 5.8)。由于卵巢过度刺激综合征(OHSS),器官之间存在积液,导致体重增加过多,并给包括子宫在内的器官造成了压力。持续的压力可能最

图表5.7 苏菲的"儿童和家庭史问卷"第Ⅲ部分：苏菲患有斜头畸形

第Ⅲ部分 既往评估和目前接受的服务

A. 您的孩子之前接受过任何形式的发育评估吗？ （是） 否

如果有，被谁评估？
一名物理治疗师。

哪种评估？
看她的头部和颈部。

在什么时间和地点进行的评估？
儿童医院。

评估结果是怎样的？
苏菲有斜颈和斜头畸形。

孩子得到诊断了吗？（圈出来） （是） 否
如果是，诊断了什么？
发育迟滞。

B. 您的孩子是否被转介到任何干预机构？（圈出来） 是 （否）

如果有，哪里？
_____

谁提供的这项服务？
_____

干预的体验如何？
_____

C. 您的孩子现在是否有IFSP/IEP？（圈出来） 是 否 （我不清楚）

如果是，哪里？
_____

服务协调人：_____
目前参加的项目/学校：*苏菲和我在家里居住。*
老师(们)：_____
项目/学校电话：_____

D. 之前和现在接受的服务：

种类	时间	治疗师	地点
物理治疗	现在	佩吉(Peggy)	儿童医院
作业治疗			
言语/语言治疗			
替代疗法			

第Ⅳ部分　儿童健康史

出生史
A. 怀孕/生孩子对您来说最好的事情是什么？
   我们真的很想要一个女孩。
B. 孩子是我的：*X* 生物学孩子＿＿＿＿　领养的孩子＿＿＿＿　养子女＿＿＿＿　继子女＿＿＿＿
C. 孩子父母是近亲？:（圈出来）　是　⊙否⊙
   如果是,何种？
   ＿＿＿＿＿＿＿＿＿＿＿＿＿＿＿＿＿＿＿＿＿＿＿＿＿＿＿＿＿＿＿＿＿＿＿＿

D. 如果孩子是您所亲生,您是否采用了辅助生殖方法？（圈出来）　是　⊙否⊙
   如果是,您采用了何种辅助生殖方法？＿＿＿＿＿＿＿＿＿＿＿＿＿＿＿＿＿
   ＿＿＿＿＿＿＿＿＿＿＿＿＿＿＿＿＿＿＿＿＿＿＿＿＿＿＿＿＿＿＿＿＿＿＿＿

E. 孕期是否做下列检查：＿*X*＿三重检测　＿*X*＿羊水穿刺＿＿＿＿CVS
   检查结果：
   三重检测是异常的,羊水穿刺正常。

F. 您孕期或分娩过程中是否出现过下列情况？（圈出来）

早产	⊙是⊙	否	酒精暴露	是	⊙否⊙
大量出血	是	⊙否⊙	吸烟	是	⊙否⊙
非法/街头毒品	是	⊙否⊙	处方药	⊙是⊙	否
疾病/发热	是	⊙否⊙	高血压	⊙是⊙	否
皮疹	是	⊙否⊙	体重增长不良	是	⊙否⊙
毒血症	是	⊙否⊙	体重增长过多	⊙是⊙	否
糖尿病	是	⊙否⊙	其他	是	⊙否⊙

请对选"是"的条目进行解释：
苏菲34周出生,因为我的原因,我生病了。服用过高血压的药物。
＿＿＿＿＿＿＿＿＿＿＿＿＿＿＿＿＿＿＿＿＿＿＿＿＿＿＿＿＿＿＿＿＿＿＿＿
＿＿＿＿＿＿＿＿＿＿＿＿＿＿＿＿＿＿＿＿＿＿＿＿＿＿＿＿＿＿＿＿＿＿＿＿

请描述孕期和出生的时候的任何异常的方面：
＿＿＿＿＿＿＿＿＿＿＿＿＿＿＿＿＿＿＿＿＿＿＿＿＿＿＿＿＿＿＿＿＿＿＿＿
＿＿＿＿＿＿＿＿＿＿＿＿＿＿＿＿＿＿＿＿＿＿＿＿＿＿＿＿＿＿＿＿＿＿＿＿

G. 孩子出生：（圈出来）　⊙早产⊙　足月　过期产
   早产或过期几周？　*6周*
   胎龄：　*34周*　　产程时长：　*12小时*
H. 孩子出生时：（圈出来）足先露　⊙头先露⊙　臀先露　剖宫产
I. 出生体重：　*6*　磅　*4*　盎司　身长：　*18*　英寸
J. 您知道孩子的Apgar评分么？（圈出来）　⊙是⊙　否
   如果知道,孩子的Apgar评分是：
   3分钟　*6*　　10分钟　*8*
K. 孩子通过新生儿听力筛查了吗？（圈出来）　⊙是⊙　否　我不清楚

续表

早期健康史

L. 您的孩子生后第 1 个月内是否出现过下列情况？（圈出来）

黄疸	是	(否)	感染	是	(否)
发热	是	(否)	严重易激惹	(是)	否
喂养困难	(是)	否	急诊就诊史	是	(否)

请对选"是"的选项进行解释：
苏菲的母乳喂养不是很顺利，容易吐奶。她吃奶的时候很容易睡着。她是一个十分烦躁的孩子。

气质

M. 您的孩子喜欢被拥抱吗？（圈出来） 是 否 (有时)

N. 您的孩子烦躁么？（圈出来） (是) 否 有时
如果是，烦躁的频率是怎样的呢？
很不好，基本一直是这样。
烦躁持续到什么时间？
一直到她 6 个月。
什么能让孩子的烦躁有所缓解？
坐车或者儿童秋千。

喂养

O. 母乳喂养 __3__ 个月   配方奶喂养 __9__ 个月

P. 您现在/过去是否对孩子的喂养有过担忧？（圈出来） (是) 否
如果有，您的担忧是什么？

____ 每天进食次数   _X_ 进食的量   _X_ 喂养的时间
____ 每天吃什么   _X_ 饮食禁忌   _X_ 喂养的方法
____ 其他：
请解释：我们喂养她十分困难，因为她不能把头转过来。有时她不吃，有时则会因为特别烦躁而拒绝吃。

睡眠

Q. 您现在/过去是否对孩子的睡眠有过担忧？（圈出来） (是) 否
如果是，您的担忧是什么？
_X_ 缺乏短睡，或时间很短   _X_ 入睡困难   _X_ 夜间睡眠的时长
____ 睡眠时间短   ____ 孩子睡眠的地方
请解释：我们很难让她入睡。一般都是哄睡时我先睡着了。夜里她也要醒来很多次。

行为

R. 您现在/过去是否对孩子的行为有过担忧？（圈出来）如果是，您的担忧是什么？ (是) 否
如果她不高兴了，或者我们没有顺着她的意思，她就会用手使劲敲头。她需要很多的关注。

疾病史

S. 您的孩子是否进行过手术、住院，是否有过事故/外伤？

	具体情况	地点	时间
手术	否		
住院	否		
事故/外伤	否		

续表

T. 您的孩子是否有过下述情况,或者曾经因为这些情况被治疗过?

腹痛	是	(否)	听力问题	是	(否)
虐待	是	(否)	心脏问题	是	(否)
过敏/哮喘	是	(否)	内分泌问题	是	(否)
对行为的担忧	(是)	否	消化道问题	是	(否)
血液系统的问题	是	(否)	关节或骨头问题	(是)	否
肿瘤	是	(否)	代谢问题	是	(否)
脑震荡/头部损伤	是	(否)	肌肉问题	(是)	否
牙齿问题	是	(否)	抽搐/癫痫	是	(否)
耳朵感染	(是)	否	明显的事件	是	(否)
吃饭问题	(是)	否	皮肤问题	是	(否)
流涎过多	是	(否)	重复性行为	(是)	否
遗传综合征	是	(否)	泌尿系统问题	(是)	否
生长问题	是	(否)	视力问题	是	(否)

如果选"是",请解释;另外请写出其他的身体问题:
苏菲有过很多次耳部感染,但是自她一岁后就好多了。苏菲的头部外形异常,另外有斜颈,不过这个经过治疗后已经好多了。

您的孩子有过正式的诊断吗?(圈出来) (是) 否
如果有,是被谁诊断的?
医生和物理治疗师。
具体的诊断是什么?
斜颈和斜头畸形。
这诊断对您和您的家庭来说以为意味着什么?
苏菲得物理治疗进行得很顺利,他们给苏菲做了一个头盔,可以帮助她纠正头部和颈部姿势,之后她就该会走路了。

目前健康状况

U. 您的孩子检查过视力吗?(圈出来)   是 否   如果是:(圈出来)   通过   未过
您的孩子检查过听力吗?(圈出来)   是 否   如果是:(圈出来)   通过   未过
V. 你的孩子按时预防接种了吗?(圈出来)   是 否
W. 你的孩子对什么东西过敏吗?(圈出来)   是 否
如果有,他/她对什么过敏呢?具体过敏的表现是什么呢?
_____

X. 您的孩子现在有没有服用任何药物、草药或者一些替代疗法的药物等?
没有。
Y. 您的孩子对药物有无不良反应?
没有。
Z. 孩子现在的体重:*18 磅.*   头围:_____   身高:_____
百分位(如果知道的话):_____   百分位(如果知道的话):_____   百分位(如果知道的话):_____

Transdisciplinary Play-Based System (TPBA2/TPBI2)
by Toni Linder.
Copyright © 2008 Paul H. Brookes Publishing Co., Inc. All rights reserved.

图表 5.8　苏菲的"儿童和家庭史问卷"第Ⅳ部分:苏菲艰难的婴儿期

终导致了苏菲的斜颈和斜头畸形。

三重检验筛查没有通过,但是随后的羊膜穿刺术结果很正常。三重检验结果未通过的原因尚不清楚。她的母亲患有妊娠期高血压病,这在怀孕期间可能会影响血液向子宫的灌注。

早期健康史

临床病史的下一个主要组成部分,第Ⅳ部分(见图表5.8)是儿童的出生史和疾病史,其中包括有关怀孕期间进行的检查的信息以及有关母亲怀孕和分娩的信息。父母还应指出孩子有无任何慢性或急性疾病、外科手术、重大事故、头部受伤、虐待或忽视的事件、其他特殊的医疗问题,以及先前给予的任何诊断。父母可能不清楚或记不住所有相关信息,因此可以在征得家人的许可后,将病历发送给团队。另外,在病史叙述不清或十分复杂的情况下,也可能需要病历。病史记录可能是获取被收养或寄养儿童的信息的唯一方法。医疗服务提供者和大多数医疗服务机构都有相关表格,经过家属签字后,可以将病史发送给其他机构。

在对孩子的健康和发育发展的评估过程中,应当特别注意儿童既往和现在的发育发展功能水平。应该注意孩子当前与父母或其他人交流的行为及能力,这可能对TPBA会议以及制定计划有帮助。在考虑病因和潜在干预措施时,与感觉统合功能障碍的任何证据有关的问题(例如,不喜欢被拥抱、不喜欢握或抚摸、物品纹理问题、回避行为)或气质问题(例如,烦躁、过渡困难,普遍情绪)尤其重要。儿童了解自己的环境的能力以及使用和玩玩具的能力同样十分重要。本章稍后讨论的FACF工具将更详细地介绍这些信息。

阐明儿童如何完成日常生活活动(ADL)很重要。特别是,对饮食习惯和睡眠习惯的详细描述有助于解释相关行为、适应和发育发展方面的问题。饮食和睡眠问题与多种疾病有关,并极大地影响发育发展。因此,了解夜间和午睡时间以及进餐时间也很重要。CFHQ和FACF工具都解决了这些问题(请参阅附录)。如前所述,家庭协调员需要在TPBA之前和之后整合来自这两种工具的信息,以帮助团队和家庭了解这些信息与当前评估和未来干预的相关性。

询问病史还应包括听力筛查(大多数州现在都要求进行新生儿听力筛查)和视力筛查的结果。还应问询其预防接种情况和任何不良免疫反应(例如,百白破疫苗后的癫痫发作)的记录,并应识别食物或药物过敏以及季节性过敏。如有可能,应记录孩子的身高、体重、头围(2岁及以下)及其百分位数,并与年龄标准进行比较。百分位分数过低或过高需要特别关注。在评估过程中,应列出并考虑当前或过去使用的药物,包括草药、特殊替代疗法和家庭疗法等,因为这些药物可能会对功能和行为产生影响。需要特别指出的是,除非绝对必要,否则不要在发育发展评估之前突然换药。我们的目的是评估孩子当前的功能水平。

苏菲的母亲孕期十分不顺利,苏菲出生后生长也很艰难(见图表5.8)。她早产6周,非常烦躁,并且有喂养问题。她喂养不顺利,呕吐频繁,吃奶时很容易睡着。她喜欢被摇晃的感觉,当不高兴的时候喜欢用手敲头。这些问题可能与胃肠道问题、神经系统不成熟或发育发展迟缓有关,导致其生理状态的难以适应。"自我刺激"行为也是一个危险信号,表明可能存在一些神经因素,这些因素会影响人和物体的交互。苏菲一直存在饮食和睡眠问题,这是自我调节问题的另一个表现。

苏菲在出生的第一年耳朵感染过很多次,这可能会影响她的听力以及随后的语言发展。苏菲也曾发生过3次尿路感染,这可能与泌尿系统异常有关。她的泌尿系统的评估正常。苏菲从未住院或做过任何手术。她曾被戴上特殊的头盔,以帮助重塑头骨畸形。在TPBA实施过程中,也应考虑头盔对其行为(例如视觉、动作)的影响。

她的父母指出运动困难是她的主要问题,并且通过物理治疗和脱下头盔后,她可能会走路。这个信息很重要,因为和家长沟通评估结果的时候需要将父母的期望考虑在内。

发育/发展史

健康与发育发展评估的下一个组成部分是儿童的发育史,即CFHQ的第五部分,其中包括是否达到发育发展里程碑、父母对达到里程碑的速度的看法(快、正常或缓慢)以及这个孩子与家庭中其他孩子或同龄人的比较。发育发展问卷中总是包含对典型的发育发展里程碑(如坐、站、走和说话)的获取年龄的分析,因为里程碑的延迟获取是潜在的早期发育发展延迟的"危险信号"。由于这些信息来自父母的记忆,其中的年龄可能记忆存在记忆偏差,因此医疗记录可能有助于确认父母的回忆。

苏菲的妈妈认识到苏菲的成长要比她的哥哥慢(见图表5.9)。苏菲现在15个月大,从14个月才开始独坐。她还不能说话。词汇的缺乏提示语言发育发展存在延迟。有趣的是,苏菲的妈妈在CFHQ的前几部分中主要关注的是运动发育发展迟缓,她实际上觉得苏菲的发育发展在学会走路后会有所改善。苏菲似乎喜欢感觉刺激,特别是强烈的触觉和前庭刺激。苏菲的母亲将她的下一步计划定位为学会走路,仍然是一个关于运动的目标。根据CFHQ提供的其他信息,苏菲很可能也存在其他方面的落后。TPBA2团队在评估之前、评估中和评估之后需要与家人进行更深入的讨论。

家族史

家族史是健康史中必不可少的部分,因为许多发育发展问题是与遗传相关的,这些问题可能已在其他家庭成员中被发现。我们应当获得有关生物学兄弟姐妹(同父同母或者至少有一个共同的父母)、祖父母或外祖父母、姑姑或姨、叔伯或舅舅和表兄弟姐妹的医学信息,也可包括三代以内的家庭成员信息。应当问询其有关慢性或急性疾病或精神疾病、外科手术、重大事故、头部受伤以及听力和视力障碍的信息。此外,应该特别注意任何与所评估的孩子有类似问题的人的信息。父母有生物学关系(近亲结婚)、母亲有反复流产或

图表 5.9　苏菲的"儿童和家庭史问卷"第Ⅴ部分：苏菲的发育比他的哥哥要慢

第Ⅴ部分　发育史

A. 您觉得您的孩子的发育速度：(圈出来) 快　一般　⦿慢
　为什么？
　她还不会走路和说话。

　年龄：说第一个字：还没有　　第一句话：还没有
　独坐：14月　　　　　　　　走路：还没有

B. 您的孩子最喜欢做什么？
　喜欢洗澡。喜欢爸爸举高高。喜欢和哥哥一起玩。

C. 您的孩子的发育有过倒退吗？或者他/她有没有哪些领域的发育出现了停滞？
　(圈出来) ⦿是　否
　如果选"是"，具体表现是什么样子呢？
　苏菲勉强能坐，不会走路，还不会说话。

D. 您认为您的孩子和他/她的兄弟姐妹有什么不同吗？(圈出来) ⦿是　否　不适用
　如果选"是"，具体表现是什么样子呢？
　她的哥哥10个月就会走路了，他比她正常多了。

E. 关于孩子的健康、行为或者发育方面，您还有其他的想要告诉我们的吗？
　没有了。

Transdisciplinary Play-Based System (TPBA2/TPBI2)
by Toni Linder.
Copyright © 2008 Paul H. Brookes Publishing Co., Inc. All rights reserved.

不孕病史、近亲中有婴儿早夭或有出生遗传缺陷及发育发展迟缓的儿童，发生非典型发育发展落后的风险较高（Nickel，2000年）。

　　苏菲的家族史有些问题，她有一个表亲患有唐氏综合征，同时她的父亲有学习障碍（见图表5.10）。这些都可能和遗传相关，在苏菲发育发展评估时应将其考虑在内。这些也提示苏菲或许应该进行遗传学评估。

　　一旦完成CFHQ以后，就应该使用FACF工具以了解孩子在日常工作中如何表现以及家庭如何看待孩子行为等具体信息。

图表5.10 苏菲的"儿童和家庭史问卷"第Ⅵ部分：苏菲的家族史

第Ⅵ部分　家族史

A. 您的孩子的家族中（父母、祖/外祖父母、姑姑、姨、叔伯/舅舅、兄弟姐妹或者表兄弟姐妹）是否存在下列任何一种情况（圈出"是"或者"否"）：

虐待	是	（否）	听力问题	是	（否）
过敏/哮喘	是	（否）	心脏病	是	（否）
出生缺陷	是	（否）	内分泌问题	是	（否）
血液系统疾病	是	（否）	关节/骨头问题	是	（否）
肿瘤	是	（否）	肺/呼吸疾病	是	（否）
腹痛	是	（否）	肌肉问题	是	（否）
酗酒	是	（否）	药物滥用	是	（否）
贫血	是	（否）	精神疾患	是	（否）
耳朵感染	是	（否）	抽搐/惊厥	是	（否）
喂养问题	是	（否）	皮肤问题	是	（否）
遗传综合征	（是）	否	重复性行为	是	（否）
生长问题	是	（否）	视力问题	是	（否）

如果选"是"，请解释；并写出您对家族成员健康的其他担忧：
她爸爸的表姐有唐氏综合征。
_____

B. 列出直系亲属服用的任何药物、草药和替代疗法：
没有。
_____

C. 孩子的家族中有没有人存在发育迟滞、语言问题，或者其他需要特殊学习需求吗？（圈出来）　（是）　否
如果选择"是"，是谁在什么年龄得到的诊断？具体的诊断是什么？
父亲—12岁时被诊断为"学习困难"。

D. 关于您的孩子，您还有什么其他想要告诉我们的吗？
_____
_____
_____

感谢您为本问卷付出的时间和精力。
这些信息会让我们更好地了解您的孩子。

Transdisciplinary Play-Based System（TPBA2/TPBI2）
by Toni Linder.
Copyright © 2008 Paul H. Brookes Publishing Co., Inc. All rights reserved.

5.4 TPBA2 儿童功能家庭评估表（FACF）

FACF 工具由两部分组成，即日常活动评分表和"关于我的一切"问卷。FACF 的总体目的是研究家庭如何看待孩子的技能和行为，并确定他们对孩子的最大关注点和优先考虑。该工具可以由父母、主要照料者、老师，或者由家庭协调员在面谈过程中完成。后者可能更适合识字水平低、来自不同文化或语言背景的照料者；有些家庭想通过讨论更清楚地表达某些事情，家庭协调员也可参与其中。两种工具可以一起与家庭使用，也可以与家庭成员和托儿所及幼儿园等一起使用，以了解不同情境下不同照料者的观点以及儿童的行为。首先向家庭介绍这两个工具的目的，然后由家庭决定谁来填写表格或参加面谈。之后，在 TPBA 实施之前，由家庭协调员或其他团队成员汇总所有看护者接受调查或访谈的信息，然后将其与其他团队成员共享以制定评估计划。

5.4.1 日常活动评分表

日常活动评分表可快速一目了然地查看儿童的一天（请参阅附录）。它使团队能够确定哪些日常活动是儿童可以进行愉快互动的"愉快的时光"，哪些日常活动是"一般的时光"，或者是对孩子或者照料者来说存在压力、困难、担忧的"困难的时光"。日常活动评分表不仅要求看护者对常规的日常活动是"愉快的时光""一般的时光"还是"困难的时光"进行选择，而且还使看护者填写其担忧或困难的程度，并且对其进行解释。该工具中要求看护者填写最关注或最为担忧的日常活动，这个可能会需要进一步的讨论。然后，团队在进行 TPBA 评估时应当确保重点关注这些日常活动所需的技能、流程或交互模式。这些日常活动在评估后也应当一起被讨论。团队的重点应该是找出这些活动进行困难或有压力的原因，并找出使儿童和家庭更容易或更愉快的活动。确定"愉快的时光"的日常活动对于干预也很重要，因为在这些活动中可以以愉悦的方式联合干预策略进行干预。这使团队能够帮助家人最大程度地发挥自己的优势（"愉快的时光"）并调整"困难的时光"，使他们更加愉悦和受益。该表格还为家庭提供了一个空间，以记录他们的头两个优先的活动，这有助于防止家庭因为选择过多而不知所措。由于所有活动都涉及语言、认知、社交和运动技能，因此团队可以将多学科的建议都纳入到家庭的活动中。后续评估中还可以继续使用此表格，以明确在提供干预措施后，对特定日常活动的关注程度是否有变化（请参见图表 5.11 和 5.12 中的莎莉丝示例）。后续评估可以由原始评估小组或为孩子服务的小组进行。

接下来的示例则与苏菲形成了对比。苏菲这个案例相对容易，其发育史为重点评估的方面提供了很多指导，而接下来的示例则说明了 FACF 工具如何帮助发育发展史无法揭示

图表 5.11 莎莉丝的"一日常规评分表"

TPBA2 儿童功能家庭评价表
(FACF)
"一日常规评分表"

儿童姓名：_莎莉丝_
完成问卷者：_谢里斯_ 日期：_12/10/2006_
指导语：下列表格列出了您和您的孩子可能会经历的很多的日常活动。对于每个条目，请您选择对您或者孩子来说是"愉快的时间""一般的时间"或者"困难的时间"。如果您选择了"困难的时间"，请对困难程度进行评分。如果任何一项均不符合您的孩子，请在这个条目下写"N/A"。如果您想写备注或者关于结果的解释，您可以随意填写，尤其是当您选择了"愉快的时间"和"困难的时间"时。这些会帮助我们在评估时更加有侧重，也能更好的为您和孩子提供帮助。

日常活动	愉快的时间	一般的时间	困难的时间	这时间对您来说有多困难？ 程度轻　程度重	这时间对孩子来说有多困难？ 程度轻　程度重	进行这个日常活动的时候还有什么发生吗？ （如果您愿意的话，请写出您如此打分的原因）
换尿裤/如厕			X	1 2 ③ 4 5	1 2 ③ 4 5	躺着的时候不老实。
喂养/进食		X		1 2 3 4 5	1 2 3 4 5	
洗澡/洗漱			X	1 2 3 ④ 5	1 2 ③ 4 5	不喜欢洗漱。
穿衣服		X		1 2 3 4 5	1 2 3 4 5	
梳头/刷牙			X	1 2 3 4 ⑤	1 2 3 4 ⑤	不让人碰她的头发。
孩子自己玩	X	X				
和家人一起玩	X			1 2 3 4 5	1 2 3 4 5	
和其他小朋友玩		X		1 2 3 4 5	1 2 3 4 5	得按照她的方式来才行。
一起读书	X			1 2 3 4 5	1 2 3 4 5	喜欢读书！
小睡	X			1 2 3 4 5	1 2 3 4 5	她很喜欢小睡。
睡觉/起床		X		1 2 3 ④ 5	1 2 3 ④ 5	希望读更多的书，需要很长时间。
沮丧后平复的过程		X		1 2 3 4 5	1 2 3 4 5	
室内活动	X			1 2 3 4 5	1 2 3 4 5	
室外活动	X			1 2 3 4 5	1 2 3 4 5	除非有沙子，她才行。
乘坐婴儿车/汽车出去			X	1 2 ③ 4 5	1 2 3 ④ 5	不喜欢被限制。
逛商店/errands		X		1 2 3 4 5	1 2 3 4 5	喜欢逛商场。
见朋友	X			1 2 3 4 5	1 2 3 4 5	
宗教活动	X			1 2 3 4 5	1 2 3 4 5	
家庭庆祝活动	X			1 2 3 4 5	1 2 3 4 5	
其他				1 2 3 4 5	1 2 3 4 5	
				1 2 3 4 5	1 2 3 4 5	

哪项日常活动是您最为担忧的，或者对于您来说，您最想强调哪个呢？
1. _给她洗澡。_
2. _给她梳头。_

Transdisciplinary Play-Based System（TPBA2/TPBI2）
by Toni Linder.
Copyright © 2008 Paul H. Brookes Publishing Co., Inc. All rights reserved.

图表 5.12 莎莉丝的"一日常规评分表"

TPBA2 儿童功能家庭评价表
(FACF)
"一日常规评分表"

儿童姓名：<u>莎莉丝</u>
完成问卷者：<u>谢里斯</u>　　　　　　　　　　　日期：<u>6/10/2007</u>

指导语：下列表格列出了您和您的孩子可能会经历的很多的日常活动。对于每个条目，请您选择对您或者孩子来说是"愉快的时间""一般的时间"或者"困难的时间"。如果您选择了"困难的时间"，请对困难程度进行评分。如果任何一项均不符合您的孩子，请在这个条目下写"N/A"。如果您想写备注或者关于结果的解释，您可以随意填写，尤其是当您选择了"愉快的时间"和"困难的时间"时。这些会帮助我们在评估时更加有侧重，也能更好的为您和孩子提供帮助。

日常活动	愉快的时间	一般的时间	困难的时间	这时间对您来说有多困难？ 程度轻　程度重	这时间对孩子来说有多困难？ 程度轻　程度重	进行这个日常活动的时候还有什么发生吗？（如果您愿意的话，请写出您如此打分的原因）
换尿裤/如厕		X		1 2 3 4 5	1 2 3 4 5	已经如厕训练了！
喂养/进食	X			1 2 3 4 5	1 2 3 4 5	好一些，她能自主进食一部分了。
洗澡/洗漱			X	1 ② 3 4 5	1 ② 3 4 5	仍然不喜欢，但是也能勉强接受。
穿衣服			X	1 ② 3 4 5	1 2 ③ 4 5	
梳头/刷牙			X	1 2 ③ 4 5	1 2 3 ④ 5	
孩子自己玩	X			1 2 3 4 5	1 2 3 4 5	
和家人一起玩	X			1 2 3 4 5	1 2 3 4 5	
和其他小朋友玩		X		1 2 3 4 5	1 2 3 4 5	使用语言来要求别人。
一起读书	X			1 2 3 4 5	1 2 3 4 5	
小睡	X			1 2 3 4 5	1 2 3 4 5	
睡觉/起床			X	1 2 3 4 5	1 2 3 4 5	好一些。
沮丧后平复的过程			X	1 2 3 4 5	1 2 3 4 5	
室内活动	X			1 2 3 4 5	1 2 3 4 5	
室外活动	X			1 2 3 4 5	1 2 3 4 5	喜欢荡秋千。
乘坐婴儿车/汽车出去	X			1 2 ③ 4 5	1 2 3 ④ 5	和我们一起系安全带，选择喜欢的游戏。
逛商店/errands	X			1 2 3 4 5	1 2 3 4 5	
见朋友	X			1 2 3 4 5	1 2 3 4 5	
宗教活动	X			1 2 3 4 5	1 2 3 4 5	
家庭庆祝活动	X			1 2 3 4 5	1 2 3 4 5	
其他				1 2 3 4 5	1 2 3 4 5	
				1 2 3 4 5	1 2 3 4 5	
				1 2 3 4 5	1 2 3 4 5	

哪项日常活动是您最为担忧的，或者对于您来说，您最想强调哪个呢？
1. <u>继续致力于感官问题。</u>
2. _____

Transdisciplinary Play-Based System（TPBA2/TPBI2）
by Toni Linder.
Copyright © 2008 Paul H. Brookes Publishing Co., Inc. All rights reserved.

影响孩子成长的线索的儿童寻找更多信息。莎莉丝·史密斯是一位非洲裔美国女孩,也只有 14 个月大,但是她母亲的妊娠史、莎莉丝的出生和早期发育史以及家族史并无明显特殊。莎莉丝的父母由于对她的行为存在困扰而带她来到这里。

莎莉丝的母亲谢里斯填写了"日常活动评分表"(见图表 5.11)。在 TPBA 确认之前,这个表格和"关于我的一切"问卷的结果都提示在 TPBA 实施时,要特别注意感觉、情绪和行为调节问题。TPBA 观察结果和家庭观点一致认为莎莉丝存在感觉防御问题,给她的日常活动带来了麻烦。这些感官问题也影响她与他人的社交互动,因为她需要尽量减少感觉输入。注意力和情绪调节的困难与她对触觉输入引起的相关强烈不适有关。

如前所述,在干预开始后,FACF 工具也可以用作连续随访评估。这使我们不仅可以观察孩子做的事情的变化,还可以观察到这些变化如何影响交互作用、行为和学习。举例来说,TPBA 实施后,我们制定了关于莎莉丝的问题的干预计划,并实施了相应的干预措施。6个月后,莎莉丝的母亲再次填写了"日常活动评分表",团队又进行了一次 TPBA 以明确莎莉丝有没有进步(见图表 5.12)。

在对莎莉丝的重新评估中,谢里斯指出仍有许多和之前相同的日常活动值得关注,但它们"要比原来好得多"。莎莉丝更加宽容和独立,她采用语言而非消极的行为来控制情况。这些观察结果表明,莎莉丝正在开发一些方法来调节自己的情绪和行为,而干预策略正支持着这些变化。

在重新评估时包含此类父母提供的信息很重要,因为对于孩子来说,特别是对于有严重残疾的孩子,特定的技能可能不会发生显著的变化,但是看护人员如果表示,现在的日常活动较之前进行得更顺畅,这就提示已经产生了重要的质变,可能已经给孩子带来收益。为使亲子互动更加愉快,可以增加交流、对话和有期望的行为。

5.4.2 "关于我的一切"问卷

FACF 中的第二个工具是"关于我的一切"问卷。这是一个独特的工具,它使熟悉孩子的家庭成员和照料者能够评估与专业团队成员相同的领域。TPBA 团队成员将评估的问题用简单的问句来表述,这样照料者可以通过他们对孩子的观察来回答这些问题。

这些相应的家庭成员或照料者的观察性问题已被编入问卷,并对孩子的行为进行了评价。照料者会圈出他们观察到的最能与他们孩子的功能相符的选项。如果他们想详细说明,也为他们提供示例或者解释提供了空间。有关莎莉丝的"关于我的一切"问卷的示例,请参见图表 5.13。附录包含空白的"关于我的一切"问卷。

TPBA2 儿童功能家庭评价表
"关于我的一切"问卷

关于我的一切,<u>莎莉丝</u>
（儿童姓名）

儿童姓名:<u>莎莉丝</u>　　　　　　　　　出生日期:_____
问卷完成人:<u>谢里斯</u>
和孩子的关系:<u>妈妈</u>　　　　　　　　填表日期:_____

问卷目的:回答以下问题将有助于我们将您纳入我们的评估团队。通过这些问题,您可以查看基于游戏的评估小组在看到您的孩子时将检查的某些相同的发育领域。您的观察非常重要！以下问题会关注您的孩子如何思考、感觉、表现、移动、联系和交流。您对这些问题的回答将帮助评估小组了解在游戏评估的过程中重点要看的内容。我们从您那里以及团队其他成员那里获得的信息,都将帮助我们制定促进孩子成长的方法。

指导语:对于以下每个问题,请圈选最能描述您如何看待孩子的一个或多个数字(在"答案"下)。如果需要,可以在下一列("示例")中添加信息,您可以给出示例或描述你的选择的原因。如果该问题由于年龄而不适用于您的孩子,只需在该问题下写 N/A,然后转到下一个问题。

情绪和社交发展	答案	示例
1. 哪些活动使我高兴？兴奋？	1. 很难说我什么时候高兴。 ②. 我只在几个活动中高兴,比如: 　读书,逛商店。 3. 我在大多数活动中都很高兴。	我怎么样才是高兴呢？
2. 什么活动让我崩溃？沮丧？不开心？	1. 制定规矩(对我说"不"),或者告诉我该怎么做。 ②. 诸如下列活动: 　洗漱,梳头。 3. 改变我的常规。	我怎么样才是崩溃？沮丧？ 不开心？ 发脾气。
3. 我的情绪持续多久？	1. 超过 1 小时。 ②. 15—30 分钟。 3. 只有几分钟。	
4. 我容易安抚自己吗？	①. 我需要很长时间才能平静下来,其间需要很多帮助。 2. 我需要一点帮助就能平静下来。 3. 我不需要帮助自己就能平静下来。	什么能帮助我平静下来？ 抱着我。
5. 我容易从一种状态(清醒、烦躁、警觉、困倦、睡觉)向另一种状态转变吗？	1. 我做这些十分困难: 2. 我做这些有点困难: ③. 我毫无困难	什么能够帮助我？

Transdisciplinary Play-Based System (TPBA2/TPBI2)
by Toni Linder.
Copyright © 2008 Paul H. Brookes Publishing Co., Inc. All rights reserved.

图表 5.13　莎莉丝"'关于我的一切'问卷"示例

从图表 5.11 可以看出，莎莉丝通常很烦躁且困难。当她参加诸如穿衣、洗澡和梳头等活动（所有涉及感官输入的活动），以及改变常规习惯或与新朋友互动（适应困难）时，她都会尖叫。从积极的一面来看，莎莉丝可以通过抓握一些东西来使自己平静，她想独立，并且喜欢玩玩具和看书。（另请参见图表 5.11。）

"关于我的一切"问卷有多种用途。首先，它让父母、其他照料者和老师思考这些发育发展领域，并更多地关注孩子的日常行为。他们可以在"日常活动评分表"上看到他们的答复和"关于我的一切"问卷上的评价之间的关系。其次，它使团队成员可以知晓看护者对与发育发展有关的重要的问题（例如情绪表达、自我调节能力等）的一些观点。需要特别关注的地方可以在 TPBA 实施的过程中进一步进行检查。第三，该工具使团队能够在不同环境下比较孩子的功能。在某些情况下，TPBA 可以在教室、游戏室或社区环境中进行。在这些不同的环境中，孩子的功能表达可能有所不同。如果 TPBA 是在家中完成的，陌生人的存在或与之互动都可能会影响孩子的行为。了解孩子的功能在不同环境下如何变化对干预至关重要。评估的目标之一是确定儿童在不同的人和环境下的功能表现，以及何种环境下可以观察到何种行为及技能。另一个目标是制定在所有环境中都能有效促进儿童成长的策略。比较出什么环境能够使儿童有更好的表达很重要，也能更好地帮助制定干预计划。与家庭协调员进行讨论十分重要，有助于更清晰地了解家庭或者照料者指出的特别需要引起注意的项目。最后，在后续评估中使用该工具可以追踪儿童产生变化的领域，并有助于记录其进展情况或指出其需要进一步支持的领域。了解这些用途对进一步说明该工具如何有益于评估和干预十分重要。

5.5 与家庭沟通的好处

5.5.1 鼓励照料者进行观察

向照料者询问有关孩子的问题可以提高他们的观察技巧和对儿童发育发展的了解，并且可以增加他们儿童活动的参与度（Dinnebeil & Rule, 1994; Jackson & Roberts, 1999; Squires et al., 1990）。提高观察技巧对家庭来说很重要，不仅在于他们可以提供更好的评估信息，更在于可以使看护者对孩子提供给他们的信息更为敏感。请注意谢里斯在"'关于我的一切'问卷"（见图表 5.13）上的答案与她在"日常活动评分表"（图表 5.11）中的回答是如何相关的。比较这两个方面以及感觉运动方面的反应，不仅可以帮助团队了解莎莉丝，还可以帮助她母亲了解莎莉丝的行为以及与她们的情感需求之间的关系。

例如，在完成"'关于我的一切'问卷"后，谢里斯对家庭协调员说："直到我回答了这些问题，我才意识到，为什么莎莉丝哭得那么厉害。她很难使自己平静下来。她不高兴时总是需要我。然后,我变得非常疲惫。"谢里斯不仅对一项重要的发育发展技能和自我镇静的能力更为了解,而且还意识到了莎莉丝的感官需求如何影响她的情绪。

5.5.2 不同观点的比较

父母、老师和其他专业人员并非总是以相同的方式看待行为。有时,被老师视为麻烦的行为可能不会被家长重视,反之亦然。根据不同的背景、知识、培训或价值观,对相同的行为可能会有不同的解释。团队的一部分职责是不仅要了解儿童的行为,而且要了解这些行为对观察者来说意味着什么。当文化和家庭的期望差异很大时,也需要加以考虑(Blackwell, 2004; Carlson, Feng & Harwood, 2004)。这就要求团队要客观,集思广益,并提出能够适应每种环境的可行的干预方案。以下示例说明了这种情况。

乔阿希姆因老师担心其整体发育发展落后、异常的重复行为以及课堂上缺乏积极的社交互动而被要求进行评估。当他的父母完成 CFHQ 时,他们指出有几位亲戚被诊断出患有孤独症,而乔阿希姆的父母都经历过学习障碍和发育发展迟缓。在乔阿希姆进行 TPBA 之后,小组对他父母的观察结果和小组的结果进行了讨论。他的父母认为乔阿希姆的成长对他们的家庭来说是正常的。他们认为"他与众不同没什么,他最终会像我们一样追赶上来"。老师分享了他对乔阿希姆在课堂上的行为的观察,团队描述了他们在 TPBA 中看到的和老师观察到的以及家庭偶尔观察到的相关的行为之间的关系。他的父母指出:"我们在家中看不到这个,因为我们允许他单纯的玩耍,仅仅当一个小孩。我们认为只要他玩得开心,其他的自然会随之而来。"团队通过录像带指出了乔阿希姆的某些特征可能在课堂社交环境中产生大的负面影响。团队对父母希望乔阿希姆在课堂上学习的东西、促进他社会发展和学习的方法进行了讨论,并制定了既尊重家庭意愿又能解决老师担忧的计划。作业治疗师和言语专家会到教室里见乔阿希姆,并与老师商讨如何通过改变环境和安排活动以满足乔阿希姆的发展需求。他们还将为家庭提供"提示表",并将一些有趣的活动建议融入家庭的日常活动中,因此不必进行刻意的"治疗"。之后,还将对乔阿希姆进行监测和评估,以评估这些方法是否有效。

5.5.3 不同环境下的比较

尽管研究表明父母和专业人员的观察结果具有很好的一致性,但是对于有效的评估来说其结果并不需要一致(Sandall et al., 2000; Squires et al., 1990; Wachs, 2004)。如前所述,父母和其他看护者刻意观察到更多种环境下的行为。我们可以预料的是,不是所有的观察都是一致的(Jackson & Roberts, 1999; Snyder, Thompson & Sexton, 1993; Suen, Logan, Neisworth & Bagnato, 1995)。问题的关键不在于谁是"正确的"。在特定的环境下,两种观察结果可能都是正确的,或者父母和专业人士都可能犯了错误(Suen et al.,1995)。缺乏共识可能与意见一致一样有价值,因为"缺乏共识会激发讨论,从而有助于理解父母和专业人士对孩子能力的独特看法"(Jackson & Roberts, 1999, p.149)。TPBA之后与家庭成员可以进一步讨论在哪里达成共识以及允许分歧。更重要的是,讨论有助于解决问题,进而使孩子朝着提高技能和行为的方向发展。在前面的示例中,团队成员了解到重视父母的观点的重要性,但同时也帮助家人看到了乔阿希姆在家庭外社交活动的重要性。两种观点都很有价值。

当达西和迈克与团队成员讨论他们对儿子迪伦的观察时,他们注意到迪伦在游戏室中比在教室和在家中看起来更加镇定且更具吸引力。这就引起了人们的讨论,例如家庭和教室的干扰如何影响他的注意力,如何通过跟随他的注意力来增加他的动力,并为帮助延长他的注意力而举一些可行的例子。家长及专业团队随后就如何在家中与迪伦进行互动提出了一些想法,并提出了一些可以融入学前班的建议供老师参考。一名团队成员计划与父母和老师见面并提供咨询服务,以保证学校和家庭采用一致的方法来提高迪伦的注意力和学习能力。

5.5.4 后续评估

与TPBA2观察指南一样,FACF中的任何工具均未标准化,因为这些定性的信息受文化、背景以及发育发展的影响。然而,明确父母的基本期望对于记录家庭环境中的孩子进步至关重要。如前所述,很多时候我们无法通过发展技能水平的测试分数来衡量儿童和家庭生活的变化。对一个家庭有意义和重要的事情对另一个家庭来说可能并不重要。因此,FACF可以作为初始评估和后续评估的重要工具。

5.6 总结

CFHQ和FACF工具都为实施TPBA和后续评估提供了有用的信息。对既定的、生物学的、环境的和个人的危险因素进行分析,并结合儿童、家庭和环境因素,对于确定病因以及判断预后情况是必要的。危险因素和保护性因素汇总表(见图表5.1和5.2)可以帮助检查这些问题。

对与发育发展和日常生活有关的定性问题的检查也与制定评估计划和干预策略有关,而这些对于家庭来说十分重要。采用TPBA2的机构可以使用这些工具来替换或补充现有工具。这些TPBA2工具为孩子过去和当前的健康、发展和行为提供了一个有效的、一致的、多维度的视角,并为后续TPBA观察孩子的当前技能、互动和学习方式提供了基础。

参考文献

Aronen, E., & Arajarvi, T. (2000). Effects of early intervention on psychiatric symptoms of young adults in low-risk and high-risk families. *American Journal of Orthopsychiatry*, 70(2),223 - 232.

Blackwell, P. L. (2004). The idea of temperament: Does it help parents understand their babies? *Zero to Three*, 24(4),37 - 41.

Bleuler, M. (1984). Different forms of childhood stress and patterns of adult psychiatric outcome. In N. S. Watt, E. Anthony, L. C. Wynne, & J. E. Rolf (Eds.), *Children at risk for schizophrenia: A longitudinal perspective* (pp. 537 - 542). New York: Cambridge University Press.

Block, J. H., & Block, J. (1980). Theories of ego control and ego resiliency in the organization of behavior. In W. A. Collins (Ed.), *The Minnesota Symposia on Child Psychology, Vol. 13. Development of cognition, affect, and social relations* (pp. 39 - 102). Hillsdale, NJ: Lawrence Erlbaum Associates.

Bronfenbrenner, U. (1991). What do families do? *Family Affairs*, 4,1 - 6.

Carlson, V. J., Feng, X., & Harwood, R. L. (2004). The "ideal baby": A look at the intersection of temperament and culture. *Zero to Three*, 24(4),22 - 28.

Cassidy, J., & Berlin, L. J. (1999). The nature of the child's ties. In J. Cassidy & P. R. Shaver (Eds.), *Handbook of attachment: Theory, research, and clinical applications* (pp. 520 - 554). New York: Guilford Press.

Cohler, B. (1987). Adversity, resilience, and the study of lives. In E. J. Anthony & B. S. Cohler (Eds.), *The invulnerable child* (pp. 363 - 424). New York: Guilford Press.

Davies, P., Harold, G., Goeke-Morey, M., & Cummings, E. (2002). Child emotional security and interparental conflict. *Monographs of the Society for Research in Child Development*, 67(3),5 - 11.

DeCoufle, P., Boyle, C., Paulozzi, L., & Lary, J. (2001). Increased risk for developmental disabilities in children who have major birth defects: A population-based study. *Pediatrics*, 108,728 - 734.

Desch, L. W. (2000). Visual and hearing impairments. In R. E. Nickel & L. W. Desch (Eds.), *The physician's guide to caring for children with disabilities and chronic conditions* (pp. 265 – 320). Baltimore: Paul H. Brookes Publishing Co.

Dinnebeil, L. A., & Rule, S. (1994). Congruence between parent's and professionals' judgments about the development of young children with disabilities: A review of the literature. *Topics in Early Childhood Special Education*, 14(1), 1 – 25.

Doll, B., & Lyon, M. (1998). Risk and resilience: Implications for the delivery of educational and mental health services in schools. *School Psychology Review*, 27(30), 348 – 363.

Fadiman, A. (1997). *The spirit catches you and you fall down: A Hmong child, her American doctors, and the collision of two cultures*. New York: Farrar, Straus and Giroux.

Garbarino, J., & Ganzel, B. (2000). The human ecology of early risk. In J. P. Shonkoff & S. J. Meisels (Eds.), *Handbook of early childhood intervention* (2nd ed., pp. 76 – 95). New York: Cambridge University Press.

Gershon, E. (1990). Genetics. In F. K. Goodwin & K. R. Jamison (Eds.), *Manic depressive illness* (pp. 373 – 401). New York: Oxford University Press.

Glascoe, F. P., & Sandler, H. (1995). Value of parents' estimates of children's developmental ages. *Journal of Pediatrics*, 127, 831 – 835.

Greenspan, S., & Weider, S. (1998). *The child with special needs: Encouraging intellectual and emotional growth*. Cambridge, MA: Perseus Publishing.

Guralnick, M. (2001). A developmental systems model for early intervention. *Infants & Young Children*, 14(2), 1 – 18.

Hagedorn, M., Gardner, S., & Abman, S. (1998). Respiratory diseases. In G. Merenstein & S. Gardner (Eds.), *Handbook of neonatal intensive care* (4th ed., pp. 437 – 499). St. Louis: Mosby.

Hess, C., Papas, M., & Black, M. (2002). Resilience among African American adolescent mothers: Predictors of positive parenting in early infancy. *Journal of Pediatric Psychology*, 27(7), 619 – 629.

Hetherington, E. M. (1989). Coping with family transitions: Winners, losers, and survivors. *Child Development*, 60, 1 – 14.

Jackson, S. C., & Roberts, J. E. (1999). Family and professional congruence in communication assessments of preschool boys with fragile X syndrome. *Journal of Early Intervention*, 22(2), 137 – 151.

Jaffee, K., & Perloff, J. D. (2003). An ecological analysis of racial differences in low birth-weight: Implications for maternal and child health social work. *Health and Social Work*, 28(1), 9–22.

Kleinman, A. (1980). *Patients and healers in the context of culture*. Berkeley: University of California Press.

Lonigan, C., Bloomfield, B., Anthony, J., Bacon, K., Phillips, B., & Samwel, C. (1999). Relations among emergent literacy skills, behavior problems, and social competence in preschool children from low- and middle-income backgrounds. *Topics in Early Childhood Special Education*, 19(1), 40–53.

Luthar, S. S. (2003). *Resilience and vulnerability: Adaptation in the context of childhood adversities*. New York: Cambridge University Press.

Luthar, S. S., Cicchetti, D., & Becker, B. (2000). The construct of resilience: A critical evaluation and guidelines for future work. *Child Development*, 71(3), 543–562.

Luthar, S. S., & Zigler, E. (1991). Vulnerability and competence: A review of research on resilience in childhood. *American Journal of Orthopsychiatry*, 61, 6–22.

Main, M., & Hesse, E. (1990). Parents' unresolved traumatic experiences are related to infant disorganized attachment status: Is frightened and/or frightening parental behavior the linking mechanism? In M. T. Greenberg, D. Cicchetti, & E. M. Cummings (Eds.), *Attachment in the pre-school years* (pp. 161–182). Chicago: University of Chicago Press.

Masten, A. S. (1994). Resilience in individual development: Successful adaptation despite risk and adversity. In M. C. Wang & E. W. Gordon (Eds.), *Educational resilience in inner-city America: Challenges and prospects* (pp. 3–25). Hillsdale, NJ: Lawrence Erlbaum Associates.

Masten, A. S., & Coatsworth, J. (1998). The development of competence in favorable and unfavorable environments: Lessons from successful children. *American Psychologist*, 53, 205–220.

Masten, A. S., & Powell, J. L. (2003). A resilience framework for research, policy and practice. In S. S. Luthar (Ed.), *Resilience and vulnerability: Adaptation in the context of childhood adversities* (pp. 1–28). New York: Cambridge University Press.

McCord, J. (1979). Some child-rearing antecedents of criminal behavior in adult men. *Journal of Personality and Social Psychology*, 37, 1477–1486.

McWhirter, J., McWhirter, B., McWhirter, A., & McWhirter, E. (1993). *At risk youth: A comprehensive response*. Pacific Grove: Brooks/Cole.

Meisels, S. (1991). Dimensions of early identification. *Journal of Early Intervention*, 15(1), 26–35.

Meisels, S., & Provence, S. (1989). *Screening and assessment: Guidelines for identifying young disabled and developmentally vulnerable children and their families*. Washington, DC: National Center for Clinical Infant Programs.

Merenstein, G., & Gardner, S. (1998). *Handbook of neonatal intensive care* (4th ed.). St. Louis: Mosby.

Moriarty, A. (1987). John, a boy who acquired resilience. In E. J. Anthony & B. J. Cohler (Eds.), *The invulnerable child* (pp. 106–143). New York: Guilford Press.

Murphy, L. (1987). Further reflections on resilience. In E. J. Anthony & B. J. Cohler (Eds.), *The invulnerable child* (pp. 84–105). New York: Guilford Press.

Murphy, L., & Moriarty, A. (1976). *Vulnerability, coping, and growth*. New Haven, CT: Yale University Press.

Needlman, R. (2000). Growth and development. In R. E. Behrman, R. M. Kliegman, & H. B. Jenson (Eds.), *Nelson textbook of pediatrics* (16th ed., pp. 23–66). Philadelphia: W. B. Saunders.

Nevo, Y., Kramer, U., Shinnar, S., Leitner, Y., Fattal-Valevski, A., Villa, Y., & Harel, S. (2002). Macrocephaly in children with developmental disabilities. *Pediatric Neurology*, 27(5), 363–368.

Nickel, R. E. (2000). Developmental delay and mental retardation. In R. E. Nickel & L. W. Desch (Eds.), *The physician's guide to caring for children with disabilities and chronic conditions* (pp. 99–140). Baltimore: Paul H. Brookes Publishing Co.

O'Shea, T., Klinepeter, K., Meis, P., & Dillard, R. (1998). Intrauterine infection and the risk of cerebral palsy in very low birth weight infants. *Pediatrics and Perinatal Epidemiology*, 12(1), 72.

Parlakian, R., & Seibel, N. (2002). *Building strong foundations: Practical guidance for promoting the social-emotional development of infants and toddlers*. Washington, DC: ZERO TO THREE: National Center for Infants, Toddlers, and Families.

Radke-Yarrow, M., & Brown, E. (1993). Resilience and vulnerability in children of multiple-risk families. *Development and Psychopathology*, 5, 581–592.

Repetti, R., Taylor, S., & Seeman, T. (2002). Risky families: Family social environments and the mental and physical health of offspring. *Psychological Bulletin*, 128(2), 330 – 366.

Roberson, J., King, R., & Scanlon, R. (2003). *Triple test: Questions and answers*. Retrieved July 28, 2003, from http://www.phd.msu.edu/afp/ttqu.html.

Rubin, I. (1990). Etiology of developmental disabilities. *Infants & Young Children*, 3(1), 25 – 32.

Rutter, M. (1987). Psychosocial resilience and protective mechanisms. *American Journal of Orthopsychiatry*, 57, 316 – 330.

Rutter, M. (1989). Pathways from childhood to adult life. *Journal of Child Psychology and Psychiatry*, 30, 23 – 51.

Sameroff, A., & Fiese, B. (2000). Models of development and developmental risk. In C. H. Zeanah, Jr. (Ed.), *Handbook of infant mental health* (2nd ed., pp. 3 – 19). New York: Guilford Press.

Sameroff, A., Siefer, R., Baldwin, A., & Baldwin, C. (1993). Stability of intelligence from preschool to adolescence: The influence of social and family risk factors. *Child Development*, 64, 80 – 97.

Sandall, S., McLean, M. E., & Smith, B. J. (Eds.). (2000). *DEC recommended practices in early intervention/early childhood special education*. Longmont, CO: Sopris West.

SanGiovanni, J., Chew, E., Reed, G., Remaley, N., Bateman, J., Sugimoto, T., & Klebanoff, M. (2002). Infantile cataract in the collaborative perinatal project: Prevalence and risk factors. *Archives of Ophthalmology*, 120(11), 1559 – 1565.

Seifer, R. (2003). Young children with mentally ill parents: Resilient developmental systems. In S. S. Luthar (Ed.), *Resilience and vulnerability: Adaptation in the context of childhood adversities* (pp. 29 – 49). New York: Cambridge University Press.

Shonkoff, J. P., & Phillips, D. A. (Eds.). (2000). *From neurons to neighborhoods*. Washington, DC: National Academies Press.

Spencer, T. J., Biederman, J., Wilens, T. E., & Farone, S. V. (2002). Overview and neurobiology of attention-deficit/hyperactivity disorder. *Journal of Clinical Psychiatry*, 63, 3 – 9.

Slutske, W., Heath, A., Dinwiddie, S., Madden, P., Bucholz, K., Dunne, M.,

Statha, D., & Martin, N. (1998). Common genetic risk factors for conduct disorder and alcohol dependence. *Journal of Abnormal Psychology*, 107(3), 363–374.

Snyder, P., Thompson, B., & Sexton, D. (1993, April). *Congruence in maternal and professional early intervention assessments of young children with disabilities.* Distinguished paper presented at the annual meeting of the American Educational Research Association, Atlanta.

Squires, J. K., Nickel, R. E., & Bricker, D. (1990). Use of parent-completed developmental questionnaires for child-find and screening. *Infants & Young Children*, 3(2), 46–57.

Stoll, B., & Kliegman, R. (2000). The fetus and the neonatal infant. In R. E. Behrman, R. M. Kliegman, & H. B. Jenson (Eds.), *Nelson textbook of pediatrics* (16th ed., pp. 451–486). Philadelphia: W. B. Saunders.

Suen, H. K., Logan, C. R., Neisworth, J. T., & Bagnato, S. (1995). Parent-professional congruence: Is it necessary? *Journal of Early Intervention*, 19(3), 243–252.

Wachs, T. D. (1999). The what, why, and how of temperament: A piece of the action. In C. S. Tamis-LeMonda & L. Balter (Eds.), *Child psychology: A handbook of contemporary issues* (pp. 23–44). New York: Garland Publishing.

Wachs, T. (2004). Temperament and development: The role of context in a biologically based system. *Zero to Three*, 24(4), 12–21.

Wallerstein, J., & Blakeslee, S. (1989). *Second chances: Men, women, and children: A decade after divorce.* New York: Tickner and Fields.

Wallerstein, J., & Kelly, J. (1980). *Surviving the breakup: How children and parents cope with divorce.* New York: Basic Books.

Weed, K., Keogh, D., & Borkowski, J. (2000). Predictors of resiliency in adolescent mothers. *Journal of Applied Developmental Psychology*, 21, 207–231.

Werner, E. (1989). High-risk children in young adulthood: A longitudinal study from birth to 32 years of age. *The Journal of Orthopsychiatry*, 59, 77–85.

Werner, E. (2000). Protective factors and individual resilience. In S. J. Meisels & J. P. Shonkoff (Eds.), *Handbook of early childhood intervention* (pp. 115–132). New York: Cambridge University Press.

Werner, E., & Smith, R. (1982). *Vulnerable but invincible: A longitudinal study of resilient children and youth*. New York: Adams, Bannister, and Cox.

Werner, E., & Smith, R. (1992). *Overcoming the odds: High-risk children from birth to adulthood*. London: Cornell University Press.

Widerstrom, A. H., Mowder, B. A., & Sandall, S. R. (1997). *Infant development and risk: An introduction* (2nd ed.). Baltimore: Paul H. Brookes Publishing Co.

Winokur, G., Coryell, W., Keller, M., Endicott, J., & Leon, A. (1995). A family study of manic-depressive disease. *Archives of General Psychiatry, 52*, 367–373.

Wright, M., & Masten, A. S. (1997). Vulnerability and resiliency in young children. In J. O. Noshpitz (Series Ed.) & S. I. Greenspan, S. Weider, & J. D. Osofsky (Vol. Eds.), *Handbook of child and adolescent psychiatry: Vol. 1. Infants and preschools* (pp. 202–224). New York: John Wiley & Sons.

Zimmerman, M., & Arunkumar, R. (1994). Resiliency research: Implications for schools and policy. *Social Policy Report/Society for Research in Child Development, 8*(4), 1–17.

第六章　协调家庭参与：家庭成员是团队的一部分

从哲学理念、法律及实践的角度考虑,父母都应当参与到评测过程中。哲学理念上的转变首先让专业人士认识到让家庭以一种更重要的方式参与对孩子的评估和干预的重要性(Bruder,2000;Dunst,Trivette,& Deal,1988;Greenspan & Meisels,1996;Hanson & Lynch,2003;Sandall,McLean,& Smith,2000;Snyder,Thompson,& Sexton,1993;Trivette & Dunst,2000)。这些哲学观点导致了《1968年残疾人法案修正案》(PL 99-457)的立法变革,这一法案要求多个来源的评估信息,包括家长的参与。《残疾人教育改善法案(2004)》继续强调家长的参与。2004年的法案规定,对儿童的家庭信息的收集必须是以家庭为导向的对家庭资源、优先权和关注点的评估,并且确定必要的支持、服务以提高家庭满足儿童发展的能力(§636[a][2])。尽管如果家庭不提供涉及家庭优势、需求、优先权的信息,仍可以为其提供服务,但明确家庭在幼儿生活中的核心地位要求家庭成员及其他照料者参与评估并最大程度地为儿童规划。虽然B部分有关学龄前儿童的评估立法更侧重于儿童,但这方面的立法也把父母放在"孩子叙述、发展和功能需求"决策的核心(§614)。

从实际的角度来看,专业人士已经认识到,父母拥有有关他们孩子的宝贵信息,而这些信息在测试中可能没有被发现。就像在第一章中所说的,孩子们在测试情景中往往表现得不自然。父母拥有孩子最完整的信息,他们了解孩子的成长史、日常生活、行为能力以及社会交往,而专业评估人员只在有限的情景中看到孩子们很短时间的表现。因此,父母提供更加全面、可信、有效的信息是非常必要的。

家长们参与评估过程对于家长自己也有好处。维格(Vig)和卡果纳(Kaminer)(2003)指出家长们的参与可以改变他们对孩子的看法:"家长变得更有洞察力,发现自己孩子认知领域的长处和不足,针对这些方面他们开始采取新的教育方法。"

参与评估的家长也能给其他家庭成员提供很多教育方式:

1. 通过回答专业人士的问题,他们会对关注的领域比较敏感;
2. 通过与专业人士的观察,他们变得更加了解孩子身上值得关注的东西;
3. 通过聆听专业人士对行为的描述,父母可能会以一种更加中立或积极的态度看待行为;
4. 父母的关注点可能会从管教或"改变"孩子转向理解孩子的行为。

帮助识别技能和观察能力也有助于提醒父母注意到重要的发展技能,并能增加他们对早期干预的兴趣(Squires，Nickel，& Bricker，1990；Vig & Kaminer，2003)。

6.1 家庭协调员的角色

家庭协调员在 TPBA 过程中起着关键作用,在实际的 TPBA 阶段之前、其间和之后,都是他们负责与家庭成员联系。出于多种目的,在评估前,家庭协调员需要与家人建立联系。首先,家庭协调员需要通过倾听家人的故事与之建立融洽的密切的关系(rapport)。这对于确定家人对他们孩子的看法以及明确家人对孩子学习和成长的问题是非常重要的。了解家人以前在评估或专业方面的类似经验也是很有意义的。家庭协调员应与家属协商确定评估的目的、范围和预期结果。

其次,家庭协调员应明确家人在评估过程中的作用,以及为什么在评估过程中包含了各个方面。解释一些信息时,家人需要填写 TPBA2 儿童和家庭史问卷(CFHQ)及儿童功能的家庭评估表(FACF),家人会被问到大量的信息,并需要解释为什么这些信息是重要的(对这些工具的解释见第五章)。如果家人的读写能力较差,会说英语以外的其他语言,或者更喜欢非正式的讨论,测评者(或翻译)可以通过面谈获得信息。再次,测评者可以寻求更加舒适的评估地点以及评估方式,使得家庭成员更想要参与其中。讨论孩子最喜欢的玩具和材料,探索互动和游戏的最佳顺序以及如何使孩子最好地参与其中,也是帮助规划游戏的重要环节。一旦从家人那里收集到所有的信息,要立刻分享给团队,评估的问题可能会随之扩展,计划评估的地点、决定会谈的结构、玩具及材料的规划以及任何策略修改都可能会发生。

家庭协调员为了获得更加丰富的信息并给家人传达信息,会在游戏评估过程中与家人沟通。首先,会与家人讨论观察到的儿童在家里的表现,并与测试现场的表现进行比较。获得信息能帮助判断儿童在不同情景下的功能情况。其次,家庭协调员可以通过跟家人的讨论获取有关 CFHQ 和 FACF 的更多信息。随访也可能提供更多的有关家庭的文化背景、生活习惯和家庭日常的信息。当游戏引导员、兄弟姐妹、同伴或其他看护者与孩子互动,家庭协调员可以询问孩子与其他人的关系及社会交往情况。他可能会更多地了解孩子倾向于如何处理各种情景,这些都有助于游戏引导员更好地了解情况。在这种情况下,他可以将在游戏中获得的信息最大化地传递给团队和在场的家庭成员。

家庭协调员还将与家庭成员讨论他们在游戏中会起到的作用。他会告诉家人观察孩子与熟悉的、爱的家人以及陌生人如何玩耍和交流的重要性,并向家人解释,在测试的某一段,查看儿童在家人不在场时的反应和表现也很有帮助。家庭协调员与家庭成员协同来决定哪位家庭成员在什么时候、以何种方式与孩子们互动,因为团队也想观察儿童在父母不在场时的行为,所以最好包含父母离开房间的情景。

在游戏结束后,家庭协调员在与干预小组进行讨论和分析时,要充当引导员的角色。他可以提供父母观察游戏过程的信息,并通过询问父母的意见、想法,或者澄清团队成员说出的可能让人疑惑或者不恰当的术语或信息使得家庭成员能够参与到讨论中。家庭协调员也会基于自身的专业领域进行观察,并与父母讨论。

有经验的家庭协调员会使家庭成员感到他成为评估团队的一员后很受欢迎并且很舒适,使他们积极参与测试中所有有意义的过程。于是孩子的家庭、健康和发育发展评价就会更加准确、全面,而且这些信息对家庭是相关的、有用的,能够回应家人的最关切之处。

家庭协调员在 TPBA 测试过程与家人在某些方面的沟通(见图表 6.1)。

图表 6.1 家庭协调员的责任

在 TPBA 评估前:
1. 在初次与家人联系后,讨论 TPBA 流程并回答家人可能提出的任何有关 TPBA2 儿童和家庭史问卷(CFHQ)和儿童功能家庭评估表(FACF)的问题。
2. 采集 CFHQ 和 FACF 这些表格所需的信息时,如果家庭需要协助,可以进行讨论。如果表格是独立完成的,问接下来的问题。
在 TPBA 评估中
3. 使家人在 TPBA 测试过程中感到舒适。
4. 从家庭成员中收集有关儿童在游戏中的表现与通常表现的差异。
5. 让家庭成员帮助解释儿童在测试期间的交流意图和行为。
6. 跟进调查家庭对问卷的反应。
7. 帮助家庭成员进入测试现场与儿童一起玩耍,然后让他们与孩子分开。
8. 帮助家庭了解游戏引导员在游戏中做什么,以及干预小组在评估过程中关注什么。
TPBA 评估后
9. 与家庭成员一起回顾评估过程,以获得他们对游戏评估的看法。
10. 将家人们的观察结果与干预团队的看法进行比较。
11. 帮助家人们确定是否存在重大的发展问题。
12. 帮助家人制定有意义的家庭、学校和社区的参与计划。

6.2 家庭协调员在游戏前要做的一些准备

许多家庭以前没有参加过 TPBA,所以不熟悉这个过程。家庭协调员应该在评估之前,向家人们解释评估的目的、过程以及他们在评估过程中所扮演的角色。家人们感兴趣的信息可能包括:

• 关于*游戏目的*的信息:"你表示你想知道如何帮助马里奥学习说话。我们要关注的是发生什么事情能让马里奥有更多的声音交流。"

• *过程信息*:"大约一个小时后,我们会看到他想玩什么,他想和谁一起玩,怎么玩。"

• *关于他们角色的信息*:"在游戏评估期间,你将成为干预小组的一员。你将帮助我们了解我们看到的是他的典型行为还是和你在家里看到的不一样的行为。"

如前所述，在实际的游戏环节之前与家人沟通，会影响实际的 TPBA 将如何完成，以及家人们将如何看待这个过程和结果。家庭协调员将在游戏环节开始前获得来自家庭的信息。这可以通过使用 CFHQ 和 FACF 来完成，但也应该包括与家人的讨论。重要的是，最初的对话包括使用开放式问题和主动倾听。接下来讨论与家庭成员沟通的重要策略。

6.2.1 倾听来自家人的故事

家庭协调员想知道（家人）为什么要带孩子来进行评估，什么事情使家人来寻求评估。每个家庭都会有积极和消极的经验来分享。识别这些经历对家庭的影响很重要，因为他们会影响家庭成员对即将到来的评估的态度以及期望。在此期间的问题或评论可能包括：

- *倾听历史*："在此之前别人告知的您孩子的发展是怎么样的？"
- *倾听自己的感受*："告诉我您和家人在医院的经历是怎样的？"
- *倾听他们的担忧*："您怎么会认为可能存在一些问题？"
- *倾听文化价值观和期望*："您的朋友和家人如何看待盖拉（Gajra）？"
- *倾听希望*："您希望杰米（Jamie）将来能做到些什么？"

6.2.2 识别担忧的问题

不仅要识别这个家庭为什么要对孩子进行评估，还要判断他们希望能从评估中了解到什么。一些家庭有部分之前家庭儿科医生和其他人还没有发现的对孩子可能有问题的担心。另一些家庭可能只是因为儿科医生或其他家庭成员已发现的问题而感到担心。还有一些人在评估时了解了孩子的能力和失能之处，但是他们想要更多关于如何帮助孩子学习和发展的信息。识别家人们当下对孩子的评价及心里存有哪些问题是做好 TPBA 的基础。

- *识别家人对孩子的看法*："你表示你觉得'某方面有点问题'，但是亚当的医生认为你应该等着看他是否长大了就好了（指长大问题就消失了）。告诉我更多你看到的和让你感到担心的事情。"
- *识别其他人对家人说过的话*："你说艾米'对你来说不错'，但老师却有担心。你怎么理解老师的担心？"
- *识别家人对以前的诊断和治疗的看法*："诊断和治疗对孩子和家人有多大的帮助？"
- *识别评估问题*："在评估过程中，你想了解艾丽西亚的哪些方面？"
- *识别评估关注点的范围*："除了对语言的担忧之外，你对山姆的发展还有其他问题吗？"
- *明确期望的结果*："我们能为你们提供什么样的帮助信息？"

6.2.3 提供信息

家庭协调员还需要让家庭成员了解什么是 TPBA，它与其他评估有什么不同，以及他们在评估团队中所扮演的角色。他也需要向父母说明为什么他们的参与如此重要。下面这些例子是家庭协调员经常用到的话：

关于 TPBA 过程

"TPBA 让所有的评估团队，包括家人看到泰森在做他最擅长的事情——玩。在玩的过程中，孩子往往更舒适，给我们展示更多他们真正喜欢的东西。我们将能够看到他如何交流、运动、玩玩具，以及如何与人交往互动。"

关于家人的角色

下面的语句可能出现在测试之前与家人的谈话中。这些句子如果单独说有点长，因为有太多分享的内容。实际上，家庭协调员会分成小片段讨论每一个细节，并对儿童家人的问题用互动的方式给予详细的解释。

"我们认为家庭成员是评估团队的重要成员。你是埃琳娜（Elena）的成长专家，所以你的信息很重要。你的家人有四种方式参与到评估团队中，你需要告诉我们你倾向于哪一种。首先，我们需要尽可能多地了解埃琳娜以及她是否最合乎你的家庭的期待。我们希望你填写两个不同的表格，给我们提供重要的信息……"

"我们更希望去了解在埃琳娜在和她的家人玩耍时最好的表现，而不是和陌生人玩的情况。由于这个原因，我们最想看到她跟父母和跟自己妹妹玩耍时有什么不同。当你感到合适，或者如果埃琳娜需要你，我们也想让你和她一起玩……"

"我们还想知道我们看到的情况与你在家看到的通常表现相比如何。所以我们想让你和我们一起看她和我们队员玩时的表现。然后你可以帮助我们了解她想干什么，告诉我们这和她在其他地方是否一致……"

"我们希望通过讨论将你所了解的情况和我们团队在她游戏时观察到的资料整合到一起。我们可以一起为她和家人制定最好的计划。"

6.2.4 获取信息

关于父母对参与的偏好

"我可以通过两种方式获得背景信息，你可以告诉我你倾向于哪一种。你可以自己填写表格，或者我可以通过电话或者面谈来完成表格，哪一种方式你觉得更合适？"

这种方式可以使读写能力较低的家庭成员选择填写方式时不至于太尴尬。对以双语或单语为主且母语不是英语的家庭，家庭协调员可以选择有翻译参与的面谈（在可选购的光盘里可以找到西班牙语版本的 CFHQ 和 FACF 工具）。在获得所有的调查信息之后，尤其是以问卷形式进行调查时,进行一个电话随访很有必要。电话随访有助于家庭协调员对调查信息更加清楚,也有助于获得容易遗漏的信息。

其他家庭成员或照料者的参与

"雪峰的其他家人或者重要关联人,是否应该纳入评估过程?"

应该尽其所能地将孩子生活中所有重要人物包含进来,包括儿童的护理人员、好朋友、老师等所有能跟孩子交互、能为 TPBA 提供信息、对评估结果有益的人。

一旦测试者完成了最初的讨论,收回了 CFHQ 和 FACF,完成了家庭访谈,就要与团队分享这些来自父母的信息,以完成 TPBA 计划。接下来,家庭协调员充当家庭、孩子和团队之间的联络人。把他们联系在一起,让每个人都感到舒适。

6.3 在游戏评估期间的家庭协调

在实施 TPBA 的不同场所,家庭协调可能会有细节的不同,但总的来说与家人讨论的内容是一样的。在家庭环境中评估,团队成员较少,甚至对于小婴儿,游戏引导员和家庭协调员的角色可以由相同的人承担。同一个人坐下来和婴儿、父母或照顾者一起玩耍更容易,与此同时,可以同父母交流,看他们观察到了什么和有什么感觉。在一个游戏室或社区环境下,家庭协调员可能有机会观察孩子和父母一起玩。在任何一种情况下,家庭协调员都应该涵盖多方面的问题。

6.3.1 获得更多的信息

如前所述,家庭协调员在评估之前已经获得孩子的初步资料。在观察孩子时,家庭协调员可以询问更多的对孩子发育有影响的、在观察过程中比较异常的、对 CFHQ 和 FACF 结果有影响的问题。与每个家庭的对话将会不同,但是示例问题应该包括:

- 关于健康或发展的进一步信息:"你表示你的孩子是在某一药物治疗中,这种药物通常对他有什么影响?""他最后一次服药时间是?""你认为现在药物对他有什么影响?"
- 关于家族史的进一步信息:"你表示你以前在学校学习成绩不好。你在你的孩子身上看到了哪些相似或不同于你自己的行为模式?"
- 进一步了解孩子的技能、行为或习惯:"你描述你的孩子有攻击性。在什么情况下你会看到这种行为?""告诉我更多的关于这种攻击性行为的表现形式。"
- 关于日常生活的进一步信息:"你和孩子在一起的时间早晨是最难熬的。跟我讲讲平常的早晨是怎样的。"
- 需要评估的领域的进一步信息:"你表明你的孩子对触摸非常敏感。你能给我举个你见过的例子吗?"

上述的每一个例子都应该引发一场对话,从而获得相关的信息以澄清存在的问题。需要注意的是,这些类型的后续问题需要在测试前询问。这将使游戏引导员和家长能够集中精力讨论孩子在游戏中的情况。

6.3.2 观察的比较

研究表明,专家们和父母对孩子的发育评估结果往往有着较强的正相关性(Diamond & LeFurgy, 1992; Diamond & Squires, 1993; Dinnebeil & Rule, 1994; Jackson & Roberts, 1999; Miller, Sedey, & Miolo, 1995; Sexton, Thompson, Perez, & Rheams, 1990; Snyder et al., 1993)。父母大多数都是他们孩子的技能和行为的可靠观察者。由于这个原因,他们在 TPBA 中看到的行为是否为孩子的典型行为是很重要的。因为评估可以在一个陌生的环境中进行,孩子们要接触陌生的人和物,孩子可能会有不同寻常的行为。识别出行为中的异常之处是很重要的,因为测试者对观测的解读是以此为依据的。同 FACF 数据的比较同样可以用来与观察所得的数据比较。这种比较不用于确定父母或专业人士谁"正确",而是用来看孩子的行为和技能因环境和背景不同有什么差异。万一出现比较极端的结论差异,可能需要在多种环境中进行进一步的测试或观察。测试的示例问题包括:

- 有关观察到技能的信息:"他在纸上画了很多圈。他在家的时候经常画什么呢?"
- 关于典型行为的信息:"他似乎很快就能和玛丽熟络起来。他通常如何回应不熟悉的人呢?"
- 关于行为频率的信息:"他似乎主要使用两个词组成的话,如'我的车'(my car)。在过去的十分钟里我听到了三四次(用两个词)。你听到他用两个词的频率有多么经常?"
- 关于行为持续时间的信息:"当他像这样发脾气时,一般会持续多长时间?"
- 关于反应强度的信息:"与他通常对设定限制的反应相比,你如何评价我们现在看到的反应?"
- 有关最近变化的信息:"他能一直走多长时间?"
- 有关在不同环境或场合下的不同表现:"你现在看到的和他在家(或在托儿所、幼儿园、杂货店、商店)不一样吗?"
- 关于对不同人的表现的差异性的信息:"他说的话有多少你是理解的? 你觉得陌生人能理解多少?"

这些信息应该用来识别评估的有效性,确定是否应该在 TPBA 中尝试进一步的策略,或是否需要进行更多的观察或测试。例如,父母可能报告说孩子说得更多。测试者可以退后,让父母用孩子熟悉的方式跟儿童互动,孩子有机会在新环境下"热身"。或者,如果每个人都先不理他,让他自己玩一会,孩子可能会慢慢加入谈话中。如果环境的变化也不能使孩子出现典型的语言,则评估团队可以尝试在其他时间或地点观察,或者先让父母填写语言评估工具,然后再由团队进行补充观察。

6.3.3 家人的优先关注

在评估前收集的信息,结合在 TPBA 期间的测试内容,将帮助团队识别家庭的资源、优先关注和需求,以及有助于提出关于成长的建议。问题中涉及家庭对儿童的优先关注包括:

• 提高孩子在家的独立性相关信息:"想看看你的孩子能自己做什么吗? 或是与你或与他的兄弟姐妹?"

• 在社区中增加孩子技能的相关信息:"你最喜欢看到你的孩子能和同龄人一起干什么?""比如在学校、在游乐场或是在商店?"

• 增加有关愉快互动的信息:"什么会使你与孩子的相处更愉快? 或有更少的压力?"

• 与行为变化相关的信息:"你想看到孩子在家或在公共场所的什么行为?"

• 与家庭日常生活相关的信息:"你认为和你的孩子一起做什么事情更容易或压力更小?"

6.3.4 为家人提供的信息

在游戏过程中,游戏引导员还可以进一步解释 TPBA 过程以及具体的目的。家长们往往不明白怎么能够通过游戏来进行评估。

• 关于正在进行的活动和原因的信息:"玛丽在藏球,看是否利亚姆会设法找到它。这将向我们展示他的记忆,他想得到的愿望,以及他如何试图得到它。利亚姆会做什么手势、发出什么声音还是通过听去找?"

• 关于测试策略的信息:"玛丽只是在等着并观察,有时候孩子需要几秒钟的时间来思考他们应该做什么。当利亚姆做出回应时,测试者会评论道:"他做到了! 他只是需要一点额外的时间。"

在游戏过程中与家庭讨论的信息应由家庭协调员在游戏结束后与团队成员一起回顾。因为家人大部分时间都在现场讨论,这将让家人听到测试者对其打分的解释,并根据需要添加或修改。在游戏过程中获得的其他信息也可以进一步审视他们的育儿方式,并与文化价值联系起来。在获取信息时,多样的育儿方式和价值观是团队必须尊重和接受的一个公认的事实,与父母分享信息、问题、解决方法并提出建议。应该注意不要评判父母的行为方式或价值观。

6.4 游戏评估单元过后的家庭协调

当家庭成员在游戏结束后短暂休息时,家庭协调员应该花 5—10 分钟向团队更新在测试期间通过家人获得的任何新信息,哪些是家人认为孩子的典型或不典型的行为,并反馈在观察期间家人们的反应。团队成员还可以确定如何将信息进行共享,才能达到最好的参与和协作。例如,如果家人没有意识到存在发展的问题,那么这一问题最好放在最后说,因为当父母听到孩子存在发育落后或生长困难时,他们很少能听进去后面的内容。在测试团队快速地总结出观察结果的数据后,家人们可以加入讨论。家庭协调员和其他团队成员共同讨论评估中发现的问题。家庭协调员应当作为一个倡导者,以确保所有的家庭成员参与进来,确保讨论的节奏、基调和语言都是让家庭成员喜欢的并且他们所关注的都是能够得到回应的,所有家庭成员的重要性都要被注意到。为了高效地动员起家庭成员,可以采取如下方法:

- 介绍家人的感受:"加西亚先生,你今天看到的行为是何塞平时在家里的典型行为吗,你看到了什么不同的行为了吗?"
- 对非语言暗示做出反应:"加西亚,你在摇头。你觉得怎样呢?"
- 调整节奏:"让我们回到关于语言的讨论中。我觉得举几个例子会有帮助。"
- 向家庭成员解释含义:"辛迪(职业治疗师),你提到了'低张力',你能解释一下肌肉低张力的意思吗?"
- 处理所有优先关注:"你还说过每天下午何塞的祖母会照顾他吃东西而且有点担心他吃东西的问题。我们来谈谈这个问题吧。"
- 谈话中要包含观察到的正面的东西:"当你和何塞一起玩的时候,我在观察他。加西亚先生,他显然很喜欢你挠痒痒的游戏。他看着你和等着你挠的动作。然后他在你还没碰到他之前就开始笑了。这是一种很好的表达他想要东西的方式。"
- 重组信息,让家人看到积极的一面:"你表示何塞是固执的。当他坚持要得到什么时,一定会让你感到沮丧(父肯定地回应)。但是另一方面,坚持不懈也是一个优点,可以帮他学会他想学的东西。例如,当他想要一个玩具并哭闹,我们可以借助这份固执帮助他学习移动的技能去拿到这个东西,或者学习用言语或手势表示想要这个东西,而不是通过抱怨来得到。"
- 鼓励合作:"多告诉我一些何塞这些天想要的东西,我们可以集思广益,引导他如何使用姿势表示或说出来。"此时父母给出了一些例子。"你认为当他哭着要吃饼干的时候,你给他一个吃的手势,他会怎么样?"此时父母会说孩子会大声地哭。"我想你可能是对的。如果你给他看一个'吃'的手势,你觉得会发生什么?帮助父母做一个这种手势,在他哭之前就给他食物,他会怎么做？你认为他最终会不会发现'如果我这么做(手势)我就会得到吃的'？"家长想了一会儿,耸了耸肩说,"可以试试"。

- *对情感做出回应*："我能从你的声音中听到你的担忧。告诉我你最担心什么。"
- *请家人说出所听到的信息,以及他们对这些信息的解读*："伊丽莎白(Elizabeth)刚刚描述了她对何塞的观察和解释。这对你有什么提示吗？"

在讨论的最后,家庭协调员可能是帮助和引导家庭制定下一步的计划最合适的角色。根据评估的原因,可以制定 IFSP(个别化家庭服务计划)或 IEP(个别化教育计划),与服务提供者开会制定远期计划,或进行后续的讨论。家庭协调员应该在 TPBA 后的几天内给家人打电话明确家人们对评估的意见,看他们是否有问题或想要添加其他的评价及信息。有时家庭成员需要几天的时间来消化所有的信息并给出回应,所以随访是很重要的。随访也让家人知道评估团队真的很关心他们的孩子和家庭。

前几节讨论的家庭协调员的各种战略在图表 6.2 中总结。读者们也可参考附录中"TPBA 过程的准确性核查表"(Fidelity of TPBA process)中关于家庭协调的详尽描述。

图表 6.2 家庭协调的策略及原理

策略	基本原理
F——感受应该得到承认	鼓励家庭成员分享和讨论受情绪影响的事件；帮助他们了解专业人士的关心。
O——应该使用开放式问题和支持性意见	鼓励家庭成员分享更多的信息,按照自己的方向去追求一个话题,而不是简单的回答。
R——尊重不同的文化、价值观、态度和语言	鼓励家庭成员分享信息,并愿意在解决问题的过程中加入一系列的选择。
F——随访很重要	让家庭成员有机会评论、提供更多的信息并提出问题,表现出兴趣和合作精神。
A——心怀家庭对孩子的优先关切	鼓励团队成员根据家人提出的重要内容提出自己的意见和建议,从而促进合作。
M——适度的速度和信息量	帮助家庭成员了解什么是最重要的,给他们时间处理信息和问题。
I——形象地说明功能示例的含义	使观察测试对儿童和家庭的日常生活有意义,从而促进理解和协作。
L——倾听想法,寻找积极的一面	帮助团队在家庭的背景下理解孩子,帮助家庭成员重新定义一个看法消极的特征或行为,并以一种更可接受的方式处理它。
I——用易于理解的术语解释评估发现	理解、促进、接受和适应个体差异。
E——鼓励协作解决问题	当父母在定义、解释和提出可能对他们的家庭有用的解决方案时,他们更有可能遵循这些建议。
S——总结研究结果	将大量的信息减少到可以理解的程度,并帮助家庭成员优先考虑最重要的东西。

下列这些针对家庭的首字母缩略词可以用来帮助专业人士记住如何使用这些策略。

F（feelings）=感受应该得到承认。

O（open-ended）=应该使用开放式问题和支持性意见。

R（respect）=尊重不同的文化、价值观、态度和语言。

F（follow-up）=随访很重要。

A（attend to）=心怀家庭对孩子的优先关切。

M（moderate）=适度的速度和信息量。

I（illuastare）=形象地说明功能示例的含义。

L（listen）=倾听想法，寻找积极的一面。

I（interpret）=用易于理解的术语解释评估发现。

E（encourage）=鼓励协作解决问题。

S（summarize）=总结研究结果。

6.5 文化适应性和沟通技巧

能力和失能至少在一定程度上是社会层面的问题（Cho, Singer, & Brenner, 2000）。换句话说，儿童是否被看作有残障，以及如何对待残障，在一定程度上是由文化决定的。对家庭多样性的进一步认识使人们注意到在收集资料过程中考虑文化差异的必要性。不同背景的人对儿童抚养、残障与否以及教育和治疗在儿童生活中的重要性及作用持有截然不同的态度和信念（Cho et al., 2000; Hanson & Lynch, 2003; Kalyanpur & Harry, 1999）。因此，家庭对儿童作用的看法至关重要。如果专业人员成功地将家庭带入了早期干预或早期儿童特殊教育体系中，他们一定是采取了尊重个人信仰和家庭喜好的做法。林奇（Lynch）和汉森（Hanson）（2004）指出，大多数在美国的服务提供者都有英美或欧美裔背景。虽然研究表明服务提供者背景与父母满意度之间没有相关性（McWilliam, McGhee, & Tocci, 1998），但是文化敏感性与尊重对于发展信任和协作很重要（Barrera, Corso, & Macpherson, 2003; Carlson & Harwood, 1999; Lynch & Hanson, 2004）。

之前提到的所有家庭协调员的责任，在TPBA测试之前、其间和之后需要运用文化敏感性的沟通技巧（Barrera, 2003; Barrera & Corso, 2002; Hornstein, O'Brien, & Stadtler, 1997）。对这个问题的认识可能会严重影响父母对专业人员和服务的接受程度。卓（Cho）和同事（2000）注意到在收集资料的过程中，应考虑下列事项：

- 对外人参与家族事物的接纳程度。
- 家庭对儿童问题的担忧程度构成了允许外人参与的理由。

- 父母对得到外部支持或帮助的感觉（如尴尬、愤怒等）。
- 每位家庭成员在决策中的角色。
- 家庭接受支持或帮助的渠道。
- 残障对家庭的含义。
- 使用家庭语言进行评估，或对解释的发现感到舒服。

可以通过与家庭进行非正式对话，使用有效的人际沟通技巧来识别是否存在上述的情况。下一节将介绍与家人交谈时应采用的关键沟通技巧。

6.6 沟通策略

仔细研究应对文化差异的策略，就会发现所有与沟通和思维有关的过程都与家庭互动相关。因为所有的家庭在态度、价值观、目标，在对能力和失能的认知，在期望和信念上都有不同，重要的是使用适用于所有家庭沟通的方法。与不同家庭背景沟通的相关文献表明了尊重、责任和整合观点以及问题解决的重要性（Barrera et al., 2003; Carlson & Harwood, 1999; Hanson & Lynch, 2003; Lynch & Hanson, 2004）。停止判断、承认差异、保持平等的沟通、通过寻找可能的有层级的解决方案来平衡看似相互矛盾的观点的方法，这些都是有价值的（Barrera, 2003）。这适用于所有家庭，而不只是来自不同背景的家庭。贝克曼和他的同事（1996）提出了六种重要的沟通策略协助家庭进行评估和干预：

1. 倾听，不要判断。
2. 用积极的态度倾听和复述父母说过的话，让他们知道家庭协调员听到了什么，或者自己所说的话是如何被解释的。
3. 使用有效的提问技巧，不要引导父母的反应，要能获取开放式回答。
4. 重复和扩展父母的话语。
5. 提供所需信息。
6. 以更积极的方式重新组合和定义问题或观察结果。

所有的讨论都应该保持非正式，以免使家庭成员感到不安或使他们对评估团队的专业人员很疏远。

"接触点"，一个由 T. 贝里、布拉泽尔顿（Brazelton & Sparrow, 2006 年）发展的旨在与幼儿家庭合作的项目，推荐了与家庭沟通的原则：（1）重视并理解你和父母之间的关系；（2）把孩子的行为作为你的语言；（3）认识你给这段关系带来了什么；（4）愿意讨论超出你传统角色范围之外的事情；（5）珍视所有"激情"不管是在哪发现的；（6）关注亲子关系状况；（7）寻找机会支持父母的掌控感；（8）视混乱和弱点为机遇（Mayo-Willis & Hornstein,

2003)。这些要点将在下一节中进一步阐述。

6.6.1 理解关系

许多专业人士虽然拥有宝贵的专业知识,但他们很难在作为家庭的情感支持以及在所有评估和干预实践中作为合作伙伴的两种角色间找到平衡。所有的角色都很重要,因此他们需要界限以及平衡点以便他们不会超越自己的能力而且不至于去承担一些不合适的角色。TPBA 团队在这个方面有一个重要的任务,因为每个成员都需要解决平衡的问题以确保不会越界。团队成员通常知道什么时候他们的专业技能正在达到一个临界点。在申明这个问题时,每个队员都应该感到舒适并能够寻求其他专业团队成员的支持。作为团队,团队成员之间的舒适程度慢慢发展,使沟通和分享支持成为一个标准的过程。

6.6.2 利用儿童的行为

探讨孩子的行为,以及探讨孩子通过其行为在交流或展示什么,是与家人沟通的一种很有效的方式。使用举例的方式说明什么是积极的输入,解释发展的多种因素,可以使得家人们看到专业人士的观点,同时表达自己的意见。于是,家人们就不会觉得孩子被贴上缺陷的标签。关注可观察的行为也有利于讨论哪些是家庭的重要因素,哪些是家庭的期望,以及家庭通常会对孩子的行为做出何种反应等。对实际行动的讨论也为讨论是否要改变或者继续那些对孩子发展或学习有用或者没用的行为提供基础。

6.6.3 认识你自身带来了什么

每个专业人员都有自己的文化背景和经验,再加上正规的培训和专业的文化,这的确会导致一种特定的做法。对于专业人士来说,非常重要的是要了解自己的背景、个性、价值观、偏见、专业能力和限制,并能够把这些方面与家庭的相应领域进行比较。承认家庭对孩子的专门关注至关重要。这使得专业人士能够更客观地看待儿童在家庭价值体系中的需求,并能够更现实地讨论家庭需求。

6.6.4 乐意去讨论

通常家庭成员需要或想谈论的不是专业人士的专业领域。当家庭成员觉得自己被倾听时,他们会感到更舒适也更乐于与人合作。专业人员不必给出所有的答案,但需要倾听并能够帮助家庭找出其他的资源。

6.6.5 珍视激情

激情是一种动力,专业人士的角色之一是指导或帮助家庭成员向积极的方向改变,促进孩子的发展,并与家庭的目标和信念一致。评估团队中的专业人士的激情不仅带动团队,也可以作为家庭的榜样,鼓励父母等家人充满热情,坚毅,并建设性地解决问题。

6.6.6 关注亲子关系

父母和孩子之间的互动不仅影响家庭关系发展,还影响认知、沟通、情感、社会发展与学术成就等方面(Carlson, Feng, & Harwood, 2004；Wachs, 2004)。专业人士的观察结果可以帮助家庭了解孩子的缺陷以及他们的情况,包括积极的方面或需要支持的方面。专业人士帮助家庭了解孩子和他的优点以及对家庭的独特贡献是很重要的。同样的,对正在参与评估的儿童,任何专业人士的建议都可能会对家庭的交互方式产生影响。这些建议可以让家长和孩子之间的互动变得更加积极,更有支持性、交流性、相互性,或者让父母无意识地成为孩子的治疗师、行为的指导者,或者各项技能的老师。父母开始可能会把孩子与缺陷或者"不能做的事情"联系起来。对孩子的消极看法会对亲子关系产生负面影响,团队作为一个整体,尤其是家庭协调员,有责任帮助家庭成员看到孩子行为的积极方面。

6.6.7 追求掌控感

专业人士应该是能让儿童以更高的水平参与游戏、产生更多交流、有更高效互动的专家。然而,专业人士的专业知识往往会使父母产生其照料不充分或不称职的感觉。对专业人士来说,一个重要的角色是家庭成员觉得他们和孩子的互动是积极的。孩子们参与专业评估的时间是很短的,更多的时间是和看护者待在一起。因此,专业人士就变成了帮助或支持家庭成员及其他照顾者,让孩子能在他们的生活中表现出更好的、更有质量的发展的角色。指出家庭成员做什么是有益的,并指出为什么这些交流是有益的,承担示范者、指导者和高效策略改进者的职责,全部都是专业人士在团队的角色。在 TPBA 中的视频记录就能帮助实现这样的目的。

6.6.8 价值的混淆和脆弱性

人们很容易对家人产生不满。家庭成员会被指责,说他们"过分溺爱"或"太纵容","太随意"或"太秩序","太少参与"或者"太多的指令",有"过高"或"过低"的期望等。他们"太缺乏知识"或者"太博学","太疯狂"或者"太完美"。这些标签一直都紧紧跟随着家庭成员们。

专业人士需要停止指责，找出态度、价值观或行为背后的更深层次的影响家人们跟孩子接触的原因。理解可以促使更有效的问题解决和交流，这反过来又会适应文化或个人需求。

已经证明前面讨论的态度和战略对来自不同背景的家庭是有效的（Mayo-Willis & Hornstein, 2003）。在与家庭的所有讨论中都应考虑这些问题。倾听家人的故事是与家人建立联系、理解孩子与之家人之间关系的重要途径。

6.7 结论

在许多其他评估中，家庭协调员的作用往往被淡化，甚至被完全忽略。父母经常会收到表格，但没有任何人在场与他们进行当面沟通。他们经常被完全排除在评估室之外或者仅坐在旁边观察，没有人支持并关注他们。在与评估团队的评估后会议中，他们可能会被"讨论"而不是参与其中，所提供的信息可能与他们和孩子一起生活的实际情况无关。结果是，评估过程和专家的密谈常常被认为是令人生畏的；家人们不了解发生了什么或为什么要做某些事情；他们可能不了解他们的角色是什么，他们能贡献多少，或者评估信息意味着什么，他们如何使用这些信息。一名有经验的家庭协调员要确保家庭成员感到被认可，他们的观点得到尊重。他要确保家庭成员以有意义的方式了解评估的过程，使来自家人和照顾者的信息资源被整合在一起，提供孩子的全貌，而且家属与专业人士保持良好的合作关系。换句话说，家庭协调员是一个比团队中的任何人都更人性化的人，对于家人来说，他们希望成为合作团队的一员，并有动力遵从评估者的建议。

参考文献

Barrera, I. (2003). From rocks to diamonds: Mining the riches of diversity for our children. *Zero to Three*, 23(5), 8-15.

Barrera, I., & Corso, R. (2002). Cultural competency as skilled dialogue. *Topics in Early Childhood Special Education*, 22(2), 102-113.

Barrera, I., Corso, R. M., & Macpherson, D. (2003). *Skilled dialogue: Strategies for responding to cultural diversity in early childhood*. Baltimore: Paul H. Brookes Publishing Co.

Beckman, P. J., Frank, N., & Newcomb, S. (1996). Qualities and skills for communicating with families. In P. J. Beckman (Ed.), *Strategies for working with families of young children with disabilities* (pp. 31-46). Baltimore: Paul H. Brookes

Publishing Co.

Brazelton, T. B., & Sparrow, J. D. (2006). *Touchpoints: Your child's emotional and behavioral development, birth to 3. The essential reference for the early years* (2nd ed.). Cambridge, MA: Da Capo Press.

Bruder, M. B. (2000). Family-centered early intervention: Clarifying out values for the new millennium. *Topics in Early Childhood Special Education*, 20, 105–115.

Carlson, V. J., Feng, X., & Harwood, R. L. (2004). The "ideal baby": A look at the intersection of temperament and culture. *Zero to Three*, 24(4), 22–28.

Carlson, V. J., & Harwood, R. L. (1999). Understanding and negotiating cultural difference concerning early developmental competence: The six raisin solution. *Zero to Three*, 20(3), 19–24.

Cho, S., Singer, G. H. S., & Brenner, M. (2000). Adaptation and accommodation to young children with disabilities: A comparison of Korean and Korean American parents. *Topics in Early Childhood Special Education*, 20(4), 236–249.

Diamond, K. E., & LeFurgy, W. (1992). Relation between mother's expectations and the performance of their infants who have developmental handicaps. *American Journal of Mental Retardation*, 97, 11–20.

Diamond, K. E., & Squires, J. (1993). The role of parental report in the screening and assessment of young children. *Journal of Early Intervention*, 17(2), 107–115.

Dinnebeil, L. A., & Rule, S. (1994). Congruence between parent's and professionals' judgments about the development of young children with disabilities: A review of the literature. *Topics in Early Childhood Special Education*, 14(1), 1–25.

Dunst, C. J., Trivette, C. M., & Deal, A. G. (1988). *Enabling and empowering families: Principles and guidelines for practice.* Cambridge, MA: Brookline Books.

Education of the Handicapped Act Amendments of 1986, PL 99–457, 20 U. S. C. §§ 1400 *et seq.*

Greenspan, S. I., & Meisels, S. J. (1996). Toward a new vision for the developmental assessment of infants and young children. In S. J. Meisels & E. Fenichel (Eds.), *New visions for the developmental assessment of infants and young children* (pp. 11–26). Washington, DC: ZERO TO THREE: National Center for Infants, Toddlers, and Families.

Hanson, M. J., & Lynch, E. W. (2003). *Understanding families: Approaches to diversity, disability, and risk*. Baltimore: Paul H. Brookes Publishing Co.

Hornstein, J., O'Brien, M., & Stadtler, A. (1997). Touchpoints practice: Lessons learned from training and implementation. *Zero to Three*, 17(6), 26–33.

Individuals with Disabilities Education Improvement Act of 2004, PL 108–446, 20 U.S.C. §§ 1400 *et seq.*

Jackson, S. C., & Roberts, J. E. (1999). Family and professional congruence in communication assessments of preschool boys with fragile X syndrome. *Journal of Early Intervention*, 22(2), 137–151.

Kalyanpur, M., & Harry, B. (1999). *Culture in special education: Building reciprocal family-professional relationships*. Baltimore: Paul H. Brookes Publishing Co.

Lynch, E. W., & Hanson, M. J. (Eds.). (2004). *Developing cross-cultural competence: A guide for working with children and their families* (3rd ed.). Baltimore: Paul H. Brookes Publishing Co.

Mayo-Willis, L., & Hornstein, J. (2003). Joining American Indian systems of care: The complexities of culturally appropriate practice. *Zero to Three*, 23(5), 36–39.

McWilliam, R. A., McGhee, M., & Tocci, L. (1998). *Cultural models among African American families receiving early intervention services*. University of North Carolina at Chapel Hill, Early Childhood Research Institute on Service Utilization. (ERIC Document Reproduction Service No. ED417 506)

Miller, J. F., Sedey, A. L., & Miolo, G. (1995). Validity of parent report measures of vocabulary development for children with Down syndrome. *Journal of Speech and Hearing Research*, 38, 1037–1044.

Sandall, S., McLean, M. E., & Smith, B. J. (Eds.). (2000). *DEC recommended practices in early intervention/early childhood special education*. Longmont, CO: Sopris West.

Sexton, D., Thompson, B., Perez, J., & Rheams, T. (1990). Maternal versus professional estimates of developmental status of young children with handicaps: An ecological approach. *Topics in Early Childhood Special Education*, 10(3), 80–95.

Snyder, P., Thompson, B., & Sexton, D. (1993, April). *Congruence in maternal and professional early intervention assessments of young children with disabilities*. Distinguished paper presented at the annual meeting of the American Educational Research Association, Atlanta.

Squires, J. K., Nickel, R., & Bricker, D. (1990). Use of parent-completed developmental question-naires for child find and screening. *Infants & Young Children 3* (2),46 - 57.

Trivette, C. M., & Dunst, C. J. (2000). Recommended practices in family-based practices. In S. Sandall, M. E. McLean, & B. J. Smith (Eds.), *DEC recommended practices in early intervention/early childhood special education* (pp. 39 - 46). Longmont, CO: Sopris West.

Vig, S., & Kaminer, R. (2003). Comprehensive interdisciplinary evaluation as intervention for young children. *Infants & Young Children*, 16(4),342 - 353.

Wachs, T. D. (2004). Temperament and development: The role of context in a biologically based system. *Zero to Three*, 24(4),12 - 21.

第七章 游戏的实施——互动的艺术

担任游戏引导员是一项具有挑战性的工作。本章讨论游戏引导员的角色和实施技巧，帮助那些以游戏评估者的角色与儿童互动的新手了解要如何开展工作。评估者测量方面的知识和技能影响着传统评估工具得出的结果，而游戏引导的质量则是保证以游戏为基础的多领域融合评估（TPBA）得出有效结果的一个关键因素。无论游戏引导员技能如何，游戏评估团队都要了解儿童的很多能力，而精通游戏引导的人员则可以帮助评估团队全面地观察到儿童能力的全貌。和小孩子玩耍看似简单，但事实上做一个 TPBA 的评估者并不简单。游戏引导员必须创设一个能激发游戏动机的环境，和儿童建立紧密的联结，保证游戏互动是愉快的，激发儿童表现出典型的行为，以及相应领域最好的能力水平，据此提炼出儿童在各个领域发展的技能水平。格林斯潘（Greenspan，1997）提出治疗师（在 TPBA，作为游戏引导员）的工作是：

> 适度温暖的、支持的、富有技巧地参与儿童的活动并帮助他玩得更好。如果治疗师过度引导，就会使互动太容易而不能发现儿童在建立关系方面存在的问题。另一方面，因为呈现给儿童的是新的经验，治疗师也要避免让互动太难进行。(p. 310)

作为一位游戏引导员，需要具有人格魅力（或者至少容易引起他人兴趣），灵活、富有创造性，善于观察，敏感、及时回应，非指导性、支持、必要时能给予儿童指导。游戏引导员需要对游戏的目的深思熟虑，对假设进行检验，让游戏变得更有趣和轻松（Benham, 2000, p. 251）。

用这些策略提高儿童和游戏引导员之间的关系质量，是 TPBA 得以成功实施的基石。这些策略有助于提高以改善人际关系为目标的干预效果，改善残障儿童的亲子关系，同时也有助于游戏评估的实施。儿童和成人之间的相互作用，做出适时回应、共同控制、情感反应和与发展水平相匹配的活动，是互动过程的组成要素（Mahoney & MacDonald, 2007; Mahoney & Perales, 2003）。有关互动的研究表明还有其他一些重要因素，例如尽量少干涉儿童游戏、提示简洁明了、保持游戏的连续性（Baird, Haas, McCormick, Carruth, & Turner, 1992）。使用这些策略来促进儿童那些用来获取新知识技能的"关键行为"（Koegel, Koegel, & Carter, 1999）。关键行为是指在以下四个发展领域具有重要意义的行为：（1）认知领域，包括社交性游戏、主动开启新的行为、探索或操纵行为、问题解决、实践；（2）沟通领域，包括参与活动、分享注意、语言表达、交谈；（3）社会情绪功能，包括信任或依恋、同情或主体间性、协作、自我约束；（4）动机因素，包括兴趣、（追求成功方面的）坚持性、愉悦感、成效感、控制感(Mahoney & Perales，2003，p. 78)。

游戏引导员必须掌握发展指南的所有领域，以激发儿童展现团队想要观察的行为。有效的游戏引导员是以儿童为中心的，聚焦于儿童的兴趣，才能观察、等待，在最近发展区(zone of proximal development)回应儿童的行为(Vygotsky, 1978)。他必须理解儿童发展的顺序才能激发儿童表现出稍高一级水平的行为。

即便是专业人员，在担任游戏引导员的过程中也会面临各种挑战。首先，大多数专业人员，尤其是那些具有特殊教育专业背景的人员，他们在进行专业学习时就被训练成富有指导性的——呈现、示范、指导、引导、强化和预期相符的行为等。游戏引导员需要的能力与此恰好相反，他们需要的是——旁观、跟随儿童、轮流、等待、参与。在游戏评估过程中也会应用到一些特殊教育专业人员受训的技能，但只在必需时使用，即需要确认儿童得到什么样的支持才能实现学习的目标时。其次，专业训练都强调标准化或者规范化的计量，因此专业人员经常感到从"测验"模式转换到"游戏"模式有困难。他们会把游戏情景当作一系列测验项目或者要查验的某些技能，而不是当作了解儿童是如何理解事物，如何从游戏环境中提供的游戏材料、人、事件中学习的机会。再次，这些专业人员往往在特定的领域接受训练，很少有机会接触其他发展领域或很难洞察其他领域的表现。因此，他们与儿童互动时往往倾向于激发儿童表现出他所了解的特定领域的技能。例如，一个物理治疗师可能会引导儿童表现出坐、站、跑等姿态的游戏行为，但是可能较难在语言或认知能力发展的范围做进一步探索。最后，一些专业人员发现游戏评估实施起来有困难，是因为游戏评估是要发现儿童表现出来的最好的能力水平，引导员要能够鼓励儿童尝试更高一级发展水平的行为。这就超越了专业人员在学校里学到的只是对整个发展领域阶段有笼统了解的知识，他们同时还需要对发展的进阶顺序有细致的理解。对有些人来说，这是一项具有挑战的任务，他们必须借助其他团队成员给出的信息和判断，跟随发展年龄表的指引(参见 TPBA2)，不断提高自己的专业水平。成为一个好的游戏引导员是需要时间的。在接下来的内容里，会对如何引导游戏，如何在开始环节启动游戏并建立融洽的关系提出具体的建议。

7.1 建立融洽关系

与儿童建立关系是 TPBA 成功的关键。家长事先提供的信息会帮助游戏引导员理解怎样和孩子建立联系是最好的。了解孩子的个性是害羞还是开朗的，了解什么会激发孩子的动机，什么玩具和游戏材料是他们喜欢的，可以帮助引导员有一个好的开始。虽然儿童之间存在个体差异，但多数情况下他们对游戏环境的反应的类型是：(1)外向的(outgoing)(比如玛丽亚进入游戏室，说"哦，哇！")；(2)害羞的(shy)(比如查斯走近游戏室，把脸藏在妈妈的裙子后面);(3)生气的(angry)(比如当游戏引导员在克林顿布置的起居室旁边开始玩的时候,孩子对她扔玩具);(4)漠然的(indifferent)(比如凯莉坐在地板上,环视四周但没有什么反应)。虽然还有其他不同类型的儿童,但这四种类型的儿童是最常见的。

如果儿童属于外向的,能容易地被看到的玩具吸引,游戏引导员与他建立融洽关系就容易得多。游戏引导员只需要观察孩子的游戏行为,等待他在游戏中主动发起社交互动的信号。如果儿童自己独自玩一会儿是可以的,引导员可以等待孩子提出互动的要求或者直到游戏需要进一步引导时再做反应。只要儿童的游戏行为表现出评估所需了解的信息,就没有必要再去引导他的游戏。外向的孩子对别人参与他们的游戏持开放的态度,游戏引导员可以不时说说孩子在做的事,引导员是否参与游戏取决于孩子是否要求引导员参与,或者是否要求引导员示范新的玩法。通常,当孩子持续一段时间重复一种游戏行为时,往往就需要新的游戏点子。

如果儿童是害羞的或者回避的,引导员应该让父母陪着孩子玩,自己在稍远一点的地方观察,不时和父母交谈几句。先和父母建立关系的目的在于这样做孩子会感觉更放松一些。当观察到孩子感到自在的时候,引导员可以增加和父母说话或玩耍形式的互动,但不要忽略孩子。一些情况下,这些孩子会在父母和引导员说话的时候试图去引起引导员的注意。另一些情况下,孩子从不表现对引导员的兴趣,整个游戏过程都通过亲子间互动完成,引导员在一旁偶尔给一些提示。还有一种情况,父母在场的时候,孩子会表现得害羞,粘着父母,当父母离开房间,孩子也能很快镇静下来和陌生人同处一室。这种情况就不是孩子害羞的问题,而是要关注亲子之间的关系。即便在家庭环境中,一些儿童也可能会表现出过度依赖的行为,这样就影响到对自然游戏行为的观察。当引导员发现亲子间有过度依赖的行为时,父母要告诉孩子自己"上洗手间"或者"去喝杯咖啡",这样评估团队才能观察到孩子的转变,看他当没有父母在场时是如何玩耍的。对那些即将离开家,独自参加训练项目的儿童来说,这样做有实质性的帮助。如果引导员表现出享受这些有意思的游戏活动,儿童也会渐渐认为游戏是有意思的,而不是令他困扰的。

生气的儿童压根儿就不想到这里来,他对玩玩具或者和房间里的人打交道都不感兴趣。这种情形下,孩子不想和父母玩,也不想和引导员玩。有这种表现的儿童,可能有情绪、感知调控(容易退缩)、行为方面的问题。引导员应该严禁闯入儿童的领地,只待在比较靠近他的地方,说出孩子在做的事和他的感受。针对不同认知和语言发展水平、不同感觉需要的儿童,引导员可以采用不同的技术。对幼童来说,引导员模仿他们的游戏行为或者进行类似的游戏,用这样的非言语互动方式会比较有效。儿童发展水平较高的话,引导员可以用言语的方式,"到一个你不愿意去的地方,真的很不容易"或者"有这么多可以选择的玩具,要选择玩哪一种可真难"。说出儿童的行为和情感,能使他对引导员产生认同感。相反的,有些儿童在父母或引导员提供指导或较多肢体帮助时才会有较多的回应,即便是被限制在很小的活动范围内。包容的态度对那些容易退缩、过动、漫无目的的孩子来说尤其有帮助。

对缺乏情感反应,对游戏也不感兴趣的儿童,引导员需要展现出更强烈的愉悦感,让儿童看到玩玩具或者和别人玩是件多么好玩的事情。引导员通过表情和声音(对年幼的儿童)或玩耍时用夸张的表情来尝试吸引孩子,比如球从弯道中滚下来,一个玩具动起来会发出光和声音,或者父母做出玩具要跑到孩子那里去的样子。一旦孩子对游戏产生兴趣,引导员可以尝试和孩子轮流玩游戏,逐渐让他参与到游戏中。无论儿童怎样开始游戏,引导员都要对儿童兴趣、情绪的转变采取不同的回应。

对待每一位儿童的关键都是要尊重和具有敏感性,因为引导员很容易越过界线,从原本的回应性和游戏性行为变成干扰和过度控制(File & Kontos,1993)。引导员需要观察儿童表现出来的所有行为,采用就像和儿童在沟通的形式对儿童所有的行为进行释义。林及其同事(2000)提出,观察何种行为发生,该行为持续的时间,以及行为之后发生了什么,这些都对辨识儿童行为背后的意义具有重要的作用。引导员必须不仅对儿童变化的情绪做反应,而且还要观察和回应儿童的认知、沟通、大动作,要避免"测验的""教学的""提供治疗"的态度和方式,因为这些做法会削弱融洽关系和破坏儿童对游戏的兴趣。

如果引导员观察到儿童的游戏行为开始单一重复,或者他在不停换玩具而没有真正地开始玩耍,这时就需要引导高一级水平的游戏行为,或需要有意识地引导儿童的注意。当引导员察觉到儿童能从支持他的拓展游戏中获益,或能让游戏更有意思,引导员就可以不被儿童察觉地参与到游戏中。简单地说,和智龄低或年幼的儿童建立融洽关系的有效措施是模仿他们的游戏行为。模仿行为通常是为了吸引儿童的注意和兴趣。儿童会重复这个活动,然后看引导员接下来会作何反应。一旦儿童的注意被吸引过来,互动游戏就有可能发生。对能力水平更高的儿童来说,谈论他正在做的事或者轮流玩往往是有效的。

7.2 游戏评估过程中的互动

当与儿童的积极联结或"融洽关系"建立后,游戏互动就自然发生了。当和儿童建立了轮流玩的规则,引导员在轮到自己的时候可以加入一些新的,稍微高一级水平的活动。根据儿童的情感和沟通水平,引导员还可以就(游戏过程)发生的事来谈论。引导员应该表现出适当程度的享受游戏的热情以吸引儿童参与游戏,但不要太过,避免让儿童感到不适应而退缩。如果儿童年龄稍大或在互动中表现出被吓到了,游戏引导员要退回到类似游戏,直到儿童对互动游戏感兴趣为止。

游戏引导员要注意避免一个常常犯的错误(即便对经验丰富的引导员):过早地示范新

的行为、提问或发表意见。观察儿童自发地表现出的行为技巧是很重要的。当引导员示范一个行为时，观察团队的其他成员很难判断儿童在没有他人演示的情况下自己能否独立地做出这个行为。换句话说，儿童普遍来说会使用自己理解的或在实践中学会的词汇、行为等。当然，照料者通常能告知孩子是否能完成某个行为，但最好是由评估者直接观察到在特定环境下儿童是否能够完成。

这些提示并不意味着观察团队仅仅在一开始才会观察儿童的自发游戏，相反，观察和互动就像一段玩伴间持续的舞蹈。整个游戏过程中，出现新的游戏活动或行为，游戏引导员应该先观察儿童的自发行为，然后确定如何适时适当地发起互动。当引导员看到儿童能完成的活动，就要决定对此作何反应。从最少的互动到最需要的互动，可以有以下几种选择：(1)等待——不作为，观察儿童，让他发起和主导游戏；(2)尽可能少地提供帮助，可以提供所需的脚手架式支持，鼓励儿童独立完成；(3)通过模仿儿童的行为、声音、话语来建立互动关系；(4)在游戏中轮流，保持沟通来增进社交参与；(5)示范高一级的行为，激发探索的动机，鼓励儿童表现出更好的、更多领域的行为技巧；(6)使用沟通策略，如多用开放式提问，少用封闭式提问，通过听取并扩充儿童的想法来增进沟通；(7)辨别沟通的线索，及时对儿童的行为或沟通信号做出反应；(8)保持热情，热情是引导员引领儿童感受游戏快乐的条件之一。

对一些已有的评估工具来说，有多种策略可用，有些策略相对其他策略使用得比较多。结合以下案例，进一步探讨在何时适当地使用上述的每一个策略，图表7.1提供了策略的概览。在每一个范例中都提供了*经验不足的引导员*和*更好的引导员*的不同做法，这些案例都选编自TPBA实践。

7.2.1 等待

等待、观察、保持安静通常是适当的策略。如上述章节所言，能给儿童自主游戏的机会是很重要的。引导员应该等待儿童选择想要玩的，如果总是引导员拿出游戏材料，儿童就不需要做选择或是自行进行探索。在每个新的活动开始时，给儿童探索游戏材料的时间，自主产生社交互动是很重要的。如果总是引导员在说话，儿童就不需要沟通，引导员要等待，让儿童在说话之前开口出声，说简单的词语，或是用自己的各种可能的方法沟通。在整个评估过程中留出等待的时间很重要，引导员要确认行动和谈话之间的时间间隙是否足够让儿童做出反应。对习惯了总是在说话和做事的专业人员来说，等待是不太舒服的，几秒钟的沉默就像永恒一样漫长。但对残障儿童来说，他们需要几秒钟来组织自己的行为才能做出反应。观察儿童行为反应时间的模式，能够帮助引导员了解这个儿童需要多长的时间来收集环境的信息，加工并做出反应。掌握了这个节奏会使游戏的进程更为顺利，儿童也有充分表达想法的机会。

图表 7.1　游戏引导员使用的策略及理论依据："多等待"(Wait More)

策略	理论依据
等待或旁观(Wait & Watch)：不说也不做。	等待可使儿童自主收集信息，准备好做出行为反应，选择想要玩的游戏，确定目标。引导员有时间观察、思考儿童的行为。
尽可能少地提供帮助(Assist as little as possible)，必要时提示、建议或提供肢体协助。	限制提供帮助的行为，鼓励儿童努力尝试、观察、解决问题。
模仿(Imitate the child)儿童的言行。	模仿儿童言行会让他感觉到引导员关注自己，对活动有兴趣，让自己主导活动。这个策略会引导出轮流的行为。
活动或沟通中的轮流(Take Turns)。	轮流活动会产生游戏活动的变化，儿童会期望轮到引导员时，他能做出不同的反应。
示范行为或语言表达(Model & Motivate)，激发儿童使用游戏材料的兴趣。	示范提供给儿童模仿引导员行为的机会，体验新的行为或拓展后续的活动。
言语或非言语沟通(Oral & Non-oral communication)包括开放式提问、引导员少提问多陈述。	虽然封闭提问会得到"是"或"否"这样所谓"正确"的回答，或者是有预想的反馈，但开放式提问能激发更多思考和获得更多沟通的机会。
辨识沟通线索(Read Cues)，使用适合儿童发展水平的语言和行为，对儿童自发的沟通行为及时做出反应。	取决于引导员的反应能否帮助儿童理解他的行为对他人的影响，了解行为的后果是什么。
有感染力的热情(Enthusiasm)。	如果看到引导员玩得开心，儿童会更愿意参与和维持游戏和互动。

缺乏经验的引导范例

马蒂森静静地坐在室内中央的地板上，引导员拿来一个堆叠环说："看，马蒂森，一个堆叠环，把它们放上去吧。"马蒂森一动不动，"这还有别的玩具，马蒂森，按这个按钮，铃铃铃"，马蒂森只是看着它。引导员又说："这个怎么样，这个玩具好玩，咱们玩这个吧。"马蒂森转身爬走了。

在这个例子里，马蒂森被要求玩一个又一个玩具，根本没有时间去想或是做出反应，她在引导员连珠炮般的话语和要求下退缩了。最后，她对此做出的反应就是走开，引导员失去了和她建立融洽关系、确认她如何收集信息、了解她如何行动和沟通的机会。这种情况常见于新手引导员，有人不适应保持沉默、不作为的状态，还有些人是性格过于活跃。

更好的引导范例

拉提莎安静地坐着，看着玩具，过了几秒钟，她看看妈妈，又看看引导员，然后拿起一个塑胶动物，递给妈妈。

引导员等待她选择玩具并决定如何玩耍，而不是给她玩具。拉提莎的行为显示她想要玩，想要和他人一起玩。在等待的这段时间里，拉提莎是游戏室的主人，是行为发动者而不是被动反应者。

7.2.2 尽量少给予协助

为了了解儿童所需的帮助,要让他们尽可能多地自己行动,这很重要。这样做意味着允许儿童努力尝试,想办法来达到目的,他们会以多种方式操作物品,了解它们的用法;这样做还鼓励了儿童用自己的方式看、想、行动和沟通(Salmon, Rowan, & Mitchell, 1998)。作为引导员很难只在旁边看着儿童努力尝试,特别当担任引导员的是老师或干预人员时就更难。引导员要明白观察儿童如何解决问题,确认儿童是多么有坚持性和游戏的动机,这样才能为后继的干预提供有价值的信息。通常,建议引导员在提供帮助之前看着儿童尝试3—4次,直至儿童开始表现出受挫或者对游戏失去兴趣。在后一情况下,引导员要尽快介入。当儿童不需要协助时,引导员最初应该尽量少给予协助,如果儿童还是不能完成想要做的事,可以逐步提高协助的程度。可以用语言提示、手势提示或肢体协助。允许儿童按自己的想法、以自己的方式来解决问题达成目标是很重要的,因为坚持尝试解决问题是可以教学的,它会帮助儿童变得更独立。

马姆斯科格和麦克唐纳(Malmskog & McDonnell, 1999)建议在儿童试错后,可以提供信息回馈、行为模式或其他必需的提示和帮助来使儿童能做出正确的反应。已知最少提示的系统或由少到多不断增加协助的系统,可以增加儿童自主行为,减少对成人协助的依赖。引导员在进行TPBA时可以使用最少的提示的策略(Filla, Wolery, & Anthony, 1999; Wolery, Doyle, Gast, Ault, & Simpson, 1993)。采取层层递进提供支持的方式,引导员仅提供儿童需要的和能鼓励其独立性发展的适度帮助(Kaczmarek, 1999)。

缺乏经验的引导范例

库比看到柜子上的恐龙,用手指向它,"龙",他说。妈妈问:"你想要恐龙?"然后妈妈就站起来拿。当他试图爬到她腿上站起来去够到恐龙,他的妈妈就已侧身让孩子坐在地上,把恐龙递给他。"恐龙在这儿,宝贝,现在你可以玩了",妈妈说道。

虽然库比的妈妈很想让他能拿到恐龙玩,但她的行为实际上教会孩子的是依赖别人而不是独立。库比在这个过程中很少学到通过沟通和行动得到自己想要的东西。这种做法不仅抑制了孩子的内在行为动机,也无助于发展沟通能力和运动能力。

更好的引导范例

迈克尔用一种特别的方式把自己从房间这边挪到另一边。他四肢并用,歪歪扭扭地爬,当他玩的球在房间里滚来滚去时,由妈妈帮忙拿到球会更容易,但是妈妈让他自己慢慢来,自己去拿到球。当他自己最终拿到球时,他看着妈妈笑着说:"拿到了!"此时他脸上似乎发着光。

妈妈允许迈克尔努力尝试,使他能感受到成功的骄傲、独立的喜悦。评估团队也能看到他的持续性水平、行为方式和对自己的积极感受。他们随后会鼓励迈克尔尝试另一个活动,来评估何种途径能帮助他能运动得更自如。

7.2.3 模仿儿童

模仿儿童是进入他们的世界的有效途径。引导员模仿儿童的行为会很快引起他们的注意，他们会想你到底在干什么，他们通常会再次重复这个行为，看引导员接下来会做什么。模仿能帮助儿童发展出轮流的能力（Salmon et al., 1998）。仔细地观察儿童对引导员模仿行为的情绪反应，看是积极的还是消极的。儿童微笑或好奇地看着引导员通常表达的意思是"这样做很有趣，再来一次"。皱眉、目光躲闪或是离开，可能表达的意思是"你这样做我不喜欢"。儿童如果接受引导员的模仿行为，会再次重复这个行为，看引导员的反应。这是游戏参与的开始。

模仿儿童发出的声音或者说的话，能让儿童知道你在听他说，你在关注他、对他感兴趣，从而参与和你的游戏。模仿单词、手势或者评论不仅仅是让儿童知道你在关注他，还能让儿童听到自己说的话，知道你能够理解。在任何可能的时机，引导员要让儿童看到你在模仿他的声音或说的话，以及互动时看着你的交流对象这些最基本的对话技巧。即便儿童没有要求引导员回应，引导员的回应也完成了格林斯潘（Greenspan，1997）所说的"沟通圈"（circle of communication），即对话的第一步。

缺乏经验的引导范例

拉沙德因为来到一个新环境而生气。他拿起一块积木扔了出去。引导员说："不能扔东西。"拉沙德拿起一辆玩具车又扔了出去。"过来看我拿了什么，拉沙德"，引导员说，但拉沙德拿起一个机械娃娃扔向她。

显然，拉沙德知道引导员有自己的一套流程，但他不打算配合。他直白地表达了自己的感受，但引导员并不理会。模仿拉沙德的行为，把这个行为变成是竞赛（例如，轮流往枕头上扔东西，或者把球扔到箱子里）才可能更好地让他加入游戏。接受他不舒服的感受也是适当的做法，但告诉一个孩子不要做什么一定会让他再次尝试这种行为。

当然，儿童的行为也必须是有限度的。需要限制他自伤、伤人、破坏玩具的行为。这种情形下，有必要让儿童知道成人的作用是要保证人们安全、保证玩具完好，让其他儿童能在这里好好玩。

更好的引导范例

奥斯汀很受挫地用手拍桌子。引导员模仿他的行为。奥斯汀好奇地看着引导员，又拍桌子，这时他看起来没有那么受挫了。引导员微笑着再次模仿他的行为。

奥斯汀看到引导员的表现，感到吃惊，也对她模仿自己的行为感到好奇。虽然他第一次拍桌子是要表达挫折感，但第二次拍桌子表达的意思就不一样了，他拍桌子的意图是要看引导员作何反应。即便这种沟通形式不寻常,但也会使引导员的模仿行为最终导向互动游戏。

7.2.4 在行动或交流过程中进行轮流

上面提到引导员模仿奥斯汀的行为会引导出轮流的行为,轮流还能变换出多种不同形式。引导员可以加入新的拍击模式,增加敲鼓,改变拍击桌子的速度,加入声音或话语,或者改为拍手。引导员这样做是为了尽可能不断轮流并增加沟通和互动游戏的机会(Hancock, Kaiser, & Delaney, 2002)。当行为改变时,轮流的顺序也有所调整,加入新的游戏材料、新的成员,或者加入新的行为均会让轮流的方式变得更复杂。轮流活动涉及行为、发声、说话、做表情或行为后果(例如玩棋盘游戏)。轮流中不一定要模仿儿童的行为,引导员的行为可以和儿童在上一轮中做出的行为有些改变。

缺乏经验的引导范例

梅丽莎在玩具房子那里翻动罐子,这时引导员坐下来,看着她搅动罐子里的东西,把它放进水槽,拿出来,搅一搅,再放进水槽再拿出来,如此这般一次次重复。引导员提议:"你能给我一些吗?"梅丽莎继续搅拌没有理会她。

虽然对儿童行为的反应没有"唯一正确"的答案,但引导员在这个案例中的表现并未能提高游戏水平。之前提到引导员等待和旁观是有益的,但一旦引导员发现游戏固着在一个行为上,那么通过先模仿再轮流的方式加入新的游戏行为的时机就到了。对引导员而言,知道如何在观察和启发儿童游戏之间寻找平衡很重要。

更好的引导范例

麦林用双手把剃须膏涂抹到桌上,引导员看着她做,然后也和她一样在桌上涂抹剃须膏。麦林用手指画波浪线,引导员也画波浪线,麦林画更多的波浪线,引导员也画更多的波浪线。麦林用手指画了一个标志,停下来,等引导员也画出这样的标志。当麦林笑的时候,引导员也笑。麦林边画边发出"啊—啊—啊噗"的声音,引导员也发出这样的声音,麦林喜欢这个游戏。

模仿麦林的行为和声音引发了由她主导的互动游戏。能在游戏中做主是愉快的,轮流游戏能帮助引导员建立愉快的互动模式,为进一步互动奠定基础。

7.2.5 示范行为和语言,用动作激发儿童参与游戏

游戏引导员可以通过示范行为让儿童"跳一跳"来完成高一级水平的行为或拓展沟通与动作(Yoder, Spruytenburg, Edwards, & Davies, 1995)。引导员需要观察儿童的日常表现,以确定下一个发展阶段以及更好地提供实现发展目标所需的条件。引导员需要具备儿童发展顺序和发展过程特征的知识才能示范一个新的动作或改编儿童的动作,进行一组连

续的行动,示范新的姿势、信号、单词、短语、句子等。儿童对互动的兴趣持续的时间越长,他尝试模仿引导员的机会就越多。

语言示范要适合儿童的发展水平,这点也很重要。引导员可以示范如何扩充动作、声音、声调变化、手势、单词、短语或句子,示范句子结构或是交谈等(Hancock et al.,2002)。例如,孩子吵闹时,妈妈抬起胳膊说"起",孩子也抬起胳膊。孩子指着门说"出",引导员就说"出去",其实是在示范最后一个"去"字。孩子说"我有积木",引导员回应"你有两块积木"或者"你的积木比我的多",在第一个例子里示范了一个有意义的手势,第二个例子示范了一个字成为了一个词。最后两个例子扩展了儿童的想法,增加了使用概念的示范。示范如何沟通和用语言表达,对儿童发展相应的能力很重要(Roper & Dunst,2003)。

引导员还需要激发儿童去探索游戏室里的各种游戏方式,和他人一起玩耍。保持注意、持续游戏、进行沟通都是建立在儿童兴趣的基础之上(Dunst,1988;Yoder et al,1995)。强化儿童自然地说话、体会行为的自然后果,能引导出儿童更多的行为和沟通。使用环境渗透的策略,包括示范、告知加示范、延迟、结合生活使用语言都是对那些在沟通和游戏能力上发展滞后的儿童的有效影响策略(Kaiser,1993;Moybayed,Collins,Strangis,Schuster,& Hemmeter,2000)。

一些儿童持续较长时间重复相同的动作,使用相同的玩具,这时引导员可以观察他几分钟,辨识这些重复的活动是否是为了实现某个目的。例如,儿童通过重复动作来实践某些技能。重复动作可以使儿童感受到成功的乐趣。重复还可以因动作的熟悉而有利于儿童安静下来。然而,如果儿童重复行为不是由以上认知和情绪的原因引发,或者是儿童和引导员都有足够的时间来检验儿童对这些玩具有不同的玩法,引导员就需要推动儿童尝试新玩具或者新的游戏材料。让孩子转换到一个新的领域或从事新活动需要动脑筋。引导员可以这样做:(1)当儿童表现出对新活动的热情时换一个新的游戏;(2)把孩子喜欢的玩具或游戏材料拿到新的空间里玩;(3)帮助孩子在玩的游戏和新的游戏之间建立联系(例如把孩子正在玩的一辆玩具车拿到豆子罐头盒子里,可以玩找车游戏)。为了能了解儿童在所有发展领域的更多技能水平,引导员要有效地激励儿童用不同的方式玩耍。

引导员也可以使用多种"沟通诱惑"(communication temptations)(见第五章)推动儿童互动。像上述内容中提到的故意捣乱(比如把孩子需要的玩具零件藏起来,孩子会来要它),就是一种通过调整环境来激发孩子为满足需要进行沟通的方法。引导员也可以通过假装不明白孩子想要什么来创造更多沟通的机会,其他的沟通技能会在第五章做介绍。

缺乏经验的引导范例

克罗坐在引导员的腿上看书,她每翻一页书都指着书上的角色说出他们在做的事。引导员指着书上的字说:"克罗看,这是文字,他们说'睡觉时间到了',这是什么意思?"克罗合上引导员手上捧着的书,引导员说,"我猜我们看完书了",然后起身去拿桌上的拼图,"来,克罗,我这有很多拼图"。但克罗拿起另一本书来看。

这个范例中,引导员实现了与克罗互动,并试图推着她往前走,不幸的是,她选择的水平远高于克罗的现有能力。克罗对图画中表现出来的动作感兴趣,不是书上的字。引导员要克罗重复自己说的话,希望她能认字,这样做就让克罗"不知所措"了。然后尽管引导员察觉到克罗不想再看那本书了,但她没有停下来看克罗接下来选择了什么,而是急于引导克罗转换到不同的活动,这样做背离了克罗的游戏兴趣,引导员自己成为了指导者的角色而非玩伴。

更好的引导范例

在上一个麦林的范例中,引导员和她一起画画。模仿了她几次后,引导员发现麦林的行为一直在重复。当轮到引导员画的时候,她画了一个圈说"Wee"(轮子),麦林看着这个圈,也画一个圈说"Eee"(轮子的模糊读音——译者)。画了几次圈示范了不同的声音让麦林模仿之后,引导员边画一条直线边说"Zipp",麦林也边画边说"Zaa"。

在这个互动环节,可以看到模仿给麦林提供了学习的机会,观察者发现她喜欢发出不同的声音,但和引导员先前发出的音节会有一些不同,在一些元音和所有的尾音上有发音困难。另外,探索触觉刺激的游戏材料使麦林喜欢这个游戏,她还喜欢社交互动游戏。她对玩伴感兴趣,仔细地观察她的行为、她的喜好、互动、尝试是麦林的优势,可以此优势为基础促进她进一步发展。

更好的引导范例续集

虽然麦林高兴地玩涂鸦游戏,但引导员发现她可以做得更好,已经准备好进入新的活动。引导员便拿起一张纸走到水槽边说:"看看我的画怎么了!"麦林赶忙过来看,然后回去拿来自己的画也泡到水里。她拿起杯子往画纸上浇水,玩水游戏开始了。

发现新旧活动之间的联系有时需要创意,引导员不应该不好意思尝试陌生或滑稽的活动,因为这些活动反而是最吸引儿童注意,引起他们兴趣的。

7.2.6 提出开放式问题,少设问多描述

很多专业人员(事实上,是很多成人)常常对孩子连珠炮似的提问。他们提出的很多问题是封闭式的,只需用"是""不是"或一个字就能回答。"你开心吗""这个叫什么""这是什么颜色"封闭式提问只能带来单向、简短的交谈。减少提问的数量是一个好的引导员使用的一个策略。当开放式问题被提出,需要不止一个字来回答,因为接下来的反馈会使谈话不断进行下去。"我们可以怎么打开它呢"比"我们能打开它吗"更好,"接下来我们干吗"比"你想玩积木吗"更好(避免以"你想不想""能不能"开头的提问,一旦回答"不"也就没有了其他选择的可能性)。

引导员可以用描述当下做的事来代替提问。谈及儿童正在做的事也叫作"平行谈话"（parallel talk），如"你在堆起一大堆剃须膏"；谈及引导员正在做的事叫做"自我谈话"（self-talk），如"我要在煤矿里挖个洞"(Fewell & Deutscher, 2002; Hancock et al., 2002)。

缺乏经验的引导范例

崔西坐在桌子前涂色，引导员问她"你在画什么"，崔西回答"房子"。"房子是什么颜色的"，"蓝色"；"窗户在哪里"，"哦"（崔西加上窗户）；"从烟囱里出来什么"，"烟"；"你想要我帮你的房子画辆车吗"，"不"。

过度使用封闭式提问不仅只能得到有限的言语反应，也缺少有真正意义的谈话。这样的互动不能促进参与、相互讨论或拓展想法。对孩子来说谈话是单边、无趣的。这样的提问不能帮助评估团队了解儿童语言发展的能力，不能了解儿童能回答什么样的问题。

更好的引导范例

路安坐在桌子前涂色，她用绿色蜡笔画草，引导员在一边说，"我想要棕色的树干，请帮我一下"，她让路安帮忙找出棕色的蜡笔。"是棕色"，路安边说边递给引导员。几分钟后，引导员拿出另一个颜色的蜡笔，并把笔盒挪到路安够不到的地方，"你的画上没有树"，她对路安说。路安看看引导员的画（可能引导员画里有树——译者）说："我需要棕色的蜡笔，请帮忙（递过来棕色蜡笔——译者）啊。"引导员剪下一朵花说："我怎么才能把它加到我的画里呢？"路安看到剪下来的花，大笑着跳起来，四处看，说道："我们需要胶带啊。"

引导员没有问"能帮我拿棕色的蜡笔吗"，这样问路安只能回答"好的"或者递过来笔盒。路安如果愿意自然会提供引导员谈话的机会。第二步，引导员又一次避免问"你愿意画一棵树吗"，她通过描述现状提供了路安讨论自己是否想要画一棵树。孩子模仿了引导员要蜡笔的方式，后来引导员提出的开放式问题引发了路安说出了完整的句子，并参与解决问题。

7.2.7 解读沟通线索，及时回应

引导员的回应对儿童知道自己的言行会对外界发生影响是很重要的。针对父母的研究，特别显示"回应"对儿童发展发挥的作用(Fewell & Deutscher, 2002; Hancock et al., 2002; Mahoney et al., 1998; Tamis-LeMonda, Bornstein, & Baumwell, 2001)。当婴儿哭时妈妈及时反应，婴儿就会知道他的沟通会得到想要的回应。同样的，当幼童推倒积木看着引导员的时候，引导员说一句"你把积木推倒了"就会让他知道自己的行为是被看到的、有回应的、被接受的。就像很多父母证实的那样，孩子会重复尝试那些能得到他们关注的行为（无论这些行为父母是否期望看到）。对所有的沟通信号及时回应，无论是通过眼神、动作、手势、声音还是说话，都会鼓励儿童的再次沟通行为。成人的回应类型会影响儿童接下来的沟通言行。积极的回应会导致重复或丰富的沟通言行。偶尔没有回应也许会得到同样的结

果,但如果持续缺少反应则可能减少儿童做出的沟通尝试。如上述说明的那样,消极的回应会减少或终止儿童的沟通尝试,甚至导致停留在重复的行为上。

缺乏经验的引导范例

米沙在吃点心。他两次伸手去够妈妈拿着的饼干袋,他妈妈把袋子推到身后说:"你说'还要'。"米沙稍微合拢两手,然后又去够袋子。"不行,你要说'还要'。"米沙拿起勺子敲打,妈妈把勺子从米沙手里拿走"说'还要'你就能得到更多饼干了"。米沙把桌上的玩具车拿给妈妈。妈妈没有接,转过身去和引导员说话。

父母经常学习并模仿治疗师对幼童的做法,但自然状态下的互动并不同于治疗(治疗过程中的做法也不应该导致上述的后果)。这个范例中,米沙使用了适当的行动、手势尝试沟通,还拿物品来交换。所有他发出的沟通信号因为是"不对"的,使得他的妈妈虽然读出他的意图,但是并没有给他的沟通做出相应的反馈。这样会让儿童感到泄气,打击了他们游戏或沟通的主动性。当儿童感到不能掌控行动和探索时,会变得消极,这有赖于成人对儿童的引导。

更好的引导范例

达尼尔在玩具厨房假装做饭,他把玩具蛋糕放在烤箱里,妈妈说"我看到你在烤东西",达尼尔说"对呀,我在做蛋糕"。"我喜欢蛋糕",妈妈回答。他看着妈妈说道:"等烤好了,分给你一块。""谢谢,我等着",妈妈微笑着安静地坐在一边等待,露出充满期待的表情。达尼尔不时看看妈妈,直到他说:"叮,蛋糕烤好了!但你要先等它变凉才能吃。"他看着妈妈确认她是在耐心等待,而妈妈持续地保持很想吃的样子,达尼尔才说道:"好了,蛋糕凉了。"他妈妈拿起一块蛋糕假装吃,并说道:"嗯,好吃!"

达尼尔的妈妈小心地看着孩子,回应着孩子的每一个行动,看着他、讲述他做的事或者采取行动。这些努力是要保持游戏的进程。达尼尔喜欢有人对他的言行做出反馈,妈妈提供的这些反馈使他感到自己能自在地主导游戏的进行。

7.2.8 充满热情

没有什么做法比引导员面无表情更能抑制儿童的游戏了。游戏,顾名思义,主要特征就是:开心!引导员要享受和儿童、玩具以及游戏材料的互动,不要把和儿童相处看作是做测验,而是看作能启发儿童自发地使用物品、参与活动、和他人游戏的过程。热情是引导员能成功完成 TPBA 的重要影响因素。另外,也需要注意过度的热情会让害羞、敏感的儿童退缩。引导员需要了解和回应儿童表现出来的线索,维持游戏的愉悦感,不要太严肃,要善于表达(除非在儿童行为需要回应的情况下)。引导员的情绪会影响儿童的情绪。

缺乏经验的引导范例

马库斯安静地玩玩具车库和汽车,引导员和他爸爸坐在他旁边。马库斯转着圈把汽车玩具推到汽车升降机,轻轻地发出汽车开动的声音。他爸爸说马库斯喜欢汽车,引导员确认说:"你喜欢汽车,马库斯。"马库斯站起来,走到摆着拼图的桌子旁边。引导员和马库斯的爸爸坐在一边静静地看着。之后马库斯走到画架那里,引导员也过去加入了他。马库斯拿起一只马克笔画了一个大大的"X"。"这条线不错",引导员说。马库斯放下笔回到汽车那里。

引导员积极地陈述了马库斯做的事,但她缺少对马库斯在做的游戏的热情也没有太多推动游戏的努力,这样马库斯就会从一个活动转换到另一个活动,但对每个活动都没有太多兴趣。虽然能了解马库斯在没有成人支持的情况下的游戏方式也是重要的,但在某些时点上(希望这个自然游戏的时间不要太长),引导员需要抓住他的兴趣,启发他有目的地和更加密集地玩耍。引导员增加情感类的反应会让儿童知道你对他的活动和想法感兴趣。

更好的引导范例

乔斯消极地坐在地板上,身边放着好几样玩具,他根本不想玩。引导员拿起一瓶泡泡水放在他面前,乔斯根本碰都不碰。引导员拿起瓶子,脸上露出夸张的表情,打开瓶盖往里看。乔斯看着引导员把泡泡棒从瓶子里抽出来给他看,吹出了泡泡。"噢,看哪!泡泡",引导员脸上放光,激动地说。乔斯微笑着看着,引导员再次吹出泡泡,这次泡泡飘到乔斯够得到的地方,引导员伸手去抓泡泡,"我抓到了一个泡泡,还有好几个到你那边了"。当引导员再次吹起泡泡的时候,乔斯笑着伸手去碰泡泡。

一些儿童会充满对游戏的热情,引导员表现出来的激情仅需维持儿童已有的游戏热情。但另一些像乔斯那样的孩子,常常坐着不动,需要他人充满激情地去推动他玩起来。高涨的热情会吸引儿童注意到引导员的面部表情,然后是引导员的行为,最后是行为产生的结果。在以上提及的策略中,需要彼此间达成平衡。游戏过程就像跳交谊舞,引导员对儿童的情感、兴趣、动机、沟通、行为含义进行感受、解读,并且以可促进儿童更高水平或更有效参与的类型对儿童做出回应。

为了帮助新手引导员掌握要点,以上策略可以用一个缩略词"WAIT MORE"(多等待)来表示,"多等待"既是一个重要的策略,也是所有策略首字母的组合。(见图表7.1)

7.3 适当调整

如果使用了上述策略仍无法有效促进儿童做出最好的表现,评估团队就需要做一些调整,这些调整包括:(1)更换引导员;(2)改变环境;(3)调整玩具和游戏材料;(4)使用更多治疗性的引导策略。

7.3.1 更换引导员

由于某些原因,在为数不多的情况下儿童不能和特定的引导员建立关系,原因可能是该儿童和引导员不匹配、性别"不对"、头发颜色及一些未知的原因。这种情形下坚持迫使儿童和引导员建立关系是不明智的做法,另一个团队的成员可以参与游戏来达到替换引导员的目的,原来的引导员在儿童感觉自在的时候退出游戏。父母可以和新的引导员一起来引导儿童游戏。

7.3.2 改变环境

如果发现儿童对环境的反应是退缩的,原因就可能和环境有关,包括在游戏室里的玩具或人太多、噪音大、光线强等。评估团队要在评估结束前确认环境是否需要调整。照料者能够帮助确认儿童在这个环境里的表现是否和日常表现一致。如果儿童的行为表现出他在游戏室的环境里感觉不舒服,团队应该找出令儿童不舒服的原因,据此做出调整。可能要把玩具拿走或让在场人员离开,或者互动模式要改变。在评估过程中调整环境比坐等要好,儿童换了环境可能会有更好的表现。

如果儿童看起来不感兴趣,评估团队需要再观察一下环境,是引导方式的问题,还是玩具或者游戏材料不能激发儿童的兴趣?因此,在 TPBA 的过程中环境是要做改变的。

7.3.3 调整玩具和游戏材料

如果儿童有更严重的残障,需要做出各方面的调整。评估团队要为儿童准备一些更适合他们,更容易操作启动的玩具,如有按钮的玩具(switch toys)。设备,尤其是一些声音输出的设备能被用来解决沟通替代的问题,还提供了一种增加儿童有意沟通和发起游戏的方法(DiCarlo & Banajee, 2000)。电脑设备也可以用于游戏,用电脑看图片或书,通过动作让屏幕上出现某种事物。即便是婴儿也喜爱探索当他按压电脑按钮时会发生什么,如果电脑技术能够配备的话,最好让所有儿童都能使用电脑,而不是只有特定几位儿童才能使用。图片线索也能有效帮助儿童自主进行游戏,能够贯穿全程,并讨论游戏中的事情(Bevill, Gast, Maguire, & Vail, 2001)。

改变环境设置对多数儿童来说很重要。儿童应该能够在稳定的姿态下玩耍,不管是坐在地上、坐在椅子上、站着还是边走边玩都是如此。当团队有机会观察儿童典型的游戏姿态,儿童移动时借助的方式,调整环境设置能帮助评估人员确定如何调整能提高儿童的功能水平和学习。提供身体支撑物,在悬空的脚下垫上积木,辅助儿童坐姿,以及调整桌面的高度等做法都可能是有用的。在家里也有可以用的简便易行的方法,如可以使用枕头、毛巾、电话本、盒子等创造性地替代专门器材。如果儿童的姿态不能使他最大限度地看到、伸手够到，评估团队就不能确认儿童真实的发展水平，这会导致不能为将来如何支持儿童发展提出建议。

调整使用的材料也很重要。可以找到已经改造过的水杯、勺子，加上安全剪刀、蜡笔等。类似斜的支架或者烹饪书的架子这类简单的器材可以帮助把儿童视线调整到合适的角度，或把手臂夹角调好。夹子或者重一点的玩具车能压住打开的书页，胶带能固定纸张，马克笔能更好地抓握。对只能使用一只手的儿童来说，可以让他在泡沫板上给图形章蘸上色，这样就能单手玩盖图形章的活动。对有视力问题的儿童来说，在玩具后面要放置一个灯箱，或者也可以多使用发声发光的玩具。厚马甲或毯子对需要更多本体觉刺激的儿童来说是有好处的。当评估有听力损伤的儿童时，会用到听力训练器材。好的引导包括使用适合的玩具和游戏材料来确定儿童的能力水平和发展需要，图表 7.2 提供了选择和更换器材的相应资源，这些资源会帮助评估取得成功。

Burhart, L.J. (n.d.) *Total augmentative communication the early childhood classroom.* Linda J. Burkhart, 6201 Candle Court, Eldersburg, Maryland 21784.

Goossens', C., Crain, S.S., & Elder, P.S. (1994). *Engineering the preschool environment for interactive, symbolic communication: An emphasis on the developmental period 18 months to five years.* Mayer-Johnson, Inc., P.O. Box 1579, Solana Beach, California 92075.

Judge, S.L., & Parette, H.P. (Eds.). (1998). *Assistive technology for young children with disabilities: A guide for providing family-centered services.* Brookline, MA: Brookline Books.

Pierce, P. (1994). *Baby power: A guide for families for using assistive technology with infants and toddlers.* North Carolina Department of Health and Human Services, Early Intervention Branch, Women's and Children's Health Section, 2302 Mail Service Center, Raleigh, North Carolina 27699-2302.

Reinhartsen, D., Attermeier, S., Edmondson, B., & Pierce, P. (1995). *TECH-IT-EASY: Technology for infants and toddlers made easy.* Center for Development and Learning, CB #7255, University of North Carolina at Chapel Hill, Chapel Hill, North Carolina 27599-7255.

Schwartz, S. (2004). *The new language of toys* (3rd ed.). Bethesda, MD: Woodbine House.

Kranowitz, C.S. (2003). *The out-of-sync child has fun.* New York: Perigee Books.

Web sites:
http://www.ataccess.org
http://www.state.de.us/dhss/dms/epqc/birth3/files/internetguide.pdf

---

图表 7.2　辅具资源

7.3.4　使用治疗性的策略

对有多动、感统失调或患有孤独症谱系障碍、脆性 X 染色体综合征的儿童来说，使用上述的引导策略是可以的，但有些这样的儿童会需要更结构化或更具有支持性的引导来完成更高水平的活动。一些儿童需要安排在一个更小的房间，相反的，一些儿童需要更多活动或感觉刺激（如深度压力）来帮助他们集中注意力参与游戏。照料者提供的信息会告知哪些方法最有效。如果引导员认为儿童已表现出特定的行为,他会尝试不同类型的支持(例如身体的、言语的、姿态的)和感觉输入(例如视觉的、听觉的、前庭的、本体觉的)来进一步确认什么方式能更有效地促进儿童发展出最好的表现。

不同的儿童对强化的总量和类型的需要存在差异。孤独症谱系障碍儿童在高度结构化环境中,强化针对特定行为的反应,仍需要更长的时间来习惯自由探索、自主活动,而在非高水平强化环境里会表现得不够好。引导员需要循序渐进地尝试多种方式,耐心等待儿童适应。一些儿童在没有特定的线索、推动、沟通模式的情况下无法进行互动,如果遇到这类情况,最好先观察照料者和儿童以哪种典型形式互动。引导员接下来要模仿照料者的做法,使用介绍过的转换策略。

7.4 结论

引导员是评估得以成功的关键因素之一。有效的引导会激发儿童典型反应,鼓励更高水平行为和想法的产生。合格的引导员更善于辨认儿童的行为线索,能努力激发动机并提升创造性的表达,把社交互动最大化。好的引导员是以有意义的方式和儿童建立联结,通过语言、行为、活动、艺术、戏剧等一些有创造性的方式丰富儿童用语言表达自己想法的形式。娴熟的引导员能够调整环境、游戏材料以及自己的行为来配合不同性格、行为方式和有残障的儿童。引导游戏是一项艰难的工作,需要高度集中注意力观察每个细节,儿童与游戏引导员建立起积极关系、充分展现他们的潜力是从事这项工作的最好奖赏。

参考文献

Baird, S. M., Haas, L., McCormick, K., Carruth, C., & Turner, K. (1992). Approaching an objective system for observation and measurement: Infant-parent interaction code. *Topics in Early Childhood Special Education*, 12(4), 544-571.

Benham, A. L. (2000). The observation and assessment of young children including use of the Infant-Toddler Mental Status Exam. In C. H. Zeanah, Jr. (Ed.), *Handbook of infant mental health* (2nd ed., pp. 249-265). New York: Guilford Press.

Bevill, A. R., Gast, D. L., Maguire, A. M., & Vail, C. O. (2001). Increasing engagement of preschoolers with disabilities through correspondence training and picture cues. *Journal of Early Intervention*, 24(2), 129-145.

DiCarlo, C. F., & Banajee, M. (2000). Using voice output devices to increase initiations of children with disabilities. *Journal of Early Intervention*, 23(3), 191-199.

Dunst, C. J. (1998). *Child Interest Inventory*. Unpublished instrument.

Fewell, R. R., & Deutscher, B. (2002). Contributions of receptive vocabulary and maternal style: Variable to later verbal ability and reading in low-birthweight children. *Topics in Early Childhood Special Education*, 22(4), 181-190.

File, N., & Kontos, S. (1993). The relationship of program quality to children's play in integrated settings. *Topics in Early Childhood Special Education*, 13, 1-18.

Filla, A., Wolery, M., & Anthony, L. (1999). Promoting children's conversations during play with adult prompts. *Journal of Early Intervention*, 22(2), 93-108.

Greenspan, S. (1997). *Infancy and early childhood: The practice of clinical assessment and intervention with emotional and developmental challenges*. Madison, WI: International Universities Press.

Hancock, T. B., Kaiser, A. P., & Delaney, E. (2002). Teaching parents of preschoolers at high risk: Strategies to support language and positive behavior. *Topics in Early Childhood Special Education*, 22(4), 191-212.

Kaczmarek, L. A. (1999). Validating hierarchical interventions. *Journal of Early Intervention*, 22, 111-113.

Kaiser, A. P. (1993). Functional language. In M. E. Snell (Ed.), *Instruction of students with severe disabilities* (4th ed., pp. 347-379). New York: Macmillan.

Koegel, R. L., Koegel, L. K., & Carter, C. M. (1999). Pivotal teaching interactions for children with autism. *School Psychology Review*, 28(4), 576-594.

Linn, M. I., Goodman, J. F., & Lender, W. L. (2000). Played out? Behavior by children with Down syndrome during unstructured play. *Journal of Early Intervention*, 23(4), 264-278.

Mahoney, G. J., Boyce, G., Fewell, R., Spiker, D., & Wheeden, A. (1998). The relationship of parent-child interaction to the effectiveness of early intervention services for at-risk children and children with disabilities. *Topics in Early Childhood Special Education*, 18, 5-17.

Mahoney, G. J., & MacDonald, J. (2007). *Autism and developmental delays in young children: The responsive teaching curriculum for parents and professionals*. Austin, TX: PRO-ED.

Mahoney, G. J., & Perales, F. (2003). Using relationship-focused intervention to enhance the social-emotional functioning of young children with autism spectrum disorders. *Topics in Early Childhood Special Education*, 23(2), 77-89.

Malmskog, S., & McDonnell, A. P. (1999). Teacher-mediated facilitation of engagement by children with developmental delays in inclusive preschools. *Topics in Early Childhood Special Education*, 19(4), 203-216.

Moybayed, K. L., Collins, B. C., Strangis, D. E., Schuster, J. W., & Hemmeter, M. L. (2000). Teaching parents to employ mand-model procedures to teach their children requesting. *Journal of Early Intervention*, 23(3), 165-179.

Roper, N., & Dunst, C. J. (2003). Communication intervention in natural learning environments: Guidelines for practice. *Infants & Young Children*, 16(3), 215-226.

Salmon, C. M., Rowan, L. E., & Mitchell, P. R. (1998). Facilitating prelinguistic communication: Impact of adult prompting. *Infant-Toddler Intervention: The Transdisciplinary Journal*, 8, 11-27.

Tamis-LeMonda, C. S., Bornstein, M. H., & Baumwell, L. (2001). Maternal responsiveness and children's achievement of language milestones. *Child Development*, 72, 748-767.

Vygotsky, L. S. (1978). *Mind in society: The development of higher mental processes*. Cambridge, MA: Harvard University Press. (Original works published in 1930, 1933, and 1935)

Wolery, M., Doyle, P. M., Gast, D. L., Ault, M. J., & Simpson, S. L. (1993). Comparison of progressive time delay and transition-based teaching with preschoolers who have developmental delays. *Journal of Early Intervention*, 17, 160-176.

Yoder, P. J., Spruytenburg, H., Edwards, A., & Davies, B. (1995). Effect of verbal routine contexts and expansions on gains in the mean length of utterance in children with developmental delays. *Language, Speech, and Hearing Services in Schools*, 26, 21-32.

第八章　报告的书写——结构、过程和个案

与卡伦·赖利（Karen Riley）　合著

综合评估过程获得的信息并将这些信息转化为指导应用的知识是评估的真正目的。通常，家庭成员和其他专业人员通过口头交流或书面交流的形式分享这些信息，但更倾向于同时使用这两种途径。第一种途径，是与家庭成员、其他专业人员和儿童的照料者交谈来分享在评估过程中获得的信息。口头讨论能让所有在场的各方都参与交流，然而因会议时间有限，经常不能从所有主要照顾者那里收集到所有相关信息。因儿童潜在的发展滞后或残障来做评估，对于家庭成员来说是有情感上的压力的（Miller，1994；Pianta，Marvin，Britner，& Borowitz，1996）。研究表明当告知家人通过评估收集来的信息时，即便是表现出同情和关心的态度，家人也会感觉有难以承受的压力涌来（Barnett，Clements，Kaplan-Estrin，& Fialka，2003）。结果是家庭成员可能很难记住和理解听到的所有信息，并且常常有些轻微的消极的抱怨（见第二章，关于和家庭成员进行进一步讨论的会谈内容）。因为其他机构提供的报告大多只采用个别化教育计划（IEP），或者个别化家庭服务计划（IFSP）的格式，因此我们编制一份对家庭来说是清晰、易于理解的报告，才能发挥为家庭提供参考的重要作用。

在 TPBA 过程中最重要、最困难的步骤就是整合评估过程中收集到的信息，将其书写整理成为一份可以与家庭、与将要提供干预服务的专业人员交流的报告。传达评估过程中最具本质性的经验，描绘出儿童发展的样貌，并用清晰、准确、敏锐的方式表达出来，的确是一项复杂的任务，即便观察者善于运用语调、体态、面部表情来辅助表达，也是件很不容易的事情。当需要书面报告时，就不再能借助语言沟通中的丰富表达方法，评估团队成员需要面对的挑战是，要使用恰当的词语写成适切的报告，使儿童生活中的不同成人读者得到合适的信息。报告不是简单重述儿童的技能及数据，它应该是对儿童个体的详细描绘，能够做到：(1)帮助家庭成员和其他提供服务的专业人员更好地理解儿童的发展及其影响因素；(2)引导家庭和与儿童互动的专业人员更好地理解儿童及其家庭的需求；(3)在评估结果和干预计划中以有意义的方式整合家庭的力量(Brotherton，2001；Soodak & Erwin，2000)。评估报告是联系评估和干预的正式桥梁，为了构建坚实的桥梁，有必要了解不同听众的特点和报告要达到的目的，因此需要体现文本的关键组成部分和特点。

8.1 理解听众

书写报告的出发点建立在接收报告的人的需求和预期之上，因此明了撰写报告的目的就需要作者不仅要考虑自己的书写意图，还要考虑将来使用报告的人的需求。完成的报告应该能满足不同对象与不同需求。报告通常应该提供信息、记录和导向。要为家长、其他家庭成员、儿童照料者、教育者和相关的专业服务人员提供特别的报告。一份报告必须体现通过 TPBA 确认的儿童在医学、教育两方面的需要。TPBA 的报告要体现的目标包括以下几个方面。

8.2 报告的目的

8.2.1 为父母提供信息

报告最基本的目的是写给家庭成员看。回应父母提出的疑问，告知父母目前孩子发展的现状，提出指导意见，是评估团队最具挑战、也最有成就感的任务。一般来说家庭会因为以下一些理由带孩子来做评估：(1)明确孩子的各项功能的发展水平；(2)确认孩子是否确实残障或有相关的问题；(3)如果孩子的发展存在问题，查明何种治疗或干预能矫正或改善现状；(4)确定有哪些相关的教育、干预、治疗的服务。上述问题都需要在报告中提及，慎重考虑信息的顺序、强调的重点和表述的方式。信息以何种方式呈现直接影响父母是以消极还是积极的态度看待自己的孩子，影响其对孩子的将来抱有何种期望，甚至影响家庭成员今后与孩子的关系。

评估团队的报告除了需回应家庭最初提到的问题，也需要包含家庭并未提及的但对促进发展很重要的信息和预防出现缺陷的重要信息。报告要对家庭成员心目中，以及在游戏评估过程中表现出来的儿童发展的全貌详细描述，以回应家庭和专业人员的担忧。

儿童当下功能发展的情况如何？

为了回答家庭关于儿童当下功能发展水平的疑问，报告需要包含儿童表现出来的技能，相对普通儿童的发展进程该儿童处于何种发展水平。TPBA 第 2 版，第二、四、五、七章中提及的发展年龄表呈现出来的发展水平就是服务于这个目的的。在报告的最初部分注意不要强调年龄水平，因为后面增加的信息很可能造成误解，或带来不良的感受。有些报告仅仅列出孩子不足的条目或者仅仅描述孩子通过的少数项目，对家庭来说是个严重的打击，影响了他们准确了解报告中其他信息的能力。这样的报告可能让家长对实施评估的专业人员感到愤怒，不愿参与机构的活动。更糟糕的是，过多强调这些消极信息或缺点会让父母感到孩子前景无望。呈现儿童能够做到的活动,描述观察到的儿童与高一级发展水平相关的表现是很重要的。维果斯基(1978)描述的最近发展区(zone of proximal development),即"独立解决问题的实际发展水平和在成人指导下或同伴协助下达到的解决问题的水平之间的距离,就是最近发展区"(p.86)。这些信息能帮助父母更积极地看待孩子的发展,更愿意接受评估团队的看法及其提供的信息。想不听那些看好自己孩子的人的意见还真不容易!

儿童是否有残障?

为了能回答第二个问题——儿童当下是否存在发展滞后或残障,报告措辞要诚实、谨慎。就像先前提到的,发展水平和诊断是结尾的结论部分的内容,事先要对所观察到的行为进行详尽解释,以便让父母了解结论是如何得出的。报告应该引导读者系统阅读和思考,要逻辑清晰地先做好预备,为得出诊断建立基础,在此基础上得出干预建议。报告需要描绘儿童发展的全貌,不仅是他的问题或缺陷。专业人员有责任提交清楚、真实但同时具备敏感性的报告。当在一个会议中,团队成员都在努力表现对一个多方面发展滞后的儿童的积极态度,父母却脱口而出"我想知道他是否有问题",此时不应该因为过于谨慎或只顾保持积极态度让父母到最后还没搞明白评估的结果。报告应该基于儿童优势,但也是要平衡的。

当评估婴儿的时候,提倡团队成员使用非分类的提法,如"发展迟缓",而不是标签化的:"精神发育迟滞""学习障碍""情绪困扰"(Shackelford, 2004)。2004年颁布的《残疾人教育法案》(IDEA 2004; PL 108-446)规定了婴儿和幼儿(接受特殊服务的——译者)资格标准(见图表8.1)的C部分。这个标准精确地反映出,幼童的发展变化是迅速的,甚至有时是巨变,这有赖于他们个体成熟的过程,以及养育环境提供了什么支持。在儿童发展的早期标记他们为"残障",会给那些可能并不需要持续特殊教育的儿童造成消极自我暗示(self-fulfilling prophecy)和不公正地被污名化(Danaher, 2004)。无论如何,专业人员有职责告知父母他们的孩子需要发展性评估来监测他们的进步及发展情况。让父母了解儿童发展的轨迹能防止接下来可能出现的挫败感。IDEA 1997(PL 105-17)规定在州和地方教育机构都要以"发展迟缓"来不加分类地统称那些3至9岁儿童,这一规定也在《残疾人教育法案》(IDEA2004)中持续体现。不幸的是,一些州仍继续要求使用特定的残障分类来标签学龄儿童或进入《残疾人教育法案》B部分的儿童(见图表8.2)。因为一些父母提出质疑,为何没有人提供关于孩子特殊问题的信息。父母可能认为孩子会跟上同龄人的发展,他们感到那些从婴儿期就评估自己孩子的专业人员背叛了自己。再次重申,专业人员要注意保持微妙的平衡。轻轻地引导他们前进,不要用板砖敲打他们,但要保持诚实态度。

图表 8.1　IDEA 第三部分适应资格第 632 条款第 5 条的 A 款与 B 款

> (5) 有残障的婴儿或幼儿——有残障的婴儿或幼儿的情况
> (A) 3 岁以下需要早期干预服务的个体应具有任一以下情况：
> （ⅰ）表现出发展迟缓，相应的诊断工具的评估显示其在 1 个或 1 个以上的认知、肢体、沟通、社会或情感、生活适应领域存在发展滞后；
> （ⅱ）经诊断在肢体或精神方面有导致发展迟缓的高风险。
> (B) 参照各州的有关规定，还可能包括：
> （ⅰ）有发展风险的婴儿和幼儿；
> （ⅱ）按照第 619 条例有资格接受服务的有残障的儿童，他们在进入，或按州法律进入幼儿园或小学之前接受条例规定的服务，接受条例规定的服务的儿童还包括：
> (I) 提高入学教育前应具备的能力，包括学前书写能力、语言和技术能力；
> (II) 以书面通知的形式告知父母他们具有的权利和责任，确定他们的孩子是否继续接受这样的服务或参加第 619 条例规定的学前教育项目。

图表 8.2　IDEA 2004 规定的残障类型

> A 部分,602 条例 2(A)(B)
> (3) 残障儿童
> (A) 通常残障儿童指——
> （ⅰ）精神发育迟滞、听力障碍(包括全聋)、语言言语障碍、视力障碍(包括全盲)、严重的情绪困扰、外形缺陷、孤独症、脑外伤、其他健康障碍、特异性学习障碍；
> （ⅱ）或者那些由于以上原因需要特殊教育和相关服务的儿童。
> (B) 3 至 9 岁儿童——3 至 9 岁儿童的残障范围(或这个年龄范围内的其他年龄阶段,如 3 至 5 岁)经州和地方教育机构慎重提议,包括——
> （ⅰ）表现发展迟缓,经州和相应评估工具评估确认存在 1 个或 1 个以上的肢体、认知、沟通、社会或情感、生活适应领域存在发展滞后；
> （ⅱ）或者那些由于以上原因需要特殊教育和相关服务的儿童。

如果孩子出现问题，父母应该怎么做？

对家庭来说，这一问题汇集了他们提问的重点。如果孩子出现问题，他们能为此做什么？这也是实施 TPBA 的主要原因，评估能够指出让儿童学得最好的环境和他们对干预会有何种反应(Nelson，1994)。观察照料者和儿童之间的互动、儿童和游戏引导员之间的互动能让团队成员确定哪些措施能有效支持儿童的发展。报告中呈现的信息应该不仅描述儿童的能力、需要关注的问题，还要指出哪个领域已经准备好学习新技能，对教学目标、学习风格、环境条件及调整、干预的途径和措施的建议等。

需要哪些服务？

评估团队回答了上述三个问题后，在回答父母提出的第四个问题时就可以提出意见和建议了。如果发展迟缓或残障是可以确定的，能否根据儿童发展情况和儿童及其家庭对环境、教育、治疗的需要，确定干预所包含的服务项目？如果团队在之前描述详细信息的环节的工作是有效的，此时确定服务项目就比较容易了。团队不仅评估儿童的能力发展水平，而且还评估儿童个人和家庭各项因素是否与可提供的服务相匹配。

对家庭友好的报告

不同残障类型儿童的父母有不同的需要，一些父母想要了解目前的情况，一些父母渴望知道特别的干预措施，还有一些父母想要和有关的组织、专业人士或其他类似家庭建立联系。报告要回应家庭成员在评估过程中提出的个性化需求。

为了成功地回答家庭所有的疑问，报告撰写一定要用适合家庭的方式，尽可能避免使用专业术语，解释得让家长能够理解。用评估过程中的具体行为举例能帮助父母明白专业领域的要点。通过举实例，建立在家庭日常生活规律上的干预建议能让父母明白他们在孩子发展过程中扮演着多么重要的角色，他们能为孩子提供哪些帮助。使用医学、教育和治疗领域的专业术语，会让家长觉得陌生从而对专业人员产生距离感，使得在一开始就给家长和专业人员之间的沟通和合作设置了障碍。避免使用所有生僻的词汇，如果确实需要使用，要进行相应解释。无论如何，评估报告不应该是居高临下地对家长说话，许多家长非常了解情况并且教育良好。采用 TPBA2 儿童和家庭史问卷（CFHQ）收集到的资料，加上评估前、评估过程中和评估后与家庭成员交流的情况，评估团队能较好地了解家庭成员的受教育水平、背景和在服务系统中的经验。报告撰写的风格要适合上述了解到的情况，要根据家庭的特点来撰写。

8.2.2 告知其他专业人员和机构

报告要为其他专业人员和专业机构提供评估结果和相关信息。评估报告的第二个重要的目标是回答儿童是否发展迟缓或残障，以及按照《残疾人教育法案》C 或 B 的条例他是否达到接受服务的资格。因此评估报告也发挥着能让儿童具有得到服务资格的文件的作用。另外，报告还是一份法律文本，表明符合地方、州、联邦对残障儿童进行评估、确诊和制定服务计划的规定。各州对如何确诊残障儿童的规定是多样的，但多数允许使用"发展迟缓"的说法，要是使用一些明确的残障分类则至少要在儿童 5 岁以后（Danaher，2004）。对幼童来说，多数州允许多种途径来报告发展迟缓，包括标准化测验或就诊过程中与家长会谈获得的信息，对儿童进行观察，看就医记录或与医学专家的讨论等（Shackelford，2004）。半数以上的州允许在《残疾人教育法案》B 部分提到的标准基础上参考量化评估得分来考量儿童是否具有接受服务的资格。根据各州和地方的要求，报告中提及的信息类型在不同地域是有差异的。

在这一章的最后部分分享的报告都是基于知晓临床观点或基于评估做出的，这些内容能根据量化分数做出调整，但没有哪个对幼儿的评估是孤立地建立在量化分数的基础上的。在第一、二、五、六章中提到，最好的做法是让父母作为养育者提供他们的日常信息，同时是在自然状态下的观察（Sandall et al.，2000）。评估是受那些经验证明了的最佳实践以及儿童及其家庭的个体需要来驱动的。

报告要体现地方、州、联邦对认定接受服务资格的指导细则，使得报告就像特别为这个目标而撰写的,还要经常强调使用数字和表格。这样的报告风格常常与之前提到的对家庭友善的报告相矛盾,因此再次需要说明的是,必须在二者之间达成平衡。包含一些分数或确认残障是必要的,特别是对学龄前儿童而言,但应注意在与家长提供的信息和观察信息得到充分讨论之后再呈现这些内容。这样做可以更好地解释评估的发现,还会消除为了符合某些州的相应资格规定而给儿童贴夸大了某种残障的标签。

评估并不限制向教育机构分享评估信息,其他提供服务的机构也可能用报告来指导他们提供附加的服务,并作为法律文件支持可能采取的行为。例如,要依照社会安全生活补助金(Supplemental Security Income,SSI)得到包含治疗费用的保险资格,需要撰写一份儿童发展的报告;州和国家社会服务部门经常使用发展评估来确定卷入诉讼的儿童的养育环境,据此终止或恢复父母的监护权;医生通过发展性评估来证实儿童是否需要进一步评估和测试。这些专业行为是普遍的,但又不同于教育的规则或指南。所以,报告必须把要传递的信息写得清楚明白并且具有综合性。

8.2.3 对干预的指导

报告要达到的第三个目标,也是常常不被足够重视的目标,报告不仅是给出建议让儿童得到适当的服务,也要用于指导干预策略以达成期望的效果(见第九章)。古拉尔尼克(Guralnick,2001)指出"为了达成聚焦儿童的服务,开诚布公地讨论干预计划的内容、强度、参与者的角色、期望的效果,应该是一份正式的、对家庭友善的文件的构成部分"(p.13)。只对场所、服务和儿童应该得到的服务时长提出建议是不够的。TPBA 得出的评估结果就需要整合来自 TPBI 和其他干预资源的建议,它直接连接 TPBI 和所有在游戏及日常活动中实施的干预。

审视那些对发展进程最可能起到积极作用的策略会引导服务者做出适当运用这些策略的决定,例如,如果一个孩子在成人提供脚手架式的结构化的活动中学得最好,普通的学前教育活动就不是最适合他的,除非额外给教师提供指导和支持。在报告中罗列出的那些儿童特殊需求,是用来帮助个别化家庭服务计划(IFSP)或个别化教育计划(IEP),确定所需服务和附加的支持的。

一些专业的报告提供了普适性的指导意见,比如"提高粗大动作技能",这种指导意见不能帮助家长和专业人员了解儿童的粗大动作发展在哪些方面有特殊需求,为什么对儿童的发展有重要影响,什么策略会帮助儿童获得新技能,由此需要哪些服务项目等。无论评估是否由学区、诊所或社区机构实施,都要在评估后的会谈中选择所需服务,或是基于评估结果确认儿童所需的人员配置,这些都是报告要呈现的内容。

为了全面完整地表明儿童的特殊需要(在《残疾人教育法案》(2004)的 C 部分,关于儿童和家庭），报告应综合所有的工具得出的结果并与家庭进行讨论，重点突出生物、医学和环境方面存在的风险，阻止或增强儿童发展的影响因素。这些资料可以从儿童和家族史问卷（CFHQ）和儿童功能家庭评估（FACF）、家庭成员访谈（见第五章）中得到。报告应该呈现全面的、跨领域的儿童情况，需要整合各个发展领域的信息，这样就能清楚地了解某个发展领域的情况是如何影响其他领域的。

第一个范例来自一个真实个案报告，它突出展现了何塞（Jose）的注意力情况是如何影响她在认知任务取得成绩的；第二个例子突出动作技能和语言发展之间存在的关系；最后一个例子指出动作计划能力发展滞后在自理技能方面的影响。

> 何塞的学前技能似乎相对薄弱。他没有表现出对颜色和数字的了解。他总自发地用圆形来描述一个物体，但他并不能按照形状来给物体分类。引导员示范了如何把积木、熊和一些塑料拼图玩具分类。在这些任务中，他始终没有参与活动，甚至看都不看。所以，这个领域发展较弱的原因可能更多是因为缺乏注意力而不是缺少相关知识或不能理解。

> 当凯尔完成精细动作任务的时候，比如在绘画、切、玩橡皮泥的时候，他的语言表达就不是太好，动作抽搐的情况增加。他握马克笔的方式笨拙，用拇指和三个手指抓着笔。他的前臂扭曲，整个前臂都趴在桌子上。当他使用剪刀的时候，最初用两只手拿剪刀，然后变成一只手拿剪刀，另一只手拿着纸张。他的视觉注意和手眼协调能力发展好，能一直站着完成任务。完成动作任务的困难显然削弱了他其他方面能力的表现，增加了动作抽搐。

> 康纳在有目的地计划和完成任务、协调或计划动作方面存在困难。动作计划的问题表现在他挣扎着穿上夹克衫。他不能指出袖子是反的，当袖子已经翻出来以后，康纳没能把胳膊从袖子里伸出来。他对如何穿上夹克衫了解有限，需要他人帮助。虽然有解决问题的有效做法，还是限制了康纳用自助的技能发展独立解决问题的能力。

8.2.4 评估的导读和文本

评估被定义为"在干预前后实施测量以确定儿童技能变化的情况"（Losardo & Notari-Syverson, 2001, p.209）。评估报告应该作为干预前的基线，检测一段时间的干预会产生的影响。儿童生长发育指数也可以通过对比儿童在评估过程和干预后功能发展的情况来检测。例如，如果一个12个月的儿童在某个特定领域只表现出6个月大的水平，就意味着这个领域在过去第一个年头里，这个儿童只成长到6个月大，用发展指数来表示就是50%。如果经过6个月的干预，他18个月大的时候，发展到12个月的水平，他在6个月时间里发展了6个月的能力,这个儿童总体的发展延迟指数这时就下降到大约33%而不是50%,表明发展指数在增加。如果在该儿童生活中除了干预没有其他大的变化,那么显然干预起到了积极的效果。

对于许多儿童而言,质的改变远比量的改变重要。特别是对那些发展严重滞后或残障儿童来说,改变与事物、人和环境中的事件的互动方式会让他们生活得更愉快,也为学习新技能奠定基础。这就是为何强调看到干预后发生的质的变化很重要。例如,一个孩子可能在做跟踪测验时并没有使用更多词语,但他用微笑、伸出手、做手势来发起互动,这些新出现的行为不能让他得到更多的测验分数,但是这些附带的技能会让他与父母、手足的互动更愉快,会出现更多互动、更多联系、更多沟通的行为——这些都导致沟通技能的发展。TPBA2中每个主测验的观察要点都会提到这些质性的表现(见 TPBA2 第二、四、五、七章)。后测或发展进度报告应该也包括对这些变化的讨论。使用目标达成量表(goal attainment scaling)(见附录中 TPBA2 每个领域的观察总结表(TPBA2 Observation Summary Form)及本书第九章)也能测量这些变化是否向目标靠近。

评估报告不间断地更新提供了回顾发展过程、诊断和儿童及其家庭对干预或服务的需要的机会(Vig & Kaminer, 2003)。评估报告是儿童间比较和儿童自身比较的基线,是供专业人员与家长讨论的素材,是修正或维持现有计划或策略的动力,还是产生新的建议的诱因。另外,汇集儿童报告的信息还可用于计划评估和科研(见第十章)。

8.3 报告的结构和主要内容

为了达到本章中列举的标准,一份综合性的报告必须包含几个主要内容。在本章中提及的部分是 TPBA 评估报告的基础内容,尽管个别机构和项目可能会需要附加部分内容、观点或免责声明。报告的基础内容包括:(1)儿童的身份信息和联系方式;(2)说明评估方法和参与人员;(3)数据收集的过程;(4)评估者的最后印象;(5)建议与意见。在接下来的内容里,将介绍 TPBA 报告的必要组成部分,各组成部分的基本原理、范例和建议使用的词语。

8.3.1 名字

报告中包括儿童合法的全名,如果他有昵称或另一个名字,也一起写下来。儿童的名字通常不是要点,除非涉及抚养权和监护权。如果不确定儿童的合法姓名,请询问监护人并听取他们的建议。

8.3.2 儿童的年龄和评估日期

包括儿童的出生日期、评估日期、儿童的年龄。如果儿童是早产,应该在报告中的健康史部分提及，在讨论部分要考虑早产对儿童发展的影响。

8.3.3 评估团队成员和分工

列出团队成员的姓名、受教育程度。受教育程度对早先单独为儿童提供指导的专业人员没有太多意义，所以要简要列出提供背景信息的儿童父母和专业人员（例如用"简·史密斯，语言病理学硕士，美国注册言语治疗师"，而不是"苏·琼斯，职能治疗师"）。在 TPBA 评估团队中父母扮演着重要角色，在写评估报告时一定将他们列为评估团队成员。

8.3.4 转诊的原因

记录儿童被转介来接受评估的原因，如果儿童是被另一个机构或专业人员转介来的，要记录下相关信息。如果父母想要通过评估来解答他们特定的疑问，也要记录在这部分。关于转介的提问其实起到对评估和报告的导向作用。这部分内容就是阅读接下来的报告的导读部分。

范例

鲍比被转介到位于丹佛大学校园的费希尔（Fisher）早期学习中心的幼儿游戏和学习能力评估（PLAY）诊所，奶奶带着他前来。他的出生前情况和社会生活经历很值得注意，因此他奶奶想要全面了解孩子的发展情况。

8.3.5 信息来源

这部分会列出一个全面的信息清单，包括在儿童和家庭史问卷（CFHQ）和儿童功能家庭评价表（FACF）等 TPBA2 中的从被评估的家庭中收集最初信息的测试工具。如果在 TPBA 评估中加入传统的评估方法，也应该将测试信息列入这个部分。其他手段，如标准参照的、课程本位的或者其他的观察手段也应该列入这一部分。

8.3.6 评估方法

评估团队要在这部分描述评估的方式和过程。TPBA 对读者而言不同于其他报告，所以需要简短描述评估过程和参与者的角色。如果还要进行其他测试，要列举测验的名称，做出解释，列出每个部分的负责人员的名字，才能体现对儿童家庭友善的态度。这部分内容中对评估过程及每个施测测验的描述都要简洁。

范例

凯文在 PLAY 诊所接受 TPBA 评估。TPBA 的过程是在有教具、玩具、触觉和美工材料、建构游戏材料、大运动器材的非正式的游戏情景下对儿童进行评估。凯文和一个早期干预或游戏引导员,以及他的父母鲍勃和南希互动。其他团队成员包括执业儿科护士、物理治疗师和言语语言病理学家。

8.3.7 评估的发展领域

向读者描述评估涉及的发展领域,父母可能对"认知""感觉运动"这样的词并不熟悉,所以在这里就要介绍评估过程中会检查哪些内容。在附录的报告范本中提供了怎么撰写的示范。在报告1中是这样写的:

范例

这项评估了解了该儿童多个领域技能的发展情况,儿童的游戏技能自然代表了他整个功能水平,包括所有领域的发展情况。评估尝试了解他在以下方面的表现:认知、感知运动、言语和语言、社会情绪发展。认知领域涉及儿童思考、排序(sequencing)、问题解决技能、基础概念(basic concept)和学前能力(pre-academic abilities)。接受语言信息体现了儿童理解语言的能力,例如跟随指令、理解问题、表达和根据实际需要来组织语言含义的能力(全文见第八章附录的报告1)。

8.3.8 健康史

不管团队是否使用儿童和家庭史问卷(CFHQ)或其他关于健康史的工具收集资料,将儿童的出生和发展史作为主要方面写到报告里是很重要的。就像第五章中提到的那样,儿童出生和发展史对了解他生理的、已有的、环境中可能存在的危险因素有重要意义,对了解病因也有重要意义。

8.3.9 社交史及既往发展史

儿童的发展史作为可能影响他当下功能水平的因素被记录在报告中。儿童的家庭史和家庭组成、特别的居住安排也包含在其中。一个儿童的发展史能阐明他目前的发展水平,提示评估团队注意可能的相关领域。这些信息包括儿童达到发展里程碑的时间,感知模式,强项和弱项等。

通过与家庭成员的访谈、讨论和FACF工具(包括日常活动评分表和"关于我的一切"问卷)或其他类似的工具来收集信息,了解父母对孩子的能力和面对的困难的看法,以及对儿童当前发展整体情况的描述。整合家庭中观察到的信息是很重要的,因为有可能在评估中观察到的表现和日常表现不一样。所有察觉到的不同表现都需要证实和在报告中讨论。

许多评估团队选择将所有过去的信息都写在一个部分里,将之称为"社会和发展史"或"健康和发展史"。可以采用这样的组织结构和标题来写报告,不过其中包含的信息一定是严格经过充分理解和精确评估得到的。

8.3.10 测验行为

测验行为的部分看起来像是与 TPBA 不相干或多余的部分。通常，这个部分会描述儿童在评估过程中的行为表现，罗列专业人员和儿童的互动行为，将儿童的表现呈现给读者。TPBA 在报告中会从始至终提到这个内容。在测验行为部分，引导员可以描述对评估的"感受"。引导员和儿童之间的互动都会被其他团队成员观察，有的观察是在现场，有的是通过在同一地点看录像来观察。尽管技术能让我们通过这种回看的方式来加深印象，但常常会遗漏互动的细节。这部分报告还要注明家长认为孩子在评估过程中的行为表现、能力水平是否与平时一致。

范例

法提玛在游戏引导员进入家里的客厅时，最初表现得很谨慎。当大人们在交谈的时候，她在妈妈的腿上坐了几分钟，随后她下来拿了本书给妈妈。引导员问她是否自己也可以一起看书，法提玛欢迎引导员加入。她比较容易参与到妈妈和引导员的游戏中来。她想要分享自己的宝宝（baby 说成 baba），还让引导员给宝宝喂饭。她发现引导员的包里有"发条猴子"。当上了发条以后，猴子就会翻筋斗。法提玛又笑又跳，把玩具递给妈妈来上发条。那时起，妈妈说她的沟通和游戏行为和平时在家一样。

在这个例子里，读者能快速了解到法提玛的情况，她对陌生人会保持适当的谨慎，但在妈妈在场的情况下会很快放松下来。这个片段告诉读者法提玛是好奇的和愿意参与社交互动的孩子。

8.3.11 需要解决的问题

这部分是可选项目，但它能简要说明所有的目标和报告的方向性。尽管在之前的部分（转介的理由）可以讨论这部分的内容，但从一定程度上讲，转介的理由与照料者实际提出的问题及所提供情况是不同的。在这样的情况下，这个附加的部分能提供给读者附带的信息，专业人员撰写报告的附加指引确保报告能指向明确的目的。报告范例 1（见第 195 页第八章附录）示范了这部分报告的写法。

8.3.12 发展性观察

发展性观察部分是报告的主体内容，这个部分包括所有通过观察和互动收集到的相关信息。儿童在整个过程中的表现会清晰、精炼地呈现出来，其中包含用于解释儿童行为的典型例子。

这部分的报告内容是供各部分作者进行大量讨论的基础。多领域融合背后贯穿的理念主线是发展领域的内在联系。因此我们提倡报告内容采取混合的和非分类的方式（non-category style）。索菲的报告（见第214页第八章报告3）提供了符合这种风格的内容组织范例。某领域的专业人员往往难以或不情愿经过通读整个报告来了解他们认为是自己专业领域里的信息，因此对这种报告的写法有些争论。

将发展分为不同领域，有时是出于一些转介机构的需要。要描述某发展领域的情况需要工作团队使用合适的语言来书写。报告的格式应该加以调整来满足使用评估结果的家长和专业人员。

8.3.13　总结

报告的总结部分应该综述以上信息，而不是简单重复或者改一下句子写法。概述需要整合观察数据和背后的背景信息进行讨论，并合成信息，结论应该给出该年龄范围的儿童表现出的从最高到最低的技能。每个行动发生的环境因素应该写明，以作为今后提供辅助儿童表现的条件的依据。差距和行为的模式应该列举并做出解释。总结部分还应该强调一个发展领域对其他领域的影响。强调发展领域之间自然存在的内在相关，以及不同领域的功能水平之间的相互联系是 TPBA 的基石，也决定了其跨领域干预的导向。

8.3.14　建议

建议大概是报告中最重要的部分，也是评估人员最难完成的部分。建议一般涉及两个方面：服务和支持的建议、给家庭和学校的特别建议。

服务建议包含但不限于：进一步的相关评估、有益的治疗、支持团体以及为家庭提供的其他相关资源。学区和其他机构在这类服务建议中的作用是有限的。下面的两组建议中涉及有关安置的内容。给父母的建议通常以范例1的形式撰写。

服务建议范例1，哈纳能从多上一年干预性的学前教育项目中受益。

这说法并不是错的，然而对家庭来说，如下范例2的写法更好一些。这样写能提供更多的信息。

服务建议范例2，持续参加有清晰的界限和自然结果的学前教育项目会对哈纳有益处。考虑到她的发展水平迟缓和其生理年龄，参加针对言语语言障碍的每周5天的儿童学前教育项目是最好的选择。在樱桃溪学区有这样的项目，联系电话是 333-333-3333。

针对家庭和学校提建议的策略为促进儿童的发展和学习提供了有帮助的想法，方法之一就是遵循以下几点：(1)说明儿童目前可以做的事情；(2)随后说明随着儿童的发展，他准备要做的事情；(3)描述如何使儿童从现在能做的发展到他准备要做的；(4)最后说明这样做的重要性。第三步是提出建议的最重要的部分。事实上,具体的范例会使建议易于理解。这些说明要简明扼要、导向明确。为了使建议执行有效,作者还要考虑儿童的需要,适合儿童的发展水平,容易和儿童的日常生活和作息结合在一起,强化儿童已经喜欢的活动。为了让进步可以记录,这些做法还应该是可测量和可评估的(McWilliam,2001)。接下来还有两个范例,范例1是建议的普通写法,范例2是正式的建议,第八章附录中还有更多的例子。

特定的建议范例 1

艾比将会发出各种声音。

这是一个好的目标,但没有提供足够的信息来帮助照料者和教师了解如何达到这个目标。**范例 2**提供了目标、基本原理和实现方法。

艾比能发出一些声音,她是很好的模仿者。她已经具备发出各种声音的能力,她能在实践中练习发出声音,学习说话。给艾比示范发元音,另外在她发出声音时模仿她的声音,等待她来模仿你。轮流这么几次之后,稍微改变声音看她是否模仿,要有足够的耐心等待,这样做会增加发出不同声音的数量,她也能从中提高轮流的能力。

8.4 报告范例

接下来的报告,是附录中多种报告的样本之一,展示了不同的情境、年龄范围或报告的风格。

报告 1

这是在社区幼儿园的5岁男孩尼古拉斯的报告。他父母对比他和当地孩子发展的情况后,有点担心。报告展示了 TPBA 是如何与标准化测量工具结合使用,以满足这个孩子和他家庭的需要。它提供了一个很好的例子来说明如何将几个难以描述的议题整合在评估报告里,报告按照名为"发现儿童"的机构的要求将发展领域分几个部分书写。

报告 2

这份报告描述了从私人诊所因为多种原因转介来的一个叫鲍勃的男孩。父母对他在家和在幼儿园的行为表现及他的饮食情况有些担心,此外还想知道如何选择能够适合他的幼儿园。报告列举了父母对他的担心,给出了他将来发展的指导。对这个特别的孩子提出的建议体现出如何在转介到特别服务机构与实施家庭、学校策略之间保持平衡。

报告 3

第三份报告是关于一位年幼的女孩,由其幼儿园转介到其所在地第三方机构。尼科利娜的报告比较典型地表现了一些评估年幼儿童的机构普遍面临的问题。报告中明确提到,小姑娘表现出明显的发展迟缓,在接受这次评估之前,父母从未被告知。尼科利娜已经见过几个专业人员,但还没有一个人明确问题的严重性或者是发展迟缓的整体情况。她的报告也是一份信息整合、没有割裂各个发展领域的好范本。

报告 4

玛丽亚的评估报告代表了 TPBA 评估报告的另一种格式。这份报告是学区评估团队完成的,它包含了州相关部门和地方机构强制要求包含的信息。在各个主要标题和子标题下会讨论观察到的信息。

这些报告更像是指南而不是模板,在一个团队中适用的未必对另一个团队适用。每个评估团队都需要形成自己报告的风格,基于家庭和服务人员的需要,团队所在组织的需要,还要考虑团队成员的强项和弱项。

8.5　给专业人员的建议

应该意识到掌握专业写作通常是个人职业生涯发展的先决条件。因此,撰写报告必然体现了作者的专业水平、智慧和伦理。它反映了对发展的专业理解、同情心和与儿童的家庭成员一起工作的洞察力。报告应该是清晰和实事求是的,它不应该掩盖儿童发展滞后的严重性,也不应该忽略今后使用报告并提供信息的人——家庭。撰写报告的目的在于揭示、记录和引导,在帮助家庭寻找希望的过程中确认正确的假设,否定错误的假设,建立符合现实的期待。在这些方面达成平衡既需要技巧又需要天赋,需要在实践中练习和磨练,始终保持尊重和敬畏。

参考文献

Barnett, D., Clements, M., Kaplan-Estrin, M., & Fialka, J. (2003). Building new dreams: Supporting parents' adaptation to their child with special needs. *Infants & Young Children*, 16(3), 184-200.

Brotherton, M. J. (2001). The role of families in accountability. *Journal of Early Intervention*, 24(1), 22-24.

Danaher, J. (2004). *Eligibility policies and practices for young children under Part B of IDEA* (NECTAC Notes No. 13). University of North Carolina, Chapel Hill. FPG Child Development Institute, National Early Childhood Technical Assistance Center.

Guralnick, M. J. (2001). A developmental systems model for early intervention. *Infants & Young Children*, 14(2), 1-18.

Hodapp, R. M., Dykens, E. M., Evans, D. W., & Merighi, J. R. (1992). Maternal emotional reactions to young children with different types of handicaps. *Journal of Developmental and Behavioral Pediatrics*, 13, 118-123.

Individuals with Disabilities Education Act Amendments of 1997, PL 105-17, 20 U.S.C. §§ 1400 *et seq.*

Individuals with Disabilities Education Improvement Act of 2004, PL 108-446, 20 U.S.C. §§ 1400 *et seq.*

Losardo, A., & Notari-Syverson, A. (2001). *Alternative approaches to assessing young children*. Baltimore: Paul H. Brookes Publishing Co.

McWilliam, R. A. (2001, October). *Functional intervention planning: The routines-based interview*. Presented at the 10th Annual Early Childhood Institute, Vail, CO.

Miller, N. B. (1994). *Nobody's perfect: Living and growing with children who have special needs*. Baltimore: Paul H. Brookes Publishing Co.

Nelson, N. W. (1994). Curriculum-based language assessment and intervention across the grades. In E. Wallach & K. Butler (Eds.), *Language learning disabilities in school age children and adolescents* (pp. 104-131). New York: Macmillan.

Pianta, R. C., Marvin, R. S., Britner, P. A., & Borowitz, K. C. (1996). Mother's resolution of their children's diagnosis: Organized patterns of caregiving representations. *Infant Mental Health Journal*, 17, 239-256.

Sandall, S., McLean, M. E., & Smith, B. J. (Eds.). (2000). *DEC recommended practices in early intervention/early childhood special education*. Longmont, CO: Sopris West.

Shackelford, J. (2004). *State and jurisdictional eligibility definitions for infants and toddlers with disabilities under IDEA* (NECTAC Notes No. 14). University of North Carolina, Chapel Hill. FPG Child Development Institute, National Early Childhood Technical Assistance Center.

Soodak, L. C., & Erwin, E. J. (2000). Valued member or tolerated participant: Parents' experiences in inclusive early childhood settings. *Journal of the Association for Persons with Severe Handicaps*, 25, 29 - 41.

Vig, S., & Kaminer, R. (2003). Comprehensive interdisciplinary evaluation as intervention for young children. *Infants and Young Children*, 16(4), 342 - 353.

Vygotsky, L. S. (1978). *Mind in society* (M. Cole, S. Schribner, V. John-Steiner, & E. Souberman, Trans.). Cambridge, MA: Harvard University Press. (Original work published 1930 - 1935)

Werner, E. E. (2000). Protective factors and individual resilience. In J. P. Shonkoff & S. J. Meisels (Eds.), *Handbook of early childhood intervention* (pp. 115 - 132). New York: Cambridge University Press.

附录 报告范本

报告 1

麦迪逊县"发现儿童"中心（Madison County Child Find Center）

姓名：尼古拉斯·泽巴克（Nicholas Zebrak）
出生日期：1999 年 5 月 17 日
评估日期：2004 年 5 月 30 日
评估时年龄：5 岁 1 个月
地址（隐去）
父母亲：玛丽·泽巴克（Mary Zebrak）
　　　　　托马斯·泽巴克（Thomas Zebrak）
其他团队成员：
泰瑞·卢卡斯（Terri Locus），教育博士，儿童发展专家
金·索特纳（Kim Sotner），哲学博士，教育心理学家
艾玛·休斯（Emma Hughes），文学硕士，言语语言病理学家（CCC-SLP Speech-Language Pathologist）
艾米莉·格劳斯（Emily Grouse），理学硕士，作业治疗师（OTR，Occupational Therapist）
吉尔·汉德勒（Gill Handler），理学学士，物理治疗师（Physical Therapist）

转介原因

尼古拉斯是由父母带到麦迪逊县"发现儿童"中心的。他们注意到孩子的发展情况、注意持续时间和饮食习惯存在问题。他们想在幼儿园安置方面获得更多信息，以帮助他增加注意持续时间，改善饮食习惯。

情况概述和推荐信在报告的最后。

信息来源

TPBA2 儿童和家庭史问卷（Child and Family History Questionnaire）

TPBA2 儿童功能家庭评估表（Family Assessment of Child Functioning）
　　"关于我的一切"问卷（All About Me Questionnaire）
　　　日常活动评分表（Daily Routines Rating Form）
课堂观察（Classroom observations）
以游戏为基础的多领域融合评估（Transdisciplinary Play-Based Assessment，TPBA2）
感觉处理功能评量表（Sensory Profile）
穆伦早期学习量表，AGS 版本（Mullen Scales of Early Learning，AGS Edition）

评估方法

　　尼古拉斯的评估是通过 TPBA2 进行的。TPBA2 在一个信息丰富的游戏设置中评估儿童，其中有可操纵的有代表性的玩具、触觉和艺术材料、建构游戏材料和粗大运动器材等。尼古拉斯和游戏引导员及父母互动，在场的其他团队成员有儿童发展专家、作业治疗师、物理治疗师和言语语言病理学家。还为尼古拉斯实施了感觉处理功能评量表和穆伦早期学习量表 AGS 版本中的运动部分的评估，单独安排了为幼童和学前儿童设计的针对认知功能中的理解能力的评估。穆伦早期学习量表（Mullen Scales of Early Learning）评量儿童的视觉、语言和动作等领域的能力，得出五个领域的标准分数和一个综合分数来表示认知发展水平。感觉处理功能评量表也由尼古拉斯的母亲来完成，感觉处理功能评量表是一个对感觉加工过程实施标准化测试的工具，用于检核感觉加工过程对被试日常功能性活动的影响。它以父母填写问卷的形式进行评估，在计分后归类。评量表分为三个部分：感觉处理过程、调节、行为及情绪反应。这三部分对应不同的分数，提供被试对刺激的反应倾向以及哪个感觉系统或问题最可能产生实现功能行为过程的困难。

评估领域

　　评估要了解尼古拉斯各个领域的技能水平。儿童的游戏技能自然地代表着涉及所有领域发展的功能水平。评估还尝试了解以下领域发展情况：认知、言语和语言、情绪情感和社会性、感知运动。认知领域评鉴儿童思考力、排序能力、问题解决技能、基础概念理解力和前学业准备情况。言语领域由语言接受和表达、语言组织方式组成。接受性语言是儿童理解语言比如听从指令、理解提问、词汇量和在口头语言中应用语义的能力。表达性语言是指儿童用非言语和言语的方式与他人沟通交流。发音是发出能被他人理解的语音的能力。情绪情感和社会性是要了解儿童的情感表达、反应和适应性能力、行为调控、自主性和动机，以及儿童有效与同伴、成人、家庭成员互动的能力。感知运动领域要观察儿童的粗大运动（大肌肉动作和协调性）、精细运动（手眼协调和操控物体）、自理技能（吃饭、穿脱衣和如厕）。

儿童输入感知信息、加工传递信息和做出适当反应的情况也是需要在评估中了解的。

发展和健康史

尼古拉斯是一个 5 岁男孩,与父亲托马斯(38 岁)、母亲玛丽(42 岁)及妹妹克里斯丁(2 岁半)住在一起。尼古拉斯是顺产,出生体重 6 磅 14 盎司(约 3.12 公斤),妊娠期无特殊记录,婴儿期也没有特别的报告。母乳喂养 3 个月,配方奶喂养 9 个月。他一直很挑食,抗拒尝试新食物。身形瘦小与年龄不相称,但是他保持着发育进程,因此儿科医生并不担心他的健康问题。在婴儿期他接受了腿部的 X 射线检查确认骨骼发育情况。这次检查也没有发现问题。他的免疫接种及时,尚未发现食物过敏,但对青霉素和氨苄西林过敏。他母亲反映说他的各方面发展是典型的,发展里程碑进程在正常范围内。然而近期,父母注意到他在前学业技能方面有困难,即学习读写有困难。玛丽描述尼古拉斯非常快乐和容易满足,他的消极情绪仅短暂持续。在被要求尝试新食物时,他会发脾气。他多数情况下是顺从的,但是因为他常常不听从父母的指令令父母很挫折。据称,尼古拉斯和年长于他的孩子玩得挺好,但自己独自玩的时候很快就失去兴趣。他会一直走来走去,尽管他可以坐下看电影,但却在学习活动中表现出注意维持时间短的问题。他明白社交的规则但常常打断别人。对他人的情绪还是有敏感性的。

基于玛丽和托马斯·泽巴克的要求需要回答以下问题:

1. 他有哪些优势和弱势对上幼儿园有影响?
2. 与其他孩子对比而言是否他的饮食单调?如果是这样,如何能让他的饮食多样些?
3. 他维持注意时间短是相对他的年龄水平而言吗?如果是这样,有没有什么策略能有效帮助他集中注意力?

课堂观察

尼古拉斯目前进入小不点幼儿班(Little Ones Preschool),并注册了学前班项目。为了了解他进入课堂学习的能力水平已经完成了一次观察。

观察者进入课堂的时候,尼古拉斯正坐在桌前和两个同伴玩洞洞板。他显得很开心,并参与到活动中。这段时间被称作是"自选择"的时间。其他孩子的参与情况与他一样。一些孩子拿着活的小鸡,握着小鸡的腿。当问他是否也要拿一只,他的反应消极并说了"不"!当请他帮观察者拿一只时,同意帮忙但却不愿碰触小鸡。他说它会拉在自己身上。在圆圈时间,尼古拉斯和同伴围坐成一个半圆面对老师。他是班里个子最小的两个孩子之一,当他坐在椅子上时,他的脚够不到地面。这个时间孩子们听老师讲一个小故事,唱两支歌,背诵将在母亲节聚会上表演的几首短诗。尼古拉斯能始终坐在椅子上。多数时间扭动身体但没有打扰同伴。他还拉拽自己的衣服尤其是长裤和内衣。他没有背诵诗歌,唱歌时偶尔唱几个词,同时伴随着手势。这些活动结束后,全班到户外玩耍,尼古拉斯爬上游戏场的器材,从滑梯上滑下来,然后沿着路线"驾驶"一辆小型的玩具汽车,偶尔停下来加油。当老师唱起提示活动转换的歌曲时,他停下游戏,和同伴一起排好队。全班孩子回到教室,拿着自己的铅笔盒坐到事先安排好的小桌子前。他们制作一本关于元音的图画书,每个学生被要求把元音的大小写写在纸上,然后画出名称是以这个元音开头的事物。尼古拉斯在本子的封面写下自己的名字,他能抄写教师写在挂图上的绝大部分字母,但在画出事物方面有很多困难,他不知道该从何下笔,常常请观察者帮他画一下。

测验过程中的行为表现

麦迪逊县"发现儿童"中心的游戏引导员和家长引导员在门厅迎接尼古拉斯和他妈妈玛丽。尼古拉斯和妈妈分开并不困难,他看起来很想去玩耍。他主动地问游戏引导员他们会不会玩卡车。虽然卡车并不在游戏室的地板上摆着,但尼古拉斯和游戏引导员从纸箱里找出来几辆。尼古拉斯注意还到有一箱动物玩具,也拿出来玩。尼古拉斯喜欢按简单的游戏情节玩玩具,但不会变化玩法或将游戏发展下去。他介绍自己的想法但不能把自己的设想拓展为复杂的游戏情节。当游戏引导员试图拓展想法时,他也有以上表现。

因为他很容易分心,他的游戏简单且持续时间短。在游戏环节中,游戏引导员穿插使用标准化的精细动作评估(即穆伦量表)。比起有人引导游戏或游戏步骤提示不明显这两种情况,使用更结构化的设置时尼古拉斯完成得最好。

提供机会让尼古拉斯到一个大的运动屋里参加粗大运动游戏。在运动屋游戏期间,他很容易分心,除非他人提出要求,他不能在任一个活动维持注意。通常情况下,尼古拉斯是乖巧和令人愉快的,但他在高水平(与年龄相适应的)游戏时表现得容易分心走神、难参与。

发展观察

感觉运动发展情况

尼古拉斯表现出轻微的低肌张力。他有靠着支撑物的倾向,比如桌子、柜子或地板。他在整个游戏单元中活动强度大且频繁,他的低肌张力对维持不同等级的姿势带来困难,比如挺起胸膛。他更多的时候瘫坐在脚后跟上或坐在座位上而不是保持挺起胸。要坐在地上时,他会重重地坐下而不是使用肌肉控制这个过程。尼古拉斯的低肌张力还影响到他的平衡,当影响到身体平衡时,没过几秒就会摔倒。另外,在桌面任务时间,尼古拉斯坐着的时候嘴是张开的,舌头伸出来。当挑战增加,他会随着手的动作吐舌头。过度活动还包括身体各部分无关联的动作,和完成任务没有关系但是帮助身体在完成任务时能保持稳定。如果在集中精力完成任务时他的舌头不动的话,他的手会烦躁不安。当给他一个棒棒糖时,他的精细运动的表现就有改进,语调会稳定下来,姿态也有改善。另外,当嘴里含着东西的时候,他的分心和烦躁不安的程度会减轻。

从其表现看出尼古拉斯是右利手。他的精细运动技能水平发展迟缓。按穆伦早期学习量表的标准化测试得分,尼古拉斯的年龄百分位为五,相当于37个月月龄水平。尼古拉斯的技能水平被手部的低肌张力拉低,他用手操作任务和抓握、放开物品有困难。他能搭起11块积木塔,但难以完成更复杂的造型。有提示线索时,他能成功地搭建一个机器人和一座桥。他在绘画和前书写方面有更大的困难。

尼古拉斯能仿画一个圆、直线、方形和X,但不能画出各个方向的对角线,画三角形对他来说是非常困难的。他在迷宫里画一条线,但当方向变成一条对角线时就不行了。他对指捏有困难,也不能对折或三分折纸张,不能精确地剪出一英寸的直线。

他妈妈在填写感觉处理功能量表(Sensory Profile)时说明了一些孩子的问题,感觉处理功能量表的结果见下表。其中一方面的问题与挑食有关,尼古拉斯准备好接受的食物有限。就如下面提到的,口腔运动过程领域是需要关注的。另外,尼古拉斯好像有轻度的感觉防御(sensory defensiveness),在需要多种感官处理的活动或时常变化的活动中表现退缩。这些方面增加了他维持任务和控制行为的强度和持续时间的困难。

感觉处理功能量表

感觉处理功能量表的结果呈现的是个人的感觉加工的概况。结果概括为三类。典型表现得分表示尼古拉斯的分数达到84%的常模样本的水平。可能的差异得分表示尼古拉斯的得分在常模样本中处于2—16百分位,这些分数反映了如何将它与其他两个子项目得分合成,以及对日常活动功能带来多大程度的损害。最后,绝对差异(definite difference)的得分范围显示影响到日常生活的感觉加工过程困难程度。

典型表现 Typical performance	可能的差异 Probable difference	绝对差异 Definite Difference
听觉处理	前庭处理功能	口腔感觉处理
视觉处理	多感官处理	
触觉处理		
需做的调整		
调整身体姿势和活动		
调整影响活动水平的行动		
调整影响情绪反应的感觉输入		
情绪和社会性反应		

情感及社会性发展

尼古拉斯在游戏单元中表现出一系列情感。他用微笑和咯咯笑表示他喜欢这个活动。当游戏引导员开玩笑要剃掉自己的眉毛时他做出"O"的嘴型表示吃惊。他会用短句表达自己的偏好,例如"我喜欢这本书"或是"我讨厌胡萝卜"。尼古拉斯过渡情况好,当告诉他不能到外面玩的时候他能接受另一个选择。在他四处挥动塑料蛇意外地打疼了自己后情绪能很快恢复。尼古拉斯在玩剃须泡沫时有点烦恼,但还是能适当地控制自己。

他常常对食物有预先的成见。在进入游戏室不久后,他问:"你有好吃的点心吗?"当他们一起讨论食物时,他告诉游戏引导员自己只能吃"健康的点心"。在游戏引导员给尼古拉斯一个棒棒糖时,又进一步表现出来,当门打开时他把棒棒糖藏起来,猜想可能是因为他妈妈进来了。尼古拉斯在整个游戏单元中提到关于食物的话题10余次。在整个游戏单元的数个情境中他表现出想要获得控制权的愿望。当尼古拉斯和游戏引导员一起玩动物的时候,他持续指挥她应该怎么做,他会说诸如这样的话:"不!它不想这样……"和"不,它需要做……"据反映,尼古拉斯在家里遇到不能按自己的想法做事时会哭闹。

在面对困难的时候,尼古拉斯表现出担心:"有多难?如果难的话,你会帮我吗?"在他成功完成一项任务的时候,游戏引导员用动听的声音表扬他,尼古拉斯没有像期望的那样做出获得赞扬的反应,而且会提到做错了事情会被如何惩罚。这些言行体现出尼古拉斯非常关注要做对的事情,还像其他孩子那样多次想要打破规则。

语言和沟通交流的发展

在游戏评估过程中尼古拉斯表现出对多种概念的理解,包括下、上、周围、里面、上面和后面。另外,他还显示出能理解多个用于对比的概念,比如更高、更多、最多、很多和所有的。他认识基本的颜色,能命名大概的身体部位但不能说出更小的身体部位的名称。他能正确回答更复杂的问题,比如:"如果……你会怎么做?"还能准确回应为什么和怎么样的问题。他持续听指令的情况不太好,需要提醒才能跟随指令,有视觉线索的时候他的反应更为准确。当要求他快速复述动物的名称时,尼古拉斯有点抓狂,他仅能复述"老虎"。在要求他说出所有晚餐吃的食物时,他的反应类似。尼古拉斯好像在记住和提取信息时有困难。

他用言语和语言来实现多个功能:提问和回答问题,发表意见,表示同意或反对。他使用的句子长度在3—13个单词,平均7个单词。尼古拉斯使用了复数,一些不规则的过去时态、冠词和将来时态,有时在主谓一致方面有困难。他说过的一些句子列举如下:

- 我的手真的很脏,我不能做这个。
- 我有那一个,但我还不知道该怎么用。

- 我们什么时候可以出去玩？
- 每个危险的动物在一组。

联系谈话前后内容大约能听懂75％尼古拉斯说的话，一些轻微的失真已做了标注。评估过程中他说话有些齿音，他妈妈写的是他（口腔）拥挤，但尼古拉斯的表现显示他的舌头有足够活动的空间。他说多音节词的时候有时会出现转置音节或省略音节的情况。

认知发展

在概念方面，尼古拉斯能表达一大串概念和想法。他能命名很多动物，如奶牛、青蛙和蛇，但没有犀牛。通过描述小球和一些身体部位他还表现出对颜色和身体的了解，比如手、手指、头和肚子等，尽管他把膝盖和其他身体部位说成是肘部。他会使用各种描述的概念，如小、高、恶毒、好和健康等。尼古拉斯能背数到13，还会一一对应，对照事物点数到5。他不能完成简单的心算任务，例如，如果再给他一块饼干那么他一共有几块饼干。他不能看着一组事物来确定有几个。如果问他有几个，他只能一个一个地数。

在识字读写的发展方面，尼古拉斯表现出对看书有些兴趣，当给他看《野生动物在哪里》这本书时，他表达自己有多么"喜欢这本书"。他注意看书但没有对书的内容发表任何看法，因为他嘴里含着一个玩具。尼古拉斯显露出书写的技能，他把名字写反，而且"I"写在"N"上面。他能有效地用剪刀把他要画的形象剪下来，他能画出交叉、圆圈和脸，他画的方形有点难辨认，他不用描摹就画出三角形。当他画一个人的时候，他能画出脸、身体和手，但是身体和头是分开的。

尼古拉斯在整个游戏单元的注意力持续时间短，坐在桌边、含着棒棒糖或者含个玩具在嘴里的时候，他参与任务的时间会长一些。他玩积木时坚持的时间会长一些，完全不需要任何支持和协助。尽管他能从一个任务很快到下一个任务，他经常还是回到最初的任务，表现出他对任务的记忆不好而不是注意力分散的问题。尼古拉斯还表现出对规则的记忆很深，他经常提到妈妈制定的关于枪、篮球和食物的规则。但是尼古拉斯缺乏掌握一般概念的能力，比如将事物按分类列举名称（例如动物或食物分类）。他能命名一个事物但不能接着进行更多归纳，经常将其傻傻地分为"厕所"或"糖果"。当面对一个需要解决问题的任务时，尼古拉斯能请求帮助，他常常还没尝试就求助。当协助者拒绝提供帮助，他就无法靠自己完成任务。

尼古拉斯表现出一些游戏技能，当他探索新玩具比如说动物，他会简单打量它们然后放到一边。偶尔他会提起这些玩具，例如："我不喜欢蛇。"能观察到他水平有限的表演游戏。他喜欢玩忍者神龟还指挥了一幕短剧，神龟和一条蛇以及一些其他角色互动。最初他的游戏仅有短短的情节，包括做冲撞、打、吃或互相攻击的动作。他描述玩具的行动但不能创造出剧本或者产生另一幕情节。他在游戏中不会分配角色，也不会形成计划并实施。尼古拉斯想出了一个玩磁力棒和磁力球的创造性游戏,包含了游戏玩法和要轮流。

评估结果总结概述

尼古拉斯是个要探讨是否存在注意分散问题的可爱男孩。他的注意持续时间短已显示出对游戏技能和学前能力的消极影响。他的低肌张力造成了不同运动水平控制的困难。另外,他还有轻微的感觉防御和口腔过度敏感,带来了饮食方面的问题。尼古拉斯的精细运动技能发展滞后,相当于37个月的水平。尼古拉斯似乎喜欢他能有选择的活动和在一定时间内使用特定材料的活动。他能很好地从一个活动过渡到另一个活动。尼古拉斯的认知技能水平在4岁半到5岁之间,他的概念知识和学前技能相对优势,但是注意、记忆和问题解决技能明显薄弱。他自发地接触游戏引导员并表现出喜欢社会互动。排除他需要控制和关于食物执着的想法的影响,他的情绪和社交技能发展与年龄水平相当。当他想要某些东西,而自己知道父母不赞成的时候,会有内心冲突。尼古拉斯的口头语言表现发展良好,他理解和使用多种语言结构的能力与同龄儿童相当。当提出口头指令的时候,尼古拉斯听从指令有困难。

建议

支持和服务建议

1. 言语和语言治疗在这次干预中不是必要的。更正式的再评估言语语言技能安排在秋季,评估该能力的发展变化情况。

2. 尼古拉斯应该去看饮食方面的专家,通过结合感知和行为的因素来鉴定他的发展需要。建议联系苏珊·苏博士,她是这方面服务的优秀专家(电话:888-555-8888)。

3. 尼古拉斯应该接受专门作业治疗服务,帮助解决他伴随着低肌张力的精细动作发展迟缓,以及平衡和运动控制水平的问题。另外,作业治疗师应与饮食专家协同,来调整影响饮食的感觉方面的问题干预。作业治疗师还应在自我调控技能方面做工作以提高儿童技能,因为它与注意力分散和烦躁不安有关。下面是几个作业治疗师的姓名和联系方式:

 a. 波莉·尼克尔斯(Polly Nichols)333-333-3333(儿童医院)。

 b. 海伦·克里斯蒂安松(Helen Christianson)444-444-4444。

 c. 休·米勒(Sue Miller)555-555-5555。

 d. 黛安·肯特(Diane Kent)666-666-6666。

 e. 克拉克·辛特龙(Clark Cintron)777-777-7777(Zinnia治疗网)。

4. 尼古拉斯现在的技能水平没有妨碍他明年上学前班。他的发展迟缓本质上不属于身体发育问题,因此不建议在幼儿班多上一年,只建议监测他的进步。如果随着治疗性干预,他在学术任务上持续遇到困难,那么就有必要接受学习方面的专业服务。

居家和在校的功能性活动建议

1. 尼古拉斯持续地缺乏对听觉指令的注意,可使用以下策略帮助他：
- 用"唱歌"的语调叫他的名字引起他的注意。
- 用成人"自言自语"示范如何跟随指令。从大声说开始："首先,我要去……和……,然后我要(做)……"

2. 尼古拉斯还不知道他身体细分部位的名称。在浴缸里洗澡和穿脱衣服的时候是练习说出身体部位名字的好时机。另外,改编"头、肩、膝盖、脚"(英文歌——译者)这首歌的歌词为"肘、腕、脚踝和眉毛"。

3. 尼古拉斯在整个游戏单元都经历了内心冲突。例如,他渴望吃糖,但知道父母不会同意他吃。在幼儿园环境或在生日会上,尼古拉斯会暴露在各种甜食的环境中,教导他说不允许吃糖果或甜食,会将他置于困难的境地里。尼古拉斯想要糖果,但又知道这是不对的。所以他被迫做出让自己不满意的决定,他决定尊重父母的意愿的话自己会不开心,他做自己想做的事则会让父母不开心。尼古拉斯渴望做对的事情,但显然他的处境让他很难做到。可允许尼古拉斯吃不是甜点的"美味",例如水果做的点心、含有维他命或者其他健康成分的替代品,可能有助于让尼古拉斯不再感到自己对甜食的需要被剥夺了。另外,指定一个时间表,让尼古拉斯知道自己什么时候能吃点心,可能会减少他整天追问的次数。

4. 游戏单元期间,尼古拉斯在获得成功后并没有如预期那样表达高兴。要允许他独立地完成任务,在干预前鼓励他尝试。当他自己完成一件事的时候,他会为自己感到骄傲,这样会帮助他建立自信。持续地多多表扬他,关注他的努力而不是他是否正确地完成了任务。

5. 尼古拉斯在整个游戏单元中表现出对获得控制权的渴望。要允许尼古拉斯在一天中能多次做决定,让他感觉到对环境有一定的掌控感,帮助他减少争权的行为。允许尼古拉斯在适合的事情上有控制权,例如,他不能决定他要不要吃饭,但可以选择用大盘子还是小盘子吃饭。但太多选择也会导致焦虑情绪,例如,如果提供太多的书让他选择,不如让他从五本里选三本来读。当提供尼古拉斯选择的机会时,要确保所有的选择对他来说可接受程度都是同样的。重点在提供可接受的、符合事先设置限制的选择。

6. 尼古拉斯目前不愿完成书写任务,与其让他写名字,还不如提供他视动结合的任务,如书写和绘画,这样会有趣得多。可提供不同类型的书写用具(比如记号笔、宾果记号笔、蜡笔、闪光铅笔、闪光胶棒等)。每周轮换提供选择的用具。提供不同的书写活动区域(例如把纸铺在地上或桌子下面、贴在墙上),提供不同类型的书写用纸(例如大张纸、小纸片、学校用纸)。这些变化会增加他的兴趣,还会帮助他从不同类型任务中找到乐趣。

7. 尼古拉斯在参与角色扮演游戏时有困难。可提供进行角色扮演游戏的具体和抽象的道具,在参与角色扮演游戏时还要提供游戏脚本或可以用的词给他。这样会允许他在游戏中获得成功的体验,会增加他在家和在学校参与这类活动的时间。

8. 尼古拉斯喜欢书,但在阅读和复述故事上有困难。可持续读书给他听,重点是要把书里的字词都读出来,因为书面语言有特定的节奏和语序。建立阅读的体系包括要理解开始、中间和最后的概念。选择对他来说长度适合的书,在读书之前,问他些问题,比如"你猜想这本书讲什么"。读他熟悉的书时,问"这个男孩接下来要做什么"或"为什么这只狗这么脏"。这些提问与记忆及积累词汇有关。不要每读一页都提问题,插入话题或提问会干扰他记住故事发展的主线。每次给他读书时问大约两三个问题,这样做会帮助他在阅读的过程中保持注意。读到最后,问他这个故事发生了什么事情。

9. 目前尼古拉斯遇到任何他感到有挑战的任务时都会求助,他需要开始尝试自己完成任务,在自己做的过程中体会成功。当尼古拉斯面对有挑战的任务时,帮助他思考各种可能性,问他想怎么样才能完成任务,要求他先自己尝试,提供言语引导和支持,表扬他的努力和取得的成果。这样做会帮助尼古拉斯自己思考任务并在完成有挑战的任务的过程中建立自信。

10. 现在尼古拉斯能回忆一个概念或按要求陈述活动序列。他已准备好进一步拓展这方面的能力。在完成一个活动、常规或任务之后,让尼古拉斯告诉你做事的步骤,比如,请尼古拉斯回忆他午餐吃了什么。这样做会帮助尼古拉斯发展他对概念和活动序列的记忆和回忆的能力。

11. 目前尼古拉斯可以导演和谈论他自己的游戏,他已准备好进行更多游戏主题。在尼古拉斯谈论角色要采取的行动之后,让他按自己的想法实施。可用谈论角色动作的方式示范行动而不只是谈论玩具,这样做会帮助尼古拉斯提高角色扮演游戏技能。

作为一个团队,我们很高兴能和你们及你们的孩子一起工作,我们很高兴回答您提出的任何问题,请尽管拨打 222-222-2222 联系我们中的任何一位。

泰瑞·卢卡斯,教育博士,教育专家(Terri Locus, Ed. D. Education Specialist)

艾米莉·格劳斯,理学硕士,作业治疗师(Emily Grouse, M. S., OTR Occupational Therapist)

金·索特纳,哲学博士,教育专家(Kim Sotner, Ph. D. Education Specialist)

吉尔·汉德勒,理学学士,物理治疗师(Gill Handler, B. S. Physical Therapist)

艾玛·休斯,文学硕士,言语语言病理学家(Emma Hughes, M. A., CCC-SLP Speech-Language Pathologist)

报告 2

临床评估总结
华盛顿州安城市东大街 1111 号
电话 111–111–1111

姓名：鲍比·莱利·琼斯（Bobby Riley-Jones）
出生日期：2002 年 7 月 7 日
评估日期：2007 年 4 月 23 日
年龄：4 岁 9 个月
家庭住址：
父母亲：苏珊·莱利，凯文·琼斯（Suan Riely and Kevin Jones）
其他团队成员：

苏珊·格林（Susan Green），博士，早期教育专家（Early Education Specialist）

安布尔·史密斯（Amber Smith），儿科护士执业人员（M. S., Pediatric Nurse Practitioner）

珍·哈里根（Jean Harrigan），物理治疗师（Physical Therapist）

雷切尔·尚波（Rachel Chambeau），言语语言病理学家（M. A., CCC-SLP, Speech-Language Pathologist）

转介原因

鲍比被父母带到诊所是因为注意到他不顺从、无法集中注意力、还容易分心。他的注意持续时间多变，在家和在学校都伴随有过渡困难。父母希望了解是否有什么治疗方法，还希望知道如何找到与他的能力和需要相匹配的学前项目资源。

信息来源

- 健康与发展进步问卷（Health and Developmental Intake Questionnaire）
- 以游戏为基础的多领域融合评估（TPBA2）
- 父母报告（parent report）

评估方法

鲍比在安城早期学习中心的幼儿游戏与学习能力评估(PLAY)诊所接受评估。TPBA过程是在信息丰富的游戏设置中评估儿童,那里有可操作且有代表性的玩具、触觉和艺术材料、建构游戏材料和粗大运动器材等。鲍比与早期干预人员、游戏引导员及他父母苏珊、凯文互动,其他团队成员有儿科护理工作人员、物理治疗师和言语语言病理学家。

评估领域

评估了解儿童多个领域的发展情况。儿童游戏技能能体现出各项功能水平,涉及各个领域的发展。评估还进一步了解认知、感知运动、言语语言、情绪情感和社会性领域发展情况。认知领域评鉴儿童的思考力、排序能力、问题解决技能、基础概念理解力和前学业能力准备情况。接受性的语言体现儿童理解语言的能力,例如听从指令、理解提问、词汇量和按语义说话。表达性的语言是儿童用非言语和言语方式与他人沟通的能力。发音是发出语音并能被他人听懂的能力。情绪情感和社会性功能要了解的是儿童的情感表达、反应和适应性能力、情绪和行为的调控、自主性和动机,还有儿童与同伴、成人和家庭成员有效互动的能力。感官运动领域要了解儿童的粗大运动(大肌肉运动和协调性)、精细运动(手眼协调和操作物品的能力)、自理技能(进食、穿脱衣和如厕)。儿童输入感知信息、加工传递信息和做出适当反应的情况也需要了解。

健康史

鲍比的母亲妊娠时出现了大出血,他在36周大时被剖宫产。出生体重约7磅2盎司高21英寸(约3.25千克重,53厘米高)。阿普加新生儿评分为7分和9分。他的就医史里很突出的记录是学步期大约有10次耳朵感染,1次头部受伤和1次在腿部注射药物的蜂窝组织炎。他从未评估过听力情况。他有季节性过敏,免疫接种及时,每天补充多种维生素。他目前体重43磅,高41英寸(大约19.3千克重,104厘米高)。家庭就医史比较突出的是父系的家庭成员过敏,爷爷有皮肤病,奶奶有癌症。

社交发展史

鲍比和父母苏珊、凯文一起居住,双亲从事体力劳动,全职工作。

以往的发展史

鲍比的发展是典型性的。他好像比同龄人走得要慢些,但精细运动和语言似乎发展得很好。他很少爬,在16个月时开始行走,他过去在理发时常哭闹。

现有发展情况

鲍比沟通情况良好，语言技巧优秀，他的父母和陌生人理解他的言语都没有任何困难。鲍比对大的噪声敏感，如果环境太嘈杂他会捂着耳朵。他喜欢玩玩具，他喜欢的玩具有小汽车、卡车、飞机、乐高和任何可以用来搭建的玩具。他玩蚀刻画板，喜欢电脑游戏。他很多时候好像非常忙，他喜欢足球，最近刚开始滑冰。鲍比能自己穿衣服，但更喜欢父母帮忙。

鲍比和同伴相处良好，但他和父母及其他成人的互动情况多变，依赖于情境。他倾向于理解和同化他人的情感。

鲍比的饮食习惯有些局限，他吃谷物、奶酪、面包、橙汁、法国吐司、鸡蛋、热麦片、意面、百吉饼、酸奶、坚果、米饼、苹果、胡萝卜汁和牛奶。他每天在家和父母一起吃早餐，上学时在学校吃午餐，晚餐是断断续续的，在工作日一般吃个点心或在车上吃饭，他们回家时就快到睡觉时间了。鲍比喜欢甜食，但他父母最近减少他对甜食的摄入量，以便观察是否可以改善他的行为表现。父母相信减少他的糖分摄入，他的行为就会有改善。

鲍比不愿吃红肉或任何的蔬菜，但愿意吃水果，包括苹果、哈密瓜、葡萄干和香蕉。据反映，他对尝试新食物非常不配合，他对食物非常挑剔，不愿把食物混在一起吃或同时吃两种不同的食物。鲍比上床睡觉的时间规律，他睡觉过程包括穿上睡衣、刷牙、读故事然后关灯。他和父母一起的话在沙发或床上都可以睡着。他偶尔会因为移动他而不高兴，但很容易再次安抚入睡。他一开始会和父母一起睡，因为邻近的啄木鸟很吵会吓着他。

鲍比听从父母的要求有困难，特别是当他沮丧时，他会变得具有攻击性（打人）。在过去，家长使用计时系统和暂停的方式管教。最近，他们尝试不理鲍比，并使用贴画系统来奖励他的好行为。

发展观察

鲍比和他的父母一起来参加测评，他对测评者和环境都陌生。他很容易就进到游戏室并开始和游戏引导员交谈。和父母分开对他并不难，凯文和苏珊在一个单独的房间，和家庭协调员在一起，他们能从电视里看到游戏评估的过程。

鲍比很快参与到和游戏引导员的游戏中。他对自己感兴趣的事能保持良好的坚持性并有动机解决问题。他轻易地确定一个问题并解决问题。他持续尝试把拼图拼到一起，即便这费去他不少时间。

鲍比从一个活动过渡到另一个活动有困难，除非他参加新活动时能继续原来的活动。例如，游戏引导员持续玩汽车和卡车主题游戏，需要先让他画或者刻一个停止的标志，然后他才能继续画并剪贴出一个人。对感兴趣的事他的注意持续时间非常好，他需要提醒才能坐下来进行相应水平的活动。鲍比能独立地完成很多任务，但当面对较难的任务时他不请求帮助，也不希望引导员做（他没有求助时），或者干脆想一起放弃。

鲍比的前学业能力表现与年龄相当，他能数到23，能辨认颜色，还能辨认物品的外形和功能。另外，鲍比能听辨字母，假装"写字"。他能指出空间概念（前面、旁边）和数量概念（全部、一半、整个、一些、最多）。他也能适当地回答各种问题，他会在各种情况下使用语言，包括询问信息（"我们从哪儿开始？""消防队在哪里？""什么声音？""那儿有什么？""你知道火车在哪里吗？"）、发表意见（"这挺好玩""我自己做这部分"）、提供信息（"我今天下午要去最好的朋友家""看起来需要新电池，电池用完了"）。评估团队也标注了在很多情况下鲍比不愿求助（比如打开一个盖着的罐头）而更愿放弃和换个活动的特点。在教室里，他会表现得不愿继续参加集体活动或不注意当前的任务。鲍比发展起和年龄相当的语法结构，包括动词过去时（"救护车已经过去了"）、动词将来时（"我将要做个停止标志""我妈妈和爸爸会非常抓狂"）、否定结构（"我们不需要鸡蛋""爸爸，假装你不喜欢射击"）和使用代词。他的说话、声音和流畅性符合年龄、个头和性别。

在评估的整个过程中，鲍比动个不停，在一些游戏情境中他选择坐在地上或跪在地上，反复坐在椅子上又跳起来。尽管要求他坐下，他还是在游戏室里去够纸箱并蹲下在箱子里找东西。他把腿盘在桌腿或椅子腿上，帮助自己能坐着。鲍比喜欢感觉活动，包括在桌子上把橡皮泥压平，扭动发条玩具上的旋钮和看着车轮转动，挖豆子。鲍比显得偏好本体觉输入，关节部位获得深度或集中的本体觉输入对他似乎有帮助。在小型蹦床上跳并推着组合卡车跑上一阵之后，鲍比可以集中精力去组织他的行动。

鲍比抗拒进行精细运动的任务，比如书写和裁剪。他很难保持身体竖直，更愿意趴在桌上或在任务有挑战的时候把用手托着头，他站立的时候用胳膊撑着桌子或是靠着桌子。保持站好的能力弱提示了回避行为而不是肌肉力量或协调性不足。鲍比能用连锁拼图拼出公路，打开和盖上记号笔的盖子，老练地用右手三指抓握记号笔同时左手固定纸张。他用右手拿剪刀，拇指拿着一边，从桌上拉过纸张来剪。他调整手臂从几个不同的方向剪，最后把纸拽到自己的腿间。鲍比在任务中表现出好的视觉注意和手眼协调，他没表现出任何肌肉无力或手部技能发展方面的特征，而困难在于他不能坚持完成那些并非自我发起的任务。

在运动室，鲍比在小蹦床上跳得就像他在检测这个设备的性能。他的动作看起来冲动，因为他没把同在一间运动室的其他孩子当回事。看起来大的东西、声音和这个房间里的活动对他有过度的刺激。在开阔的空间中，鲍比几乎毫无顾忌地四处跑。当他在室外玩耍，鲍比只有在爬过毛毛虫隧道时才会慢慢地、仔细地移动身体，这个隧道可以比作"子宫空间"，一个降低感觉的输入允许孩子变得专注的环境。

鲍比在游戏单元中一直参与活动直到游戏引导员介绍用剃须泡沫来玩游戏。鲍比摸了摸剃须泡沫但很快想把它从手上擦掉,他说"如果我把这个沾在手上或衣服上,我妈妈和爸爸会生气的",他粗暴地搓手甩手想要把泡沫甩掉。这个行为被有趣地记录为在游戏评估中鲍比会用"父母会生气"作为借口不做一些事。因为当询问父母时,父母反映他们并没有和他说过这些行为会给他带来麻烦。

临近评估结束时,凯文和苏珊进入房间和鲍比玩耍,鲍比这时表现得比与游戏引导员玩耍时更抗拒和具有攻击性。在互动开始后不久他就开始打爸爸的肚子,并常常指导或者反对爸爸的行为。他要求更多支撑来坐着读书,而读书并不太吸引他。

鲍比明显不喜欢剃须泡沫的质地,他的饮食清单有限,对声音过于敏感,还表现出感觉整合失调。人们能用感官接收、传递、组织、整合或综合感觉信息,所以能自动地对刺激做出适当的反应。当自动整合感觉信息和做出适当反应的能力失调,就可能造成感觉整合失调。这种失调会对儿童的学习能力、社会适应功能以及完成日常生活中的活动,如穿衣、用餐、完成作业,造成消极的影响。有的情况下,儿童过易或过多地获得了感觉,会造成对感觉反应过度。结果他们对感觉信息"或站或逃",这种情况叫做"感觉防御"或感觉逃避。鲍比在评估的所有领域都有回避的行为,显得有些感觉统合方面的问题需要注意。

总结

鲍比的运动技能掌握得好,做感兴趣的事时也完成得很好。但当从一个活动过渡到另一个活动时,他需要更多支持和媒介。他的问题解决技能优秀,但当他需要帮助时,他不会直接求助。相反,他期望别人来完成这个任务。他使用的应对策略很有趣,他通过告诉引导员如果他做事或触碰什么东西的话爸爸妈妈会生气来回避。鲍比遵守要求有困难,但他父母正在找帮助他的策略。鲍比有耳朵反复感染的病史,但从未检测过听力。他有与年龄相适应的理解语言、使用语言和言语组织技能。他在家和在学校都有听从指令方面的困难。在评估过程中,鲍比有时对提问或指令没有反应,当时的表现好像他常常聚焦在正在做的事情上,直到被视觉或听觉信息打断。鲍比是个有活力的男孩,粗大运动和精细运动能力和同龄孩子相当。他对冲动的控制力弱是因为感觉统合的问题,感觉统合是学业成功的重要组成部分。父母也认同评估人员的印象,鲍比在游戏单元中的表现体现了他现有的功能水平。

建议

服务和支持建议

1. 做听力学的评估,检测他的听力情况,对鲍比有好处。做听力检查可以在华盛顿县学区找到儿童中心团队完成,电话 333 – 333 – 3333。

2. 一项家庭友好资源是感觉统合网站(www.sinetwork.org)。更多关于感觉统合的信息包括如下方面:

a.《不同步的孩子:认识和应对感觉过程失调》(*The out-of-sync child: Recognizing and coping with sensory processing disorder*),修订版,卡罗尔·斯托克·科雷诺维兹(Carol Stock Kranowitz)著(Perigee,2006)。

b.《不同步的孩子很快乐》(*The out-of-sync child has fun*),卡罗尔·斯托克·科雷诺维兹著(Perigee,2003)。

c.《感觉统合与儿童》(*Sensory Integration and Child*),25 周年版,A. 珍·艾尔斯(A. Jean Ayers)著(Western Psychological Services,2005)。

3. 简·韦斯特(Jane West)博士在儿童医院实施感觉统合研究,电话 333 – 333 – 3333。这地方对孩子目前和将来可能会有益处。

4. 建议鲍比接受职能治疗,以下是部分作业治疗师的姓名及电话:

a. 乔丹·泽曼斯基(Jordan Zemanski)222 – 222 – 2222。

b. 凯特·朱莉(Kat Jolie)333 – 333 – 3333(儿童医院)。

c. 克莉丝·休斯(Chris Hughes)444 – 444 – 4444。

d. 梅格·斯韦林根(Meg Swearingen)555 – 555 – 5555。

e. 迪肯·格林(Dykon Green)666 – 666 – 6666。

f. 克拉拉·辛(Clara Cin)777 – 777 – 7777(百日草治疗网)。

5. 鲍比目前行为表现伴有注意缺陷多动障碍(ADHD)。如何管理这些行为是个多学科的任务,需要合作解决。

6. 如果得到鉴定和按建议实施干预后鲍比听从指令的困难(例如注意力任务、冲动行为、感觉统合等方面的问题)持续存在,或是需要增加学业方面的帮助,让鲍比接受进一步的语言评估是有好处的。需要进一步测评鲍比加工听觉信息的能力。

7. 鲍比是个聪明的小男孩,学前班的学业活动难不倒他,遵守常规和按预定的期望行动对他而言更难。因此找到适合他的课堂是重要的,一个干净、要求明确和有后果强化的结构化的环境会使他发展获益。没有太多视觉和听觉刺激、低师生比的环境都对他有好处。在寻找可能合适的学校时,作为父母你也许想向老师了解以下问题:

• 师生比是多少?
• 课堂规则是什么?
• 学生阅读时如何分组?
• 每天的活动日程是什么,学生怎么知道这些日程?

- 如果有学生不参加课堂学习,你会怎么做?
- 你的课上曾有过感觉统合问题的学生吗?
- 你愿意同鲍比的物理治疗师一起工作吗?
- 你是如何与家长沟通的?
- 你的课堂座位是如何排的,多久变换一次?

给家庭和学校的特别建议

1. 鲍比有感觉统合方面的问题,表现为他动个不停,喜欢快速和经常的感觉体验。鲍比显示需要本体觉(在肌肉和关节部位)和前庭觉(运动)输入。本体觉输入能帮助鲍比知道他身体的空间位置,但他对寻找这些输入信息的兴趣影响了他的行为,使他和别人互动困难。他希望按自己的想法行事,导致了他的行为和社交问题。鲍比需要通过有意义的、具有功能的和社交性的方式获得感官输入。建议采取以下措施满足他的需要:

- 推或拉开重重的门,拿重物(比如电话簿、玩具箱、洗衣篮)。这么做能为鲍比提供他寻求的感觉输入。
- 用厚重的马甲来提供身体深度压力。游泳是提供阻力和活动机会的绝佳方式。这些活动可能有助于安定情绪。
- 放"乱糟糟的玩具"在鲍比手里,帮助他集中注意力,尤其是在学校时。这些"乱糟糟的玩具"提供的感觉信息可能减少他经常动来动去的需要。

2. 鼓励鲍比参与重体力活动,提供铲雪、在铺着地毯的房间里推重家具、用纸巾擦窗户、耙树叶或玩拔河等游戏。

3. 鼓励鲍比在完成较难的任务时求助。他是个聪明可爱的男孩,指导他在需要帮助时求助是第一步。接下来,当他尝试完成一项任务时,给他多一些时间,直到他被难住了,不过等待的时间对家长来说比对他来说要长。当他递东西给您或不时看您的时候,给他些建议,比如"如果你需要帮忙请告诉我",或者"哦,我不知道你需要我帮忙"。

4. 鲍比需要明确的规矩。他在家里显得做了太多的主。太多控制权带来的困难会使这个年龄的孩子感到不堪重负。建立适当的规矩、发展出持续遵守规矩的策略是个困难的任务但也是必需的。提供给鲍比做决定的机会,并通过给他有限的选择来控制局面。例如,他不能选洗不洗澡但可以选择是泡澡还是淋浴。这些选择限制了他,所以鲍比在做事时也只能适当地说了算。

5. 据报告,鲍比在活动过渡方面有困难,实施顺利的过渡的最好方式是用其能理解的方式帮他准备好应对变化。他可能是因为感觉的问题才在活动过渡方面有困难,最好的办法是有一系列日程安排让他知道活动转变是一日常规的组成部分,也让他知道接下来要发生什么。对那些不熟悉或非预期的活动转换,可以通过提醒让鲍比知道他即将面临什么样的感觉环境,例如,"我们将要去参加一个集会,那里会有响声和很多人,你要是需要到外面去休息一会避开噪声,你可以告诉我"。事先提供他应对策略,让他在活动开始前和活动期间都能有安抚自己的办法(比如,吃口香糖或拿着一个大而沉的豆袋)。

报告 3

富兰克林县早期儿童中心

儿童姓名:索菲·皮科内(Sophie Piccone)
出生日期:2003 年 3 月 17 日
评估日期:2004 年 5 月 19 日
年龄:1 岁 2 个月
父母亲:约瑟夫和弗朗茜·皮科内(Joseph and Francie Piccone)
其他团队成员:

卡蒂·卡谢尔(Katie Kachel),博士,早期教育专家
玛丽莎·威克菲尔德(Marrisa Wakefield),科学硕士,从业儿科护士
麦迪逊·奥斯吉(Madison Osgood),物理治疗师
道恩·奥斯丁(Dawn Austin),文学硕士,临床能力证书,言语语言病理学家

转介原因

索菲是被儿童照料中心的老师转介到富兰克林县早期儿童中心的。索菲的父母,约瑟夫和弗朗茜·皮科内对索菲发展的整体情况存在疑问,因为她的行为和活动与同龄人不同。约瑟夫和弗朗茜·皮科内想要了解索菲是如何与他人及所处的环境互动的,并想学习一些能帮助索菲提高与人交往互动及整体发展的策略。

信息来源

- 健康与发展进步问卷(Health and Developmental Intake Questionnaire)
- 以游戏为基础的多领域融合评估(TPBA2)
- 父母报告(Parent report)

给父母的建议在本报告的第 3—4 页。

评估方法

在富兰克林县早期儿童中心,索菲通过以游戏为基础的多领域融合评估(TPBA)单元进行评估。TPBA 是在信息丰富的游戏设置中评估儿童,那里有可操作的有代表性的玩具、触觉和艺术材料、建构游戏材料和粗大运动设施。索菲与早期干预人员或游戏引导员及她父

母约瑟夫、弗朗茜互动，其他团队成员有儿科护士、物理治疗师和言语语言病理学家。

评估领域

评估了解儿童多个领域的发展情况。儿童游戏技能可以体现出各项功能水平，涉及各个领域的发展。评估还进一步了解认知、感知运动、言语语言、情绪情感和社会性领域发展情况。认知领域评鉴儿童的思考力、排序能力、问题解决技能、基础概念理解力和前学业能力准备情况。接受性的语言体现儿童理解语言的能力，例如听从指令、理解提问、词汇量和按语义说话。表达性的语言是儿童用非言语和言语方式与他人沟通的能力。发音是发出语音并能被他人听懂的能力。情绪情感和社会性功能要了解的是儿童的脾气、活动水平、反应能力和适应能力，以及儿童与同伴、成人和家庭成员有效互动的能力。感官运动领域要了解儿童的粗大运动（大肌肉运动和协调性）、精细运动（手眼协调和操作物品的能力）、自理技能（进食、穿脱衣和如厕）。儿童输入感知信息、加工传递信息和做出适当反应的情况也需要了解。

历史

索菲 1 岁 2 个月时曾被诊断为斜头、斜颈和发展落后。索菲是弗朗茜和约瑟夫唯一的孩子，她每周上 3 天幼托班。

弗朗茜妊娠期间情况复杂，索菲是通过人工授精孕育的，弗朗茜患有卵巢过度刺激综合征，身体情况并不好，她持续有大量的盆腔积液（在各个器官之间），这些积液需要排空多次。弗朗茜孕期因为无法运动，体重增加了 70 磅（约 31.75 公斤），她做了产前三重筛查，检查结果良好。随后根据医生的建议，她做了羊膜穿刺术，以排查胎儿是否有患唐氏综合征的可能。弗朗茜生产经历了 12 个小时，索菲的头大，分娩时医生使用了产钳。索菲体重 8 磅 11 盎司，身长 22 英寸（约 3.9 千克，55.8 厘米）。目前索菲晚上会用安抚奶嘴，准备入睡时要把柔软的衣服拉上来盖在自己脸上。

起先，索菲睡眠时间很长，很难给她哺乳，因为她吃着奶会睡着，还常常会吐奶，和环境的互动少。最初一个月是母乳喂养，之后一个半月混合喂养，最终过渡到用配方奶喂养。索菲有三次耳朵感染，每次都伴随着感冒，还有一次尿路感染。她现在体重 24 磅身高 31 英寸（约 10.9 千克，78.7 厘米）。她吃多种用手拿着吃的食物，喜欢干、脆的食物，比如干麦片、饼干和椒盐卷饼。

家庭医生卡曼博士，注意到索菲在粗大运动方面有困难，头部形状不对称，所以她推介索菲做门诊理疗。索菲曾在 2003 年 12 月做过评估，从 2004 年 1 月开始每周接受治疗并每天佩戴 23 个小时矫形头盔。博尔德社区医院的理疗师认为索菲有一些感觉统合方面的问题，开始让她加入触觉刷项目（Wilbarger brushing program）。索菲的所有照料者都发现开始使用触觉刷后她有了显著的进步。事实上,弗朗茜在父母问卷中提供的信息已经过时了,索菲的一些自我刺激行为已经停止,她开始对周围的环境有更多觉察,当父母到托儿所接她时她踢腿并微笑就说明了这一进步。另外,一位神经科医生在2004年5月16日看过索菲,他建议给索菲做大脑核磁共振成像、血液和染色体测试。

发展观察

索菲是个好脾气,整个游戏单元都表现得挺愉快,尽管她的表达有些含糊不清。当她高兴时会微笑,兴奋时会拍手,还会踢腿(大多数时候是右腿)并发出咯咯声。尽管索菲会参与玩玩具,对新环境也不害怕,但她很少有情绪表现在脸上。索菲对物品的兴趣大于对人的兴趣,导致了社会互动减少。对熟悉和不熟悉的物品她都表现出喜欢,也都是用嘴来探索它们。她特别喜欢能发声或发出音乐的玩具,她对一个引导员按下按钮就发出音乐声的玩具的注意持续时间最长。当音乐响起,索菲摇晃上身并微笑。她还喜欢用脚击打球,把玩具挥来挥去。她用身体活动来表达情绪多于用面部表情。

索菲尝试把相似的玩具居中摆放,比如嵌套杯、波普珠珠,她也和物理治疗师玩过。玩玩具时,她专注于手中的物品,很少与游戏引导员有眼神接触。她最高水平的社会互动是她把空勺子递到游戏引导员的嘴边。索菲对妈妈或爸爸进入或离开游戏室显得毫无察觉,尽管她表现出认出并期望父母一起玩身体活动幅度增大的游戏。

总体来看,索菲与父母玩时表现出来的认知水平和与游戏引导员一起玩时类似。她尝试从箱子里拿出玩具,碰碰杯子,向前向后滑动车子,试图按下玩具上的按钮。索菲会去找藏在衣服下的玩具,她好像认出一些玩具是类似的,可以"放在一起",当相似的玩具摆放得很近时,她把它们放在一起。例如,她把一片拼图放在拼图板上,把波普珠珠放在一起,碰碰嵌套杯,她还会看看书上的图画,即便她并没有翻书。

索菲接受性语言和表达性语言的技能水平和她的整体功能水平是一致的,她对声音做出反应的方式也很多样。当她听到音乐时会拍手和摆手。当她身后传来很大的噪声时,她延迟了几秒转向声音,但并没有被吓到。她能跟随声音但在听到妈妈的声音时没有做出不同的反应。索菲在别人朝她微笑时也微笑,但没有始终看着引导员的脸和嘴巴。

索菲在整个游戏单元发出了各种声音,但总的来说是个安静的孩子。当和父母一起在游戏室里时,她发声有少许增加,但声音的组合没有变化。当爸爸在她闲逛时将她抱起,她会说"爹地",她会发出很多元音,包括"ahhh""ahee ahee"和有限的拼读组合音,包括"dadadada""braabraa"。她能模仿自己已会的那些发音,一般会延迟几秒。在游戏单元将要结束时,引导员向她挥手说"byebye",起初她没有反应,但几秒后,索菲也挥了挥手。

在各个体位,索菲都表现出低肌张力(比如平躺着、趴在地上、坐着)。她能独立地抬头转头,活动胳膊和腿,偏好使用右手和右腿去够玩具、爬行。她喜欢斜靠着玩。坐着的时候背是弯的,骨盆后倾,很少用腹部和后背的肌肉,而使用这些肌肉能保持姿势,协助完成直立的活动。

总的来说,索菲的认知、语言、情绪和社会性发展处于3—6个月的水平。重点要关注她对成人的有限关注和示意。为了帮助她学习语言、提高游戏技能,索菲需要对他人在做的事情感兴趣,去看、去模仿成人。

健康和服务建议

1. 整合发展儿科医生提供的神经、基因、健康和发展方面的信息;
2. 继续运动和言语技能的个人治疗,增强认知、语言和运动发展所需的技能。

功能性建议

1. 当和索菲玩肢体游戏时,玩得高兴的时候停下动作并等待,好让她发一些声音或做一些行为上的表示,表示她想要你继续玩下去。这类活动促进了对因果关系的了解,还能使她发现自己的行为对所处环境的影响。

2. 索菲会发出一些声音,是个好的模仿者。她已经准备好在能力所及范围内发出更多样的声音。给她示范其他的元音,并在她发出声音时,用同样的语调模仿她的声音,等她模仿你。经过这样几个重复对方声音的回合后,尝试对声音做微小的改变,观察她是否模仿你,一定要等待足够长的时间。这么做将会增加她在能力范围内发出的声音的种类,也能提高她轮流的能力。

3. 索菲现在还把大多数递给她的玩具或物品放到嘴里,但她已经准备好增进她的探索和游戏的行为。可增加索菲探索玩具和物品的机会,鼓励她用不同的行为来玩(例如坛坛罐罐和可活动的、可滚动的、可改变的物品)。你可能需要示范不一样的行为以便让她模仿(例如敲打表面),允许她坐在有支撑物的椅子上,让手和胳膊能解放出来探索物品。

4. 把给索菲读书当作常规活动。书面语具有区别于口语的特别韵律和顺序。给很小的孩子读书能提高他们的词汇量、顺序感和整体的阅读能力。挑选些简单的、可预测的、文字少、图画颜色对比强烈的图书。使用硬版书会比较容易操控。

5. 在进行游戏和每日常规(例如换尿布、喂食、穿衣、洗澡)时,对索菲用描述当下事情的方法来告知她物品、身体部位和动作,例如:"你饿了""这个是你的奶瓶""我抓到你的脚了"等等。这会帮助她理解和使用语言。在这些活动和日常活动中与她面对面互动是重要的,因为这样做是会鼓励索菲延长玩语言游戏的时间。示范并鼓励索菲模仿嘘声、弹舌音、元音、辅音(d, m, b)及元辅的组合。持续发一个声音,然后停顿等她,让她有机会试着发出这个声音。当她发出这个声音,模仿她的语调发声,做轮流发声的游戏。

报告 4

独立学区：确定残障和教育需求的全面个体评估

学生姓名：玛丽亚·马丁内斯(Maria Martinez)
学校：独立小学
年级：PPCD
出生日期：2004 年 6 月 13 日
性别：女
父母或监护人：朱安和康齐达(Juan and Conchita)
地址：
电话：999-999-9999
报告日期：2007 年 10 月 31 日

转介原因

玛丽亚现在 3 岁 4 个月大，她父母注意到她的表达性语言和她所说的话令人费解，因此寻求进行全面的个别化评估。他们希望能看到玛丽亚表达性语言方面的进步。2007 年 10 月 9 日完成了一次预先评估，评估团队标注玛丽亚在发音技能上发展落后。2007 年 10 月 21 日又进行了一次全面评估，这次评估将协助鉴别是否存在影响到玛丽亚发展的残障，是否达到需要特殊教育干预和服务的程度。

身体及健康评估

家庭提供的信息

根据玛丽亚的家长即妈妈的报告，之前她的身体健康并没有出现问题，出生后也没有发现异常。玛丽亚是足月妊娠且在医院出生，体重 6 磅 3 盎司（约 2.81 公斤）。玛丽亚目前健康状况良好，没有大病、受伤或外科手术的记录。经医生检查，玛丽亚的听力和视力正常。在本次评估中不对玛丽亚的听力和视力做正式评估，不过，游戏时会观察到玛丽亚对所处环境中的声音能否做出适当的反应，能否追视玩具和环视房间看不同的物品。基于这些观察信息，玛丽亚的听力和视力表现正常。如有必要她会在一项相应的项目中接受正式的筛查。

社会学评估

家庭提供的信息

家庭提供的信息表明英语是玛丽亚在家使用的第一语言,她拉着你的手并借助手势、单词和短语时,她的表达是最好的。基于父母提供的信息,评估过程使用英语,不需要翻译。玛丽亚和父母住在一起,有一个 7 岁半的姐姐和一个双胞胎弟弟。她周一和周三的 9:30 至 13:30 参加当地母亲外出日项目,家庭成员喜欢游戏、阅读、游泳和旅行。

文化、语言和经验的背景

玛丽亚的社会学背景中没有表现出存在文化或生活方式因素可能显著地影响到她的学习方式,她的成长史也没有表现出早期教育机会的缺乏。

发展评估和观察

玛丽亚的评估是通过 TPBA 进行的。TPBA 在一个信息丰富的游戏环境中评估儿童,游戏设置中有可操纵的、有代表性的玩具,可触碰的材料和艺术材料、建构游戏材料、粗大运动器材等。在预先评估过程中,玛丽亚与妈妈、弟弟及游戏引导员互动,全面评估时,玛丽亚与妈妈和游戏引导员互动。玛丽亚的妈妈是评估团队的一个成员,她提供反馈,确定观察的行为是否为玛丽亚"典型"的表现。玛丽亚进入评估室时微笑着把脸埋在妈妈的手里,当指引她到桌子这里,像她弟弟那样看图片时,玛丽亚表现得非常顺从,做起来好像早有准备。玛丽亚很容易参与到发音测验的看图和命名图片任务中。完成测验后,玛丽亚进入游戏室,她径直走到玩具厨房,假装做饭并喂自己的妈妈和宝宝吃饭。玛丽亚回答妈妈一些关于她烹饪食物的问题,但随后转向和游戏引导员玩。玛丽亚在评估过程中通过给妈妈看玩具或评论,时刻确认妈妈在身边,结束评估接近尾声时,玛丽亚尝试让妈妈参加婚礼场景的游戏和玩钓鱼玩具。

情绪情感和社会性发展

家庭提供的信息

玛丽亚妈妈康齐达提供的信息中,把玛丽亚描述得非常可爱。她关注和享受涂色、拼拼图。康齐达报告玛丽亚一般情况下似乎挺开心,活动水平正常,玩玩具的方式适当,她很容易听从指令,喜欢玩假装游戏。玛丽亚也会固执、脾气暴躁,她妈妈认为当她的表达不被他人理解时,会尖叫哭闹。玛丽亚非常随和,不介意日常生活中的改变。她愿和不熟悉的人互动,容易交朋友,喜欢和各年龄的朋友玩耍,她玩游戏时很合作,似乎是个领导者。让玛丽亚离开妈妈并不困难。

评估提供的信息

玛丽亚在整个评估过程中大部分时间是安静的,她常常在别人对自己说话时才说话,她能参与基本游戏对话并观察和探究不同玩具是如何操作的。玛丽亚在游戏期间一直是微笑的,她在假装吃披萨和当狗尾巴打转身体摇来摇去时会大笑。玛丽亚愿意分享,记录显示她给游戏引导员一块披萨,和引导员轮流玩所有的玩具。玛丽亚能引导和跟随游戏,她很容易转换到另一个活动。玛丽亚表现出来的情绪和社交技能与年龄相当。

总体知识/认知情况

在评估过程中玛丽亚表现出如下类型的游戏:探索、关系、建构、角色扮演等。她的关系游戏表现在玩兽医套装,她用镊子从狗耳朵里拉出什么东西,用耳镜检查狗的耳朵和眼睛,用听诊器听狗的心跳。玛丽亚使用橡皮泥做成"一条蛇"的形状,表现出她能构建出与其他物品不同的一个事物。在角色扮演游戏中,玛丽亚表现优秀。当她玩游戏屋时,玛丽亚拿了妈妈玩偶,让她走上楼梯,把玩偶放在浴缸里洗澡,她用妈妈的声音回应游戏引导员关于谁来扮演其中的一个孩子的疑问。当玛丽亚和游戏引导员一起玩人偶和公交车时,玛丽亚把她拿的人偶放到公交车上,假装这个人四处张望,然后问她的朋友在哪里。

玛丽亚在玩喜欢的游戏和那些游戏引导员选出的用于额外时间的游戏时,表现出长时间持续注意力。她容易参与到发音测验和游戏过程中的所有活动。玛丽亚知道不同玩具和物品的功能和用途,例如,她知道马克笔是用来画画的,剪刀是用来剪开东西的,鱼钩是用来钓鱼的,勺子是用来吃饭的。玛丽亚用了多种解决问题的办法,她扫视厨房区发现披萨刀在架子上,当玩芭比的狗洗澡玩具时,她用精细运动技能拿起很小的梳子给芭比梳头。当玛丽亚把拼图放在一起时,她反复尝试把碎片翻过来放在正确的位置。她玩娃娃家的时候,玛丽亚表现出自言自语,她边移动娃娃边说"c'mon"和"hmm"。玛丽亚能辨别多个身体部位:脸、胳膊、头发,她还说出了"星形"。她匹配了一套拼图的形状,说出颜色:粉色、紫色、黄色、桔色、蓝色和白色。当被问道:"生日蛋糕上有几根蜡烛?"她回答正确:"1根"。她还在桌上的每个盘子里放一块披萨。玛丽亚的通识技能与其年龄相符。

沟通和语言发展情况

家庭提供的信息

家庭报告玛丽亚通过拉着你的手、手势、表达性词语和短语来沟通。她在家听从指令,当被问时,她会用手势或单个词来回答。家庭成员能马上听懂她表达内容的30%,陌生人能马上听懂的仅有15%。当玛丽亚不被理解时,她很受挫,可能会尖叫和哭闹。家长标注:与其他的3岁儿童相比较,玛丽亚的说话技能是落后的。

从评估提供的信息

玛丽亚在整个游戏过程中很多时候是安静的,她的表现非常容易观察到,当她检查事物是什么样子以及如何运作时口头表达更少。当玛丽亚观察时,她开始和游戏引导员说话,她表现出是可以用2—4个单词的句子来发表意见的。例如,当做发音测验看图画时,玛丽亚说:"妈妈有梳子。""我的狗叫露露。"当玛丽亚指向装扮用的鞋时,她表示"我需要这些鞋子",后来当她把生日蛋糕拼图放在一起时,她说:"一个生日蛋糕。""我-生日-我家。"当玩兽医玩具时,玛丽表示"我-有-狗狗家"。玛丽亚在和游戏引导员及妈妈谈话时用了多个名词(玩具、食物、人们、动物、身体部位),动词(是、有、赢、在、收、喜欢、想要、不能、做、看、用),形容词(大、小、其他)和代词(我、你、他、我的)。玛丽亚也开始尝试使用介词,在游戏对话中她用"在"(in)。玛丽亚在评估过程中表现出提出要求的能力适当,当看到游戏引导员玩理发店玩具时,她指着玩具说:"我想要玩这个。"当她想要妈妈进来一起玩婚礼蛋糕游戏时,她走向妈妈,抬起头,轻声说"你"并指向放在小桌子上的蛋糕。评估时玛丽亚也能表示反对。玛丽亚要求妈妈和自己一起玩婚礼蛋糕游戏时,她被告知要等2分钟,玛丽亚看向妈妈说:"不。"进入游戏室做游戏的初期,游戏引导员拿起一个娃娃玩偶,请求妈妈玩偶做早餐吃。玛丽亚拿起妈妈玩偶说:"不。"玛丽亚还能适当地提出问题,她拿起一个娃娃玩偶,假装娃娃在四处找什么,并问道:"妈妈,你在哪里?"看到橡皮泥玩具时,她拿起切蛋糕的工具并问:"这是什么?"在评估接近尾声时,玛丽亚拿着钓鱼玩具走向妈妈,问她:"想玩吗?"

在接受语言的方面,玛丽亚持续对自己的名字做出反应,她会看向叫她名字的游戏引导员或妈妈。她能很好地参与聊天,玩耍时和游戏引导员保持目光接触。玛丽亚在评估过程中听从指令。当告知她脱掉自己的网球鞋才能穿上装扮的鞋时,她低头看着然后脱下自己的网球鞋,很快地穿上装扮的鞋子。当被告知把橡皮泥放回理发店玩具盒,让她把理发店玩具放到椅子上面的时候,她很顺从。玛丽亚表现出能正确回答问题的能力,当被问到:"你拿的是哪个(八宝盒里的)玩具?"她回答:"粉色的。"游戏过程中,问玛丽亚"杰克今天在哪里?"她看着游戏引导员说:"他在家。"随后又很快改口答道:"他在迈尔家(一个朋友的家)。"当玩兽医玩具时,问玛丽亚"你的狗狗叫什么名字?"她很快回答:"露露。"玛丽亚还正确地用是/否作答对应的提问。玛丽亚感知语言的技能处于同龄儿童的平均水平。

在发音方面,玛丽亚的一些语音加工模式与同龄儿童的不同。例如,她持续使用停顿、单词和连读时出现中间辅音缺失及最后辅音缺失。特定的错误发音在下面的说话范本中做了标记。玛丽亚的连读很难让人听懂,特别是对她不熟悉的人,甚至有时听众已经知道谈话内容也不容易听明白。总体上玛丽亚的模仿技能较好。记录表明当她模仿游戏引导员说出单个词汇时,她的发音接近正确。例如,在玩拼图游戏时玛丽亚用中间辅音,模仿长方形时她说 wetaō,模仿椭圆形时她说 ōbō for oval。

说话的例子如下:

- 应该说 I have Polly Pocket 时她发音成 I hae Pa Pa。
- 应该说 it mine 时她说 ĭmai。

- 应该说 he wins 时她说 He wi。
- 应该说 I can't get it 时她说 ca de i。
- 应该说 I got doggy home 时她说 I da daō hō。
- 应该说 He my puppy 时她说 He my puē。
- 应该说 I like these shoes 时她说 I nai dē dū。
- 应该说 I wanna do that 时她说 I wūǔ do dae。
- 应该说 Momma where are you? 时她说 Momma wā ah you?
- 应该说 I use pink 时她说 I yū pē。

结构化影像发音测验Ⅱ（Structured Photographic Articulation Test，SPAT-DⅡ）发现下面的发音错误：

首音：t/k, d/g, n/f, m/v, n/清音 th, n/浊音 th, sh/s, n/z, t/ch, d/j, w/l, w/r。

中间音：n/p, t/k, t/v, b/清音 th, t/s, d/j, 省略 m, n, d, g, z, sh, r。

尾音：遗漏 m, n, ng, b, t, d, k, g, f, v, 清音, th, s, zsh, s, z, sh, ch, j, l, r。

混合音：s/sw, k/sn, t/sl, t/st, b/br, t/tr, d/kr, d/dr, f/fi, b/bl。

感知运动发展情况

在 TPBA 中，玛丽亚用手在身体中线、越过中线操作玩具，把物品从这只手传到另一只手。当她玩橡皮泥和娃娃家时，她表现出所有这些技能。玛丽亚用指尖抓握马克笔做精确的小幅度涂鸦动作，她偏好使用右手。她按压多个玩具上的按钮，不需协助就能打开装橡皮泥的容器。玛丽亚用黏土剪刀开合，并试着给玩具理发。她还挤压、拉、滚动橡皮泥，把蛋糕刀压橡皮泥要做一只球拍。玛丽亚的精细动作发展水平符合其年龄水平。在整个评估过程中，玛丽亚行走、站立、坐、跪和蹲着，变换姿势毫不费力。她还穿着装扮的鞋单脚站了一会儿。玛丽亚走阶梯上滑梯，两脚轮换着走，当她走室外台阶时她用追赶的方式，她的粗大动作发展符合其年龄水平。

自理技能

父母报告，玛丽亚从一个敞口杯里喝水，用叉子和勺子自己吃饭，脱衣服不需要帮助但穿衣服时需要帮忙，她能穿脱鞋子。玛丽亚能独立地洗手和擦干手。玛丽亚在接受如厕训练，玛丽亚的自我服务技能水平符合其年龄水平。

辅助技术

玛丽亚没有表现出身体方面的问题，如有身体方面的问题就必须考虑提供包括体育在内的适合她的教育。录取、复审和撤销委员会（ARD）需要考虑辅助技术来提高个别学生的功能水平以实现学业成就。这次评估中玛丽亚没有表现出需要辅助装置或辅助技术。然而，重要的是要记住权衡使用辅助技术并评估它对教育项目中的学生所发挥的作用是个渐进的过程。随着学生的需要和能力的变化,辅助技术的作用也随之发生变化。最好的情况是,持续监控学生使用辅助技术装置和从中获益的情况。

担保/保证(assurance)
- 跨领域团队保证测验、评估材料及使用过程均基于评估的目的并经过选择和监管,不带有任何种族和文化歧视。
- 跨领域团队保证测验、评估材料及使用过程均基于评估的目的并按学生母语或其他沟通模式提供和管理,除非这些方式很明确不适用于评估。
- 跨领域团队保证标准化测验和其他评估材料已被确认能有效达成特定的目的而使用。
- 跨领域团队保证测验和其他评估材料由经过训练和有相关专业知识的人士使用,按照生产商提供的使用指导来使用。
- 跨领域团队保证评估工具和策略提供的相关信息,对帮助人们确认学生的教育需要有直接的指导作用。

总结/残障鉴定

玛丽亚是个 3 岁 4 个月的小女孩,她在沟通领域表现出显著的落后,对她在学校环境里与同伴和成人沟通有不利的影响。基于之前的数据描述,玛丽亚显露出的障碍类型归属于发音方面的言语障碍。录取、复审和撤销委员会(ARD)会根据玛丽亚对特殊教育服务的教育需要情况对她获得特殊教育权利做出最后鉴定。

给录取、复审和撤销委员会(ARD)的建议

录取、复审和撤销委员会(ARD)应从以下方面考虑玛丽亚需要发展的沟通技巧:
1. 能达到与年龄相应的单词发音和连读水平。
2. 减少单词和连读时的最后辅音省略。
3. 减少单词和连读时的中间辅音省略。
4. 减少单词间和连读时的停顿。

第二部分

以游戏为基础的多领域融合干预
(TPBI2)

第九章　TPBI2 的基本原理

以游戏为基础的多领域融合干预是一种功能性方法,用来干预被识别出来有特殊需求的、或是存在风险的儿童。TPBI2 过程的基础是整合家庭、儿童保育中心或早期教育环境的游戏和其他活动中的基于团队的个性化策略。TPBI2 研究建立在评估过程中获得的信息之上,推荐在 TPBA2 之后使用。在 TPBA2 期间,包括家庭成员在内的团队确定孩子当前的技能和行为、互动风格、学习过程、需要关注领域以及下一步的发展和学习。在 TPBA2 的计划阶段以及随后的干预过程中,TPBI2 可以用于识别干预优先事项,确定环境的调适,选择人际干预策略,并规划将这些手段整合于日常活动中的方式。团队成员应该使用第二版《以游戏为基础的多领域融合干预》中的资料,与儿童保持积极的、有趣的、自然的互动,从而提高孩子的参与度、积极性以及保持学习新技能和行为的恒心。

9.1　干预视角的变化

自《以游戏为基础的多领域融合干预》(Linder,1993b)首次出版以来,受理论、研究和立法的影响,儿童早期干预领域已经历了一个演变过程。干预的新方向包括以下方面的改变:(1)针对家庭和儿童测量的早期干预/幼儿特殊教育(EI/ECSE)的结果(Chambers & Childre, 2005; Guralnick, 2001; Sameroff & MacKenzie, 2003);(2)由此产生的个体化干预目标(Campbell, 2004; Greenspan & Weider, 2003; Keilty & Freund, 2004);(3)为解决这些目标而提供的服务地点(Childress, 2004; Dunst, 2000, 2001; Dunst, Bruder, et al., 2001);(4)专业人士在儿童和家庭中的角色与作用(Casey & McWilliam, 2005; Dunst, Trivette, Humphries, Raab, & Roper, 2001; Greenspan & Weider, 2003; Hanft, Rush, & Shelden, 2004; Kaczmarek, Goldstein, Florey, Carter, & Cannon, 2004);(5)看护人在方案中的作用(Rush, Shelden, & Hanft, 2003);(6)方案质量的标准(Bailey, 2001; Harbin, Rous, & McLean, 2005; Salisbury, Crawford, Marlowe, & Husband, 2003)。参阅图表 9.1 以比较早期的实践与 TPBA2 和 TPBI2 发布时的现行做法。这些趋势的任何一个都将随着 TPBI 的发展以及这些要素的整合而受到检验。

图表9.1 传统与当代早期干预/幼儿特殊教育(EI/ECSE)组成部分的比较

因子	以前的做法(1970—2000)	目前的做法
服务成果	**系统或方案**:衡量整体性成果,如服务的儿童人数、留级的儿童人数、接受服务的儿童人数,等等。 **家庭**:衡量的成果包括提供的服务数量、调查的父母满意度,以及需求减少的记录。 **儿童**:评估儿童结果包括:完成目标的测试,或干预前后测试分数的变化。	**系统或方案**:整体性结果,如服务的儿童人数和年级留级率等指标仍然被保留。此外,方案衡量特定的儿童和家庭成果的进展。 **家庭**:方案衡量多种结果,包括提高社区参与度、育儿能力、信心、与儿童的关系改善、获得资源的能力以及实现目标所需服务的数量和强度。 **儿童**:衡量的结果包括增加的积极的社会关系,增加的获得知识和技能的能力以及满足自身需要的能力。
干预目标	**儿童**:经常按照在各领域未通过的项目来确定儿童的技能发展水平。 **家庭**:目标包括增进了解,干预技巧,以及获取资源和支持孩子的能力。	**儿童**:功能性目标由家长、教师和其他重要人员决定。目标可能领域特定或跨学科,包括功能性技能和行为的掌握,以及跨环境的综合技能。 **家庭**:目标可能包括增进对发展和残障的认识,增进积极的亲子关系和手足关系,提高获取资源的能力,减少负面情绪和环境压力。
服务地点	治疗和教育经常发生在非语境环境(特殊中心或诊所);家庭;个训治疗课程;综合课程;或诸如开端计划(Head Start)之类的项目。	强调干预(包容性的幼儿保育、开端计划、开放的早期教育计划;家庭;社区设置)的情境化环境,以便强化功能的实践和技能的运用。
专业人士的角色	**和儿童相处时的角色**:成人指导和实施干预。孩子是治疗和指导式教学方法的"接受者"。 **对家庭的角色**:治疗时,患儿与治疗师相处,照料者可能并不在场。如果在场,专业人员演示并指导照顾者应该做什么。不同的治疗师可能会在一周内轮换提供治疗。 各类专业人员会指导应该关注家庭的何种需求。	**和儿童相处时的角色**:干预的重点是向与儿童互动的成年人提供咨询。治疗师、教育者和父母担任儿童(基于兴趣)发起的活动或日常活动的中间人;(跨领域)整合目标;在日常活动中加入治疗;并采用跨领域的模式来确定整体的治疗方法。 **对家庭的角色**:干预者或治疗师充当顾问的角色,提供指导和模范、建议、教育、情感疏导,支持家庭重新定义对孩子的态度和想法。专业人员还帮助家庭联系所需的社区服务。 一名专业人员可以担任主要服务提供者,其他专业人员则可以提供不同程度和类型的支持。
家长/照顾者的角色	家长参与了IFSP或IEP的制定,随后为孩子安排推荐的服务。根据所提供的服务类型,父母可能会观察到工作人员对其子女的干预工作,并听取建议,或在治疗中承担非参与性的角色。他们可能以后会在治疗性的或教育性的活动上和儿童"共事"。	家长通过自然互动,全天促进孩子学习;与持续进行的干预和监测进度的专业人员合作;寻求或整合提供的信息以增加知识;与他人建立社交网络以获取情感支持;积极倡导所需的支持和服务。
服务标准	个别方案制定了自己的优质服务标准。许多州制定了特殊的ECSE和EI的专业许可标准。一些州的质量标准与赞助机构不同,有些专业有专业人员标准,但不是全部。	组织、机构和国家正在制定专业标准和应该在EI和ECSE方面需要涉及的内容标准。越来越多的州正在制定与幼儿专业技能相关的许可标准。联邦政府正在要求教师具备的资格,越来越多的州颁布教师绩效标准,包括整合幼儿教育和EI/ECSE的专业能力标准。

早期干预与幼儿特殊教育(EI和ECSE)的领域在很多方面都有所发展。儿童和家庭的成果已经从计算服务的儿童人数和完成的目标转向衡量方案在帮助儿童和家庭的功能性进

展结果，以及缩小有特殊需要的儿童与典型发展儿童之间差距的有效性。因此，干预的目标已经从发展清单上的具体条目发展到掌握跨环境的功能性技能，包括处理重要的情感和关系过程。成果也更侧重于提供家庭支持，以提高生活质量和独立性。此外，针对儿童和家庭的服务是在情境化的背景下提供的，这种方式与抽离式治疗、特殊方案或在诊所治疗的方法相反，抑或是其重要的补充。因此，专业人员已经从提供直接亲自治疗演变为为儿童和家庭提供更间接的服务。专业人员是跨学科的顾问、榜样、合作者和环境的中介者，提供较少的直接干预，更多的是指导、教育和解决问题。明确成果、职业责任和质量的标准也逐渐发展起来，以支持服务于幼儿及其家庭的各机构不断发展的方案。从以下讨论中可以看出，TPBI2 解决了这些组成部分中的每一个问题。

9.1.1 传统干预方法与 TPBI 比较

　　传统的方法往往包含成人导向的治疗或教育，细分的方案和根据成就标准衡量的针对性技能。家庭和学校（幼儿园）治疗方案可能都包括直接与儿童打交道的专业人员，而照顾者或教育者则可以观看或从事其他活动。教育或治疗旨在通过成人的监督、支持、指导或鼓励来完成特定的任务。其中的任务可能来自发展项目检核表、治疗方法或课程目标。因为有针对性的目标通常是从发展测试或检查表中获得的，所以干预常常是"应试"的或具有目的性的。在许多情况下，做出的建议是让儿童重复或练习某些技巧或活动。整合功能活动技能不一定被列入计划的一部分。

　　TPBI 是一种功能性的方法，侧重于儿童需要学习或做什么，以便能够有效地游戏互动、解决问题、沟通交流、学习新的技能，并成为独立的人。这是一个具有以下功能性结果的干预过程：确定儿童个体准备完成、确定儿童自身的优势和学习过程，并且落实可能支持其发展进步或学习所需的环境调整。这是一个灵活的过程，允许照料者、教育者和治疗师将个性化优先事项确定为儿童日常环境干预的焦点。TPBI 还鼓励干预者帮助那些与儿童互动最多的人，以调整他们的互动和环境，最大限度地支持儿童的功能性发展。这一过程不仅鼓励专业人员在儿童生活中的关键人物面前扮演咨询、指导和信息提供者的角色，还允许其根据需要提供更直接的援助。传统的治疗方法通常也是通过领域和领域内的特定技能来解决干预问题。在 TPBI 中，虽然针对个体领域和技能确定了具体的策略，但其目的是将这些策略整体合并。TPBI 鼓励专业团队共同合作，制定全面的干预策略，将发展的所有领域融入现实生活中，如在家庭和学校的游戏和日常活动中进行整体的干预。

传统方法的局限性

　　个别治疗，专业人士导向的干预、孤立的技能练习的干预措施并不总能为儿童带来巨大的收益或更多的功能独立性。传统的治疗和干预已被证明有其局限性，包括：

1. 儿童可能获得新的技能，但新技能只能在治疗或干预环境中被看到（Cook，2004；Raab & Dunst，2004；Raver，2003）。

2. 照顾者和教育者不了解那些可以在日常时间里支持儿童学习的必要干预策略（Childress，2004；Dunst，Trivette，et al.，2001；Rush et al.，2003）。

3. 该过程是成人驱动的，不是由儿童发起的，也不是自我导向的（Bernheimer，Gallimore，& Weisner，1990；Campbell，2004；Dunst，Trivette，et al.，2001；Keilty & Freund，2004）。

4. 儿童根据"测试"或课程项目学习那些无功能或"孤立/单独"的技能，例如了解字母和数字，但不能改善整体功能（Linder，1993a；Pretti-Frontczak et al.，2002）。

5. 儿童学会回应成人的催促，但不会自发地在社交活动中使用这些技能，或者不会主动利用环境来学习相应技能（Keilty & Freund，2004；Wolery，2000）。

6. 照护者往往感觉对自己的孩子无能为力，因为专业人士似乎才是能帮助孩子进步的人（Raab & Dunst，2004；Vig & Kaminer，2003）。

7. 照护者可能会依赖于专业人员，并没有帮助自己孩子的能力，也不认为自己能够成功（Raab & Dunst，2004）。

一些研究表明，成人导向的干预、抽离式疗法和治疗场景以外的这些针对性的技能练习，其效果比不上由持续与儿童互动的人进行的干预、在实际功能的情形中实施的干预和练习、以及利用交往互动来激发学习动机的干预（Dunst，Bruder，et al.，2001；Dunst，Herter，& Shields，2000；Keilty & Freund，2004；McWilliam & Scott，2001；Wolery，2000）。

9.2 为什么评估？

评估不仅要识别有残障或有发育迟缓风险的儿童，还要成为干预的桥梁。评估应该确定需要关注的领域，但是也应该确定可以建立基础的优势和技能，学会如何利用自我激励，以及如果进行干预时什么样的环境适应和策略可能有效。评估过程本身也对家庭有指导意义，有助于建立干预基础。维格和卡米纳（2003）指出，评估要求家长仔细确认孩子的活动、行为和需求。作为TPBA2过程中的积极参与者，父母和照顾者能够成为更好的观察者，以便了解孩子有优势的领域以及需要支持的领域。评估还可以帮助家庭了解他们所观察的内容的含义，并帮助他们思考重构或调整孩子行为的方法。TPBA过程中团队成员可以作为与孩子互动的榜样，因此可以帮助家庭看到与孩子互动的新方式，从而促进发展。在评估过程中可以学到许多关于儿童、家庭以及儿童所处环境的东西。因此，评估过程不仅为干预奠定了基础,而且本身就是干预的开始(Vig & Kaminer, 2003)。

TPBA 和 TBPI 是用于评估和服务于 6 岁以下儿童及其家庭的、理念一致的方法。TPBI2 提供了如何将从 TPBA2 获得的信息纳入支持照护、教育、治疗及儿童家庭的框架。

9.3 为什么使用 TPBI?

TPBI 旨在解决传统干预方法的缺陷。干预的目的、解决的具体目标以及服务的方式方法已经演变。此外,参与者在干预中的角色——即有特殊需要的儿童、干预专业人员、照料者和教育者的角色——都建立在迄今为止已知的理论、功能和经验都合理的实践基础上。这里列出了 TPBI 的基本原则:

1. TPBI 过程将实际的全面性的结果和特定的功能过程和行为作为干预目标。
2. TPBA 和 TPBI 是由照料者和教育工作者作为关键成员组成的团队负责实施环境和互动策略的。
3. 专业人士在 TPBI 过程中承担一系列角色,包括情感支持者、顾问、教练、榜样、教育者和倡导者等。
4. TPBI 基于混合的实践,具有从成人导向到儿童导向的一系列连续方法,以及以"最少催促系统"(system of least prompts)为指导的干预措施,以为儿童提供支架(Grisham-Brown, Pretti-Frontczak, Hemmeter, & Ridgley, 2002; Wolery, 2000)。
5. TPBI 专业人员支持儿童生活中的重要人物学会那些可以全天培养儿童发展技能的策略及过程。
6. TPBI 是在自然环境中,在玩耍和家庭与学校的日常活动中进行的。
7. TPBI 鼓励在环境中自发学习、练习以及技能在不同情境和环境中的迁移。
8. TPBI 鼓励跨领域的整合性策略,以确保干预的整体性。
9. TPBI 鼓励持续的团队讨论、问题解决、计划、实施、评估和修改,以确保进展。

9.4 谁接受干预?

包括在 TPBI2 中的策略对于从出生到 6 岁的所有儿童都是适宜和有效的。它也纳入了成人与普通发展水平的儿童互动的策略,因为这些方法对包括有特殊需要的儿童等大多数儿童都有用。列出的各个发展领域的各种策略也对各种因素导致发育迟缓风险的儿童有益。全身的发育迟缓、特定遗传疾病、发育障碍,或与语言和交流、情感或社会发展、认知或学习有关的具体问题,以及有感觉,或感觉—运动相关的特定问题的儿童,均可从《以游戏为基础的多领域融合评估(第二版)》(TPBA2)的多个部分提及的策略中获益。其所提出的策略对于各种环境中的儿童都是有用的,包括家庭、托儿所、早期教育机构和诊所等。在专业人员的支持下,TPBI流程对于所有需要额外支持的儿童达到最大化发展都是有用的。

9.5 谁实施干预？

TPBI 由一个团队实施,该团队内的个人根据儿童和家庭的需要承担不同的责任。所提出的策略可以由接受充分指导和监督的家长、照料者或专业人员来实施。在专业领域具有专业知识的人士(例如言语-语言病理学家)可能会在自己的专业领域找到有用的提示,但是为了更好地了解如何将策略融入整体计划,他们通过阅读其他领域的内容并咨询这些领域的专家能够获益。信息以可理解的语言呈现,以便让家长、教师和其他的儿童照护者也可以根据需要阅读特定章节。成功的干预需要知识、实践、技巧和创造力。所有团队成员(即意味着儿童生活中实施干预的所有重要人员)的知识越丰富,每个人将会越了解哪些策略可能是有用的以及为什么有用;因此,他们将能够创造性地设计更多的方法及进行调整。团队成员之间协作越多,他们将获得越多的实践和反馈,增进他们的思考、技能和信心。仅仅阅读具体的策略、解释策略,甚至演示策略是不够的。持续的团队沟通、指导和支持至关重要。TPBI 并不能成为所有发展问题的灵丹妙药。在许多情况下建议要结合自然环境,讨论更多专业的干预、治疗、护理或教育方式如何开展。

实施 TPBA 与 TPBI 的可能是同一个团队但也可能不同。这取决于机构和团队成员的角色和责任的分配方式。在一些机构中,评估小组的人员也负责干预儿童。在大型机构中,一个单独的团队可能会进行评估,并参与制定"建议和个人化教育计划"(IEP),但是提供直接干预的可能是另一个团队。如果评估和干预小组是分开的,则评估报告要全面,建议要明确,以便干预小组无需进行额外的评估或观察就可以开始实施干预。让同一个团队实施评估和干预是有益的,因为团队对儿童有深入的了解,因此可以立即将评估结果转化为策略。但是,在一些方案中,拥有独立的团队可能具有地理优势或调度优势。在跨领域模式中,所有干预小组成员都承担着相互咨询、辅导和支持儿童的照护者、教育者的责任。

9.6 家长和其他照护者如何参与？

家长和其他照护者在干预过程中起着至关重要的作用。请将干预想象成是一个轮子,儿童在中心,也就是车轮的枢纽。专业人士是与儿童联系并提供意见的辐条。父母和/或其他照料者是连接辐条的边缘——它们将轮子保持在一起并确保轮子滚动。如果没有轮辋,轮辐可能只能支撑轮毂,但是车轮不能如常转动。专业人员向父母提供信息,并说明如何以及为何采取策略,以便家长了解建议的原因。专业人员也可以做出示范,提供反馈、鼓励、建议,等等,但是父母和其他照料者要确保策略实施的频率和一致性能够足以在儿童身上产生变化。

大部分时间,父母和其他照料者都与儿童在一起。他们每天与儿童交流数百次,提供数百个与环境和他人互动的机会,并通过每天的日常活动来引导儿童。有了这些互动的机会,他们也有数以千计的支持发展的机会,让儿童置身于情境中,以特定的方式呈现需要的或激励性的材料,鼓励儿童应用更高水平的沟通和问题解决方式,并使用协助的技巧,从而促进儿童的独立性,发展其知识和技能的获取能力。

9.7 需要什么材料?

无论何时,只要出现具有逻辑性、功能性、意义性地运用到互动、活动或事件的机会,就应尽量使用所提出的干预策略。由于 TPBI 是在自然环境下进行的,因此大部分所需材料都可以在日常生活中找到。但是,在 TPBI2 的每个小节中,都提出了可能支持干预环境调整的建议。推荐辅助儿童体位的设施、技术设备或简单材料,如图片排序卡片或社交故事。也可能建议环境内部的调节,如增加或减少感觉输入。然而,这些意图是提供可以在各种环境中使用的策略;因此要强调交互策略和环境的简单调整,而不是必须使用特定的材料。

9.8 这个过程涉及哪些步骤?

TPBI 过程涉及许多步骤,首先从 TPBA2 和使用其他评估工具获得的信息开始。TPBA 涵盖了对儿童的四个发展领域。每一个领域都分了子类,子类包含了观察问题。对于这些子类中的每一个,小组总结儿童的优势(当前能力)、该关注的问题以及准备干预的技能。应用这些信息,团队可以直接进入 TPBI 规划,因为 TPBI2 明确了每个领域、子类别和问题,为团队选择的优先领域提供与儿童互动和环境调整的建议策略。将来自不同领域的策略整合到儿童游戏和其他日常活动中,以此制定跨领域的干预计划。

图表 9.2 概述了 TPBI 过程中的步骤。这些步骤在 TPBI2 的第二章中有更详细的解释。值得注意的是,虽然 TPBI 过程包括了该表格,但干预机构要求的其他表格可以补充或取代 TPBI2 表格。

图表 9.2　关于贾马尔（Jamal）的 TPBI 12 步计划概述

步骤	举例
1. 确定优势、需求和期望的整体成果（GO）。	贾马尔家庭选择的整体成果是贾马尔有积极的社会关系。他们也希望孩子能够有效地沟通。
2. 确定与结局最相关的子类别。	贾马尔的家庭选择注意力、行为规范和语言表达作为重要的子类别或干预领域。
3. 使用"目标达成"量表和功能结果量表（FOR）。	贾马尔的父母在"注意"的 3（"选择性关注的焦点……只关注特定的兴趣"）上画了圈，行为规范中的 3（"开始明白什么不该做，但是照做"）；和语言表达的 1（"用哭，面部表情和身体运动表达需求"）。
4. 写出功能干预目标（FITs）。	在"注意"的目标区域，如家庭和学校中，团队确定为一个功能目标："在游戏中，贾马尔每周会与成人对话，在没有口头提示的情况下，至少三次且每次五秒注视成人的脸部。"
5. 选择活动、场合和日常活动。	贾马尔家族选择的一个日常活动是玩游戏，因为贾马尔倾向于自己玩，而不是与他人互动。玩游戏时没有压力而且是愉悦的，但他们希望他喜欢和别人一起玩。
6. 完成团队干预计划。	接下来的步骤，如果时间允许，可以在同一个会议中完成以下步骤，也可以在另一个时间召开会议。接下来的步骤需要团队用足够的时间彻底讨论问题和策略。
7. 制定干预策略。	为贾马尔确定的人际交往策略之一是，他的父母出现在贾马尔面前，平等地相处。父母试图与他交谈之前，等待他抬头向上看。除了口头提示，这样做会给他一个视觉焦点，使他更可能关注信息。
8. 在 TIP 策略检查表的启示下设定个性化的环境和人际间的策略。	贾马尔有最喜欢的玩具、食物和日常活动。要计划为贾马尔制作一张图表化的日常活动表，其中包含他最喜欢的东西的照片。他最喜欢的物品和食物会被做成卡片，卡片将被用于标签制作和选择练习。
9. 写一些具体的例子。	当给贾马尔一个选择时，在靠近你脸的地方举着实物（如卡车或球）或物体的图片（如床或书），以鼓励他看着你，用简短的短语问他，"贾马尔，你想要卡车还是球？"
10. 确定如何分享信息。	团队向父母介绍图表化时间表的信息，推荐鼓励轮流说话和语言表达的进阶课程，并为他们提供家长支持小组的联系方式。
11. 实施干预。	言语语言病理学家是贾马尔的主要干预者，她每周与团队会面，讨论干预策略，获得建议和反馈，并提供支持。她每周到家里和学校进行咨询访问、观察、指导并提供干预策略的示范。她经常带另一名团队成员以获得额外的视角，并给予她跨领域的信息。
12. 评估进度并修改计划。	4 个月后，小组让贾马尔的父母和老师再次完成他们选择的领域的目标达成量表。所有领域都显示他的技能得到提升，团队由此确定了新的目标。

9.9 支持 TPBI 的原则和实践

TPBI2 中的策略来自广泛的文献和研究。这些方法基于对 TPBA2 中引用的文献,各种经过推荐的实践方法和研究的回顾。TPBI2 试图做到全面,提供功能性替代方案,并建议基于研究或推荐实践的策略。TPBI 基于理论、政策、实践、推荐和研究的做法。TPBI 的基本原则和实践包括注重干预的功能目标的结果,这些目标是综合性和整体性的,并通过在自然环境中提供的服务来完成。这些实践的指导原则和实践是以儿童为导向,并基于兴趣的干预,是融入日常活动,以家庭中心个性化策略为焦点的,由成人介导的互动式促进。坚持这些原则和做法,确保干预措施符合联邦、各州和专业的质量标准,并确保衡量成果以达到问责的目的。以下各节详细说明了对这些原则和实践的支持,以及它们如何反映在 TPBI2 中。

9.9.1 关注成果

要了解 TPBI 模式的优点,首先要检视干预应该完成的工作。"成果"(outcome)是指儿童和家庭因干预而获得的知识、技能或态度。成果是通过服务结果和获得支持所带来的有益经验。如前所述,干预的重点已经转移到适用于不同方案和国家的更多功能性成果。传统上,儿童和家庭的成果由个别方案确定,差别很大。常规结果包括分类服务的儿童人数、个别儿童达到目标的数量、留级率,以及偶尔在评估工具或量表上进行前后测试。家庭成果也主要通过人口统计数据和满意度调查结果来展示。随着幼儿及其家庭的需求在资助计划中得到了更多的重视,对问责制的关注也随之增加,同时也需要衡量儿童、家庭、方案和体系的具体成果。

"残疾人教育法案"(IDEA)1997 年修正案的再授权(PL 105-17),2004 年"残疾人教育改进法案"(IDEA 2004;PL 108-446),要求出于问责的目的而预测结果并测量结果。因为所服务的儿童和家庭的多样性,各种类型的方案以及提供的广泛的服务(Guralnick,1997),确定提供给儿童和家庭的服务的成果是困难的。建立方案问责制方面的许多努力已经开始,有时会有平行且相互矛盾的结果(Harbin et al.,2005)。个别州,诸如 Head Start 的方案,2001 年《有教无类法案》等立法(PL 107-110)和诸如由美国教育部特殊教育计划办公室(OSEP)资助的儿童早期成果(ECO)等专门计划,试图罗列出适合的结果清单(http://www.fpg.unc.edu/~ECO/)。为儿童和家庭的总体成果提供一个衡量儿童进步的手段,OSEP 在 2003 年资助了 ECO 中心。OSEP 已经规定,各州必须指出儿童在达到个人成果方面的进展,以及在与同龄人相比缩小发展差距方面的进展。各国已经采用了通过 ECO 中心研究开发的儿童的全面结果作为这些衡量标准的基础。其中包括三个全面 OSEP 儿童成果

(www.the-eco-center.org):

1. 儿童有积极的社会交往关系。
2. 儿童获得知识和技能。
3. 儿童采取适当的行动来满足自己的需求。

由于各州正在采用这些全面成果来指导其方案的衡量实践,因此 TPBI2 将注意力集中在结果和选项上,关注团队如何使用 TPBI2 流程来衡量 OSEP 儿童成果或其他作为计划干预的起点的由州确定的成果(请参阅可选表格 CD-ROM 上的 OSEP 儿童成果的 FOR)。我们还提供了 TPBA2 各领域的 FOR(参见表格 CD-ROM),因为某些团队可能偏好使用它。

利用从 TPBA 获得的信息和其他数据,包括家庭在内的个人化家庭服务计划(IFSP)或 IEP,团队会检视他们期望看到的儿童的成果。其根据家庭的优先选项、资源、注意的问题和文化,并基于对儿童和家庭评估结果来形成预期结果。为了制定衡量方案和系统成果的手段,有必要在各个方案间采用一致的成果。统一的结果为选择干预目标提供了一个框架,这将为儿童和家庭带来实际的利益,并且对各个方案都是有意义的。在 TPBI 每个章节的每个子类别的开始处有达标量表(Goal Attainment Scale),TPBI 的使用者可用它来组成跨方案的功能结果分级提示表(Functional Outcomes Rubrics)(参见 TPBA2 领域 FOR 的附录;对于所有的 FOR 和更多的信息,请参考表格 CD-ROM)。另外,目标达标量表可以帮助团队成员和照护者确定儿童在优先领域的功能水平(Carr, 1979; Kiresuk, 1994; Kiresuk & Sherman, 1968)。每个单独目标的达标量表可以合并为其总达标分级提示表。这有助于团队、家庭和其他照护者或教育者聚焦干预的重点,而不会在面对其他可能的干预领域时感到迷惑。所确定的优先目标达标提示表可以在 TPBA2 各领域的 FOR(功能结果提示表)或 OSEP 儿童结果列表上标记(见 TPBI2)。

如果已经确定的儿童优先项目落到了某一特定的发展领域,并且团队希望看到儿童在优先达标量表上的项目上的进步是如何影响其他子类别的,则 TPBA2 的 FOR 可能会有所帮助。OSEP 儿童成果的 FOR 是跨领域的,将来自所有领域的目标达标量表纳入三个确定的全面结果。如果儿童确定的优先事项是跨领域的,并与 OSEP 的儿童整体成效之一相关,则用 OSEP 儿童成效的 FOR 可能会有所帮助。衡量这个量表的进展情况鼓励比较其他子类别的进展,以达到预期的结果。

因为每个子类别的目标达标量表都是相同的,不管个体化的量表是否生成,或者是使用了其他的标准,选择最佳干预途径取决于家庭和/或教师的兴趣。举例来说,家庭可能选择只看自己孩子体现出来的进步,而教师可能选择看孩子在 OSEP 儿童成效中 FORs 中取得的进步,获得和使用知识与技能(见 TPBI2)。

9.9.2 关注功能性的干预目标

确定了整体的成效目标，比如前文所述的那些确定了的目标，只是第一步。下一步是确定如何实现这些成果。每个全面的结果都是由众多的子部分，或导向最终大目标的小目标组成的。干预的目标应该具有功能性、综合性和发展适宜性（developmentally appropriate）(Pretti-Frontczak & Bricker, 2000)。确定干预目标的方法有很多种。传统的方法是找出在测验、量表或清单上未达标的项目，并将这些项目作为干预的目标。这种做法是误导性的。对某位儿童来说，"未达标"的方案可能并不重要；可能并不合适其发展水平；可能只适于某个特定的场合、某个特定的活动或一组材料；或者可能在顺序上并不符合所需的发展目标(Linder, 1993a；Pretti-Frontczak et al., 2002)。另外，许多用于制定目标的传统方法仅关注特定技能（例如命名颜色），而不是完成技能所需的过程（例如区分相似和不同）。

TPBA2 和 TPBI2 的独特之处在于，它们允许家长和专业人员将过程和技能都纳入干预的发展目标。一个多步骤的过程引导团队从评估到确定整体成果，将整体成果缩减到可达到的功能目标，确定儿童需要的起始点。然后，干预重点关注儿童生活中不同背景下的这些功能目标。

一旦确定了干预的目标，就需要一个干预计划来落实如何达到预期的结果。除了使用评估信息来制定功能发展目标和对儿童的过程结果之外，推荐的干预措施还涉及如何提供服务以实现结果的问题。倡导的做法包括：

1. 提供综合的、跨领域的干预。
2. 通过在自然环境中提供干预，在家庭和社区范围内为儿童提供服务。
3. 将干预目标融入日常活动和惯例中。
4. 将治疗整合到整体方法中。
5. 使用儿童导向，成人介导的干预(Sandall & Schwartz, 2000；Smith et al., 2002；Wolery & Bailey, 2002)。

TPBI2 将所有这些做法合并为干预模式的关键原则。干预计划有助于成年人确定干预如何可以融入一天内。

TPBA2 和 TPBI2 的结合建立了循环反馈系统，包括评估、计划、干预、再评估、再干预等，直到达到整体性的成果（见图表 9.3）。

9.9.3 整合的全面干预

与 TPBA2 一样，一种全面、跨领域、基于游戏的干预方法是需要的。推荐最佳的实施方式、强调自然环境和融入式干预目标有助于在解决功能干预目标时整合发展领域。TPBI2 体现了这种方法。在针对幼童的早期干预 EI 方案和学前方案中，都强调跨领域模式

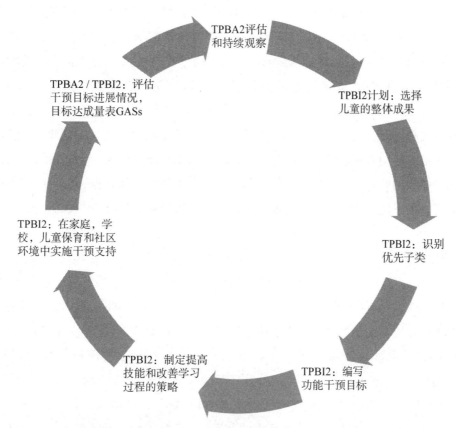

图表 9.3　TPBA2/TPBI2 过程 GASs,目标达成量表

(McWilliam & Scott, 2001; Rush et al., 2003)。让一个主要人员整合来自所有领域的信息使儿童和家庭能够与一个人建立关系(Dinnebeil, Hale, & Rule, 1999)。随着时间的推移,经历这种模式的家庭更偏爱该模式,而不是更加分散的方法(McWilliam & Scott, 2001)。

在儿童保育或融合的课堂环境中,教师成为主要的服务提供者,并担任跨领域的角色,将各种治疗师的信息整合到课程中。例如,作业治疗师可能会建议使用特定的座位和加重的毯子,以增加圆圈时间的注意力;言语语言病理学家可能会建议给儿童选择回答,这样儿童可以更容易地参与到活动中;心理学家可能会建议培训同伴来支持儿童的互动。教师在倾听、辅导、理解建议的理由、具体实施方法和在需要时调整建议以便能有效参与等方面具有重要作用。尽管在学前班级中并不常见,但跨领域团队共同合作、并指派一名主要的跨领域顾问给老师的模式也有可能让学前班级的活动和日常活动的干预更为系统和统一。为教师提供信息和支持的单一渠道可能会带来好处,这种好处与主要提供者为 EI 中的家庭带来的好处是一样的。

由于没有任何一个专业人士知道所有问题的答案,每位儿童和其家庭有关的所有问题都需要多领域的介入来解决,由主要信息提供者提出的跨领域方法需要经过所有团队成员的不断讨论、咨询和支持。必要时,团队成员可以协助传递给主要信息提供者所需的信息或策略。TPBA2 和 TPBI2 从规划评估到衡量儿童的干预结果等各方面都是跨领域的。TPBI2 要求团队讨论如何在日常活动中解决所有的发展问题,如何为信息提供者学习特定的策略提供支持,如何改变互动策略和环境以满足儿童的个别需求,以及如何监测进展情况。因干预地点转向自然环境,干预需强调整体方法,因为没有任何一个日常活动只需要单独一个发展领域的能力。儿童的每个活动都一定程度上结合了认知性、社会性、沟通交流和感知运动能力的发展。TPBI2 能帮助团队确定在特定领域需要特别关注的方面。

9.9.4 自然的环境

早在 1997 年,IDEA 就强调为自然环境中的残疾儿童以及非残疾儿童提供服务,包括家庭和社区环境。在 2004 年,IDEA 仍然强调这一点,此时"自然环境"的概念已从最初被仅仅解释为服务的地点演变至如今包含提供服务的措施(Childress,2004;Dunst,Bruder et al.,2001;Dunst,Trivette et al.,2001;Jung,2003)。基于生态学理论(Bronfenbrenner,1979)、活动理论(Vygotsky,1978)、社会学习理论(Bandura,1971)、家庭系统理论(Dunst & Trivette,1988;Whitechurch & Constantine,1993)和交易理论(transactional theory,Sameroff & Chandler,1975),在自然环境中进行干预包括了帮助儿童在日常生活情境中与家庭和社区成员一起学习;后两者通过设置情境化学习和"情境实践"将学习融入日常活动场景设置(Dunst,Bruder et al.,2001;Dunst,Hamby,Trivette,Raab & Bruder,2000)。在一项全国性的研究中,家庭成员通过设置不同类别的活动,为儿童在家庭活动以及社区活动中提供重要的学习机会(Dunst,Hamby et al.,2000;见图表 9.4)。

早期干预、早期教育的教师和家庭成员都可以利用自然发生的活动和互动来促进儿童的发展。TPBA2 和 TPBI2 提供了实例使日常生活的设置和活动成为幼童和学龄前儿童干预的重点。针对环境调整和互动的策略旨在在家庭、儿童保育中心、学校或社区环境中实施,TPBI2 提供了在这些环境中实施策略的建议。

9.9.5 以儿童为导向,基于兴趣的干预

儿童学习成功的一个最重要的因素是完成目标的动力。研究表明,以下几个方面是最大限度提高儿童学习效率的关键:(1)自发性和自主导向性的问题解决(Dunst,Bruder et al.,2001;Dunst,Herter et al.,2000;McCormick,Jolvette,& Ridgely,2003;Odom,Favazza,Brown,& Horn,2000);(2)儿童的积极参与(Bernheimer et al.,1990;Campbell,

2004；Dunst，Herter et al.，2000）；（3）掌握动机（Emde & Robinson，2000；Keilty & Freund，2004；Shonkoff & Phillips，2000）。这三个关键要素是TPBA的基础，它们使团队能够观察儿童的学习方式且有助于学习。对于TPBI2，这三个条件对于干预过程是基础性的。TPBI2的"游戏"部分提醒我们，干预应该是做儿童想要做的事情，有趣和激发主动性。几乎所有的活动都可以设置成玩的形式。

儿童的兴趣各不相同，即便面对相同挑战也未必就能产生同样的动力。把玩物品、与人玩耍或是运动给不同的儿童带来的动力程度也是不同的（Morgan，MacTurk，& Hrncir，1995）。当儿童感兴趣时，注意力就会更集中；当他们更加专注时，可以变得更加投入；当他们更投入的时候，就有动力去学习。对于大多数早期儿童教育工作者来说，这并不新鲜，但将这些原则纳入有特殊需要儿童的干预模式中，对那些受过在成人导向性活动中"做治疗"或"教育"训练的人而言则是个挑战。另一方面，"儿童主动"并不意味着将儿童放在常规的教室里，然后希望他们自己有兴趣、有动力去自主学习，而是意味着建立在儿童的兴趣和能力水平上设计一个吸引儿童与物体或其他人接触的活动。成人也可能需要通过环境改造、增加情绪感染、由行动展示产生的新奇效果、提供同伴示范来增加儿童的兴趣和兴奋度。

家庭活动	社区活动
家庭常规活动	户外运动
育儿常规活动	休闲活动
儿童常规活动	儿童的爱好活动
阅读活动	艺术/娱乐活动
体育游戏	教堂/宗教活动
游戏活动	组织/团体运动
娱乐活动	
家庭仪式	
家庭庆祝活动	
社会活动	
园艺活动	
家庭休闲旅行	
家庭短途旅行	
社区活动	

图表9.4 干预活动的场景（Campbell, P. H. [2004]. Participation-based services: Promoting children's participation in natural settings. Young Exceptional Children, 8[1], 26. 经许可转载）

特殊儿童和普通儿童一起接受教育给教育者带来了更多的压力，越来越多的儿童被安置在"常规"早期教育或儿童保育项目中。其中有许多项目遵循了发展适宜性实践（DAP）的原则（Bredekamp & Copple，1997），该原则鼓励跟从儿童的兴趣并进行自我发起的学习。幼儿特殊教育（ECSE）原则强调个体化指导（Wolery，2000）。许多早期儿童教育者对制定个体化目标的需求感到不自在，也不了解如何按DAP原则做到这一点（Grisham-Brown et al.，2002）。然而，这两种方法并不需要被视为两极分化的。如上所述，个体化的目标可以被嵌入到任何活动中，无论这些活动是由儿童发起的、成人计划的还是在日常活动中的（Pretti-Frontczak & Bricker，2004）。环境和教师的支持也能鼓励儿童导向性的参与（Bevill，Gast，Maguire，& Vail，2001；Casey & McWilliam，2005）。为支持教师能把这些不同的活动个体化,他们需要能够做到:(1)确定教学要达成的技能;(2)构建个体化环境;(3)确定逻辑的前提;(4)使用符合逻辑的结果(Grisham-Brownet et al.,2002)。这需要学习一些新的策略,重构旧的策略,将标准的做法融入到儿童保育、学前教育或学校教育的自然事件中去。TPBI2 提供了一个为教师提供咨询的框架,以帮助他们在日常生活中应用个体化的策略。

治疗师、父母和 6 岁以下儿童的照料者能理解学习过程中的神经学基础是至关重要的。正如 Gallagher(2005)所指出的,即使是大脑早期的基础知识也能帮助更好地理解为何发展适宜性实践会强调建立和他人积极的支持关系,并建立关爱的社区。尊重个体差异,帮助儿童发展自我调节,建立同伴协作,创造一个刺激丰富的、引人入胜的环境至关重要。这些原则也被早期干预和幼儿特殊教育所接受。TPBA2 中提出的研究为理解发展和个体差异提供了一个框架,该框架对于理解 TPBI2 中提出的策略很重要。

9.9.6 嵌入式目标

嵌入式干预在于儿童自然的互动、活动、游戏和日常生活中拓展技能,或增加儿童练习或使用技能的机会。与儿童的互动可能会被改变或为环境做出适应,以增加激发儿童增加掌握度的可能性(Pretti-Frontczak & Bricker,2004)。将干预活动介入儿童日常生活中会遇到的常规性活动、例程和设置,给儿童提供了一个在实践中练习和泛化技能的机会(Cook,2004;Dunst,2001;Dunst,Bruder et al.,2001;Jung,2003;Raab & Dunst,2004;Raver,2003)。嵌入式技能和过程在自然发生的事件中持续提供一整天的干预而不是依赖于持续数分钟或数小时的"治疗"。儿童需要经历无数的机会来体验学习的各个阶段:学习、熟悉、维持和泛化(Keilty & Freund,2004;Wolery,2000)。儿童的一整天中有成千上万个可以成为学习机会的经历,其中有一些可能是有计划或无计划的,故意的或偶然的(Dunst,Bruder et al.,2001)。嵌入式干预目标的关键是认识到每一次经历都提供了学习的机会。

在日常生活中,成功进行游戏、互动和参与都需要用到所有发展领域的技能。在干预中嵌入目标、技能或过程需要特意去思考和计划。如去公园玩耍时,公园就成为了学习的场所。儿童在等待坐秋千时,可以鼓励其语言表达和提出请求;秋千上的运动提供了可以刺激情感和语言表达的前庭输入;帮助儿童理解如何"蹬"他/她的脚可以促进其运动规划和自主性。促进学习和发展的机会是无止境的,然而,了解到发展过程和顺序,使用有效的互动模式来支持掌握的动机并做出适应增加参与是必不可少的(Campbell,2004;Dunst,Bruder,et al.,2001;Keilty & Freund,2004)。

TPBA2 和 TPBI2 中的一个关键要素是如何实现将干预目标嵌入各种环境、日常活动和活动中所需的策略。

9.9.7 以成人为中介的互动

除考虑日常学习环境中的服务外,自然环境概念还包括自然交互背景中进行的学习(Dunst, Bruder et al., 2001)。成人通过各种间接的方式介导儿童的学习而不是直接指导儿童的学习。在 EI 和 ECSE 中,与儿童和家庭"工作"的传统模式是由专业人员提供与儿童直接接触的时间以及与家庭间接接触的时间,仅仅以口头或书面的形式向他们跟进已经做了什么和还应该去做些什么的后续工作。如果儿童没有取得足够的进步,他的家庭或专业人员可能会要求增加干预的频率、强度和持续时间,这也往往意味着更多专业人员的拜访或会面时间(Rush et al., 2003)。然而,这种专业时间的增加并不能保证儿童发展的进步(Dunst, Hamby et al., 2000; McWilliam, 2000)。增加干预的频率、强度和持续时间的最有效的方法是在儿童全天所有的经历中解决发展问题(Dunst, Bruder et al., 2001; Dunst, Trivette et al., 2001; Grisham-Brown, 2000)。专业人员的传统角色需要改变,这种变化反映在专业人员在 TPBA2 和 TPBI2 中的作用。

为早期干预的婴儿以及儿童早期教育机构中的儿童提供服务的专业人员的作用多年来一直在发生变化。传统的专业人员角色包括在家庭或社区环境中为儿童提供直接的治疗,或提供独立的特殊教育课程,以及在课外对儿童进行个体化治疗的治疗师。然而有研究表明,即使是在自然环境中提供传统疗法,也有可能产生负面效果,特别是在家庭幸福(well-being)方面(Raab & Dunst, 2004)。尽管这种以成人为导向的治疗模式依然存在,但这一领域正朝着以家庭为中心,以儿童为导向的模式发展。在这种模式中,专业人员扮演一个在家庭、儿童保育中心、学校和社区环境中与儿童互动的咨询角色。专业人员正在成为干预过程中的教练、顾问和合作伙伴,目标是帮助那些不断与儿童互动的人去了解如何最好地支持儿童的学习和发展。这涉及与儿童生活中起着重要作用的成年人进行持续的讨论,以检查、反思并改进他们的知识与技能(Flaherty, 1999; Greenspan & Weider, 2003; McWilliam, Tocci, & Harbin, 1998; Rush et al., 2003)。

根据儿童的水平、干预的目标以及儿童和家庭需要的支持程度,从儿童自发到成人指导或者二者兼有的持续实践是必要的(Dunst, Trivette et al., 2001; Kaiser & Hancock, 2003)。专业人员帮助确定目前具体情况的目标和正在发生的过程,以及如何潜在地调整这些目标。Sameroff 和 MacKenzie(2003)定义了一个历经 25 年演变的支持儿童与父母互动的交互模型,这个模型着重于干预的"三个 R":(1)再调整,聚焦促进儿童的发展;(2)再确认,帮助父母重新确认他们了解自己孩子的方式;(3)再教育,提高家庭的知识和技能。这些元素现在都已被包含在 TPBI2 专业人员的职责之中。

在大多数最先进的干预模式中,专业人员的角色已经转变为更多参与儿童生活的人。

在专业照顾者/师生关系中的很多时间专业人员可以参与共同解决问题,成为榜样或演示、观察、鼓励反省,提供反馈、信息或资源。这种关系是一种非评判性的支持性协作(Rush et al., 2003)。这是大多数经训练的专业人员理论和实践的重大转变,许多专业人员将需要额外的培训和监督才能充分实现向新角色的转变(McBride & Peterson, 1997; Wesley, Buysse, & Skinner, 2001)。TPBA2 和 TPBI2 提供了专业人员如何与家庭合作来支持他们的学习和实践的原则、实践和范例。

除新角色外,许多与家庭及儿童早期教育者合作的"旧角色"正在扩大。在 EI 和 ECSE 中,帮助家庭以正式和非正式的方式来满足信息、物质和情感的需要是必不可少的。首先,信息支持是必要的,包括有关残障的信息或儿童的功能问题、儿童的发展顺序和期望、服务和资源,和/或干预策略等信息;其次,专业人员也可能需要帮助家庭获得物质或服务支持以满足基本需要,寻找或调整所需的设备与物品,和/或获得财政援助;最后,提供情感支持具有根本性的意义(Guralnick, 1997; McWilliam & Scott, 2001)。目前已发现社会支持的几个关键方面对 EI 的家庭非常重要。图表 9.5 列出了对儿童和家庭有重大意义的支持领域和互动方法。TPBA2 和 TPBI2 包括了更详细的信息,其中包括如何沟通、咨询,详情请参阅第六章(本卷)关于如何与家庭沟通的小贴士。

图表 9.5　支持的领域

情感支持互动方式
响应
双向对话
对儿童和家庭积极的态度
敏感性
支持的内容
面向整个家庭
有关社区的知识
有关儿童发展的知识
支持的方法
建立支持网络
家长团体
结构化的家长教育

来源于:McWilliam, Tocci, & Harbin, 1998; Kaiser & Hancock, 2003.

EI 和 ECSE 的专业人员的另一个重要作用是帮助儿童生活中的成年人去适应家庭、学校和社区环境，以增加儿童的潜能使其尽可能独立地在广泛的自然环境中参与各种活动(Campbell，2004)。安排住宿或对自然环境进行适应性调整是帮助儿童更充分、更独立地参与日常活动的一种方法。Campbell(2004)提出"适应层次结构"(adaptation hierarchy)来促进儿童在多个环境中的学习(见图表 9.6)。在 TPBI2 的每个章节中都详细介绍了如何使用这些适应性改变的例子。

图表 9.6 从最低到最具侵入性的层次调整

环境设置：
    调整房间设置
    调整/选择教室设备
    设备/调整的定位
    调整计划
    选择或调整活动
    调整要求或指令
另一个儿童的帮助：
    朋辈辅导
    合作学习
让单个儿童单独做不同的事
让一位成人帮助儿童做这项活动
让单个儿童在房间外面做一些事情(和一个成人一起)

EI 或 ECSE 的专业人员经常扮演儿童学习过程中的调解者或促进者的角色，而在家庭中，则是更多地扮演合作者、教练或顾问的角色。这两种方法都是为了使儿童和家庭在他们的学习中发挥更大的作用，获得自主权，并在努力中感到自信和成功。专业人员通过整合所有发展领域的信息来支持家庭以满足他们的优先选项和儿童的需要，并就家庭如何在日常生活中促进发展提供咨询(Childress，2004)。

9.9.8 个性化的干预策略

已经有成千上万的书籍和文章讨论了关于有助于儿童所有发展领域、可改善亲子互动并为家庭提供支持干预的具体策略。许多干预方法都介于从结构化及成人控制的到非结构化及完全由儿童主导的两端之间，一系列策略是必要的。最先进的方法建议使用最少的提示(Grisham-Brown et al.，2002；Wolery，2000)来引导儿童发展更高层次的行为和发展。"最少的提示"是使儿童的努力最大化并尽量减少成年人支持的方法。例如，为了帮助儿童解决形状难题,成年人可能会首先说:"我看见一个圆圆的洞,就像你的圆片一样。"如果儿童没有反应,成年人可能指向圆洞。然后成年人可能会示范把圆球放在洞里,成人只会把将儿童的手移到洞上(手牵手)作为最后的策略。最少提示的方法要求儿童先思考,然后听和看,在物质性的援助之前提供结构化的帮助。功能实践对控制力和成就感也很重要(Keilty & Freund,2004),应该包含在每一个机会中。例如,在桌子上放勺子、从烘干机里取出袜子、买水果、玩颜料或积木、吹泡泡等时,都可以进行计数。技能使用频率越高,使用的环境越多,使用就越流畅,就越容易泛化(Wolery,2000)。

基于皮亚杰、维果斯基、班杜拉和布鲁纳(Piaget, Vygotsky, Bandura & Bruner)的策略都强调适度挑战(不要太强或过弱)的重要性,认为需要利用儿童的兴趣和内在动机,并且必须是主动参与和自我导向,强调有意义实践的价值,以及社会模式和情感支持对学习的关键作用。这些都是纳入TPBI2过程的策略。TPBI2并不打算就如何实施特定模型提供详细说明,而是提供干预原则,在有专业支持的情况下,可根据需要进行个性化和扩展。

9.9.9 以家庭为中心的方法

TPBI2提倡以家庭为中心的干预,这种干预模式与生态系统理论(Bronfenbrenner, 1979,1999)是一致的,该理论强调儿童的发展最早且主要受到家庭内部互动的影响,其次是社群内专业人士的影响,最后是社会的影响。以家庭为中心的方法,通过考虑家庭的资源、优先事项、关注的问题和文化,以支持家庭单元促进儿童的发展。IDEA 1997,以及现在的IDEA 2004,概述了联邦对父母参与和支持的要求。然而,除了这些参与性要求之外,还要作为儿童和家庭计划的核心。TPBI2结合了家庭参与的理念,以支持儿童和家庭能力的发展。研究表明,强调家庭的信息、物质和情感支持是促进儿童发展的有效方法(Bailey, 2001; Baird & Peterson, 1997; Mahoney & Wheeden, 1997; McWilliam & Scott, 2001)。TPBI将这些原则融入其流程和策略中。

专业人员角色的变化与父母和其他照料者的角色的变化是并行的,特别是在EI项目中。随着专业人士成为顾问、教练和合作者,他们与父母合作,使他们能够承担起寻找所需信息、实施日常活动的干预、学习如何与儿童互动以促进儿童积极的增长和发展的责任,并给予必要的支持。当家庭成员看到自己不依赖外部治疗也能够带来变化时,他们会获得更大的信心和幸福感(Raab & Dunst, 2004; Rush et al., 2003)。

EI和ECSE中儿童的父母历来在决定他们孩子所需的家庭计划和服务方面发挥了积极的作用。转向更多以父母(照料者)为媒介的干预是要在自然环境中进行更多功能干预的一部分,这些干预在日常生活中进行。父母为媒介的干预会增加儿童干预的频率、持续时间和强度,从而产生对儿童和父母双方都更有效的干预结果(McWilliam & Scott, 2001; Raab &

Dunst，2004）。

家庭成员积极参与以家庭为中心的 EI 方案比 ECSE 更容易完成。在 EI 中,具备服务协调员,他们经常直接与其他服务提供者在家中接触（Dunst，2002；Kaczmarek et al.，2004）。虽然 IDEA 2004 允许方案在 ECSE 中继续为儿童提供 IFSP 模型,但大多数项目都与这种做法的法规和财务影响相冲突。专业人员使 ECSE 课程以家庭为中心的培训也是缺乏的（Murray & Mandell，2004）。Kaczmarek 和她的同事（2004）建议在学前教育项目中使用家庭顾问来使一些在 EI 中重要的支持服务得以继续。

TPBA2 和 TPBI2 提供了一个用于与 EI 和 ECSE 的家庭合作的结构和流程,以确保幼童和学龄前儿童能够进行以家庭为中心的干预。

9.10　TPBI2 的组织

当成人与儿童互动时,无论他们是父母、照料者、教师还是治疗师,他们都会使用许多不同的策略来促进发展。他们通过声、光营造氛围,展示特定的材料或玩具来布置环境,将儿童或材料置入引人入胜的情境中,鼓励儿童自发的互动,并给儿童提供反馈。这些促进方法包括根据儿童的反应而调整环境和交互策略。这些支持大部分是在没有"专家"的情况下提供的。无论儿童是正常发育、发育迟缓还是残障的情况下,很多策略都是同样成功的。例如,无论儿童的能力水平如何,大多数成人都会强调他们希望儿童去关注的词,大多数成人对年幼子女所使用的策略都是无意识的。例如,一位婴儿的父母,尽管并不知道婴儿更喜欢听高声调,但是和婴儿说话时会（无意识地）提高声音的音调。成人也会向儿童提供他们感兴趣的物体,尽管他们并不懂掌握动机方面的研究。

然而,有些策略并不"自然"。成人通常不会对儿童坐在哪里和如何坐这样的问题给予很多关注。成人也不会有意识地考虑与儿童交谈时使用的词语的类型和数量。然而,对于有发育迟缓（delays）、失调（disorders）或残障（disabilities）的儿童,非传统的方法可能是有用的。想要支持个性化发展差异的成年人可能会从支持发展、改变行为、提高表现等独特的想法或策略中受益。解释为什么这些策略是有益的,以及如何自觉地设计调整计划的建议可以帮助与这些儿童互动的成人创造出最佳的学习环境和有效的互动。由于"自然"和"计划"策略都有时是有用的,因此 TPBI2 已经计划将两者结合起来。

TPBI2 的结构与 TPBA2 的相似。策略包括在与每个领域相关的部分:感觉运动、情感和社交、沟通和认知。这些领域构成了 TPBI2 的章节组织,每一章由与每个领域（domain）的子类别（sub-category）相一致的部分组成。每个子类会被分成四个部分。第一部分包括:（1）子类的九级评分达标量表,从低级功能到高级功能;（2）子类的定义;（3）该子类的典型发展特征是什么;(4)在日常生活、活动、日常课程中典型的发展是什么样子的,以及成人是如何在儿童的生活中给予支持的;(5)成人用于支持该子类典型发展的一般原则;(6)成人如何一整天使用这些策略来促进典型发展。每个子类别的第二部分探讨与这个子类有关的个体差异或残障儿童的干预规划。在本节中,本章将讨论 TPBA2 中的每一个观察指南和问题,其中涉及三个问题,包括:(1)在该领域表现出需要关注的儿童;(2)与表现出这些需要关注的问题的儿童的互动策略;(3)环境的调节可能对有这些特殊问题的儿童有帮助。第三部分包括了日常生活习惯、日常活动和文化习惯的例子。第四部分包含一个发展图表,用于说明该子类的技能是按什么顺序发展的,以及如何对应不同发展水平的策略(在发展水平合适的章节中),以及体现与该子类相关的针对一类残障儿童的环境方面和互动方面建议的案例。

9.11 结论

通过多年来早期儿童干预和教育领域的工作,原有的 TPBI 的基础和原则得到了支持和加强。TPBI2 提供机会来扩展这些原则、增加新的概念和材料,并加强已被证明对儿童和家庭重要的策略。

TPBI2 是团队干预的一种功能性的、积极的方法。儿童生活中的关键人物在选择干预的优先顺序,规划如何和何时介入干预,以及选择符合其需要、价值观和生活方式的干预策略方面起着至关重要的作用。

在 TPBI2 中,在 TPBA2 观察指南和年龄表中相应提出策略。TPBA2 中的每个领域在 TPBI2 中都有相应的干预章节,每个领域中的每个 TPBA2 子类也被考虑在内。在每个子类中,都提出了解决潜在关注领域的交互策略和环境策略,以及如何将这些策略纳入游戏和日常活动的示例。此外,TPBI2 的每一章都采用目标达成量表,使专业人员和家庭成员能够确定儿童的能力水平,规划干预的功能目标,并衡量儿童的进步。

参考文献

Bailey, D. B. (2001). Evaluating parent involvement and family support in early intervention and preschool programs. *Journal of Early Intervention*, 24,(1),1-14.

Baird, S., & Peterson, C. (1997). Seeking a comfortable fit between family-centered philosophy and infant-parent interaction in early intervention: Time for a paradigm shift? *Topics in Early Childhood Special Education*, 17(2),139-164.

Bandura, A. (1971). *Social learning theory*. New York: General Learning Press.

Bernheimer, L. P., Gallimore, R., & Weisner, T. S. (1990). Ecocultural theory as a context for the individual family serve plan. *Journal of Early Intervention*, 14, 219-233.

Bevill, A. R., Gast, D. L., Maguire, A. M., & Vail, C. O. (2001). Increasing engagement of preschoolers with disabilities through correspondence training and picture cues. *Journal of Early Intervention*, 24(2), 129-145.

Bredekamp, S., & Copple, C. (1997). *Developmentally appropriate practice in early childhood programs*. Washington, DC: National Association for the Education of Young Children.

Bronfenbrenner, U. (1979). *The ecology of human development: Experiments by nature and design*. Cambridge, MA: Harvard University Press.

Bronfenbrenner, U. (1999). Environments in developmental perspective: Theoretical and operational models. In S. L. Friedman & T. D. Wachs (Eds.), *Measuring environment across the life span: Emerging methods and concepts*. Washington, DC: American Psychological Association.

Campbell, P. H. (2004). Participation-based services: Promoting children's participation in natural settings. *Young Exceptional Children*, 8(1), 20-29.

Carr, R. A. (1979). Goal attainment scaling as a useful tool for evaluating progress in special education. *Exceptional Children*, 46, 88-95.

Chambers, C. R., & Childre, A. L. (2005). Fostering family-professional collaboration through personcentered IEP meetings: The "true directions" model. *Young Exceptional Children*, 8(3), 20-28.

Childress, D. C. (2004). Special instruction and natural environments: Best practices in early intervention. *Infants and Young Children*, 17(2), 162-170.

Cook, R. J. (2004). Embedding assessment of young children into routines of inclusive settings: A systematic planning approach. *Young Exceptional Children*, 7(3), 2-11.

Dinnebeil, L. A., Hale, L., & Rule, S. (1999). Early intervention program practices that support collaboration. *Topics in Early Childhood Special Education*, 19(4), 225-235.

Dunst, C. J. (2000). Revisiting "rethinking" early intervention. *Topics in Early Childhood Special Education*, 20(2), 95-104.

Dunst, C. J. (2001). Participation of young children with disabilities in community learning activities. In M. J. Guralnick (Ed.), *Early childhood inclusion: Focus on change* (pp. 307 - 333). Baltimore: Paul H. Brookes Publishing Co.

Dunst, C. J. (2002). Family-centered practices birth through high school. *The Journal of Special Education*, 36,139 - 147.

Dunst, C. J., Bruder, M. B., Trivette, C. M., Hamby, D., Raab, M., & McLean, M. (2001). Characteristics and consequences of everyday natural learning opportunities. *Topics in Early Childhood Special Education*, 21(2),68 - 92.

Dunst, C. J., Hamby, D., Trivette, C. M., Raab, M., & Bruder, M. B. (2000). Everyday family and community life and children's naturally occurring learning opportunities. *Journal of Early Intervention*, 23,151 - 164.

Dunst, C. J., Herter, S., & Shields, H. (2000). Interest-based natural learning opportunities. In S. Sandall & M. Ostrosky (Eds.), *Young Exceptional Children, Monograph Series No. 2: Natural environments and inclusion* (pp. 37 - 48). Denver, CO: Division for Early Childhood of the Council for Exceptional Children.

Dunst, C. J., & Trivette, C. M. (1988) A family systems model of early intervention with handicapped and developmentally at-risk children. In D. Powell (Ed.), *Parent education as early childhood intervention: Emerging direction in theory, research, and practice* (pp. 131 - 179). Norwood, NJ: Ablex.

Dunst, C. J., Trivette, C. M., Humphries, T., Raab, M., & Roper, N. (2001). Contrasting approaches to natural learning environment interventions. *Infants & Young Children*, 14(2),48 - 63.

Emde, R., & Robinson, J. (2000). Guiding principles for a theory of early intervention: A developmental-psychoanalytic perspective. In J. P. Shonkoff & S. J. Meisels (Eds.), *Handbook of early childhood intervention* (2nd ed., pp. 160 - 178). New York: Cambridge University Press.

Flaherty, J. (1999). *Coaching: Evoking excellence in others*. Boston: Butterworth Heinemann.

Gallagher, K. C. (2005). Brain research and early childhood development: A primer for developmentally appropriate practice. *Young Children*, 60,12 - 20.

Greenspan, S. I., & Wieder, S. (2003). Infant and early childhood mental health: A comprehensive developmental approach to assessment and intervention. *Zero to Three*, 24(1),6 - 13.

Grisham-Brown, J. (2000). Transdisciplinary activity-based assessment for young children with multiple disabilities: A program planning approach. *Young Exceptional Children*, 6(3), 12-20.

Grisham-Brown, J., Pretti-Frontczak, K., Hemmeter, M. L., & Ridgley, R. (2002). Teaching IEP goals and objectives in the context of classroom routines and activities. *Young Exceptional Children*, 6(1), 18-27.

Guralnick, M. J. (Ed.). (1997). The effectiveness of early intervention: Directions for second generation research. In *The effectiveness of early intervention* (pp. 3-20). Baltimore: Paul H. Brookes Publishing Co.

Guralnick, M. J. (2001). A developmental systems model for early intervention. *Infants & Young Children*, 14(2), 1-18.

Hanft, B., Rush, D., & Shelden, M. (2004). *Coaching families and colleagues in early childhood*. Baltimore: Paul H. Brookes Publishing Co.

Harbin, G., Rous, B., & McLean, M. (2005). Issues in designing state accountability systems. *Infants & Young Children*, 27(3), 137-164.

Individuals with Disabilities Education Act Amendments of 1997, PL 105-17, 20 U. S. C. § § 1400 *et seq.*

Individuals with Disabilities Education Improvement Act of 2004, PL 108-446, 20 U. S. C. § § 1400 *et seq.*

Jung, L. A. (2003). More is better: Maximizing learning opportunities. *Young Exceptional Children*, 6(3), 21-26.

Kaczmarek, L. A., Goldstein, H., Florey, J. D., Carter, A., & Cannon, S. (2004). Supporting families: A preschool model. *Topics in Early Childhood Special Education*, 24(4), 213-236.

Kaiser, A. P., & Hancock, T. B. (2003). Teaching parents new skills to support their young children's development. *Infants & Young Children*, 16(1), 9-21.

Keilty, B., & Freund, M. (2004). Mastery motivation: A framework for considering the "how" of infant and toddler learning. *Young Exceptional Children*, 8(1), 2-10.

Kiresuk, T. J. (1994). Historical perspective. In T. J. Kiresuk, A. Smith, & J. E. Cardillo (Eds.), *Goal attainment scaling: Application, theory, and measurement* (pp. 15-160). Hillsdale, NJ: Lawrence Erlbaum Associates.

Kiresuk, T. J., & Sherman, R. E. (1968). Goal attainment scaling: A general method for evaluating community mental health programs. *Community Mental Health Journal*, 4, 443-453.

Linder, T. W. (1993a). *Transdisciplinary Play-Based Assessment: A functional approach to working with young children*. Baltimore: Paul H. Brookes Publishing Co.

Linder, T. W. (1993b). *Transdisciplinary Play-Based Intervention*. Baltimore: Paul H. Brookes Publishing Co.

Mahoney, G., & Wheeden, C. (1997). Parent-child interaction: The foundation for familycentered early intervention practice. A response to Baird and Peterson. *Topics in Early Childhood Special Education*, 17(2), 165-187.

McBride, S., & Peterson, C. (1997). Home-based early intervention with families of children with disabilities: Who is doing what? *Topics in Early Childhood Education*, 17(2), 209-234.

McCormick, K. M., Jolvette, K., & Ridgley, R. (2003). Choice making as an intervention strategy for young children. *Young Exceptional Children*, 6(2), 3-10.

McWilliam, R. A. (2000). It's only natural ... to have early intervention in the environments where it's needed. In S. Sandall & M. Ostrosky (Eds.), *Young Exceptional Children, Monograph Series No. 2: Natural environments and inclusion* (pp. 17-26). Denver, CO: Division for Early Childhood of the Council for Exceptional Children.

McWilliam, R. A., & Scott, S. (2001). A support approach to early intervention: A three-part framework. *Infants & Young Children*, 13(4), 55-66.

McWilliam, R. A., Tocci, L., & Harbin, G. L. (1998). Family-centered services: Service providers discourse and behaviors. *Topics in Early Childhood Special Education*, 18, 206-221.

Morgan, G., MacTurk, R., & Hrncir, E. (1995). Mastery motivation: Overview, definitions, and conceptual issues. In R. H. MacTurk & G. A. Morgan (Eds.), *Mastery motivation: Origins, conceptualizations, and applications* (pp. 1-18). Norwood, NJ: Ablex.

Murray, M. M., & Mandell, C. J. (2004). Evaluation of a family-centered early childhood special education preservice model by program graduates. *Topics in Early Childhood Special Education*, 24(4), 238-249.

No Child Left Behind Act of 2001, PL 107-110, 115 Stat. 1425, 20 U. S. C. §§6301 *et seq.*

Odom, S. L., Favazza, P. C., Brown, W. H., & Horn, E. M. (2000). Approaches to understanding the ecology of early childhood environments for children with disabilities. In T. Thompson, D. Felce, & F. Symons (Eds.), *Behavioral observation: Technology and applications in developmental disabilities* (pp. 193 - 214). Baltimore: Paul H. Brookes Publishing Co.

Pretti-Frontczak, K. L., & Bricker, D. (2000). Enhancing the quality of IEP goals and objectives. *Journal of Early Intervention*, 23(2), 92 - 105.

Pretti-Frontczak, K. L., & Bricker, D. (2004). *An activity-based approach to early intervention* (3rd ed.). Baltimore: Paul H. Brookes Publishing Co.

Pretti-Frontczak, K. L., Kowalski, K., & Brown, R. D. (2002). Preschool teachers' use of assessments and curricula: A statewide examination. *Exceptional Children*, 69(1), 109 - 123.

Raab, M., & Dunst, C. J. (2004). Early intervention practitioner approaches to natural environment interventions. *Journal of Early Intervention*, 27, 15 - 26.

Raver, S. (2003). Keeping track: Routine-based instruction and monitoring. *Young Exceptional Children*, 6, 12 - 20.

Rush, D. D., Shelden, M. L., & Hanft, B. E. (2003). Coaching families and colleagues: A process for collaboration in natural settings. *Infants & Young Children*, 16, 33 - 47.

Salisbury, C. L., Crawford, W., Marlowe, D., & Husband, P. (2003). Integrating education and human service plans: The interagency planning and support project. *Journal of Early Intervention*, 26(1), 59 - 75.

Sameroff, A. J., & Chandler, M. J. (1975). Reproductive risk and the continuum of caretaking casualty. In F. D. Horowitz, M. Hetherington, S. Scarr-Salapatek, & G. Siegal (Eds.), *Review of child development research* (Vol. 4, pp. 187 - 244). Chicago: University of Chicago Press.

Sameroff, A. J., & MacKenzie, M. J. (2003). A quarter century of the transactional model of child development: How have things changed? *Zero to Three*, 24, 14 - 22.

Sandall, S., & Schwartz, I. (2000). *Building blocks for teaching preschoolers with special needs*. Baltimore: Paul H. Brookes Publishing Co.

Shonkoff, J. P., & Phillips, D. A. (Eds.). (2000). *From neurons to neighborhoods: The science of early childhood development*. Washington, DC: National Academies Press.

Smith, B. J., Strain, P. S., Snyder, P., Sandall, S. R., McLean, M. E., Broudy Ramsey, A., & Carl-Sumi, W. (2002). DEC recommended practices: A review of 9 years of EI/ECSE research literature. *Journal of Early Intervention*, 25,108-119.

Vig, S., & Kaminer, R. (2003). Comprehensive interdisciplinary evaluation as intervention for young children. *Infants and Young Children*, 16(4),342-353.

Vygotsky, L. S. (1978). *Mind in society: The development of higher mental processes.* Cambridge, MA: Harvard University Press. (Original works published in 1930, 1933, and 1935)

Wesley, P., Buysse, V., & Skinner, D. (2001). Early interventionists' perspectives on professional comfort as consultants. *Journal of Early Intervention*, 24(2),112-128.

Whitechurch, G., & Constantine, L. (1993). Systems theory. In P. Boss, W. Doherty, R. LaRossa, W. Schumm, & S. Steinmetz (Eds.), *Sourcebook of family theories and methods: A contextual approach* (pp. 325-352). New York: Plenum Press.

Wolery, M. (2000). Recommended practices in child-focused interventions. In S. Sandall, M. McLean, & B. Smith (Eds.), *DEC recommended practices in early intervention/early childhood special education* (pp. 29-37). Longmont, CO: Sopris West.

Wolery, M., & Bailey, D. B. J. (2002). Early childhood special education research. *Journal of Early Intervention*, 25,88-99.

（李海峰　李晨曦）

第十章　TPBI2 的过程

干预是为了造福儿童、家庭和社会。干预对儿童的好处包括：提高发展速度，获取所有领域的新技能，获得更多功能性用途和技巧应用，调整无益或无效的行为或过程，增强独立性，以及建立和维护良好关系能力的可能性。对家庭来说，干预可以提供情感支持、资源、指导、减少压力、增加信心和支持联系。在社会经济层面上有多方面的好处：减少一生中需要特殊教育和特殊服务的儿童人数；减少虐待与忽视儿童的发生；提升自立水平，并且由此降低了对高社会成本的服务需求（Campbell, Ramey, Pungello, Sparling, & Miller-Johnson, 2002; Cotton & Conklin, 2001; Heckman & Masterov, 2004; Karoly, Kilburn, & Cannon, 2005; Lynch, 2005; Olds, Hill, & Rumsey, 1998; Schweinhart, 2004; Welsh, 2001）。这些都是对 0—6 岁儿童进行干预的重要原因。

10.1　TPBA/TPBI 的过程概述

虽然 TPBA2 可以在不使用 TPBI2 的情况下完成，反之亦然，两者是按共同使用的想法来设计的。TPBA 整合来自家庭成员的信息，护理人员与专业人员观察儿童当前的技能水平、行为反应、互动模式和学习方式，TPBA 结果与干预计划、实施和持续评估紧密联系在一起，需要儿童生活中的所有重要的人都紧密参与和协作。

整个 TPBA/TPBI 流程涉及多个步骤：

- 向家庭成员收集儿童和家庭史的初步信息，家庭对儿童行为和技能的看法，以及他们对日常生活中与儿童互动的评分。
- 策划和实施 TPBA。
- 汇总所有数据以确定报告中的当前表现水平、学习方式、互动模式、优势、顾虑和准备情况。
- 举办一次评估后的会议，以探讨服务需求和家庭支持的需求。
- 举办一次评估后或干预前的会议，以制定具体的干预计划，包括：预期的整体效果、功能性的干预目的或目标，以及各种环境和内容下环境和互动策略（如果需要，这可以作为上一步的一部分完成，参见 TPBI2 的第二章）。
- 在每个确定的环境中（如家庭、儿童保育中心、学校、私人疗法），通过适当的团队支持开始干预。

- 通过轶事记录（anecdotal record）监控进展情况，对照达标量表（goal attainment scales）和功能成果说明表（functional Outcome rubrics）了解进步情况，了解年龄表（age table）中的技能发展情况。
- 必要的话，调整干预策略。如果儿童有进步，则修改功能目标。如果儿童没有进步，则修改功能目标和/或干预策略。
- 监控父母、照料者和老师的收获（使用其他来源收集资料，因为TPBI只能确定儿童的进步）。
- 整合所收集的关于儿童、家庭、其他提供帮助者的数据。

12步计划（在第九章中提到）也是对干预团队的有用工具。它提供了关于如何提供TPBI的具体步骤。更多关于12步计划的内容请参见TPBI2中的第二章。

图表10.1概述了TPBA和TPBI团队的角色和职责。如下一节所讨论的，这些团队的关系可能是重叠的，也可能是截然不同的。无论哪种情况，对团队的要求都是一样的。

图表 10.1　TPBA 和 TPBI 团队的角色和职责

	TPBA	TPBI
TPBA/I 团队可能相同或不同		
团队成员	团队通常包含以下特定领域的专业人员： 感觉运动的 情绪和社交能力方面的 沟通、交流方面的 认知方面的 团队需要的其他领域的专家：例如视觉、健康、社会等方面的	团队中至少需要两人具有与儿童相关的知识： 感觉运动的 情绪和社交能力方面的 沟通、交流方面的 认知方面的 团队需要的其他领域的专家：例如视觉、健康、社会等方面的
评估	获得初步信息(1人) 观察儿童(所有人) 引导儿童玩耍(1人) 整合结论(所有人) 提出策略建议(所有人)	在干预过程中持续进行观察和评估
评估后会议	讨论评估结果、需求和对服务、资源、干预团队成员、服务交付计划的影响	
以上和以下的会议，因需要的团队组成情况以及家庭的需要，可以合并召开		
干预前规划 确定期望的整体结果、干预的优先领域、干预目标；将目标嵌入到游戏和日常活动中的计划，以及在家庭和社区环境中达到干预目标的策略		
干预		提供信息、资源支持 观察 咨询 教练

续表

	TPBA	TPBI
		展示 示范 必要时直接进行干预 调整策略 对特定目标和整体结果进行监控 向机构和国家提供结果数据
再评价	在年度回顾或转到新计划的时候,干预团队和评估团队都可能参与	

10.2 回顾游戏单元

游戏评估之后的 TPBA 团队收集到的所有信息对规划干预措施有可能是重要和实用的。当使用从他们各自的观察笔记表格中获得的信息,每一位团队成员会有关于儿童与不同的人玩耍的时候所展现的技巧、互动,以及学习的方式的支持性例证。

团队成员还可以利用 TPBA2 观察指南,帮助他们使用这些信息用于寻找儿童发展的优势能力、重点关注和准备好(学习新技能)的情况。分析这些数据不仅可以确定具体的发展延迟或失能状况,而且还可以了解儿童发展的优势或确定干预起点的基础,以及采用什么样的策略为儿童提供支持是有效的,还能有助于确定下个阶段的干预儿童在横向(例如基本技能的深度和质量)和纵向(例如发展更高水平)应达到的发展水平。

TPBA2 年龄表使团队能够利用他们的观察记录和观察指南,了解儿童在所有领域和子项目的表现。这些信息可以用来帮助团队找出发展性技能差距,下一步确定干预措施以及儿童发育水平和技能所涉及的范围,年龄表也可用于干预过程来标记儿童的进步。

对于团队来说,重要的是回顾最初收集到的信息,因为这样做也可以指导干预。TPBA2 儿童和家族史问卷(CFHQ)不仅对了解家庭或环境与儿童的表现技能之间的关系是有用的,还可用于确定可能成为实施干预的基本条件的弹性(resiliency)因素,需要在干预中确定的风险因素,以及影响家庭成员对儿童行为解释的文化变量和评估家庭期望的干预效果。

儿童功能的 TPBA2 家庭评估(FACF)提供了额外的有助于规划干预的信息。通过检查关于"关于我的一切"问卷,小组了解家庭是否对儿童有不同的看法。这可能为讨论如何以及为什么儿童可能已经展示了各种环境下的不同技能或行为提供了指导。这种形式还揭示了照护者希望看到儿童进步的领域。他们回答出他们期待儿童未来成为的样子。"关于我的一切"问卷的最后一部分如图表 10.2 所示。对这些项目的反馈可以帮助团队寻找预期结果和干预的重要目标。

图表 10.2 "关于我的一切"问卷的最后一部分(取自儿童功能的家庭评估【FACF】)指导制定计划

> 需要更多的独立性的方面是：
> 需要更多的控制的方面是：
> 可以更好的是：
> 增加能力以达到：
> 其他方面：

FACF 中的另一种工具,日常活动评分表(the daily routine rating form)对进行干预计划也很有用。在日常表现中标有高分项表示儿童、父母,或两者都在这方面有很大的压力。这些项目表明哪些日常行为应在干预计划中加以解决。毫无疑问,要想减轻压力,环境、互动,或两者都需要改变。在干预计划中包括这些"问题时间"。特别令人愉快的日常行为也值得注意,因为这些日常行为可以"以令人愉快和激励的方式""唤醒儿童"。

最后,该团队有 TPBA2 观察总结表,不仅可以用来确定儿童确定的干预需求,还可以用来确定开发功能性干预目标的一个"临界点"。TPBA2 领域中的功能性的结果提示(见附录)包括每个子类要达成的目标。团队成员可以将这些量表用作评估技能的附加手段,将他们在评估中对儿童的看法与家庭父母的看法进行比较,并用于确定干预规划的目标。

结合所有这些信息为父母和团队提供关于儿童的功能水平的现状、下一步发展准备的情况,以及在干预期间尝试采取什么样的策略。

10.3 确定干预方案

正如第九章所述,在 TPBA 团队和研究团队可以相同或不同,具体取决于相关机构提供服务的结构。在一些项目中,评估儿童的团队也提供干预服务。在 EI 方案中,从出生到 3 岁的儿童都有这种情况。然而,在其他 EI 项目中,有一个专门的团队进行评估,一个服务协调员安排确定所需的服务,这些服务由单独的干预小组或签约专业人员提供。为学龄前儿童服务的项目也可能有不同的服务模式。在大多数情况下,"发现儿童"(child find)团队评估儿童,然后适当地为服务提出建议。儿童随后从项目干预团队或签约专业人员那里获得推荐项目中的服务。在某些情况下,特别是在年幼儿童的项目中,学龄前评估团队也是提供服务的团队。

干预团队的组成可能与评估团队的组成平行,或根据儿童的需要而有所不同。在 TPBA 中,具有认知、语言、情感、社交和感觉运动方面的专业知识的专业人员参与,并根据需要增加其他专家。在 TPBI 实施过程中,团队也用来保证干预的整体性。例如,一位儿童可能被确定主要关注语言,但这些问题也很可能对社会和认知技能产生影响。出于这个原因,团队需要了解各领域的相互作用。与确定儿童最重要的需求领域有关的专业人员将与儿童、儿童的家庭、其他照料者和/或教育者一起发挥主要作用。但是，其他团队成员将提供间接咨询和支持，有时也将直接参与。根据需要，其他专家也会加入儿童干预小组，以提供咨询。

尽管许多项目鼓励各种专业的人士单独对儿童进行评估和干预，而 TPBI 则与 TPBA 一样，都使用家庭引导者，与在其他团队成员支持的环境下工作。家庭引导者作为教练和顾问，负责联络儿童生活中所有重要的人，召开团队讨论和围绕干预问题解决问题，根据需要引进专业知识，并与团队成员合作提供干预和支持服务。

虽然没有一个"正确"的方式将评估和干预联系起来，但是 TPBA 的过程中有一个关键的组成部分就是评估结果与干预策略之间的明确联系。TPBA 与很多评估方法不同，其目的绝不仅仅是确定儿童对服务的需求，它旨在找到能带来技能提升、独立性和积极社会互动的具体的过程和策略。如果做不到这一点，干预团队必须进行不同的评估，以确定哪些策略是有成效的。这样浪费了儿童和家人的宝贵时间，而且是低效的。无论干预团队与评估团队相同或不同，评价过程的两个方面为顺利过渡到干预措施做出了重大贡献。第一个是团队的形成和撰写的报告（见第八章），第二是所有参与干预过程的重要人员需参加评估后和/或干预前的讨论。

一个详细的 TPBA 报告不仅提供了对儿童的优势和服务需求的很好的总结，同时也提出后续干预步骤。TPBA 报告为干预策略提供了具体建议，可以用于完成后续步骤。详细的建议为干预提供了坚实的基础，让所有参与干预儿童的人都了解儿童的发展程度，为什么一个领域的干预是当务之急，哪些策略可能是有效的、为什么，以及方法如何迁移到日常活动中。

团队成员（包括 TPBA 和 TPBI 团队，如果可能的话）在评估后进行的讨论为如何实施干预的讨论提供了基础。TPBA 团队成员将分享他们的评估结果以及有关服务和干预的建议。IEP 或 IFSP 通常在这个时候编写，尽管 TPBI 和 IFSP 并不是由实际执行干预的人撰写，这也不是最好的方法。如果 TPBI 干预团队是一支不同的团队，或者没有出席评估后会议，则可能需要召开另一次会议来制定具体的干预计划。为确保评估和干预的连续性，在做干预计划时，TPBA 团队必须在场。

10.4 实施表单

10.4.1 团队干预计划

虽然大多数机构都有自己用于计划方案和 IFSP 的表格，但 TPBA/TBAI 过程还包括几个附加的表格和工具，来帮助进行干预规划。团队的干预计划可能补充或修改表格来替代机构或项目的现有表单。IEP 或 IFSP 表格通常包括目标以及提供服务的人员,何时、何地以及多长时间等信息。在完成团队干预计划(Team Intervention Plan)的过程中,团队成员(包括家庭)从考虑期望的长期结果转移到详细考虑何时、何地以及如何进行干预。TPBI 模式是基于经常与儿童相处的家庭成员、照料者和教育者作为主要"干预者",可以将互动和提供环境的机会嵌入到儿童全天的所有活动中。因此,干预计划需要提供比典型的 IEP 或 IFSP 表格更多的信息。

传统的 IEP 或 IFSP 就像一张飞机票。它给儿童提供一个目的地,使其有资格登机,提供设备把儿童带到目的地,在飞行员和乘务员完成工作到达目的地时,儿童却无所事事。TPBI 流程更像是一个地图和一个配套的指南。TPBI2 团队的干预计划,协同解决问题的工作表,策略提示清单可作为通往儿童全球目的地的可能路线的地图,沿途有许多停靠点以及各种不同的旅行计划(见 TPBI2),从中选择以便到达所需的目的地。团队成员充当导游,提供信息、支持和指导,帮助家庭、教师和儿童选择路线、旅行方式,最终让儿童成为更好的独立旅行者。TPBI2 作为参考和旅行指南,提供愉快和有意义的活动,以满足儿童、家庭和教育者在他们的旅途中的需求。此外,每个团队成员都会带来丰富的各自专业领域的知识,以便能加入规划和干预过程。

10.4.2 起程(Go-For-It)

这次旅程从选择目的地开始。无论干预计划会议是在评估后会议之后,或在不同的会议上进行,重要的是要知道所期望的最终结果,因为这些提供了干预方向。优先整体结局(GO)如果需要的话不止一个——在团队干预计划的整体结局部分被确定,整体的结局来自 TPBA2 域的功能性成效(FOR)或下面描述的 OSEP 儿童成效。在家庭和儿童保育或学校环境中的儿童可能选择有相同或不同的成果,由家长和其他专业人员根据这两种情境来确定。

一个或多个整体结局的选择之后,确定什么样的儿童正在做关于这些选择的结局,应该构成选择整体预后在优先级 FOR(基于父母与 TPBA 数据)。使用我们的旅行比喻,这一步决定了旅程的优先停靠地点。在 TPBA,团队和家庭确定儿童在 TPBA2 每个子领域中的表现基线。使用这个基线,干预团队可以为已确定的整体结局选择 FOR 中的优先领域。例如,如果家庭选择"能够理解和运用积极有效的言语和非言语交际能力"的整体结局,该团队就可以通过 TPBA2 领域沟通发展领域检视 FOR。他们会查看标有最低评分的子项目,并选择一个或更多的是家庭和干预团队优先考虑的子类。使用选定的项目作为基线,然后确定该子类适合的干预目标。

与儿童们生活中关键的成年人进行讨论,可以使这些干预领域转化为书面的功能干预目标(IT)。这些功能性的目标准确地记录了儿童在日常活动和生活中需要做的事情，以表明他或她正在取得进展。例如，干预的目标可能是儿童"始终如一地(90％的时间)可以用手势和发声或词语从熟悉的人手里呈现的物品中选择一个符合他的欲望或需要的物品"。

团队干预计划的最后一部分，包括 IEP 或 IFEP 中需要包含的信息，说明谁将提供服务，以及为家庭、社区和/或儿童保育或教育提供服务的频率、强度或持续时间。此外，由于专业人员、家庭成员和教育工作者的角色可能因提供直接服务或咨询服务而有所不同，因此这种形式允许为每个角色划定空间，很容易看到这一过程如何与制定 IEP 或 IFSP 总体和分目标重叠，整合好这些工作则更佳。

10.5　总结表格

家庭服务协调清单（Family Service Coordination Checklist）和儿童评估和建议清单（Child Assessment and Recommendation Checklist）

我们提供两个额外的可选表格(参见可自选的 TPBA2 和 TPBI2 表格光盘)来帮助概括评估信息和干预计划。家庭服务协调清单提供的 C 部分的项目是总结家庭优势和资源，确定哪些支持是必要的，以及由谁来提供支持。此外，此表格会帮助服务协调人注意谁将负责联系这些服务，以及何时跟进后续工作。儿童评估和建议检查清单可用于婴儿、学步儿或学前教育项目，以总结干预优先项；儿童什么方面已"准备好"进行干预下一阶段，以及在何处提供干预服务、由谁提供、以何种方式提供以及在预定的复查日期之前多久提供。这些表格旨在简要概述评估与干预、家庭、学校和社区，以及提供的各种支持之间的关系。在某些情况下，他们可能有助于突出显示可能需要进一步评估或服务提供以及协调要跟进的方面。

10.6　用于实践过程中的表格

协作解决问题工作表（Collaborative Problem-Solving Worksheet）和提示策略清单（TIP Strategies Checklist）

一旦确定了预期的目标，团队就可以制定更详细的干预计划或活动指导，以确保取得进展，还可以再次在评估后或干预前进行。一旦确定干预的首要目标，在 TPBA/TPBI 的团队就可以确定这些目标如何影响发展以及何时和如何干预可能是最有效的。TIP 策略清单(针对家庭和社区、儿童保育中心和/或学校)概述了干预的细节。这些工作表涉及确定在合作问题解决工作表中包含的重要日期。也可以确定那些导致变化的、引领发展和学习的策略，并讨论这些策略在不同的活动或背景下(例如家庭、学校或社区内)如何调整。不论是家庭和社区的 TIP 策略清单还是学校和儿童保育中心的 TIP 策略清单都能为这一过程提供基本的思路。

除了每个团队成员所带来的专业知识外，TPBI2 还提供了直接与 TPBA2 提出的问题相关的干预具体思路。为了确定具体的策略，团队成员明确 FORs 中作为干预目标的子项目，并对应 TPBI2 相应的章节。每章进一步分解为该子项目中每个关注领域的交互和环境策略。各个部分提供了许多策略，以便可以选择适当的策略。这对团队成员处于非自己的学科领域时尤其有帮助。团队可能希望复印 TPBI2 的特定部分，以便向家长、护理人员或教师提供推荐策略的书面提醒。

家庭、照料者、教师和其他每天与儿童互动的人最终决定在家庭、学校和社区使用哪些策略。然而，团队中的专业人员通过提出和解释适当的可选做法也发挥了关键作用：

- 帮助制定可考虑使用的策略。
- 介绍为什么这些策略可能会有帮助。
- 鼓励讨论各种备选方案的优缺点。
- 详细说明策略是如何实施的。
- 与整个团队一起集体讨论策略在儿童日常活动中可能是什么样的具体例子。

由于干预措施旨在用于儿童日常生活情境中实施，干预的最终责任在于持续与儿童互动的成年人。但是，团队成员在尝试各种方法之前、其间和之后提供关键支持。根据家长、其他照料者和/或教育者的知识背景和舒适程度，团队成员可以通过各种方式提供帮助。一旦选定策略，团队中的专业人员将根据需要提供支持。正如作为干预对象的儿童一样，最低支持制度是可取的。专业人员提供尽可能多的指导、演示和反馈，这对于家庭成员和/或其他人能够对实施所选择的策略感到舒适是必要的。"合作问题解决工作表"的末尾提供了一个区域，用于标明可能需要的其他资源以及团队专业人员请求的支持类型。

10.7　实施干预

10.7.1　团队和家庭的关系

尽管对干预方法的初步讨论是在与很多人进行的正式会议中进行的，但小型团队会议或与家庭进行一对一讨论则更加非正式和个人化。TPBI 的优势之一是团队成员协作的方式不是每个团队成员都需要与家人或教育工作者会面。通常，一名团队成员被指定为儿童的主要顾问、教练或干预者。这样，家庭或老师就能够随着时间的推移与一个人建立关系，而不必每次应对不同的人和不同的做事方式。其他团队成员应该共同访问，观看录像带以提供意见，与儿童生活中的重要成年人进行电话会谈，并参与解决团队问题的讨论。根据案件负荷和时间的不同，其他团队成员作为主要协调人很有帮助，特别是需要他们的专业知识。担任主要顾问的人最好应该是具有儿童需要发展主要领域的专业知识的人与儿童或家庭建立了关系的人。

在谈论实际的干预策略之前，重要的是专业人士必须仔细聆听照料者或教育者的感受、尝试不同策略的体验、对尝试新方法的焦虑或担忧，等等。父母和其他成年人需要相信他们的感受和意见是有价值的，他们的需求是被听到的。为了行之有效，专业人员需要与儿童的家庭和其他照料者建立信任关系。因此，与家人建立关系的时间应该包括在干预过程中。有时候，父母或照料者可能想谈谈他们生活中对他们及其家人产生影响的其他事情。提供一个发声板是建立这种关系的重要组成部分。虽然职业界限需要得到尊重，但相互尊重和人际关系是合作的基础。专业人员应该明确表示，他们并非无所不知，而且作为一个团队，他们将共同探索各种选择，以找到导致变化和进步的策略。在与成人互动谈论他们想要谈论的问题和为了达到干预目标与成人和儿童互动之间保持平衡始终是一个难题，因为两者都很重要，达到平衡是关键。

为了与负责使用策略的人讨论干预问题，他们需要了解提议的干预措施、策略可以采用的其他方式，以及所涉及的具体步骤或方法。专业人员需要提供有关发展和发展差异的信息，以便清楚理解这些差异。应该避免使用专业术语，并且应该给出实际且相关的例子来说明具体的含义。如果成年人理解建议他们使用的策略具体应该做什么，如何实施，以及为什么，这样他们可以更容易地模仿策略。

交谈是传达信息的重要方式，但仅仅解释是不够的。通常，父母和其他照料者被告知该做什么，但没有得到足够的支持以达到预期的目的。为此，TPBI鼓励专业人员以各种方式来支持干预，并为正在提供咨询的成年人提供个性化支持。与儿童一样，个性化可以涉及更多的定向支持、辅导或指导性实践；间接的支持，例如对观察到的行为建模或提供反馈；或者提供间接支持，例如提供信息、建议和鼓励。对于任何级别的干预支持，专业人员还需要跟进，思考发生了什么、什么有效、什么无效，以及下一步应该做什么。对干预过程中所有成年人的进展情况的评估也是一项持续的活动。

10.7.2 家庭/照料者和教育者参与干预

与儿童保持互动的成年人应尽可能提供干预。然而，为了充分实施干预并使之有效，成年人需要高质量的支持。成年人参与度可以他们感到最舒适的水平为准，但也鼓励他们去尝试新的活动或互动模式。如前所述，仅写出计划、提供建议和反馈是不够的。在很大程度上，照料者和教育工作者的有效性取决于顾问团队实现真正协作方面的有效性。

对于专业人士来说，能够展示、提供示例，并通过建议的策略"引导"他人完成建议是非常重要的。专业人员可能需要通过他/她自己与儿童的互动来向父母或老师展示那些干预建议的含义。例如,专业人员可能会演示如何在语言中使用语调、调整儿童体位、解释问题或反映儿童的感受等。为了更好地让人掌握这些做法,在示范之后,非常有必要讨论如何以及为何有效,还有如何能够根据个人特点适宜地改变一些做法。如果可能的话,父母或其他成年人应该尝试使用该策略。如果需要,专业人员可以在整个过程中指导家长或老师,然后花时间讨论交互方式、工作方式以及下一次互动中可能有哪些帮助,并强化所做出的积极努力。专业人士也可以在父母或老师的帮助下实施没有示范过的策略,然后在工作期间或之后进行指导。例如,如果专业人员在圆圈时间试图帮助老师介入儿童,他或她可能会观察并确定儿童何时失去了注意力,以及老师可能做了什么不同的事情。专业人士可以选择坐在老师旁边,进行示范要说什么或做什么,或者等待循环时间后再给予老师反馈。很多时候实际模型更有效,因为除口头建议之外,视觉指引更容易保留。然而,专业人员的角色应该相互确定。专业人士可能会问:"我怎样才能最好地帮助你呢?你是否愿意看我并给你反馈,给你一些想法让你看,或者一起试试圆圈时间?"虽然有些成年人可能会感激某人直接告诉他们该做什么以及如何去做,但很多人对这种做法没有正面回应。他们可能会反对被告知该做什么,并有意或无意地破坏了推荐的策略。

EI 和 ECSE 涉及协作和团队合作。家长需要感受到他们是团队的一部分,他们的知识和专业知识与专业人员一样重要,他们的想法会被听到。因此,每次关于儿童正在发生的事情或应该与儿童进行的每个讨论必须是对话,一个相互解决问题的会议,所有各方都致力于实现相同的目标:帮助儿童进步,让家庭或教室成为一个有利于学习、分享和玩乐的地方。

与专业人员试图找到适用于某个儿童的人际交往策略一样,成年人也需要采用同样的方法。不同之处在于,成年人通常可以更直接地了解他们感觉"正确"的内容。公开讨论哪种类型的协作最为有效是最好的。

开始干预,是为导致家庭或老师压力最大的问题采取"大手段"。这些问题通常"很大",因为它们很复杂。出于这个原因,最好从小问题和建议开始,这样往往可以轻松有效地实施。当进步被看到时,即使进步很小,每个人的满足感都有助于加强成年人之间以及成年人和儿童之间的关系,应对下一个挑战的动机就会加强。

专业人员还通过处理实际情况让父母和教育工作者参与进程。如果吃饭或洗澡的时间是一个问题,那么进餐时间或洗澡时间是很重要的,因此可以进行观察,并且可以以有意义的方式尝试和修改建议。很多时候,建议被提出,而家长则报告"它不起作用"。没有看到做什么和怎么做,干预专业人员就不知所措。观察和实时反馈对于成功干预非常重要。在访问专业人士之间,成人实践新策略,专业人士应该要求具体信息来记录所做的事情,如何完成以及结果如何。这种反馈可以帮助形成进一步的干预策略咨询。对过程的反思以及成年人对过程的感受是非常重要的。

克拉斯(2008年)确定了15种沟通和人际关系技巧,这些技巧是鼓励、维护和促进与父母关系的必要条件。这些相同的技能对干预小组成员来说非常重要,干预小组成员以咨询身份在儿童的生活中与其他成年人一起工作。

1. 与家庭每一位成员交流。
2. 建立尊重和融洽的氛围。
3. 以同理心倾听和提供支持。
4. 参与积极倾听。
5. 使用"我"的,而非他人的信息。
6. 进行观察并提供描述性的肯定。
7. 示范。
8. 分享发展性信息。
9. 进行发展性解释。
10. 在上下文中提供建议。
11. 提问。
12. 问题解决。
13. 促进积极的家长参与。
14. 对沉默持坦然态度。
15. 实现互动平衡——平衡与成年人和儿童的互动,并平衡初始想法与应对新问题的反应。

尽管在与家庭和其他提供者和专业人员合作时,上述所有技能都很重要,但关键的干预促进者需要能够调整其支持水平和类型,同时牢记需求会随着每个新策略的变化而变化,背景、儿童的变化,甚至某一天的态度或问题。干预是一个流动过程,对过程中每个人不断变化的要求做出反应对成功干预至关重要。

10.8 与教师和照料者合作

在EI计划中,家庭是干预的主要提供者。对于3岁以下儿童的托儿服务提供者往往不包括在内,或者只是在干预计划中涉及最低限度。在学龄前,干预的重点通常转移到学校,为家庭和儿童保育提供的干预支持较少。然而,无论儿童是否花更多时间在家、学校或儿童保育机构,儿童生活中的所有重要参与者都需要被纳入干预小组。为了使干预达到最佳效果,干预应在尽可能多的地点和活动中与尽可能多的人一起进行,以促进技能的实践和推广。TPBI2的目的是提供一个全面的团队进行整体干预,不仅包括相关的治疗师,还包括家庭成员、老师和重要的照料者。

如果老师和儿童保育服务提供者认为他们是跨领域团队的重要成员,他们将在实施干预计划方面更为投入。只要有可能,制定干预计划前老师和照料者就应该被纳入团队。但是该点不可能常常做到,所以应该在最初的干预计划会议之后尽快让他们能参加后续会议。

在本次会议期间,应该使用学校和儿童保育策略核对清单,填写另一个合作解决问题工作表,以获得想法和建立团队干预计划。其目的是协调跨环境使用的策略保证一致性。例如,使用交互策略来影响环境中可能存在的行为和监管问题时,连续性尤为重要。诸如使用自适应设备或支持沟通和独立的辅助设备等环境策略也应该统一实施。儿童保育机构或学校与家庭优先关注的干预目标和成果可能是不同的。老师或儿童保育提供者可能需要聚焦的是不同于家庭强调的方面,这是对的。当确定不同的结果或目标时,团队与老师或照料者可在日常工作和活动中合作开发整合的互动和环境策略。同样,建议使用咨询/辅导模式的团队方法。主要协调员应该担任大型干预团队的联络员,各个团队成员在需要时在教室中花时间观察、示范和指导。还需要定期与教育或儿童保健人员开展解决问题的会议,以便有时间提供信息,解释具体策略的理由,讨论"哪些有效""哪些无效",并修改干预计划。

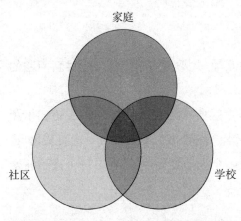

图表 10.3　由 TPBI 团队支持的整体干预

为了最大限度地提高效率,EI 和 ECSE 应包含儿童生活的所有场所。图表 10.3 说明了各种情境之间的关系。虽然每个情境都可能有自己的预期结果和功能干预目标,但应该有重叠和通用的领域。TPBI 团队支持不同情境实现预期目标,并尽力确保跨情境干预的连续性。需要定期观察、谈话和会议。虽然时间紧张,但这些观察和解决问题的时间取代了传统的抽离的和直接服务的治疗模式。尽管可能有些时候需要直接治疗,但团队中的治疗师会努力让那些与儿童最频繁交往的人掌握所需的知识和技能,使儿童的教育活动个性化,以加强发展和学习能力。

10.9　干预与评估:一个持续的过程

TPBA/TPBI 是一个循环过程。在干预过程中观察儿童是一个持续的过程。当儿童完成新的技能或行为时,团队需要确定干预的新目标和相应的策略来解决这些问题。如果儿童没有取得进步,团队需要重新审视这种情况。要么确定了错误的目标,要么选择了不恰当的策略。可能需要修改其中一个或另一个，或两者都要调整。由于"官方"TPBA2观测指南和年龄表可以在任何自然环境中使用来更新评估信息，因此，可以咨询TPBI2以获得新的指导策略。通过持续使用TPBA/TPBI，儿童的干预计划可以不断更新，从而确保儿童获得最大程度的进步和学习机会。

10.10 评估进展情况

通常每年或者当儿童过渡到一个新计划时，都需要进行一次更正式的进展评估。为了记录进度，团队可以执行以下一项或多项操作：

1. 进行正式的TPBA再评估（建议当儿童过渡到一个新计划时实施）。
2. 通过TPBA2领域和OSEP儿童结果对FORs进行重新评估，以明确对已设定的目标以及其他子项目的进展。
3. 重新检查儿童在TPBA2年龄表上的技能以确定进度。
4. 根据需要作为补充TPBA2的其他评估。

各州和联邦政府也需要记录儿童的进步情况。TPBA/TPBI图表中就包括了根据联邦指南报告进展水平的记录表。有关更多信息，请参阅TPBA2 8 TPBI2表格光盘的"OSEP儿童干预成果报告"。

卡洛斯

2岁6个月大的卡洛斯是豪尔赫和旺达的独子。由于情感-社会和语言方面的问题以及家庭医生对潜在自闭症谱系障碍的怀疑，他接受了C部分的评估。工作人员针对C部分进行了初步筛查，确定卡洛斯需要更深入的评估，并且很可能有资格得到服务。因为他快3岁了，可能会达到B部分的标准，卡洛斯和他的家人在当地学区与C部分的服务协调员和代表以及学区的"Child Find团队"（"寻找儿童团队"）一起进行TPBA。C部分的语言治疗师和早期干预医生，以及学区的学校心理学家和作业治疗师组成了TPBA团队。每个计划有两名专业人员，满足C部分和B部分的评估要求，即至少两名来自不同学科的人组成一个多学科团队。两队专业人员的参与确保了从一个服务提供系统到另一个服务提供系统的平稳过渡，并且在卡洛斯长大到3岁时不必做第二次评估。但是，由于这两个计划都参与其中，人们觉得这个团队太大，不便进入家庭，豪尔赫和旺达表示，他们更倾向在当地学区的游戏室里做评估。

如第二章所述，干预的评估和计划可以通过多种方式完成，具体取决于服务提供系统，谁来做评估，提供干预服务的人与实施评估的人相同或不同，家庭会议的可用性，讨论期间儿童的存在以及整个时间框架。在随后进行的讨论中，针对卡洛斯的 TPBA 与之前提到的人员举行了一次会议，并在会后立即与家长举行了一次简短的后续会议，以讨论所有评估获得的信息。然后计划另一场会议编写 IEP 的 IFSP 和过渡计划。这次会议在卡洛斯由儿童保育机构照看的期间举行，这样家长可以集中精力参与制定干预计划，干预计划会议地点在他们家的客厅。

干预计划会议

卡洛斯的 TPBA 的结果显示，他的行为和发展表现出发育迟缓的特征，并且也符合自闭症分类的标准。他有资格获得 C 部分的服务，然后转入学区的 B 部分服务。服务协调员根据自闭症的诊断向家属通报自己的服务选择（根据团队报告，根据其国家法规，由其儿科医生提供支持并确认）。豪尔赫和旺达希望马上开始上门服务，并制定在卡洛斯 3 岁时的干预方案。服务协调员和学区的工作人员计划在未来 4 个月内了解方案实施情况，并与不同的老师交谈。他们将在 6 个月后再次见面，以决定哪个方案适合卡洛斯上学前班的需求。

以下部分描述了与豪尔赫和旺达就卡洛斯制定团队干预计划的讨论。为了开始干预计划，与卡洛斯的父母一起审查了 TPBA 会议的结果（见图表 10.4），连同 CFHQ 和 FACF 的所有其他信息。

图表 10.4　卡洛斯的 TPBA 评估结果总结

	相对优势的子项目	关注的子项目	"准备好"或"下一步"的发展
感觉	动作、粗大运动、手臂和手的功能使用 运动规划和协调感觉运动对日常生活视觉的贡献 视觉	感觉的调节及其与情绪、活动水平和注意力的关系	增强适应性反应的感觉，使用满足感官需要的方法
情绪和社交	情感表达 自我意识 在游戏中的情感主题	情绪适应性 表达和情绪调节 行为规范 社会互动	提高转换能力 增强控制情绪的能力 增强应对成年人要求的能力 增进与家庭成员互动的能力
交流	音节和语音 发音与语言流利 口语机制 听力	语言理解 语言产生 语言应用	提高理解和词汇运用 增强目光接触 姿势反应 增强交流
认知	记忆 识字	注意力 解决问题 社会认知 游戏复杂性 概念知识	提高注意转移能力 增强错误的尝试 扩大游戏序列和戏剧性的游戏 增加类别的理解

卡洛斯在他的父母和祖父母从墨西哥来到美国后不久就出生在科罗拉多州。父母的英语都很好。已确定的优势包括：强大的核心家庭；一个住在附近的两个祖父母的大家庭；豪尔赫和旺达都表现出积极、坚定的态度；卡洛斯的出生的顺利和早年健康状况良好。风险包括：家庭经济来源很少，豪尔赫从事不稳定的建筑工作，旺达在一家快餐店工作，家里没有保险。当他的母亲工作时，卡洛斯在下午和他的祖母在一起。豪尔赫21岁，旺达20岁，他们都很年轻，两个人都没有高中毕业。豪尔赫以前在学校有学习方面的问题，旺达有一个发育迟缓的兄弟。他们之所以担心卡洛斯，因为他的语言发展和坚持性水平都很低，而且没有社交互动。

在TPBA之后的讨论会上，豪尔赫和旺达都表示对卡洛斯的担忧，并表示他们愿意做"他需要的任何事"来帮助他成功。豪尔赫说："我不想让他遇到我所有的麻烦，我希望他能有更好的生活。"

该小组负责人接着表示："这是一个很好的开始。让我们看看卡洛斯想要什么，看看他所处的发展水平，然后看看我们如何开始工作，让他成功。"然后父母查看了可能的OSEP儿童结果（见图表10.5），并询问了他们认为目前卡洛斯最重要的三项结果中，哪一项最重要。他们说，他们认为所有的都很重要，但是他缺乏社交互动是他们最关心的问题。小组一致认为，所有结果都很重要，并指出存在很多重叠，因此首先处理一个方面也会对其他方面产生

TPBI2 团队干预计划
儿童姓名：<u>卡洛斯·G</u>　　出生日期：<u>2004年4月2日</u>　　年龄：<u>30个月</u>
确认干预计划的人员：<u>豪尔赫、旺达 G./TPBA 团队</u>　　评估日期：<u>2006年10月3日</u>
与幼儿关系或角色：<u>父母/"发现儿童"项目C部分的代表</u>
需要再次评估的日期：<u>2007年3月7日</u>
联系人：_____　　联系电话：_____
提示：在TPBA2分领域效果列表或OPEP整体效果列表中选择。结合在家、社区(H/C)以及学校和/或儿童照料中心(S/C)中这些领域对儿童适应环境的重要性标识优先水平(1、2、3、4)。根据儿童在每种环境中的需要，优先水平可以相同或不同。

TPBA2 各领域整体发展成效			OSEP 儿童发展成效		
H/C	S/CC		H/C	S/CC	
		独自、有效地活动，调整和使用感官输入来学习的能力(感知运动发展)			积极的社会-情感技能
		有效地与他人建立关系，控制自己的情绪和行为的能力(情感和社会性发展)			获取和使用知识和技能
		理解和使用言语和非言语方式沟通的能力(沟通发展)			符合需要的适当的行为表现
		理解观点、解决问题和学习的能力(认知发展)			

图表10.5　卡洛斯的整体发展情况；团队干预计划(TIP)

影响。豪尔赫和旺达表示,他们最关心的是看到卡洛斯"有积极的社会关系"。

卡洛斯的优先级子项目

豪尔赫和旺达获得了 OSEP 儿童结果的 FOR,其结果为"积极的社会情感技能"。他们讨论了构成社会关系的子项目,然后他们选择了认为是卡洛斯优先考虑的三个领域。因此这一结果下的所有领域都很值得关注,因此他们决定只选择三个领域重点进行初步干预。豪尔赫和旺达表示,他们最关心的是卡洛斯不说话,一直玩刻板的游戏,不愿和他们一起玩。

该小组还检查了 TPBA 按领域完成的 FORs,并比较了 TPBA2 中确定的优势和劣势以及他的父母确定的优势和劣势。然后团队讨论了这些子项目对他们评价卡洛斯的意义,并建议父母确定的三个领域——"注意力""情感风格/适应性"和"社交互动"这些领域可能是首先由家庭和干预团队重点关注。言语语言病理学家表示,"语言产生"对于社会关系也很重要,所有团队成员都认可这一观点,因此将其作为第四优先事项添加了进去。作业治疗师认为"感觉的调节"也是一个重要领域。豪尔赫和旺达不理解感觉调节的意义,因此作业治疗师解释了感觉系统,以及感官调节问题如何影响卡洛斯的学习和社交互动。卡洛斯父母同意她给出的例子听起来像卡洛斯对不同类型的感官输入做出了反应,但他们更愿意首先关注其他领域。

最后,服务协调员在团队干预计划中写下了四个优先事项。豪尔赫和旺达随后查看了每个优先级的达标量表。然后,给旺达和豪尔赫看 OSEP 中"积极的社会情绪技能"儿童发展水平,并要求他们确定在哪些他们选择的优先领域中看到卡洛斯所处的水平。他们的评分与团队在 TPBA 中看到的情况进行了比较,结果发现评分非常相似。经过团队讨论,每个人都同意图表 10.6 中的基线评分。

心理学家解释说,这个量表可以让他们看到在什么水平上开始干预卡洛斯,随着时间的推移观察他的进展情况。心理学家也表明,此量表适用于学龄前儿童,所以他们不应该关心卡洛斯从"几分"开始。豪尔赫和旺达被告知只看他们为卡洛斯选择的三个方面。结果如图表 10.7 所示。

豪尔赫说,卡洛斯只对很少的事情感兴趣,并且"迷恋"球和卡车,他们很难让他停止转动并把球扔出去。豪尔赫说:"他不会把它或者其他任何东西扔给我,他只是把它扔到空中。"他说他想和他的儿子玩接球,但是卡洛斯"没有接到它"。旺达补充说,虽然卡洛斯确实让她拥抱了他,但他只是来找他们安慰,或者当他想要什么时,他不会为了"好玩"而去找他们。"他只是自己玩,一遍又一遍做同样的事情。当我想让他来做别的事情时他会生气,或者他只是无视我,这非常令人沮丧。"

团队干预计划中列出了优先级和评级。团队认为,对卡洛斯行为的定性描述比年龄水平更准确,因此他们认为团队干预计划不宜受限于年龄范围。

图表 10.6 卡洛斯的功能结局概览

OSEP 儿童结局之功能结局(FOR):结局 A

儿童姓名:卡洛斯　出生日期:2004 年 4 月 2 日　初始评级日期:2006 年 10 月 3 日
填表人:蒙尔赫、旺达/EI、SLP、OT 和 Psych

结果 A:积极的社交情感技巧

说明:以下的跨领域目标实现量表涉及获得积极社交情感技能所需的技能。家庭成员,其他照料者,提供教育或治疗服务的专业人员,或作为一个整体的团队可以完成评价过程。对于每个类别,圈出每个儿童的行为或技能的数字。基于观察总结表在这里应作为初始评分,而"初始评价的日期"也应与总结表中的"评价的日期"一致。OSEP 报告要求两次评价:进入评价(初始评价)和终结评价。为了给总结报告方便,本表中加上了"监测评价日期"这一列,但只有在向 OSEP 报告时才会考虑进入评价和终结评价。

TPBA2 子类	在功能活动中观察到的儿童能力水平									监测评价日期(选填)	终结评价日期
感觉和运动											
感觉的调节与其情绪、活动水平和注意力的关系	1. 尽管尝试调整,会对环境中的对象、人或事件有过高或过低的感官输入反应,有持久显著的负面影响。	2	3. 要求对环境或人际互动进行重大和/或频繁的调整,才能有适当的感官输入反应。	4	5. 通过中等程度地改变环境或人际互动,表现出适当的感官输入反应。	6	7. 少量调整环境或人际互动,就能有适当的感官输入反应。	8	9. 几乎总是能够对所有类型的感官输入做出适当的反应,而无需调整环境。		
情绪和社会											
情绪风格/适应力	1. 不适应新的人、事物或变化大的日常活动,有持久的情绪反应。	2	3. 通过语言支持和环境支持来适应人、物、事件或日常活动的变化。	4	5. 适应中或安静的日常活动的变化,利用激励和逻辑联系来适应过渡状态。	6	7. 适应人、物、事件的变化。	8	9. 独立地适应新人、事物或活动的变化,并具有适当的谨慎和情绪反应。		
调节情绪觉醒状态和觉醒状态	1. 调节觉醒有困难;情绪有困难;需要广泛的环境支持和照料者的身体和语言支持。调整觉醒状态需要超过 1 个小时。	2	3. 在获得照料者的身体和语言支持时,能够在舒缓的环境中调节觉醒状态和情绪。调整觉醒状态和情绪需要 30~60 分钟。	4	5. 能够在安静的环境中或成年人身上或情绪上得到激励和支持来调节觉醒状态和情绪。调整觉醒状态和情绪需要 15~30 分钟。	6	7. 能够通过自我调整策略(例如无担或支持特殊玩具)或成人的言语建议来调节觉醒状态和情绪。调整觉醒状态和情绪需要几分钟。	8	9. 能够根据情境独立调节觉醒状态和情绪。		

续表

TPBA2 子类	在功能活动中观察到的儿童能力水平									监测评价日期(选填)	终结评价日期
	1	2	3	4	5	6	7	8	9		
行为调节	1. 不能理解或成人要求停止行动。		3. 初步理解不该做什么,但是仍然照做,抵制成人的劝说和控制。		5. 理解成人说明的是非,所以有时候会选择适当的行为,开始关注大人告知该做什么。		7. 独立理解是非,大多数时间表现适当的行为,但需要成人的帮助下做选择和管理行为。		9. 大多数时间有适当的行为表现并回应成人要求;能容忍轻制的平衡。		
游戏中的情感主题	1. 在游戏中表现出有限的情绪和/或在游戏中缺乏对他人情绪的了解或关注。		3. 通过口语和非口语的方式在游戏中表现一系列的情感,但情绪反映的是对游戏行为本身而非对游戏的意义。		5. 在游戏场景中能识别和标记自己和他人的基本情绪,游戏中有重复的未解决的情感主题。		7. 在游戏剧游戏中能将情绪归因于生命的人物,使用游戏主题来尝试解决情感冲突。		9. 能够恰当地表达自己和他人的情绪,并能象征性和社会生活游戏主题中的情绪冲突。		
社会交往	1. 观察照料者并对他们的互动意图做出声音或肢体反应。	②	3. 对情感有反应,并能发起与他人的积极互动。可能与主要照料者分离有困难。		5. 轮流与家庭成员和熟悉人的互动时间延长。可能和陌生人在一起感到害羞或焦虑。可以与同龄人一起玩,但可能会频繁发生社交冲突。		7. 日常活动中与家庭成员和同龄人积极的相互关系,能够发起互动并吸引同龄人互动几分钟。会找成人解决冲突。		9. 区别对待熟悉的人和陌生人,与家人有密切的关系,并和几个朋友保持关系。能够在游戏中发起并保持互动,可以协调冲突。		
沟通											
语言理解	1. 专注于说话者的脸部并对声音和语音做出反应。	2	3. 能注意或回应自己的名字以及熟悉的手势、声音或词语。	4	5. 理解手势、标识、单词、简单的一步请求,以及早期的问句(例如是/否,什么,在哪里)。	6	7. 理解用标志或说话表达的熟悉的或新的两步指令,谁、什么时候这样、什么、怎么样的问题以及评论。	8	9. 理解用标志或说话表达的与年龄水平相当的基本概念和词汇,为什么,怎么样的这类问题,语法结构以及多步骤请求。		

续表

TPBA2子类	1	2	3	4	5	6	7	8	9	监测评价日期(选填)	终结评价日期
语言表达	本能地表达需要(例如哭泣、做鬼脸、身体动作)。	2	使用眼睛注视、面部表情、身体动作、手势和发声进行交流。（圈）	4	使用手势、发声、语言标记(单词、单词组合或短语)和/或AAC进行交流。	6	使用手势、单词、短语、标记和/或AAC生成句子(语法不正确),提出问题并回答问题。	8	持续使用格式正确的句子询问并回答各种问题。		
语用	不能理解或提供"可读"的肢体、声音或口语信息来表达需求。	2	能使用和回应眼睛注视与照料者共同注意物体/活动。使用眼睛注视和发声来向他人表达意图。	4	在一个话题上交谈1或2轮,用眼睛注视、手势、标志和/或单词来请求、评论、抗议、问候和调节他人行为。	6	能发起、回应并扩展谈话的主题,在照料者支持下通过长时间或澄清询问谈论过去曾经发生的事情。	8	结合不同目的,使用口语和非口语沟通信号。		
发音和语音	能发咕咕声、尖叫声、笑声,并能加入到发声的游戏里。	2	发出无意义的元音和辅音的字符串。	4	发出近似词、单词或短语的声音。他人可能并不完全能理解。	6	在对话和各种各样的活动中,熟悉和不熟悉孩子的听众多数情况下能理解孩子说的话。	8	在对话和各种各样的活动中能准确明了地说话。		
语音和流畅度	呼吸可以支持哭闹、咕噜、咕咕或笑声,但不足以支持发出语音。	2	呼吸支持和发声对于小孩来说是足够的,但牙牙学语还没有产生牙牙类似于或者单字词的发声。	4	呼吸支持和声音足以发声,但任何一种行为都是缓慢的,并影响了孩子的沟通。**音调**:非常高、非常低,或单调。	6	呼吸支持以下发声,以下任何行为都是明显的,但是流畅慢而显著干扰孩子的沟通:**音调**:很高、很低或单调。	8	声音和语音的音调、特性、响度、语流畅度及速度均适合孩子的年龄、身材、性别和文化。		

续表

TPBA2 子类	在功能活动中观察到的儿童能力水平									监测评价日期(选填)	终结评价日期
	1	2	3	4	5	6	7	8	9		
口腔机能	品质：呼吸很重，非常刺耳，嘶哑，鼻音重或闷。响度：不足或很小。流畅性：非常不流利的节奏和/或频繁发生音节重复（声音或音节重复，例如"c-c-c-cat"，声音延长，例如"ssssssat"的停顿）。语速：非常慢或非常快。	颌、嘴唇、下颌或舌头或者咬合的结构或匀称性影响说话功能。		结构是足够的，但讲话主要是依靠下颌和嘴唇运动。活动度或可能过大或有限。		结构对于语言来说是足够的。孩子可以很好地使嘴唇旋转和收缩：将舌头向上、向下前后移动。用精细的下颌动作发出声音和简单的单词。		结构对于语言来说是足够的。核子能独立活动嘴唇、舌头、下巴、腭，但是复杂说单词时（如马铃薯、毛莨）或短语的动作会整合有困难。		口腔机制的结构和功能对相当于儿童年龄相当的言语来说是足够的。		
	品质：稍微有点喘息，刺耳，嘶哑，鼻音，或闷。响度：稍微柔软或稍微响亮。流畅性：节奏略有起伏，和/或偶尔出现不流利（声音或音节重复，例如"c-c-c-cat"，声音的延长，或"sssssat"或声音的停顿）。语速：稍慢或略快。										
认知能力											
注意力	1. 注意力分散，无法注意到周围的环境，或分心，无法对一个物体或人保持长一段时间的注意力集中。		3. 选择性注意力集中。很难与他人有共同注意力，只关注特定的兴趣。或者，注意力的焦点从一件事迅速转移到另一件事上。		5. 在提示下关注相关人员，对象和事件。可以与人分享注意力，但需要口头和身体上的支持来维持或转移注意力。		7. 能独立关注相关的人、物和事件。需要偶尔的言语或手势支持来保持关注。		9. 能够选择焦点，并保持关注焦点，和在适当的时候注意到不同的人之间适当转移。		

续表

TPBA2 子类	在功能活动中观察到的儿童能力水平									监测评价日期(选填)	终结评价日期
		2		4		6		8			
记忆力	1. 通过更长时间的注视新事物来记住它。		3. 对熟悉的玩具、人或事件知道该做什么或可以模仿简单动作。		5. 能用口语或非口语的方式识别简单的对象、人、地点、动作和日常活动。		7. 间隔或短或长的一段时间后,有能力准确地识别、回忆和重建日常活动、技能、概念和事件。		9. 能够在细节上联系复杂的分类和规则系统,概念过程,身体技能序列和多个事件。		
		2		4		6		8			
问题解决能力	1. 能认识到人、物或行动的变化。		3. 能够看到一个简单的动作或事件与发生的原因之间的关系。		5. 能够自己或借他人来使渴望的事情发生。		7. 能够执行一系列操作完成一个不熟悉的任务,并在多次试误中进行修正。		9. 能够理解复杂的因果关系,有意识地组织一系列活动达到目的,并根据需要进行调整,然后可以把结果迁移到新的情境中。		

优先选择子类	评分	年龄范围(如果能匹配)
注意力	2	
情绪风格/适应力	1	
社交互动	2	
语言表达	3	

图表 10.7 卡洛斯的优先子类及其评分

在进一步讨论了父母对卡洛斯这三个领域的期望之后,团队与豪尔赫和旺达写了四个他们希望看到卡洛斯能做到的(见图表 10.8)功能干预目标。豪尔赫和旺达指出,在这四个方面表现有改善会使他们的生活更快乐。团队描述了四个功能干预目标,以及什么具体表现表明卡洛斯已经达到了预期的结果,然后把干预目标写在团队干预计划上。

图表 10.8　卡洛斯的干预目标

1. 在自己家或奶奶家,卡洛斯会尝试玩新的和熟悉的玩具或物品,找出它们的特征并在 50%的时间里按功能使用它们。卡洛斯要每天至少以三种不同的方式玩熟悉的玩具,持续一个月。(注意力)
2. 在自己家或奶奶家,当一个成年人吸引了他的注意力,拿起一些他感兴趣的东西,并要求他加入的情境下,卡洛斯能够从一个活动转移到另一个活动中去。每天至少五次,持续一个月。(情绪风格/适应力)
3. 在自己家或奶奶家,卡洛斯将能够与熟悉的成年人进行至少持续 2 分钟的愉快的轮流游戏,每天至少 3 次,持续一个月。(社交互动)
4. 在自己家或奶奶家,卡洛斯能持续用 20 个词来标记自己喜欢的事情,以评论或得到他想要的东西。(语言产生)

团队表示,当这四个方面有进步的时候,评价表中的其他方面也相应会改善,包括交流和解决问题。他们表示,他们会随着时间的推移监控他的进步,并在卡洛斯开始学前教育时重新审视结果。

规划策略

因为豪尔赫和旺达有时间讨论具体的策略,所以团队随后就转向讨论卡洛斯的祖父母在白天与卡洛斯的日常活动中如何融入干预目标。团队强调了豪尔赫和旺达参与卡洛斯的成长和学习的重要性。他们还表示,父母不需要成为治疗师或教师,只要改变他们以往的做法以及白天如何与他互动,就会发挥重要影响。然后团队说他们需要谈谈家庭干预是怎样的,可以提供什么支持,以及专业人员和家庭成员想要扮演什么角色。

家庭协调员有一份协作问题解决工作表和用于家庭与社区的 TIP 策略检查表(见图表 10.9 和 10.10),并在随后的讨论中坐在豪尔赫和旺达旁边。其他团队成员在计划初步形成时就对团队干预计划进行了记录。豪尔赫和旺达谈到了他们与卡洛斯的日常活动。他们表示,只要日常工作没有改变,卡洛斯在洗澡、吃饭等日常活动中的表现就相当不错。白天他自己玩得很开心,但当他离开家去做事或去奶奶家的时候,他就变得很沮丧。当他们试图和他一起玩时,他"无视"他们。豪尔赫表示,卡洛斯喜欢和他住在一起,晚上他们在一起的时候常嬉戏打闹。

学校心理学家克丽(Keri)曾经是 TPBA 的主持人,她问豪尔赫和旺达当他们看到她和卡洛斯玩的时候看到了什么。

豪尔赫和旺达都表示,他们对卡洛斯允许她靠近他,甚至在一段时间后开始与她互动感

图表 10.9 卡洛斯用到的协作问题解决工作表

TPB12 协作问题解决工作表(CPSW)

儿童姓名:卡洛斯·G.

日期:10-03-06　家庭/社区 ☑　儿童保育机构 ☑　学校 ☐

表格填写者:Service Coord, EI, SLO, OT, Psych

1. 在第一栏中,测试后填写选择并记录在团队干预计划中的功能干预目标(FIT)。
2. 在第二栏中,写下相关领域,这些领域也需要作为这一目标被分来解决。
3. 在第三列(T)中,列出白天、日常生活、活动中可以优先完成功能干预目标 FIT 的时间。在第四列(I)中,集思广益可能的交互支持(参见 TPBI2 下写建议的目标相关的领域和干预子目)。在第五栏(P)中,集思广益可以尝试的可行的环境调整,请参阅 TIP 策略检查表以获取建议。
4. 在工作表底部,指出可能有助于实施干预的任何资源,包括阅读材料、互联网网站、设备、玩具、辅助设备以及与社区机构的联系。
5. 指出实施干预所需资源所需的任何协助。

功能性干预的目标和子类	相关领域	T 自然干预的时间	I 支持发展的互动	P 潜在的环境调整
情绪风格/适应力:在自己家和奶奶家中,卡洛斯会尝试玩新的或熟悉的玩具或物体,以发现其特征并接受功能使用它们。每天至少以三种不同的方式使用玩具。	• 认知:对不同部分、功能进行归类。 • 感知活动:发现不同类型的感官输入和行动。 • 语言:学习标识事物。	• 涉及目标的日常活动:刷牙、穿衣、做饭。 • 游戏时间。	• 示范观察事物的部件,从镜子里看看自己。 • 指出玩具的部分、特征。 • 观察哪些类型的行为能吸引他的兴趣。 • 用熟悉的物体示范新的令人兴奋的行为,把它带入到游戏中。 • 对不同的对象做同样的事:梳理他的头发、梳理玩偶的头发、梳理你的头发。 • 演示怎么使事情发展,怎么制造噪音。 • 指出颜色、形状,比较物品。 • 标识事物部分、特征。	• 把他放到镜子前,让他可以看到自己的样子。 • 每周介绍一个可以使用的新物品,接受功能使用:在厨房的锅里搅拌、在纸上涂颜色、梳头发等。 • 每天提供许多功能性地使用物品的机会。 • 在社区使用物品和材料:在公园里探索、商店里散步。 • 定位事物,以使卡洛斯能看到你在做什么。

续表

功能性干预的目标和子类	相关领域	T 自然干预的时间	I 支持发展的互动	P 潜在的环境调整
注意力：在自己家和奶奶家，当成人吸引他的注意力时，卡洛斯能够将注意力从一项他感兴趣的东西，并要求他加入时，他能够将注意力转移到另一项活动上。每天至少五次，持续一个月。	社交互动：注意到其他人，合作。语言：理解正在说的内容。认知：解决问题，能够将注意力转移到重要方面。感觉敏感：关注感官输入。	• 用餐时间。 • 睡觉时间。 • 洗澡时间。 • 外出。 • 被差遣去做事。 • 学习自助技能。 • 游戏时间。 • 捡起玩具。 • 室外游戏。	• 展示新的行为时使用夸张的表情和动作。 • 表现出兴奋和关注。 • 强调他知道的关键词。 • 唱出他的下一个活动。 • 在谈论他不寻常的看到什么时加入与平常不同的语调。 • 示范新的动作。 • 强化兴趣，给他等待时间，当他努力配合的时候提供行为支持。 • 在活动中帮助卡洛斯从一项活动转接到另一项活动（例如，路步，跑步，跳等，作为活动的过渡）。	• 使用实物、物体新的图片和动作吸引他的注意力。 • 使用图片排列让他知道下一步是什么。 • 使用与单词配对的实物。 • 使用目标激励未重新定向注意力。 • 将物体的声音、形象和运动结合起来。
社交互动：在自己家和奶奶家，卡洛斯与熟悉的成人进行两分钟以上的愉快的轮流游戏。然后继续一个月。	社交：轮流。语言：回应他人的交流。认知：确定行动顺序。感觉运动：游戏涉及感觉信息。	• 用餐时间。 • 洗漱。 • 看书。 • 成人与孩子互动的所有日常活动。 • 儿童下一步需要帮助的活动。 • 洗澡时间。 • 游戏时间。 • 室外游戏。 • 庆祝活动。	• 模仿卡洛斯做的任何事情，并把它变成游戏。让他洗你的脸、咬你一口，运上运下去链，等等。 • 模仿他所发出的姿势、声音和任何声音或做出他喜欢引发出他的注意，鼓励卡洛斯模仿的声音和口腔运动。 • 观看他游戏，做他喜欢的开心的事，在他旁边进行，推车，倒车，等等。说"轮到我了"，试着让他给你一个轮流的时间，表现出轮到你时的兴奋。	• 使用促进轮换游戏的玩具。 • 使用玩具副本未促进模仿和轮流。 • 使用图片交换促进沟通。 • 设置障碍（不很重要部分）未鼓励沟通。 • 使用图片卡演示游戏顺序或事件顺序。 • 提供当孩子不玩要时，可以跳绳这样的感官游戏的物品、玩乐器，等等。

第十章 TPBI2 的过程 277

续表

功能性干预的目标和子类	相关领域	T 自然干预的时间	I 支持发展的互动	P 潜在的环境调整
语言产生：在自己家和奶奶的家，卡洛斯会一直（90%的时间）用至少 20 个词来标示自己喜欢的东西，评论或得到他想要的东西。	• 社交：使用语言满足需求。 • 认知：理解因果（谈话引导）。 • 语言：词汇，意图。 • 感知运动：动作词汇与运动相匹配。	• 当卡洛斯想要某些东西时的惯常表现。 • 室内游戏时间。 • 室外游戏时间。 • 洗澡时间。 • 去购物。 • 庆祝活动。	• 在给卡洛斯他想要的东西之前先等待： • 说出发生了什么及为什么发生。 • 抱着卡洛斯并指出有趣事件。 • 重复唱歌。 • 说出行为，描述它。	• 展示感知觉游戏，并邀请卡洛斯模仿和参与。 • 提供卡洛斯想要的玩具。 • 同时加上产生有趣效果的玩具。

所需的额外资源：用图片化时间表来提供信息和范例。
要求的支持类型：在计划中展示想法。更多视频，也许是卡洛斯在家里的视频，谈论策略。与奶奶会面探讨想法。

基于游戏的多领域融合系统（TPBA2/TPBI2），Paul H. Brooks 出版公司版权所有。

图表 10.10 卡洛斯用到的家庭和社区策略检查表

TPBI2 TIP 策略清单：家庭和社区

儿童姓名：卡洛斯·G. 年龄：2½ 出生日期：4-2-04
父母的名字：旺达 评估日期：10/1/06
填表人：BI 和团队

以下是对一天（T）中许多时间的总结，在这些时间中干预措施可以给合互动（I）和潜在的环境调整（P）来支持发展。本检查表旨在与干预团队的合作者进行计划时激发想法。作为一个团队，请在您想要尝试的项目旁放置复选标记。使用"其他"部分来记录自己的想法。这个清单在完成协作问题解决工作表时可能很有用。有关这些想法和更多内容的更深入讨论，请参阅 TPBI2 中的第二章。

T 自然干预的时间	I 相互作用支持发展		P 潜在的环境	
换尿布/如厕	✓	跟随孩子的引领		调整活动：简化	✓
喂饭/进食	✓	与他互动的尝试	✓	调整活动：时间长度	✓
沐浴/清洗	✓	模仿孩子的行为，声音	✓	调整材料摆放的位置	✓

续表

T 自然干预的时间	√	I 相互作用支持发展	√	P 潜在的环境	√
穿衣/脱衣	√	等待孩子	√	调整儿童使用的工具	√
梳洗打扮	√	鼓励参与	√	调整环境的感官输入	√
独自游戏		与孩子平等地轮流做事	√	调整房间以保证安全	
和家人一起游戏	√	构建下一步	√	调整玩具/材料的数量	√
与其他孩子游戏	√	演示	√	调整时间表	
分享书		添加声音、动作、单词	√	调整所使用的玩具发展水平	√
午睡/起床		让练习变得有趣	√	使用视觉或具体线索	
睡觉/起床	√	根据孩子的水平进行提示	√	组织材料以帮助互动	√
心烦后冷静下来		给出明确的指示	√	组织材料以让活动顺利进行	
室内游戏		调整情绪		改编材料:在感官输入	√
室外游戏	√	调整孩子的位置	√	调整材料的位置	
坐婴儿车/汽车出去		建立边界/规则		设备使用:运动	√
逛杂货店/跑腿		温柔但坚定地再次引导	√	设备使用:用于交流	
拜访朋友	√	提供选择	√	设备使用:视觉/听觉	
宗教活动		评论、讨论	√		
家庭庆祝活动		预测反应/问题	√		
		给予积极的关注	√		
其他:		其他:		其他:	

基于游戏的多领域融合系统(TPBA2/TPBI2),Paul H. Brooks 出版公司版权所有。

到惊讶。他们说这对卡洛斯来说是非比寻常的,特别是和一个陌生人。然后克丽谈到了她和卡洛斯一起玩的时候对卡洛斯的了解。她向他们展示了录像带中的几个短片,并指出了她用来吸引卡洛斯时使用过的一些策略。她同意他的父母说他专注于球,但是她利用他对球的兴趣来帮助她建立一种关系。在一个视频片段中,她指出她是如何拿起另一个球,模仿卡洛斯正在做的事情。当他看到她的球在空中升起时,卡洛斯变得非常兴奋,并立即用他的球重复了这个动作,跳起来,拍打着他的手,尖叫着。经过几次这样的重复,卡洛斯开始看克丽是否要扔她的球。克丽利用这个例子来说明跟随着卡洛斯引领和模仿他的方式如何引起了他的注意,并且他对克丽的行为也产生了兴趣。她指出,引起他的注意并让他想要互动是关键。她指出这些都是 TIP 表中她认为他们可能也想尝试的策略。他们讨论了卡洛斯在白天做的事情的几个例子,在这个例子中,轮流交互。比如在餐桌上吃点东西,把水倒在浴缸里,推他的卡车。该团队强调,模仿和轮流交互的原因是让卡洛斯开始有兴趣观看和与他人互动。

克丽说,下一步是扩展他的游戏技能。她向他们展示了另一个短片,在这个短片中,她在球的游戏中引入了一个垃圾桶。当卡洛斯把球扔了起来,克丽也把球扔了起来,只有她的球落在了垃圾桶里。当她看着垃圾桶并找到她的球时,她表现得非常兴奋。卡洛斯看着,然后又把球扔到空中。这一次,克丽把垃圾桶放在了球的下面并接住了它。然后他们两人在罐子里找球。经过几场游戏的重复,卡洛斯开始把球扔向垃圾桶的方向。克丽停下了录像带,并解释了她在那个部分做的事情。她告诉他们,她正在通过往他重复的动作里增加一个新的动作来"碰撞卡洛斯",使他的游戏有一个目标,而不只是丢球。她说,正如豪尔赫和旺达指出的那样,卡洛斯总是一次又一次地做一个动作。她谈到了卡洛斯开始用玩具做不同的事情是非常重要的,这样他能够学习物体的不同特性以及如何对他的想法进行排序来完成预期的目标。然后她讨论了她是如何利用卡洛斯感兴趣的事情——扔球,并增加了另一个步骤——把它扔进什么中。尽管他还在抛球,他已经有一个新的想法。她要求他们回忆还能用球做什么。豪尔赫说他记得他们把球从垃圾桶里倒出来,当它转向侧面时将球滚进垃圾桶里,然后来回滚动球。他说:"我记得我当时想,'哇,她是如何做到让卡洛斯这样做的?'"克丽回答说,她没有做任何神奇的事情,这也是他们可以做的事情。"我只是一直在想:'我可以用这个球做什么游戏,他可能会觉得有趣?'你可以用你家里的任何东西来做到这一点!"他们然后集思广益想到通过各种方式少许调整日常行为、活动或游戏以"欺骗"卡洛斯尝试新的事物。他们还谈到了将卡洛斯过渡到一个新活动的方法:(1)把他喜欢的东西带到新的活动,然后逐步进入新的游戏(例如将塑料卡车带入浴缸);(2)在两个事物之间给予卡洛斯选择(例如,"你想要把玩具飞机还是 Slinky 玩具带到车上和我们一起?");(3)高强度(他喜欢)移动(例如,"飞"快地进入后院)。

作业治疗师苏珊(Susan)利用关于他对运动和活动的热爱来谈论感觉问题和当卡洛斯开始专注于一件事时如何变得过度兴奋。她解释了过度兴奋是如何影响注意力和问题解决的。该团队考虑了 TIP 策略检查表上可行的环境调整,想看这些建议是否能帮助卡洛斯。他们谈到限制卡洛斯在特定时间内玩的玩具数量。苏珊说她注意到在 TPBA 中,当太多的玩具出现在地板上时,卡洛斯只是踩在它们上面,似乎没有注意到它们。改变可用的玩具类型也很重要。不要总是提供球和卡车,这样可以让卡洛斯选择其他玩的东西。"新"玩具应放在视线合适高度(例如椅子或咖啡桌上),而不是放在地板上,以便引起他的注意。

苏珊解释了为什么睡觉之前嬉闹打斗会唤醒他,使他不想坐下来看书,并建议当他们想让卡洛斯坐在下来并听,比如睡前的一本书,尝试缓慢、摇摆的动作,深深的拥抱或缓慢的背部摩擦,或者甚至是用一条沉重的毯子盖在他腿上都是不错的想法。当他沮丧时,较重的压力也能够使卡洛斯冷静下来。她通过向父母演示向肩膀和手臂施加压力来解释她的意思。苏姗说,对卡洛斯的压力可以是缓慢平静的输入,可能会帮助他专注于某些事情,改变活动,甚至在离开房间前平静下来。她会去他们家,看看他们在家里可以通过哪些方式做到这一点。

言语治疗师勒妮(Renee)说,他们所讨论过的所有活动和策略,比如看图画书,对发展语言来说都是很棒的。虽然卡洛斯主要是通过发声、哭泣,以及亲自带着他的父母来获得他想要的东西,但卡洛斯在直接看具体的东西时,比仅仅和他说话时回应更多。他们再次看着录像带,很明显,当克丽在他的视线水平并拿起他面前的东西时,他的反应更加敏锐。例如,当她试图让他对球以外的东西感兴趣时,她走过房间,拿起一瓶泡泡说:"看,卡洛斯,我发现了泡泡。"卡洛斯没有看她并不断扔球、尖叫。然后她把气泡带到他身旁,蹲下来,在他面前吹泡泡,说:"看!泡泡!泡泡球!"卡洛斯马上看了一眼气泡,微笑着,并去碰它们。勒妮接着解释了具体的物体和图片如何过渡。她举了几个例子,比如让他在出门的时候,在出门前把汽车钥匙(或者其他钥匙)拿起来,给物体贴上简单的标签和用简短的句子来帮助他理解。勒妮说,她还将与他们探讨使用各种与卡洛斯的交流的替代方式,如图片和电子通讯设备,以增加他的谈话动机。她要求他们开始列出他最喜欢物品的清单,这样他就可以从这些单词开始。

如前所述,当讨论开始时,一个团队成员正在记录合作解决问题的工作表。团队向豪尔赫和旺达解释说,他们刚刚讨论过的所有想法都只是为所有人提供解决问题和反复试验的开始。他们表示,虽然在这次会议上涵盖了大量的信息,但他们有更多的机会来谈论卡洛斯的需求,以及什么已经或尚未对这些需求产生作用。问题解决合作工作表(Collaborative Problem Solving Worksheet)用来提醒豪尔赫和旺达可以开始与卡洛斯一起解决他们主要关注问题的方法。此外,团队还想和豪尔赫、旺达和孩子的奶奶举行会议,以确保奶奶了解在她家的活动期间,她能做些什么来帮助卡洛斯。团队指出,活动越频繁,就越有可能发生变化。他们鼓励豪尔赫和旺达在与卡洛斯的所有活动中尝试类似的想法,并注意什么可能有效。

在之前描述的会议后不久,豪尔赫和旺达与服务协调员、言语治疗师、作业治疗师和卡洛斯奶奶会面,他们经历了前面描述的同样的过程,为奶奶照顾卡洛斯制定计划。豪尔赫和旺达说明了可以在家做的事情。治疗师解释了可以在奶奶家使用的各种策略，以及如何调整。治疗师们表示，他们会在奶奶家里观察卡洛斯，并在事后与奶奶讨论如何让这些策略有效。他们制定了一个计划和一个进行咨询的时间表。

卡洛斯在一个比较传统的托儿中心，考虑把儿童照料者干预计划加进白天的时间内，在集中照看幼儿的环境中对卡洛斯来说是很困难的。在托儿中心使用的干预策略是相似的，但是团队会给老师全面的策略和一些额外的环境转换提示。对于这两种环境，家庭和托儿中心，该计划是否有效有赖于干预动机、理解和各方共同努力。

干预过程

在接下来的 5 个月中，卡洛斯团队与豪尔赫和旺达就执行干预计划进行了会面。主要的干预者是定期与卡洛斯团队其他成员会面的言语治疗师，以讨论个别的儿童与儿童和家庭的行为。勒妮开始通过在豪尔赫和卡洛斯两人都在家时进行每周一次的拜访来干预。她观看了许多日常活动，提出了建议，并模仿了一些玩耍的互动。她还和父母一起录制录像带，然后他们一起看录像带，集思广益，探讨还能做些什么来增加语言和互动。他们尝试了几个不同的沟通策略，发现卡洛斯能够使用简单标记、图片符号和摇杆开关之间的组合。他们每周通过在摇杆开关上记录玩具的名字来引入新词。当他想要一个特定的玩具时，卡洛斯开始说出这些词。豪尔赫发明了几款互动游戏。根据作业治疗师的建议，旺达在豪尔赫的几个袜子里塞满了豆子，缝合起来为卡洛斯的腿增重。她和卡洛斯在袜子上画了一张脸和一双腿。他们把它叫做"卡洛斯宠物毛毛虫"，当他们看书时它坐在他的大腿上。旺达发现卡洛斯喜欢看玩具目录，所以勒妮从办公室带回了几本旧的玩具目录，他们把一些照片粘到纸板上，做了一个"侦探"游戏，豪尔赫和旺达会隐藏一张球或一辆卡车的照片，卡洛斯会试图找到它，然后他们继续找其他玩具的照片，这成为了最喜欢的游戏。旺达会说："卡洛斯找到了船！"而卡洛斯会上下跳动，说"船！船！"，他还会"藏"照片让他们猜（通常在他们视线内藏照片），然后他自己发现照片，哈哈大笑。

勒妮在奶奶家教奶奶如何观察卡洛斯，并回应他的行为。他的父母和他的祖母不断交换意见，分享他在做什么。他们创造了一个越来越长的单词列表和许多卡洛斯喜爱的新歌。

评估进展

5 个月后，勒妮告诉团队，豪尔赫和旺达对卡洛斯的进步感到满意。他们想出了几款有趣的游戏，并找到了卡洛斯喜欢的一些有趣的因果玩具。他的互动性更强，使用语言更多。

从目标达到量表可以看出，豪尔赫和旺达在 5 个月的时间内完成了目标（见图表 10.11），卡洛斯正在与他的家庭建立积极的社会关系。豪尔赫和旺达都对他的进步感

图表 10.11　卡洛斯使用的干预量表：6 个月后的进展。粗体表示卡洛斯在干预前的表现；粗体加阴影表示家尔赫和旺达在干预 6 个月后的表现水平。

注意力	1. 注意力不集中，对周围的环境无意识，容易分心，不能集中注意力。	2	3. 有选择性地关注焦点，只关注自己感兴趣的东西。	4	**5. 通过提示注意相关的人、物和事件。**	6	7. 自我导向地注意相关的人、物、事件。	8	9. 能够选择焦点，保持注意力，适当地将焦点从人转移到人、物，以及在人与人之间转移。
情绪风格/适应力	1. 适应新的人、物、事件，日常生活的变化需要经历一段困难的时间。	2	**3. 使用激励、逻辑连接进行转换，适应人、事件或日常活动的变化。**	4	5. 通过成人口头准备和情感支持，适应人、物、事件或日常活动的变化。	6	7. 以最少的准备和情感支持适应日常活动或事件的变化。	8	9. 伴随适当的注意和反应，适应新的人、事件，或者变化的过程。
社会交往	1. 表现出家庭成员缺乏信任和感情。	2	**3. 与家人积极友爱。**	4	5. 与家人和熟悉的人进行长时间的轮流互动。	6	7. 在日常活动中与家人和同伴有着积极的相互关系。	8	9. 辨别熟悉的人和陌生人之间的不同，与家人有着密切的关系，并保持与多位朋友的友谊。
语言表达	1. 以很少的方式表达需要（例如，哭泣、面部表情、身体运动）。	2	**3. 使用手势和发声来表达愿望或需求。**	4	5. 在环境中使用手势、发声、口头表达或其他方式的交流来替代命名各种人、事物、行为和发生的事。	6	7. 使用简单的句子和问题来描述、讨论和了解环境。	8	9. 可以使用任何形式表达思想和感受，并提出问题和回答问题。

到满意,并且很高兴看到他进入了班级规模小且为卡洛斯提供结构和支持环境的学前班。图表10.12中是卡洛斯在 FOR 和年龄表中的有限选择领域中的进步总结。请注意,情绪风格/适应力的信息不提供年龄范围等是因为此领域不随年龄而改变,而是进行定性评估。

图表 10.12 卡洛斯使用的团队进展评估表(TAP)

TPBI2 团队进展评估表(TAP)						
儿童姓名:卡洛斯·G.　出生日期:4-2-04　评估日期:_____ 填表人:_____						
TAP 表格可帮助团队监控进度。以初始的团队干预计划表为出发点,主要团队协调人与儿童生活中重要人物一起完成 TAP 表格。合适的时候这个过程应在家庭、社区和学校或儿童保育机构内部进行。 1. 列出 TPBI2 团队干预计划中确定的优先子类。 2. 在适当的栏目中指明评估更新的日期(第一个日期是初始评估的日期)。下面显示了三个评估日期(如果需要,还可以添加更多日期)。 3. 帮助家长、照料者或教师完成每个相应优先子类的目标达成量表(GAS)。 4. 在每个测量时间下写下目标达成量表的评级。 5. 使用 TPBA2 年龄表,在更新评估时确定该儿童每个子类的年龄水平。在完成和更新 TPBA2 领域 FOR 或 OSEP FOR(两个 FOR 上的量表相同但组织不同)之后,与家庭和所有信息提供者讨论进展的领域。然后可以通过重新审视预期的全面结果,确定新的子类优先选项和编写新的干预目标来修改团队干预计划。 6. 要将这些信息编译进联邦儿童结果报告类别,请参阅可选的表格 CD-ROM、OSEP 儿童结果报告表格和工作表指示。						
家庭和社区干预评估						
	日期1:		日期2:		日期3:	
优先干预子类	目标达成量表评分	年龄水平	目标达成量表评分	年龄水平	目标达成量表评分	年龄水平
注意力	2	6—7个月,分散到10个月内	5	12—15月		
情绪风格/适应力	1	没有年龄表	3	没有年龄表		
社交互动	2	3—6月	3	8—14月		
语言产生	3	6—9月	4	12—15月		
学校和儿童保健机构干预评估:						
	日期1:		日期2:		日期3:	
优先干预子类	目标达成量表评分	年龄水平	目标达成量表评分	年龄水平	目标达成量表评分	年龄水平

在回顾所有的 OSEP 子项目儿童结果 FOR 后,卡洛斯的团队能够记录其特殊教育计划办公室要求的相关进展情况。当他从 C 部分退出时,卡洛斯的进展表现为 OSEP C 类报告:"儿童的功能改善到接近同龄人的水平,但没有达到这个水平。"卡洛斯在 6 个月的干预过程中获得了至少 6 个月的发展进步。这表明他的进步轨迹比干预开始时更大,但他还没有达到同龄人的水平。

10.11 结论

TPBI 过程以 TPBA 过程中获得的信息为基础,是协同过程,每个过程都在一个连续的周期中给另一方提供信息。TPBI2 依靠专业团队,是一个由家庭成员、教师和护理人员组成的综合团队。这个综合团队在家庭和社区、学校和儿童保健机构进行干预的计划制定,将干预目标、相互作用的策略和环境调整融入日常活动、游戏和日常事件中。TPBI2 为规划干预提供了一个团队干预计划,包括确定全面结果,与这些成果相关的优先选项,以及个人干预目标。此外,还为家庭、社区、儿童保育机构和学校提供了问题解决工作表和 TIP 策略检查表,以协助他们尝试特别的干预途径。TPB12 与 TPBA 过程相结合,为干预的规划、实施和评估提供了一种方法。

参考文献

Campbell, F. A., Ramey, C. T., Pungello, E. P., Sparling, J., & Miller-Johnson, S. (2002). Early childhood education: Young adult outcomes from the Abecedarian Project. *Applied Developmental Science*, 6, 42–57.

Cotton, K., & Conklin, N. F. (2001). *Research on early childhood education*. Northwest Regional Educational Laboratory. Retrieved December 4, 2006, from http://www.nwrel.org/scpd/sirs/3/topsyn3.html.

Diefendorf, M., & Goode, S. (2005). *The long-term economic benefits of high quality early childhood intervention programs*. National Early Childhood Technical Assistance Center. Retrieved December 8, 2006, from http://www.nectac.org/chouse.

Heckman, J. J., & Masterov, D. (2004). *The productivity argument for investing in young children*. Retrieved December 7, 2006, from http://www.ced.org/docs/report/report_ivk_heckman_2004.pdf.

Karoly, L. A., Kilburn, M. R., & Cannon, J. S. (2005). *Early childhood interventions:*

Proven results, future promise. Santa Monica, CA: RAND Monograph Series.

Klass, C. S. (2008). *The home visitor's guidebook: Promoting optimal parent and child development* (3rd ed.). Baltimore: Paul H. Brookes Publishing Co.

Lynch, R. G. (2005). *Early childhood investment yields big payoff*. Retrieved December 7, 2006, from http://www.wested.org/online_pubs/pp-05-02.pdf.

Olds, D., Hill, P., & Rumsey, E. (1998). *Prenatal and early childhood nurse home visitation*. Juvenile Justice Bulletin No. NCJ-172875. Washington, DC: Office of Juvenile Justice and Delinquency Prevention. Retrieved December 4, 2006, from http://www.ncjrs.org/pdffiles/172875.pdf.

Schweinhart, L. J. (2004). *The High/Scope Perry Preschool study through age 40: Summary, conclusions, and frequently asked questions*. Ypsilanti, MI: High/Scope Press. Retrieved December 7, 2006, from http://www.highscope.org/Research/PerryProject/perrymain.htm.

Welsh, B. C. (2001). Economic costs and benefits of early developmental prevention. In R. Loeber & D. P. Farrington (Eds.), *Child delinquents: Development, intervention, and service needs* (pp. 339-355). Thousand Oaks, CA: Sage Publications.

(李海峰 李晨曦)

附录

TPBA2 和 TPBI2 表格

TPBA2 儿童和家庭史问卷（CFHQ）

第Ⅰ部分　儿童和家庭信息

儿童姓名：＿＿＿＿＿＿＿＿＿＿　　性别：（圈出来）女、男
儿童和谁住在一起：＿＿＿＿＿＿　　出生日期：＿＿＿＿
住址：＿＿＿＿＿＿＿＿＿＿　　　　评估日期：＿＿＿＿
　　　＿＿＿＿＿＿＿＿＿＿　　　　电话：＿＿＿＿
填表人的身份：＿＿＿＿＿＿＿＿＿＿＿＿＿＿＿＿＿＿＿＿＿＿＿
看护者在家中的首选语言：＿＿＿＿＿＿＿＿＿＿＿＿＿＿＿＿＿
儿童说话的首选语言：＿＿＿＿＿＿＿＿＿＿＿＿＿＿＿＿＿＿＿
儿童保健医生：＿＿＿＿＿＿＿＿＿＿＿＿＿＿＿＿＿＿＿＿＿＿
保险：＿＿＿＿＿＿＿＿＿＿＿＿＿＿＿＿＿＿＿＿＿＿＿＿＿＿

请完善下列信息：

	母亲	父亲
姓名		
住址		
电子邮箱地址		
家庭电话		
工作电话		
手机		
最高学历		
职业		

谁是对儿童来说重要的人？

姓名	年龄	性别	与儿童住一起？	关系
	4岁	女　男	是　否	
		女　男	是　否	
		女　男	是　否	
		女　男	是　否	
		女　男	是　否	
		女　男	是　否	
		女　男	是　否	

儿童的大部分时间和谁一起度过？＿＿＿＿＿＿＿＿＿＿＿＿＿＿＿＿
＿＿＿＿＿＿＿＿＿＿＿＿＿＿＿＿＿＿＿＿＿＿＿＿＿＿＿＿＿＿＿

续表

第Ⅱ部分　评估的基础

A. 孩子和您最喜欢的时光？

B. 孩子和其他对孩子来说重要的人喜欢做的事？

C. 如果有的话，孩子最喜欢的户外活动是什么？

D. 孩子最喜欢什么活动？

E. 您认为孩子下一步会学会什么？

F. 孩子进行发育评估的目的？

G. 评估过程中您喜欢回答关于孩子的什么问题？

H. 您对孩子的发育的担忧是什么？

I. 如果您有担忧，您担心是什么导致孩子的问题？

J. 您是什么时候开始对孩子出现这种担忧的？

K. 您认为孩子的问题会对未来的发育和学习产生什么影响？

L. 您认为何种治疗会对孩子有帮助呢？

M. 孩子的事情对家庭有什么影响？

N. 您对孩子的最大的希望是什么？

您对孩子最大的担心是什么？

续表

O. 您是被转诊过来的吗？（圈一个）　　　是　否
　　如果是,是被谁介绍？
　　_____
　　_____

第Ⅲ部分　既往评估和目前接受的服务

A. 您的孩子之前接受过任何形式的发育评估吗？　是　否
　　如果有,被谁评估？
　　_____
　　_____

　　哪种评估？
　　_____
　　_____

　　在什么时间和地点进行的评估？
　　_____
　　_____

　　评估结果是怎样的？
　　_____
　　_____

　　孩子得到诊断了吗？（圈出来）　是　否
　　如果是,诊断了什么？
　　_____
　　_____

B. 您的孩子是否被转介到任何干预机构？（圈出来）　是　否
　　如果是,哪里？
　　_____
　　_____

　　谁提供的这项服务？
　　_____
　　_____

　　干预的体验如何？
　　_____
　　_____

C. 您的孩子现在是否有 IFSP/IEP？（圈出来）　是　否　我不清楚
　　如果是,哪里？
　　_____
　　_____

　　服务协调人：_____
　　目前参加的项目/学校：_____
　　老师(们)：_____
　　项目/学校电话：_____

续表

D. 之前和现在接受的服务:

种类	时间	治疗师	地点
物理治疗			
作业治疗			
言语/语言治疗			
替代疗法			

第Ⅳ部分　儿童健康史

出生史

A. 怀孕/生孩子对您来说最好的事情是什么？
_____
_____

B. 孩子是我的：_____ 血亲孩子 _____ 领养的孩子 _____ 养子女 _____ 继子女

C. 孩子父母是近亲？:（圈出来）　是　否
   如果是,何种？
   _____

D. 如果孩子是您所亲生,您是否采用了辅助生殖方法？（圈出来）　是　否
   如果是,您采用了何种辅助生殖方法？ _____
   _____

E. 孕期是否做下列检查：_____ 三倍体检测 _____ 羊水穿刺 _____ CVS
   检查结果：
   _____
   _____

F. 您孕期或分娩过程中是否出现过下列情况？（圈出来）

早产	是	否	酒精暴露	是	否
大量出血	是	否	吸烟	是	否
非法/街头毒品	是	否	处方药	是	否
疾病/发热	是	否	高血压	是	否
皮疹	是	否	体重增长不良	是	否
毒血症	是	否	体重增长过多	是	否
糖尿病	是	否	其他	是	否

请对选"是"的条目进行解释：
_____
_____

请描述孕期和出生的时候的任何异常的方面：
_____
_____

续表

G. 孩子出生:(圈出)　早产　足月　过期产
　　早产或过期几周?_____
　　胎龄:_____　产程时长:_____
H. 孩子出生时:(圈出来)足先露　头先露　臀先露
I. 出生体重:_____克　身长:_____厘米
J. 您知道孩子的阿普加(Apgar)评分吗?(圈出来)　是　否
　　如果知道,孩子的阿普加评分是:
　　3分钟_____　10分钟_____
K. 孩子通过新生儿听力筛查了吗?(圈出来)　是　否　我不清楚

早期健康史
L. 您的孩子出生后第1个月内是否出现过下列情况?(圈出来)

黄疸	是	否	感染	是	否
发热	是	否	严重易激惹	是	否
喂养困难	是	否	急诊就诊史	是	否

请对选"是"的选项进行解释:
_____
_____

气质
M. 您的孩子喜欢被拥抱吗?(圈出来)　　　是　否　有时
N. 您的孩子烦躁吗?(圈出来)　　　　　　是　否　有时
　　如果是,烦躁的频率是怎样呢?
_____
　　烦躁持续到什么时间?
_____
　　什么能让孩子的烦躁有所缓解?
_____

喂养
O. 母乳喂养_____月　配方奶喂养_____月
P. 您现在/过去是否对孩子的喂养有过担忧?(圈出来)　是　否
　　____每天进食次数　　____进食的量　　____喂养的时间
　　____每天吃什么　　　____饮食禁忌　　____喂养的方法
　　____其他:_____
　　请解释:_____
_____

睡眠
Q. 您现在/过去是否对孩子的睡眠有担忧?(圈出来)　是　否
　　如果是,您的担忧是什么?
　　____睡眠时间短　　　____入睡困难
　　____夜晚睡眠时长　　____孩子睡眠的地方
　　请解释:_____
_____

行为

R. 您现在/过去是否对孩子的行为有过担忧？（圈出来） 是 否
   如果是，您的担忧是什么？
   _____
   _____

疾病史

S. 您的孩子是否进行过手术、住院，是否有过事故/外伤？

	具体情况	地点	时间
手术			
住院			
事故/外伤			

T. 您的孩子是否有过下述情况，或者曾经因为这些情况被治疗过？

腹痛	是	否	听力问题	是	否
虐待	是	否	心脏问题	是	否
过敏/哮喘	是	否	内分泌问题	是	否
对行为的担忧	是	否	消化道问题	是	否
血液系统的问题	是	否	关节或骨头问题	是	否
肿瘤	是	否	代谢问题	是	否
脑震荡/头部损伤	是	否	肌肉问题	是	否
牙齿问题	是	否	抽搐/癫痫	是	否
耳朵感染	是	否	明显的事件	是	否
吃饭问题	是	否	皮肤问题	是	否
流涎过多	是	否	重复性行为	是	否
遗传综合征	是	否	泌尿系统问题	是	否
生长问题	是	否	视力问题	是	否

如果选"是"，请解释；另外请写出其他的身体问题：
_____

您的孩子有过正式的诊断吗？（圈出来） 是 否
如果有，是被谁诊断的？
_____
具体的诊断是什么？
_____

续表

这诊断对您和您的家庭来说意味着什么?
_____
_____

目前健康状况
U. 您的孩子检查过视力吗?（圈出来）　　　是　　否　　如果是:（圈出来）　　通过　　未过
　　 您的孩子检查过听力吗?（圈出来）　　　是　　否　　如果是:（圈出来）　　通过　　未过
V. 您的孩子按时预防接种了吗?（圈出来）　　是　　否
W. 您的孩子对什么东西过敏?（圈出来）　　　是　　否
　　 如果有,他/她对什么过敏呢? 具体过敏的表现是什么呢?
　　 _____
　　 _____

X. 您的孩子现在有没有服用任何药物、草药或者一些替代疗法的药物?
　　 _____
　　 _____

Y. 您的孩子对药物有无不良反应?
　　 _____
　　 _____

Z. 孩子现在的体重:_____　　头围:_____　　　　　　　身高:_____
　　 百分位(如果知道的话):_____　百分位(如果知道的话):_____　百分位(如果知道的话):_____

第Ⅴ部分　发育史

A. 您觉得您的孩子的发育速度:（圈出来）快　一般　慢
　　 为什么?
　　 _____
　　 _____
　　 年龄:说第一个字:_____　　第一句话:_____
　　　　　独坐:_____　　　　　走路:_____
B. 您的孩子最喜欢做什么?
　　 _____
　　 _____

C. 您的孩子的发育有过倒退吗? 或者他/她有没有哪些领域的发育出现了停滞?
　　（圈出来）是　否
　　 如果选"是",具体表现是什么样子的呢?
　　 _____
　　 _____

D. 您认为您的孩子和他/她的兄弟姐妹有什么不同吗?（圈出来）是　否　不适用
　　 如果选"是",具体表现是什么样子的呢?
　　 _____
　　 _____

E. 关于孩子的健康、行为或者发育方面,您还有其他想要告诉我们的吗?
　　 _____
　　 _____
　　 _____

续表

第VI部分　家族史						
A. 您的孩子的家族中（父母、祖/外祖父母、姑姑/姨、叔伯/舅舅、兄弟姐妹或者表兄弟姐妹）是否存在下列任何一种情况（圈出"是"或者"否"）：						
虐待	是	否	听力问题	是	否
过敏/哮喘	是	否	心脏病	是	否
出生缺陷	是	否	内分泌问题	是	否
血液系统疾病	是	否	关节/骨头问题	是	否
肿瘤	是	否	肺/呼吸疾病	是	否
腹痛	是	否	肌肉问题	是	否
酗酒	是	否	药物滥用	是	否
贫血	是	否	精神疾患	是	否
耳朵感染	是	否	抽搐/惊厥	是	否
喂养问题	是	否	皮肤问题	是	否
遗传综合征	是	否	重复性行为	是	否
生长问题	是	否	视力问题	是	否

如果选"是"，请解释；并写出您对家族成员健康的其他担忧：
_____
_____
_____

B. 列出直系亲属服用的任何药物、草药和替代疗法：
_____
_____

C. 孩子的家族中有人存在发育迟滞，语言问题，或者其他需要特殊学习需求吗？（圈出来）　是　否
如果选择"是"，是谁在什么年龄得到的诊断？具体的诊断是什么？
_____

D. 关于您的孩子，您还有什么其他想要告诉我们的吗？
_____
_____
_____

感谢您为本问卷付出的时间和精力。
这些信息会让我们更好地了解您的孩子。

Transdisciplinary Play-Based System (TPBA2/TPBI2)
by Toni Linder.
Copyright © 2008 Paul H. Brookes Publishing Co., Inc. All rights reserved.

TPBA2 儿童功能家庭评估表（FACF）：日常活动评分表

儿童姓名：_____
填表人：_____ 日期：_____
指导语：下面列出了您和孩子每天经历的生活。在每一项圈出您认为是愉快时间、一般时间，还是困难时间（难搞的或者有压力的时间）。如果选了困难时间就标出您和孩子感觉到困难的程度。如果没有合适的选项，就标出 N/A，即不适用。请充分表述您的感受，尤其对愉快时间和困难时间。这些表述会帮助我们评估并提出能够帮助您和孩子的建议。

日常活动	愉快时间	一般时间	困难时间	这时间对您来说有多困难？ 程度轻　程度重	这时间对孩子来说有多困难？ 程度轻　程度重	进行这个日常活动的时候还有什么发生吗？（如果您愿意的话，请写出您如此打分的原因）
换尿裤/如厕			X	1　2　3　4　5	1　2　3　4　5	
喂养/进食		X		1　2　3　4　5	1　2　3　4　5	
洗澡/洗漱			X	1　2　3　4　5	1　2　3　4　5	
穿衣服			X	1　2　3　4　5	1　2　3　4　5	
梳头/刷牙			X	1　2　3　4　5	1　2　3　4　5	
孩子自己玩	X	X		1　2　3　4　5	1　2　3　4　5	
和家人一起玩	X			1　2　3　4　5	1　2　3　4　5	
和其他小朋友玩		X		1　2　3　4　5	1　2　3　4　5	
一起读书	X			1　2　3　4　5	1　2　3　4　5	
小睡	X			1　2　3　4　5	1　2　3　4　5	
睡觉/起床		X		1　2　3　4　5	1　2　3　4　5	
沮丧后平复的过程			X	1　2　3　4　5	1　2　3　4　5	
室内活动	X			1　2　3　4　5	1　2　3　4　5	
室外活动	X			1　2　3　4　5	1　2　3　4　5	
乘坐婴儿车/汽车出去			X	1　2　3　4　5	1　2　3　4　5	
逛商店/出门		X		1　2　3　4　5	1　2　3　4　5	
见朋友	X			1　2　3　4　5	1　2　3　4　5	
宗教活动	X			1　2　3　4　5	1　2　3　4　5	
家庭庆祝活动	X			1　2　3　4　5	1　2　3　4　5	
其他	X			1　2　3　4　5	1　2　3　4　5	

哪项日常活动是您最为担忧的，或者对于您来说，您最想强调哪个呢？
1. _____
2. _____

Transdisciplinary Play-Based System (TPBA2/TPBI2)
by Toni Linder.
Copyright © 2008 Paul H. Brookes Publishing Co., Inc. All rights reserved.

TPBA2 儿童功能家庭评估表(FACF):"关于我的一切"问卷		

关于我的一切,_____(儿童的名字)
儿童姓名:_____ 出生日期:_____
填表人:_____
与儿童的关系:_____ 日期:_____

问卷目的:回答以下问题将有助于我们将您纳入我们的评估团队。通过这些问题,您可以了解基于游戏的评估小组在见到您的孩子时将检查的某些相同的发展领域。您的观察非常重要！以下问题会关注您的孩子如何思考、感觉、表现、移动、联系和交流。您对这些问题的回答将帮助评估小组了解在基于游戏的评估中重点要看的内容。我们从您和团队其他成员那里获得的信息,都将帮助我们制定促进孩子成长的方法。
下列每个问题是描述了您看到的孩子的状况。
指导语:请在每个问题下对最符合孩子情况的答案上划圈,也可以在示例一栏里加上您看到的情况例子。如果答案中的描述并不适应您孩子的年龄,就请注明"不适合"。

感觉运动发展	回答	示例
1. 我经常活动吗?	1. 我活动得不多(我不想,或者活动对我来说太难了) 2. 我会为我需要或想要的东西而活动 3. 我一直在活动	
2. 我在体育活动(跑、玩球以及其他需要身体运动的活动)中如何移动?	1. 我在体育游戏和活动中非常吃力 2. 我在体育游戏和活动中不太灵活 3. 我很擅长体育游戏和活动	
3. 我能顺利从一个位置移动到另一个位置吗(如,从躺着到起来)?	1. 我在帮助下才能改变姿势/移动位置 2. 我可以用特别的方式艰难地改变姿势/移动位置 3. 我可以很容易做到	
4. 我在游戏中如何使用胳膊和手?	1. 我经常拿不到我想要拿的东西,或者很难接近目标 2. 我在接近目标时有困难或会有偏差 3. 我可以轻易拿到	
5. 我能轻松捡起和使用小物件吗?	1. 我很难捡起小物件 2. 我需要用很多手指才能捡起东西 3. 我用拇指和食指就能捡起小物件	
6. 我能举起、推、拉什么东西?	1. 我很难举起、推、拉物体 2. 我能够举起、推、拉不太重的东西 3. 我能举起、推、拉很多"重"物	
7. 我喜欢什么类型的感觉体验?我拒绝或避免什么样的感觉体验？(圈出 1、2、3 中的选项)	1. 我不喜欢的玩具、材料或活动有: ● 有噪声 ● 有纹路 ● 难闻 ● 推我或抱紧我 ● 看到激烈的场面 2. 我没有讨厌的感官活动 3. 我喜欢的玩具、材料和活动有: ● 有噪声 ● 有纹路 ● 难闻 ● 推我或抱紧我 ● 看到激烈的场面	

续表

感觉运动发展	回答	示例
8. 我对自己喜欢的感觉体验反应有多强烈？对不喜欢的呢？	1. 我用强烈的肢体动作表示我喜欢或不喜欢 2. 人们很难知道我喜欢还是不喜欢 3. 我用语言告诉别人我喜欢或不喜欢	
9. 我的自理能力（穿衣、进餐、洗澡、如厕）如何？	1. 我不能自己完成自理任务 2. 我在一点帮助下可以完成自理任务，如： 3. 我可以自己完成自理任务	我能做的事情有：
10. 我很容易学会新的肢体动作吗？	1. 我很难活动身体部位去做我想做的事情 2. 经过很多练习之后我可以模仿动作 3. 我可以轻松移动身体模仿他人的动作或适应不寻常的空间	
11. 我的视力如何？我能很好地使用吗？	1. 很多东西看不到 2. 我只能看到很大的物品或者在特定位置的物品 3. 在周围、近处和远处的大和小的物品我都能看到	
12. 我表现出什么不寻常的行为吗？	描述我做了什么：	
情绪情感与社会性发展	回答	示例
1. 什么活动能让我高兴？激动？	1. 很难说我什么时候高兴 2. 我只在少数活动中感到快乐，如： 3. 我在大多数活动中都很开心	我怎么表现出我开心？
2. 什么活动让我生气？沮丧？难过？	1. 设定限制（说"不"）或告诉我应该做什么 2. 某些类型的活动，如： 3. 改变我的日常活动	
3. 我的情绪一般持续多久？	1. 超过一小时 2. 15—30分钟 3. 短短几分钟	
4. 我很容易冷静下来吗？	1. 我需要很长时间并且在帮助下才能平静 2. 我需要一点帮助就可以平静下来 3. 我自己就能平复心情	什么可以帮助我恢复平静？
5. 我很容易从一个状态（醒来、紧张、警觉、困倦、入睡）切换到其他状态吗？	1. 我很难做到以下状态： 2. 我在以下状态有困难： 3. 我没有问题	什么可以帮助我？
6. 我很容易改变活动或适应新的情境、日常活动或人吗？	1. 我非常难适应 2. 我适应起来有点困难 3. 我很容易适应	什么可以帮助我？
7. 我很容易控制冲动行为吗（咬、打、抓）？	1. 我经常冲动地做事情，特别是在这些时候： 2. 我有时会冲动做事，如： 3. 我不是很冲动	什么可以帮助我？
8. 当被要求停止某种行为时，我很容易停下来吗？	1. 很困难 2. 有些时候需要不止一两次提醒才能做到 3. 我可以立即停止	什么可以帮助我停下来？

续表

情绪情感与社会性发展	回答	示例
9. 当父母把我留给其他人照顾或者来接我的时候,我能很好地接受吗?	1. 很困难 2. 有点困难 3. 很容易	
10. 我有多希望能独立?	1. 我喜欢别人帮我做事情 2. 我希望可以独立,但我还是需要很多帮助。 3. 我希望可以很独立	
11. 我在游戏中和朋友做什么?	1. 我喜欢看着朋友玩 2. 我喜欢自己玩 3. 我喜欢在朋友旁边玩,但不跟他们一起玩 4. 我喜欢和朋友一起玩,一起做事 5. 我喜欢组织和主导游戏	
12. 我表现出不同寻常的社会或情绪行为吗?	描述我做了什么:	

交流能力发展	回答	示例
1. 我听力如何?	1. 我什么都听不到 2. 我能听见,但我在理解声音或词语意思上有困难 3. 我能听见各种声音,即便声音很轻	
2. 我能理解哪些手势和面部表情?	1. 我能根据你的姿势和动作理解要发生什么 2. 我能理解面部表情的意思并看向你所指的方向 3. 我能回应面部表情	
3. 我能理解哪些声音、词语、句子或问题?	1. 听到名字时我会看向对应的人或物 2. 我能理解简单的"什么……"或"哪里……"开头的句子和问题 3. 我能理解"谁……""哪个……""为什么……""……怎么样"这类复杂的句子和问题	
4. 我通过什么与人交流(眼神、姿势、声音或词语、标记、其他交流方式)?	1. 我在与人交流时不喜欢看着他们 2. 我说话时会看着你并使用手势 3. 我说话时看着你,会用词语和手势 4. 我看着你,用图片或标记来交流	
5. 我会使用那些声音、词语、句子或问题?	1. 我可以发出许多不同的声音 2. 我通常能说出人、物体和行为的名字 3. 我用简单句且能提出"什么……""哪里……"这样的问题 4. 我使用复杂句且能提出"谁……""哪个……""为什么……"和"……怎么样"这类问题	如:
6. 我使用哪些词语?	1. 我会用的词语都是与自己、我的家人和我的事情相关的 2. 我会使用以上词语,此外还会用书中看到以及我日常生活中听到的词语 3. 我会使用所有上述词语,并会使用我学过的抽象概念("冬天""速度""漂亮的")	如:

续表

交流能力发展	回答	示例
7. 我怎么把词语组织在一起？	1. 我的词语顺序有时候是乱的，所以可能很难理解我的意思 2. 我的词语顺序一般都是对的，但有时候我会漏掉几个词 3. 我能用很好的句子讲述复杂的想法	
8. 我经常与别人交流吗？	1. 我不经常与人交流 2. 当别人跟我说话时我才交流 3. 我会一直跟别人交流	
9. 我说些什么？	1. 大多数时候我只说一件事 2. 我会说我想要或需要什么 3. 我会说我正在做或者学的事情	我最喜欢的话题是：
10. 我在谈话中如何表现？	1. 我在谈话中很难做到轮流说 2. 我在声音或社会性游戏中可以轮流 3. 我可以开始一个谈话并轮流说词语和句子 4. 我可以开始并继续完成一个谈话	
11. 你能听清并理解我想说的话吗？	1. 我说话不清楚所以别人很难听懂 2. 我的声音很轻或很特别，所以别人听不清 3. 别人很容易听清并理解我说的话	
12. 我的嘴巴能不流口水、在吃饭时不漏食物和饮料吗？	1. 我张着嘴流出很多口水 2. 我很难咀嚼食物和饮料 3. 我吃饭喝水没有困难	
13. 我表现出什么不同寻常的语言或交流行为了吗？	描述我做了什么：	

认知发展	回答	示例
1. 我的注意力时间有多长？	1. 我对大部分事情都很难集中注意 2. 我对几样东西可以保持长时间注意，如： 3. 我对许多东西都感兴趣并能保持长时间注意	我对什么东西注意力集中时间最久？ 我最不喜欢、不会注意到什么？
2. 我最喜欢的游戏类型是？	1. 我喜欢探索有关我身体的东西 2. 我喜欢把物品拆开再组装起来 3. 我喜欢让东西"动"起来或者做点什么 4. 我喜欢表演或者假装做某事 5. 我喜欢社会和体育游戏	我最喜欢的活动是：
3. 我在游戏时会怎么玩玩具？	1. 我看着玩具 2. 我喜欢一遍一遍做同样的事 3. 我会用一个玩具做一两件事，然后放下它去做别的更有趣的事 4. 我会尝试玩新玩具	
4. 我能自己解决问题吗？	1. 我很难自己解决问题 2. 我在帮助下可以解决问题 3. 我自己能解决大多数问题	

认知发展	回答	示例
5. 我能很好地理解他人的感受、想法和所作所为吗?	1. 我不理解为什么人们这么做,他们想什么或想要什么 2. 我可以理解和回应家人和朋友的面部表情 3. 我理解很多人们行为背后的原因,以及人们想什么和想要什么	
6. 我能记住哪些事情(词语、人、事件、故事、信息)?	1. 我能记住熟悉的人或物 2. 我记得日常活动、词语,以及物体可以做什么 3. 我记得事件、故事和许多信息	
7. 我了解哪些数学和科学知识?	1. 我刚开始理解数数、堆叠以及怎么把东西拼在一起 2. 我很擅长比较事物并发现差异 3. 我了解很多有关数量、形状和事物关系的知识	
8. 我会画画和写字吗?	1. 我喜欢乱写乱画 2. 我喜欢画一些线和形状(有时我觉得它们看起来像某些东西) 3. 我喜欢画画 4. 我喜欢写字母和数字 5. 我喜欢写词语和句子	
9. 我喜欢看书和/或假装阅读吗?	1. 我会看书中的图片 2. 我会指出数字的图片 3. 我能讲书中的故事 4. 我喜欢假装在看书 5. 我真的可以读书	
10. 我表现出什么不寻常的认知技能了吗?	描述我做了什么:	

我最喜欢的玩具、材料和活动有:
___
___
___

我最不喜欢的事情是:
___
___
___

我(_____)在未来6个月需要发展的能力有:
在这些方面更独立:___
更好地控制:___
更好的:___
提高能力去做:___
其他:___

Transdisciplinary Play-Based System (TPBA2/TPBI2)
by Toni Linder.
Copyright © 2008 Paul H. Brookes Publishing Co., Inc. All rights reserved.

TPBA2 观察指南：感觉运动发展

儿童姓名：_____ 年龄：_____ 出生日期：_____
父母姓名：_____ 评估日期：_____
填表人：_____

说明：记录儿童信息（姓名、照料者、出生日期、年龄），评估日期和填写此表的人员。所列的观察指南提供了已有的行为优势、需要关注的行为举例以及"可发展的新技能"。当观察儿童时，请在以下三个类别下与您观察的行为相对应的项目旁边画圈、强调或划勾标记。在"注释"列中列出任何其他观察结果。经验丰富的 TPBA 人员可以选择仅使用 TPBA2 观察记录作为评估期间收集信息的方法，而不是观察指南。

问题	优势	需要关注的行为举例	可发展的新技能	注释
I. 基本运动功能				
I.A 姿势能多好地支撑动作？	身体朝向任务 头部和躯干成一条直线 独立坐 独立站立 能防止摔倒 当预期的事情发生时（例如伸手够） 当一些意想不到的事情发生时（例如，轻轻地推挤） 摔倒时靠跪腾或腿撑住自己 可以在爬行、行走时运输物体 以上都是	头部支撑僵硬 头部与躯干支撑不一致 在两个位置之间移动时卡住 需要支持才能坐下 需要支持才能站立 伸手够时摔倒 无法传递物体 如果发生意外，容易摔倒 摔倒时撑手不安全	提高躯干/头部的稳定性 移动时更自由 坐/站/动的外部支撑更少 降低摔倒的风险 摔倒时提高安全性	

I.B 肌肉张力能多好地支撑姿势？	轻松抬起头
	直背
	适当的支撑基础
	负重时膝盖和肘部不交叉
	四肢移动自如
	身体各部位能独立地移动
	以上都是
		看起来无力
		肌肉看起来"软塌塌的"
		抬头困难
		坐着时弓着背
		坐着或站着时双腿伸展得过宽
		交叉腿尖站立
		看上去僵硬
		手握成拳
		震颤或非自主运动
			使畸形风险最小化
			减少震颤或非自主运动的干扰
			提高肌张力的策略：
			  近端的
			  远端的
			降低肌张力的策略：
			  近端的
			  远端的
			促进独立的外部支持	

续表

问题	优势	需要关注的行为举例	可发展的新技能	注释
II. 大肌肉动作活动				
II.A 一般来说，你如何描述儿童的大肌肉动作？	起作用的 有效率的 愉快的 轻松的	无效的 低效率的 困难的 引起恐惧的 不愉快的 躲避	新技能 更多的易变性 更快速 更容易 减少恐惧 更多乐趣	
II.B 儿童用什么姿势玩耍？	用多种姿势游戏 能呈现放手部的姿势 容易地保持姿势	需要协助来保持姿势 使用很少的游戏姿势 姿势过分地解手部施力（如W形坐姿） 手部没有被解放 花费太多精力	新的游戏姿势 增加解放手部的游戏姿势 增加生物力学性良好的游戏姿势 增加外部支持 减少外部支持	
II.C 儿童能多独立地完成姿势间的转换？	完全独立 轻松地移动	需要照料者的协助 花费太多努力 不安全	呈现新姿势 独立性增强 减少努力 提高安全性	
II.D 儿童怎样从一个地点到另一个地点？有多独立？质量如何？	适龄的技能 符合年龄预期的质量 独立（借助或不借助辅助设备） 轻松地移动 安全地移动	延迟 协调性差 花费太多努力 看起来不常见 过多地对关节施力 需要照料者的协助 不安全	新技能 协调性改进 独立性增强 以良好的生物力学方式增加运动力 辅助器具 提高安全性 减少努力	
II.E 儿童能把身体两侧协调得有多好（两侧平衡）	身体两侧看起来相同 在身体中线使用两只手很好 横跨身体去伸手够 旋转躯干	身体一侧协调不好 在身体中线使用两只手不好 不能横跨身体中线 躯干很少或没有旋转	增加身体的使用 加强身体两侧的协调 增加跨身体中线 躯干旋转增加	

续表

问题	优势	需要关注的行为举例	可发展的新技能	注释
III. 手臂和手的使用				
III.A 通常，你如何形容儿童的手臂和手的使用？手和手使用的问题多大程度干扰正常功能？	更倾向于使用同一只手进行熟练的操作 熟练使用辅助手 能够很好地进行对称性的活动（例如拍手、跳跃） 能够很好地进行交替活动（例如坐着旋转、蹬三轮车） 可以在多次重复中保持双边序列协调好手臂与腿（如跑步、跳绳） 以上都是	手的偏好没有很好地确定 不能很好地使用辅助手 对称性活动困难 交替活动困难 双侧顺序性困难 过多努力	发展手部偏好 更好地使用辅助手 增强了对称活动的能力 增加了交替活动的能力	
III.B 儿童能多好地伸手够物体？	伸手够物体： 起作用的 有效率的 愉快的 轻松的 没有协助 准确地 双臂一样好 定向手掌去触摸物体 以上都是	无效的 低效率的 困难的 不愉快的 避免 需要协助 越过或者不足 多余动作 无法将手掌定向去触摸物体	新技能 更多易变性 更快速 更容易 更多乐趣 减少协助 增加准确性 增加将手掌定向物体	
III.C 对儿童的抓握有多有效？	将手指向物体 拇指和手掌/指尖的接触 手弯得很好 不需要外部稳定 起作用的 有效率的 轻松的 以上都是	无效 效率低 抓握时主要使用小指/无名指 需要外部稳定性；拱不发达 手显得平 半空中抓 拇指没有积极参与 用力过大 抓握力弱	提高手对物体的定向能力 减少对外部支持的需求 改进拇指和食指/中指的使用 增强双手环绕物体抓握的能力 提高以适应对象来调整抓握的能力 以更合适的力量	

续表

问题	优势	需要关注的行为举例	可发展的新技能	注释
Ⅲ.D 儿童放开物体有多好？	轻松地将物品从一只手转移到另一只手，然后再转移回来 无论大小，都可以轻松释放 不需要外表面的帮助 按对象大小比例精确地落在目标上 释放一个物体，同时继续将其他物体保持在同一只手上 以上都是	无法将物体从一只手传输到另一只手 不能自主地释放 扔而不是释放 需要外表面比需要的更大 手张开得比需要的更大 无法在拿着其他物体时释放物体 释放的物体没有落在目标上 无法释放击中中心目标	自主地张开手 减少对外部支撑的需求 手指张开程度与物体尺寸的比例更适合 提高准确性 增加手里拿着其他物体同时释放一个物体的能力	
Ⅲ.E 儿童单独用手指做指示、戳和轻敲的动作有多好？	起作用的 有效率的 轻松的 以上都是	不能分离食指 不能独立地移动每一个手指 用力过大	更多的易变性 更快速 更容易 更好的分离	
Ⅲ.F 儿童的手部操作有多有效？	用一只手的拇指和手指重新定位抓握的物体（无外部协助） 可以移动物体： 从手指到手掌 从手掌到手指 旋转＜180度 旋转＞180度 可以轻松地移动对象 用一只手手指和拇指操作物体，同时将一个或多个物体保留在手掌中 以上都是	手部操作是： 无效的 效率低的 太多的努力/力量 当手持有一个物体时无法操作另一个物体 避免手部操作	提高有效性 提高效率 更轻松	
Ⅲ.G 儿童的建构能力有多好？	起作用的 有效率的 愉快的 轻松的 以上都是	逃避/没有太多乐趣 无效 效率低 用力过大	增加技能 更有乐趣 更轻松 借用设备或者适配器	

续表

问题	优势	需要关注的行为举例	可发展的新技能	注释
Ⅲ.H 儿童如何有效地使用工具？	使用工具就好像它们是手臂的延伸 起作用的 有效率的 轻松的 以上都是	无效 效率低 用力过大 力量太少 回避	提高效果 提高效率 更轻松 更合适的力量 更多乐趣	
Ⅳ. 运动的规划和动作协调				
Ⅳ.A 儿童是否对玩具有好的想法？	利用玩具和环境的特性 能多种方式使用玩具	经常需要想法 以有限的方式使用玩具	以新的方法使用物体	
Ⅳ.B 儿童发起、终止和安排动作的顺序和效果如何？	轻松地发起和终止行动 动作排序符合逻辑 按逻辑顺序排列任务	发起（错误地开始或结束（撞到物体）行动困难 排序似乎不合逻辑 经常打翻东西，碰到东西	提高发起终止行动的能力 改进动作顺序	
Ⅳ.C 儿童的时空能力有多好？	保持节奏 当运动时拦截静止的物体： 拦截运动的物体： 当站着不动时 当跑或移动时	节奏感差 踢球前停球；夹住球而不是接球 当运动时，不能接球/踢球	改善节奏 改进时间/空间能力，以便更有效地对物体进行操作	
Ⅳ.D 儿童对身体有良好的感觉吗？可以将身体作为物体的延伸吗？	把身体放在椅子和骑乘玩具中间 在小空间中轻松移动 轻松地使用物体；与物体"合作"而不是"对着干"	在设备上看起来不安全 意识不到姿势差 不能使身体足够小以适合或过度"收缩" 笨拙地使用物体	提高使用设备时的安全性 提高身体知觉： 当使用对象时 当流畅地移动时	
Ⅳ.E 儿童整理衣服和个人空间能力表现如何？	衣装整洁（例如，纽扣系在合适的扣眼，衬衫塞好） 游戏空间条理有序	衣装不整 游戏空间条理性差	提高组织能力	

续表

问题	优势	需要关注的行为举例	可发展的新技能	注释
Ⅳ.F 儿童是否产生合适的力？	对物体施加适当的力	力大大或太小	产生更合适的力量	
Ⅳ.G 儿童是否根据口头要求或示范而采取行动？	很容易做出新的反应：当口头请求时 当示范时	很难做出新的反应：当口头请求时 当示范时	更容易做出反应：当口头请求时 当示范时	
Ⅴ.感觉的调节及其与情绪、活动水平和注意力的关系				
Ⅴ.A 儿童能在多大程度上调节对感觉体验的反应？感觉体验对儿童的情绪反应有什么影响？	对来自材料、空间、玩伴和照料者的感觉体验的反应：与其他儿童相似 引起适应性和适当的行动	反应超过预期：击打、愤怒 过度的活动水平 分散注意力 痛苦的表情 恶心、头晕 恐惧 反应延迟或明显低于预期 以不可接受的方式寻求感觉体验：不断触摸 自残行为 烦人的声音 物体或自我的重复运动 "撞"东西 推倒 摔倒 回避感觉体验 做刻板行为以试图切断感觉	增强对感觉的适应性反应 利用可接受的方法满足感觉需求	
Ⅴ.B 感觉体验对儿童的活动水平有什么影响？	面对感觉需求（如噪声），保持适当的活动水平	活动水平难以容忍地增加 活动水平难以容忍地下降	降低活动水平 增加活动水平	

续表

问题	优势	需要关注的行为举例	可发展的新技能	注释
V.C 感觉体验对儿童的注意有什么影响?	当面对相矛盾的感官需求时,可以保持专注	相矛盾的感觉需求很容易引起儿童的注意 儿童关注不相关的感觉需求	在存在较小的相矛盾的感官需求时,提高注意力 提高对相关感觉需求的认识	
VI.A 儿童吃简单的零食吃得如何?	感觉运动对日常生活和自理能力的贡献 安全地吃零食 能够应付所有事物: 液体 软的或糊状的 泥状的(如苹果酱) 硬的(如生蔬菜) 肉沫 耐嚼的(如面条葡萄干) 混合质地,味道和气味的食物 喜欢各种质地、味道和气味的食物 独立进食: 用手指吃 用勺子/叉子 使用瓶/杯/玻璃杯 使用的时间是合理的 良好的餐桌礼仪	无法应付一种或多种质地的食物 无法应付一个或多个餐具 无法应付杯子或玻璃杯 需要照料者的帮助 不喜欢很多食物 使用时间太长 过多地流口水 不安全	新的/改进的口腔运动技能 新的/改进的餐具处理技能 提高安全性 独立性增强 增加能接受的食物 减少吃饭时间 流口水减少 借用设备或适配器	
VI.B 儿童在穿衣任务中表现如何?	轻松执行所有任务: 脱掉袜子 穿上袜子 解纽扣/和纽扣 拉拉链子和外套的拉链 系鞋 使用的时间是合理的	一件或多件衣服需要帮助 拉拉链需要帮助 所用时间/精力过多 拒绝	新技能 减少时间/努力 提高意愿 独立性增强 借用设备或适配器	

指南根据安妮塔·C·邦迪(Anita C. Bundy)提供的内容完善。以游戏为基础的多领域融合体系(TPBA2/TPBI2)由托尼·林德(Toni Linder)设计。
Copyright © 2008 Paul H. Brookes Publishing Co., Inc. All rights reserved.

附录 TPBA2 和 TPBI2 表格　309

TPBA2 观察记录：感觉运动发展

儿童姓名：　　　　　父母姓名：　　　　　
出生日期：　　　　　评估日期：　　　　　年龄：　　　　　
填表人：

说明：记录儿童信息（姓名、照料者、出生日期、年龄），评估日期，填写此表的人员，和你对儿童的观察。建议你在此处记录观察之前查看相应的 TPBA2 观察指南为该指南列出了要查找的内容。TPBA 的新手可以选择使用 TPBA2 观察指南收集信息的方法，而不是 TPBA2 观察记录。

I. 基本运动功能（姿势、肌肉张力）

II. 大肌肉动作活动（技能的水平、享受、位置、独立性、流畅性、双侧协调）

III. 手臂和手的使用（有效性、享受、伸手够、推、拍打、抓握、释放、手部操控、工具使用）

续表

IV. 运动规划和动作协调(玩具的使用、排序、时空能力、身体定位和两侧的使用、组织、力量、运动时机、运动的便利性)		
V. 感觉的调节及其与情绪、活动水平和注意力的关系(感觉调节、寻求感觉、回避、反应时间、活动水平、注意力)		
VI. 感觉运动对日常生活和自理能力的贡献(饮食、穿衣、娱乐、大肌肉运动技能、小肌肉运动技能、其他自理任务)		

以游戏为基础的多领域融合体系(TPBA2/TPBI2)由托尼·林德(Toni Linder)设计。
Copyright © 2008 Paul H. Brookes Publishing Co., Inc. All rights reserved.

附录 TPBA2 和 TPBI2 表格

TPBA2 观察总结表：感觉运动发展

儿童姓名：_____ 年龄：_____ 出生日期：_____
父母姓名：_____ 评估日期：_____
填表人：_____

说明：对于以下各子类别，使用 TPBA2 观察指南或该领域 TPBA2 观察说明中的发现，按照目标实现量表的 1—9 级量表，圈出表明儿童发育状态的数字。接下来，通过将儿童的表现与 TPBA2 年龄表进行比较，考虑孩子与同龄人相比的表现。使用年龄表得出每个子类的儿童年龄水平（遵循年龄表上的说明）。然后，通过计算百分比来圈选 AA、T、W 或 C：
如果儿童的年龄水平＜自然年龄：1－（年龄水平/CA）＝ _____ ％延迟
如果儿童的年龄水平＞自然年龄：（年龄水平/CA）－1＝ _____ ％超出
要计算 CA，请以评估日期减去儿童的出生日期，然后根据需要向上或向下取整。减去天数时，应考虑当月的天数（即 28、30、31）。

TPBA2 子类	功能活动中观察到的儿童能力水平									与同龄人相比的评价 高于平均 (AA) / 典型 (T) / 观察 (W) / 担忧 (C) / 年龄水平
	1	2	3	4	5	6	7	8	9	
基本运动功能	所有姿势都需要全身支撑		保持头部稳定，可以有支撑地坐		在各种坐姿和卧姿势之间转换，可能会暂时独立地站着		展示出预期的姿势调整。独立站立，并能坐在椅子上		能够呈现和保持功能性姿势，能够在姿势间顺利而独立地转换	AA T W C 评价：
大肌肉动作活动	留在任何被放置的位置；在某个位置外没有活跃的移动		通过滚动和突击爬行移动		在环境中靠四肢移动、侧走、或者走几步		走路和跑步很容易		能够完成复杂的大动作（如蹦跳、跳绳）	AA T W C 评价：
手臂和手的使用	可以追踪对象；无法自主控制手臂、手和手指		伸手去抓物体和人；不抓就猛击物体		使用大抓物体来拿到物体；很少主动释放物体		抓握与物体大小形状相匹配；随意地释放		能够有效地使用手臂、手和手指伸手够、抓握、操作手上的物体，并精确地释放和放置物体	AA T W C 评价：

续表

TPBA2子类	功能活动中观察到的儿童能力水平					与同龄人相比的评价 高于典型平均(AA) 观察(T) 担忧(W) 年龄水平(C)
	1　　　　2	3　　　　4	5	6　　　　7	8　　　　9	
运动规划和动作协调	对简单的、常规的动作或事件进行有意识尝试的运动；不会独自尝试新的或多步操作	很难理解如何应对环境中的对象或事物。使用无功能目标的重复动作，甚至难以执行简单、非常规的动作序列	可以设想一个目标，但需要提示、演示，有意识的努力和多次练习会来组织和执行一个多步骤的任务；动作可能显得笨拙缓慢，结果可能不准确	可以设想一个目标，但需要提示、演示，并有意识地努力排序和执行必要的行动，以实现一个多步骤的复杂的任务；通过努力和练习，可以达到准确	能够设想出一个有意识的目标，在极少的努力下，能够高效地有效、高效地组织和排序一系列复杂的行动，以达到预期的目标	AA　T　W　C 评价：
感觉的调节及其与情绪、活动水平和注意力的关系	尽管尝试了改变，但对感觉输入反应过度或反应低下；对与环境中的物体、人或事件的接触有显著的负面影响	对环境或人际互动需要经常改变，才能展现对感觉输入合适的反应	通过适当地对环境或互动的改变，表现出对感觉输入的适当反应	通过对环境或相互作用最小的改变，表现出对感觉输入的适当反应	几乎总是能够在不改变环境的情况下，对所有类型的感觉输入做出适当的反应	AA　T　W　C 评价：
感觉运动对日常生活和自理能力的贡献	由于运动技能方面的困难，在自理的各个方面都依赖于成年人	能够在最小限度地帮助成年人进行的自理活动	在运动方面获得成人的适度帮助时，可以进行各种形式的自理	在自理活动和日常生活中很少需要帮助	能够运用运动技能独立进行日常自理活动和日常生活，包括使用拉链扣和餐具	AA　T　W　C 评价：

续表

TPBA2子类	功能活动中观察到的儿童能力水平									与同龄人相比的评价 高于平均 (AA) 典型 (T) 观察 (W) 担忧 (C) 年龄水平
	1	2	3	4	5	6	7	8	9	
视力	完全不使用视觉功能		即使戴眼镜或适应设备,也具有严重的功能性视力丧失		戴眼镜或适应设备时,有一定的功能性视力损失		戴眼镜或适应设备时,视力损失最小		能够专注、关注局部并使用视觉功能,无需调整	AA T W C — 评价:
总体需要										

以游戏为基础的多领域融合体系(TPBA2/TPBI2)由托尼·林德(Toni Linder)设计。
Copyright © 2008 Paul H. Brookes Publishing Co., Inc. All rights reserved.

TPBA2 观察指南：情绪情感与社会性发展

儿童姓名：_____ 年龄：_____ 出生日期：_____
家长：_____ 评估日期：_____
完成评估者：_____

指导评语：记录儿童的信息（姓名、照料者、出生日期、年龄），评估日期和完成评估的人。观察指南提供已有的行为的优势，需要关注的行为举例和可发展的新技能。在您观察记录到儿童的行为对应的所列下画圈，突出显示或做出标记。在"注释"列中列举观察到的其他行为。有经验的 TPBA 使用者可以选择仅使用 TPBA2 观察记录作为评估期间收集信息的工具。

问题	优势	需要关注的行为举例	可发展的新技能	注释
I. 情绪情感表达				
I.A. 儿童是如何表达情绪情感的？	用表情 用身体动作 用出声 用言语 以上都用 以独特的方式	非常有限的表达方式 不寻常的表达方式 很难看懂童的情绪或情感表达	面部表情的 身体动作或姿态的 出声 言语 增强情绪情感表达的易懂性 增加情绪情感表达的适应性 增加情绪情感表达的强度	
I.B. 儿童能否表现出各种情绪情感，包括积极的、不舒服的以及与自我意识有关的情绪情感？	表现出和年龄相符的各种情绪情感	情绪情感范围有限，多为负面的 情绪情感范围有限，不能表达所有的情绪情感 情绪情感与所处情境不相符	快乐 生气、挫折 悲伤 警惕、害怕 害羞 内疚 骄傲	
I.C. 何种经历使得儿童快乐、不快乐或者影响其自我意识 (PR/TR)？	有很多经历能让儿童感到快乐 有很多经历让儿童不高兴 有些事情影响到儿童的自我意识	较轻的刺激就可以激起儿童的情绪情感 较强的刺激才可以激起儿童的情绪情感 较少刺激可以激起儿童的情绪情感 其他情况：	儿童会在下列情况下增加快乐： 人际互动 感觉输入 身体游戏 物品游戏 戏剧、扮演游戏	

续表

问题	优势	需要关注的行为举例	可发展的新技能	注释
II. 情绪情感风格、适应性				
II.A. 儿童见到陌生人、新活动或新刺激物时是如何应对的？(需考虑年龄段)(PR/TR)	对陌生人、新活动或新刺激物很容易适应 在某些情境下表现出相应的警惕性	极端的警惕或恐惧 毫无警惕或恐惧 出乎常人意料的情绪情感出现	减少： 焦虑 恐惧 退缩 生气 过度友好 缺乏警惕	
II.B. 在转换活动和日常规律被打乱时儿童是否容易适应？(PR/TR)	容易转换 容易适应日常规律的改变	难于接受活动转换 不容易适应日常规律变化	减少： 转换时的困难 日常规律变化时的困难	
II.C. 儿童对不同类型的刺激的反应强度是怎样的？对不同类型的刺激输入的情绪表达(PR/TR)	情绪表达处于通常平均水平 对不同类型的刺激输入的情绪表达	极端的情绪 最低的情绪强度	减少对刺激输入的回应数量 增加对刺激输入回应的数量	
III. 情绪调控和觉醒状态				
III.A. 儿童是否能轻松地调控意识的生理状态(比如从睡到醒和从醒到睡)？(PR)	无困难	状态调整困难	使以下过程变得更容易： 醒来 进入困的状态 即将入睡 保持清醒的平静状态 减少烦躁和哭闹	
III.B. 儿童调控(控制和陷入)情绪和结束某种情绪状态的情绪是否容易？(PR/TR)	儿童是否能独立调节情绪 儿童是否借助一点支持就能调节情绪	情绪调控困难	为儿童提供言语和/或身体姿势动作的帮助使他脱离以下状态： 兴奋 沮丧 愤怒生气 悲伤	

续表

问题	优势	需要关注的行为举例	可发展的新技能	注释
Ⅲ.C. 当儿童情绪调节有困难时他是否有特定的反应模式或契机？(PR/TR)	无情绪调控问题	对特定刺激敏感 对任何限制都不能容忍 对变化敏感 对特定的人际互动敏感	调整以下方面： 人际互动 感觉刺激输入 特定的材料物品 其他：	
Ⅲ.D. 当情绪越来越激动，儿童是否容易平静下来？(PR/TR)	迅速自我平静的能力	难以或不能靠自己平静下来	需要提供的支持： 稳定任身体或动作 用声音或言语来安慰 移开刺激物（或消除引起情绪的原因——译者） 调整环境 其他：	
Ⅲ.E. 儿童能否为了专心于一个任务而抑制冲动或情绪（如，身体动作、声音或言语的爆发）？	多数时间能够抑制冲动	过度冲动	以下情形下需要抑制： 受到意外且不喜欢的感觉输入在自我引导的活动中受到打扰 成人试图引导来主导 解决问题时受到挫折 在社交情境中感到挫折 受到限制	
Ⅲ.F. 儿童占主导的心情是怎样的，这样的感受或心情会持续多长时间呢？(PR/TR)	大多数时间开心而充实	心情变化起伏大 较强烈或极端的心情 忧愁的心情持续较长时间	减少： 情感淡漠 不快或悲伤的心情 烦躁易怒 焦虑恐惧 情绪起伏大	

续表

问题	优势	需要关注的行为举例	可发展的新技能	注释
IV. 行为调控				
IV. A. 儿童遵从成人要求的程度？(PR/TR)	大多数时候遵从成人要求 在协商之后，或者在帮助下服从	不服从 争辩 (听到指令或要求)故意不反应 做出反应时有害怕或焦虑情绪 做出反应时带有怒气	需要： 行为示范 给予视觉、听觉或暗示的协助 肢体上的协助 给予肢体上的协助 对其努力给予肯定 其他：	
IV. B. 儿童能否控制那些被认为是错误的行为？(PR/TR)	独立控制行为 在成人提醒下控制	不理解对错 理解对错但仍要做错的举动	增加： 对可接受行为的认知 监控对或错行为的能力	
IV. C. 儿童能否识别并运用家庭或主流文化中的社交习俗？(PR/TR)	能够运用： 社交上的习俗 外表形象上的习俗 功能性的习俗包括： 家庭的和主流文化的	有不符合家庭习俗的行为或外表形象(穿着打扮) 不符合主流文化习俗的行为或外表形象(穿着打扮)	增加对社交习俗的运用 增加对符合习俗的形象(穿着打扮) 增加对家庭和主流文化中的习俗的运用	
IV. D. 儿童是否表现出与文化不符的行为而且无法制止	行为正常	有以下可见固着行为： 对自身 对物品 有不寻常的重复性行为 不寻常的言语 自伤行为 其他：	减少： 面部活动 身体活动/刻板印象 对自己的 对物品的 对象中的 言语中的 自伤行为的 其他非寻常行为：	

续表

问题	优势	需要关注的行为举例	可发展的新技能	注释
V. 自我意识				
V.A. 儿童如何表现其自主性和做出符合家庭或文化的决定的愿望?(PR)	能够平衡成人和自己的选择行为 能够独立(不需要额外支持) 顺应家庭的期望	过度控制 过度依赖	减少掌控所有决定的需求 增强做决策选择的能力 在以下方面降低对成人的依赖(符合文化): 人际互动 游戏 自理	
V.B. 儿童如何表现出成就动机?	坚持达到目标 在达成目标时感到自豪	遇到挑战时容易感到挫折 掌控动机有限	减少失败时的挫折感 增强在以下方面的掌控动机: 人际互动 游戏技能 自理技能	
V.C. 儿童能够意识到哪些与发展相关的自我特点?	情绪 拥有物(我、我的、你的) 自己擅长之处	对自我的理解有限 对自我的理解持消极态度	增加对以下内容的了解: 情绪 所有物 身体特征 提升积极的意识 属性和能力	
VI. 游戏中的情绪情感主题				
VI.A. 儿童在游戏中的思维模式是否灵活且具有逻辑性?	能够用合理的逻辑顺序进行游戏 有调整计划的能力	不灵活,总是重复同一个主题	增加脚本里包含情节顺序的游戏 减少对游戏主题和情节的重复	
VI.B. 在角色扮演类游戏中儿童是否能意识到他人的情绪角色和行为?	游戏中能表现出对别人的关爱,能扮演"好人" 游戏中有许多种行动,而非只有攻击性的	只扮演负面角色(如:悲观的、焦急的、忧郁的) 只愿意扮演攻击者	把惩罚者或"坏人"换成更多正面角色 将过度攻击动作换成更多亲社会的行动或解决问题的行为	

续表

问题	优势	需要关注的行为举例	可发展的新技能	注释
VI.C. 儿童在游戏中表达了什么情绪主题？	关怀 安全 快乐	过度表达了以下情感： 权力/控制 独自/依赖 失去 害怕/焦虑 暴力 创伤 缺乏情绪情感表达	需要进一步评估 表达或扩展认识情绪主题 帮助儿童格认识情绪的原因 帮助儿童将情绪转向合适的目标 帮助儿童解决其对情绪主题的认知问题	
VI.D. 在角色扮演游戏中儿童如何把想法和情感融入合适的行为并表现出来？	想法、情感表达和行为动作具有一致性	行为动作和想法与游戏要表达的情感不匹配	帮助儿童辨认情绪并通过相应的行为表现出来	
VII. 社交互动				
VII.A. 儿童对他人的哪些情绪做出回应？(PR/TR)	对他人的以下情绪可以识别和回应： 快乐 悲伤或害怕 气愤	对他人情绪的回应不恰当	增强对他人情绪的回应性： 快乐的表现 悲伤或害怕的表现 气愤的表现 恰当地表示同情	
VII.B. 儿童是怎样表现出快乐和对父母的信任的？(PR/TR)	寻找或确认（被爱的）线索(F/M) 和他人分享情感(F/M) 寻求他人的安慰(F/M) 能和他人分享成就(F/M) 能够玩轮流形式的游戏(F/M) 对父母的情绪情感有回应(F/M)	气愤、抗拒，或躲避与母亲的互动 气愤、抗拒，或躲避与父亲的互动	增加以下互动： 寻找或确认（被爱的）线索(F/M) 和他人分享情感(F/M) 寻求他人的安慰(F/M) 能和他人分享成就(F/M) 能够玩轮流的游戏(F/M) 对父母的情绪情感有回应(F/M) 令人愉快的互动(F/M)	
VII.C. 儿童是如何区别对待他人的？(PR/TR)	对他人的回应有所不同，且符合年龄	对不同人的互动不加区分 过分地只跟某些人互动	减少对不熟悉的人的焦虑或害怕 减少对不适当的感情或信任 增强区分他人特点的能力	

续表

问题	优势	需要关注的行为举例	可发展的新技能	注释
VII. D. 儿童与兄弟姐妹或同伴玩哪些类型的社交游戏？(PR/TR)	观察他人的游戏 独立游戏 平行游戏 联合游戏 合作游戏 游戏中互惠的和相互补充的角色	缺乏社交游戏 和同伴之间有延迟的或不恰当的游戏互动 和兄弟姐妹之间有延迟的或不恰当的游戏互动	减少： 　孤立的、重复的或毫无目的的游戏 增加： 　对他人游戏的观察 　独立游戏 　平行游戏 　联合游戏 　合作游戏 　游戏中互惠的和相互补充的角色	
VII. E. 儿童如何应对人际冲突？(PR/TR)	偶尔向他人让步或分享 利用成人来获取支持 能够讨价还价/做出妥协	哭闹/尖叫 过度退缩 对玩具或人的攻击性回应占主导	增加： 　通过成人来获取支持 　用言语、姿态等进行表示 　做出妥协并解决问题 　预料可能出现的问题	
VII. F. 儿童在一对一伙伴情境和在小组内其他儿童对他有怎样的反应？(PR/TR)	在其他儿童眼里很有名 为众人所接受	其他儿童会拒绝或躲避他 受到其他人的欺负	增加主动交往以减少被同伴忽视或造成同伴拒绝的情况 减少造成同伴拒绝的负面行为	
VII. G. 儿童表现出怎样的幽默？(PR/TR)	大笑并用适当的幽默让别人发笑	取笑他人或使用冷嘲热讽式的幽默	增加在社交情境下大笑 减少不适当他人取笑大笑 减少取笑他人或使用冷嘲热讽式的幽默	

PR 见父母报告的"关于我的一切"问卷或访谈中父母提供的信息；TR 见教师报告的"关于我的一切"问卷或教师访谈中得到的信息。M 代表妈妈，F 代表爸爸。多领域融合游戏评估与干预系统由托尼·林德（Toni Linder）著。版权 © 2008 Paul H. Brookes Publishing Co., Inc. All rights reserved.

TPBA2 观察记录：情绪情感与社会性发展

儿童姓名：_____ 父母姓名：_____

出生日期：_____ 评估日期：_____ 年龄：_____

填表人：

说明：记录儿童信息（姓名、出生日期、年龄）、评估者、照料者的人以及您观察到的儿童情况。填写此表格的人以及您观察到的儿童情况。我们建议您在此处记录您的观测结果之前先查看相应的 TPBA2 观察指南，因为该指南列出了要观察的内容。刚接触 TPBA 的使用者可以选择使用 TPBA2 观察指南作为在评估期间收集信息的方法，TPBA2 观察记录可作为补充信息。

Ⅰ. 情绪情感表达（表达的手段和范围、对幸福、悲伤、愤怒等刺激的反应）

Ⅱ. 情绪情感风格（适应性、适应新情况的方法、适应变化的能力、情感强度）

Ⅲ. 情绪调控和觉醒状态（生理和情绪状态的调节、情绪的触发因素、持续时间、自我平静和抑制冲动的能力）

续表

IV. 行为调控（对指令的遵守，能否抑制错误行为，社会习俗，举止）

V. 自我意识（自主性，独立性，掌控力，动机，理解自我特征）

VI. 游戏中的情绪情感主题（逻辑性，灵活性，对他人的意识，对角色的意识，情感主题，动作和情感的匹配度）

VII. 社交互动（能否读懂线索，同情，依恋，对各种情境的反应，和同龄人/兄弟姐妹的互动，如何解决冲突，社交游戏水平，幽默的运用）

以游戏为基础的多领域融合体系（TPBA2/TPBI2）由托尼·林德（Toni Linder）设计。
Copyright © 2008 Paul H. Brookes Publishing Co., Inc. All rights reserved.

附录 TPBA2 和 TPBI2 表格 323

TPBA2 观察总结表：情绪情感与社会性发展

儿童姓名：_____ 年龄：_____ 出生日期：_____
父母姓名：_____ 评估日期：_____
填表人：_____

说明：对于以下各子类别，依据 TPBA2 观察指南或该领域 TPBA2 观察说明中的发现，按照目标实现量表的 1—9 级量表，圈出表明儿童发育状态的数字。接下来，通过将儿童的表现与 TPBA2 年龄表进行比较，将孩子与同龄人做一比较来圈选 AA、T、W 或 C：

- 如果儿童的年龄水平＜自然年龄：1－(年龄水平/CA) = _____ % 延迟
- 通过计算年龄延迟百分比来表明自己的表现。
- 如果儿童的年龄水平＞自然年龄：(年龄水平/CA) − 1 = _____ % 超出

为了计算 CA，请以评估日期减去儿童的出生日期，然后根据需要向上或向下取整。减去天数时，应考虑当月的天数（即 28、30、31）。

TPBA2 子类	功能活动中观察到的儿童能力水平									与同龄人相比的评价
	1	2	3	4	5	6	7	8	9	高于 典型 观察 担忧 年龄 平均 (T) (W) (C) 水平 (AA)
情绪情感表达	1 使用声音和身体活动，表达舒适和不舒适的情感	2	3 采用不同类型、不同水平、不同形式的情感表达方式，向他人表明自己的各种需要	4	5 经常表达极端的情绪，以使自己的需要被满足，并引起他人的回应	6	7 表达各种情绪，但主导情绪是积极的	8	9 能够在适当的时候轻松表达各种情绪，采用的方式恰好达到对方可接受的强度水平	AA T W C —— 评价：
情绪情感风格/适应性	1 不经过较强的长时间的情绪反应，就不能适应生人、新物体、新事物或者常规生活中的改变	2	3 在有口头预告和环境支持的情况下，能够适应人、事、物或者常规惯例的改变	4	5 通过采用与情境相联结的激励和逻辑手段，能够适应人、事、物或者常规惯例的改变	6	7 在有口头预告的情况下，能适应人、事、物或者常规惯例的改变	8	9 保持适度的谨慎和情绪反应，适应人、事、物或者常规惯例的改变	AA T W C —— 评价：

续表

TPBA2子类	\multicolumn{9}{c}{功能活动中观察到的儿童能力水平}	与同龄人相比的评价 高于平均(AA) 典型(T) 观察(W) 担忧(C) 年龄水平
	1	2	3	4	5	6	7	8	9	
情绪调控和觉醒状态	很难控制觉醒状态和情绪,需要外界有力的支持,以及照料者在身体、语言上的帮助。情绪调整需要一个小时以上		在平缓的环境中,在接收到料者自身和语言的支持的情况下,能够控制兴奋状态和情绪。调整需要30—60分钟		在平静的环境中,或者在得到成人或者身体或者情感支持的情况下,能够控制兴奋状态和情绪。调整需要15—30分钟		通过使用自我调整策略(比如一条毯子、某个特定的玩具),或者来自成人的口头建议,能够控制兴奋状态和情绪。调整需要几分钟		能以适合于所在情境的恰当方式,独立控制兴奋状态和情绪	AA　T　W　C 评价:
行为调控	对成人提出停止行动的要求不能理解,不能给出回应		开始理解不能做什么,但还是去做,当成人发出的信号,予以抵制		在成人指导下,能理解什么是对的,什么是错的。因此,有时能选择适当的行为。在决定做什么的时候,开始寻求成人的暗示		能独立理解对和错,大多数情况下能选择适当的行为,但在行为管理和需要成人的辅助		大多数情况下能选择适当的行为并对成人的要求给予回应。能对自己加以控制	AA　T　W　C 评价:
自我意识	依靠他人来满足需要		试图接近玩具和他人,拿一些物体给成人看,当别人对他的行为做出反应时,他会笑。在他需要帮助时还不会提出要求		注意力集中到动作、物体、与他人互动有关的特定目标上。常常需要成人的帮助,或者需不断的强化才能使其继续努力		想要独立实现多种类型的目标,能坚持,有自信,并为取得成功而感到高兴。知道何时自己需要帮助		其行为是目标导向的。面对挑战,能坚持下去,对完成任务有信心,完成骄傲,意识到自己的长处和需要	AA　T　W　C 评价:

续表

TPBA2 子类	功能活动中观察到的儿童能力水平									与同龄人相比的评价 高于平均(AA) 典型(T) 观察(W) 担忧(C) 年龄水平
	1	2	3	4	5	6	7	8	9	
游戏中的情绪情感主题	游戏中展现出的情绪情感范围是有限的,并对他人的情绪缺乏关注		游戏中通过语言和非语言的手段,展现出一定的情绪,但是情绪所表达的是对游戏本身的反应,而不是对游戏含义的反应		对在游戏情景中自己和他人的基本情感有所认知,并能给予命名,在游戏中出现了重复性的未被认知的情感主题		能够将情绪情感赋予戏剧性游戏中无生命的角色身上,并利用游戏主题尝试解决情感冲突		能够适当地再现自己及其他人的情绪,能够在互动中,在象征性以及社会性戏剧游戏的主题范围内解决情绪情感冲突	AA T W C —— 评价:
社交互动	观看照料者,对他们发起的互动给出口头或身体动作的反应		对他人能给出情感上的回应,并主动与他人积极互动。和主要照料者分离时可能会出现困难		在与家庭成员以及熟悉的人之间进行互动时可以延迟等待。可以表现出害羞和焦虑,可以和同伴做游戏,但是可能经常发生人际冲突		日常生活中与家庭成员以及同伴之间的互动基本上是积极的互动关系。能主动发起人际互动,并和同伴玩几分钟。利用成人来解决冲突		能区分出熟悉的人和陌生人,与家人有密切的关系。有几个朋友,在玩互惠的、目标导向的游戏时能主动发起并保持彼此之间的互动。遇到冲突能独立进行协商	
总体需求										

以游戏为基础的多领域融合体系(TPBA2/TPBI2)由托尼·林德(Toni Linder)设计。
版权 Copyright © 2008 Paul H. Brookes Publishing Co., Inc. All rights reserved.

TPBA2 观察指南：交流能力发展

儿童姓名：_____ 年龄：_____ 出生日期：_____
父母姓名：_____ 评估日期：_____
填表人：_____

说明：记录儿童信息（姓名、照料者、出生日期、年龄、评估日期和填写此表相对应的日期）。观察指南提供已有的行为优势，需要关注的行为举例，以及可发展的新技能。当您观察儿童时，圈出、突出显示或与您观察到的行为相对应的项目旁边做一个复选标记。在"注释"列中列举观察到的其他行为。有经验的TPBA使用者可以选择仅作为在评估期间收集信息的工具。

问题	优势	需要关注的行为举例	可发展的新技能	注释
I. 语言理解				
I.A. 儿童表现出哪些早期理解能力？	回应或识别声音 识别和回应非言语线索（例如：面部表情、姿势） 将声音与意义联系起来 回应或预期常规中的步骤 使用情境线索 不使用言语线索	难以回应或识别声音 不能理解或回应非言语线索 不能回应预期情境的常规 使用情境线索 不使用言语线索	增加声音与物体的联系 增加对非言语线索的理解 增加动作与后果的联系	
I.B. 儿童可以理解什么类型的单词和句子？	了解具体单词（例如、名词、动词、基本概念）的含义 抽象单词 多义词 词组或表达 句子类型（例如，简单、复合、包含短语） 遵循指令 习惯指令 单步指令 两步指令（相关、无关） 多步复杂指令 以上所有 了解以下类型的问题： 是/否 简单的"wh"：什么、在哪里、谁、做什么/做什么 复杂的"wh"：哪个、何时、为什么、怎么样、谁的	对单词的理解有限 对句子的理解有限 对指示（严重依赖于姿势和情境线索）的遵守有限或不一致 回答问题不恰当	增加理解： 不同类型单词 抽象单词 多义词 词组或表达 句子或陈述 提高遵守指令能力，指令的长度和复杂度增加 增加对不同类型问题的理解	

续表

问题	优势	需要关注的行为举例	可发展的新技能	注释
II. 语言生成				
II.A. 儿童使用怎样的交流模式？	使用以下模式进行交流： 眼睛注视 面部表情 身体运动 身体控制 姿势 发声：元音，辅音，牙牙学语 言语：单词，包括类似单词，短语，句子 与姿势匹配的发声或语言表达 手语：特殊性和标准的 扩大性与替代性沟通系统（AAC）： 低科技 高科技	主要交流模式不在预期水平 交流模式仅限于： 眼睛凝视 面部表情 身体运动 身体控制 发声：元音，辅音，牙牙学语 言语：单词，包括类似单词，短语，句子 手语：特殊的和标准的 AAC：低科技和高科技	增加运用： 眼睛注视 面部表情 身体运动 身体控制 发声：元音，辅音，牙牙学语 言语：单词，包括类似单词，短语，句子 手语异常 AAC： 低科技 高科技	
II.B. 儿童交流的频率如何？	在所有环境中，与不同类型同伴的交流，与处于同样发育年龄儿童的交流频率相同	同以下人交流频率和多样性降低： 熟悉的人 不熟悉的人 同伴 成人	增加同以下人交流频率和多样性： 熟悉的人 不熟悉的人 同伴 成人	
II.C. 儿童的语义能力如何？	语义知识水平反映在词语中： 参照性知识（9—15个月） 扩展性知识（15—18个月） 范畴知识（24个月以上） 元言知识（48—60个月） 表达以下语义关系： 主体（例如，宝贝） 动作（例如，饮酒） 客体（例如，杯子） 循环出现（例如，更多） 存在（例如，这个球）	语义知识和语义关系的表达受限	提高以下语义关系的使用和复杂性： 主体（例如，宝贝） 动作（例如，饮酒） 客体（例如，杯子） 循环出现（例如，更多） 存在（例如，这个球） 不存在（例如，全部消失） 停止（例如，停止） 拒绝（例如，否） 位置（例如，向上）	

续表

问题	优势	需要关注的行为举例	可发展的新技能	注释
II.D. 儿童产生什么语法语素？	使用以下内容： 现在进行时(-ing) 介词(in, on) 规则和不规则的过去式(-ed, come) 所有格(复数) 可缩略和不可缩略的联结词("小的狗""他是"回答问题，"谁开心？") 常规和不常规第三人称(跳，是) 常规和不常规第三人称(英语中的跳(jumps)，做(does)) 缩略和不缩略的助动词("妈妈的酒""谁在梳头发？") 平均语句长度(MLU)符合预测年龄水平 以上所有	错用或遗漏： 现在进行时(-ing) 介词(in, on) 规则和不规则的过去式(-ed, come) 所有格(复数) 可缩略和不可缩略的联结词("小的狗""他是"回答问题，"谁开心？") 常规和不常规第三人称(跳，是) 无法使用常规和不常规第三人称(英语中的跳(jumps)，做(does)) 无法使用缩略和不缩略的助动词("妈妈的酒""谁在梳头发？"回答问题) 平均语句长度(MLU)在预测年龄水平之下 以上所有	所有格关系(例如，我的) 主体-动作(例如，婴儿饮料) 动作-客体(例如，喝饮料) 主体-动作-客体(例如，婴儿喝饮料) 动作-客体-位置(例如，把球扔上去) 以上所有 增加使用以下内容： 现在进行时(-ing) 介词(in, on) 规则和不规则的过去式(-ed, come) 所有格(复数) 可缩略和不可缩略的联结词("小的狗""他是"回答问题，"谁开心？") 常规和不常规第三人称(跳，是) 常规和不常规第三人称(英语中的跳(jumps)，做(does)) 缩略和不缩略的助动词("妈妈的酒""谁在梳头发？"回答问题) 增加平均语句长度(MLU) 以上所有	
II.E. 儿童的句法能力如何？	产生句子结构： 简单单句	发生语法错误	生成更多正确的句子增加句法的复杂性	

续表

问题	优势	需要关注的行为举例	可发展的新技能	注释
	复合句 复杂句 复合复杂句 产生不同的句子类型 陈述句(即句子) 疑问句(即问题:是/否) 简单的"wh":什么,在哪里 复杂的"wh":哪个,为什么,如何,什么时候,谁的(即请求) 祈使句(即请求) 感叹句(即强烈的情绪) 否定句(例如,no, not, Don't)			
III. 语用学				
III. A. 儿童是否理解并使用共同注意(动作,发声或言语)来传达意图?	无意识的交流: 做出眼睛接触 反射性的声音和动作 遵循并规范共同注意: 用眼神调节共同注意 跟随其他人在视野中的共同注意 跟随别人在视野之外的共同注意 使用有意义的指示性动作: 显示或给出物体 摊开手伸够物体 推他人表示抗议 推他人以提出请求 通过指点来评论 将发声和动作匹配在一起 使用表征性动作 使用社交动作(例如,飞吻,再见)	没有有意识的交流 没有建立起共同注意 不遵循共同注意 不使用有意识的动作 没有有意识地使用单词和动作	提高以下能力: 眼神接触 回应回应性声音 建立共同注意 跟随他人指示性的共同注意 使用他指示性动作 使用表征性动作 匹配发声和动作 把单词和动作进行匹配 发起社交游戏 使用单词表达意图 使用敲打动作 以上所有	

续表

问题	优势	需要关注的行为举例	可发展的新技能	注释
Ⅲ.B. 儿童的交流达到什么功能?	发起社交游戏(例如藏猫猫) 使用不断增加的语调来请求信息 用言语和动作来表达意图 平衡的单词/姿势匹配 补充性的单词/姿势匹配 将单词和指点动作进行匹配 使用敲打动作来强调单词 儿童为了各种各样的目的进行交流(记录交流模式:眼睛注视、声音、身体动作、发声、姿势、单词): 监管功能 请求物体 请求动作 抗议 陈述性的共同注意 评论物体 评论动作 请求信息 提供信息 要求澄清 澄清意义 社交互动 显示兴趣 微笑 回应社交游戏(例如藏猫猫) 发起社交游戏 点头 社交姿势:招手、飞吻、耸肩 喜欢笑话	功能有限: 只有请求 只有评论 不会澄清 不使用社交功能 使用率有限: 每分钟不到一个交流行为 对该年龄来说功能形式有限	增加交流功能的范围: 监管(比如请求、抗议) 陈述式(即共同注视、请求、澄清) 社交(即兴趣、笑容、社交游戏、动作、笑话) 以上所有	

续表

问题	优势	需要关注的行为举例	可发展的新技能	注释
III.C. 儿童表现出什么样的对话或对话能力?	使用以下对话策略: 转向或回应说话者(非言语/言语) 做出并保持眼神交流 发起对话的修改 话轮转换(动作和声音/口语)比较平衡 掌控话题 适当地改变主题 认可其他人 对澄清的请求做出回应 分享信息、想法和建议 提问 终止对话 以上所有	表现出对话困难: 参加对话的能力有限 频繁依频澄清或重复 过度依频澄清或重复 固定在一个事实或话题上,不能转换 做出偏离主题的评论或快速的话题转换 不寻求澄清 提出重复的、死记硬背式的问题 不提供足够的信息	提高使用以下对话策略的能力: 转向说话者 转向对话 发起对话 适时地轮流对话 掌控话题 适当地改变话题 认可他人的言语 对澄清的请求做出回应 分享信息、想法和建议 提问 终止对话	
III.D. 双语使用和双语文化 儿童是会使用双语的吗(同时性双语,接续性双语)?	不论其双语形式如何,双语或多语言儿童的言语和语言发展的阶段特征往往不同。评估人员必须咨询文化协调员或有能力的双语言语治疗师,以确定每个儿童的语言系统发展阶段。评估人员还要防止将双语儿童的正常延迟归为语言障碍。			
IV. 构音和语音学				
IV.A. 儿童能产生什么语音(即元音和辅音)?	发出适当的声音	发出的声音不合要求	增加声音训练,产出目标音	
IV.B. 儿童的构音能力怎么样?	儿童在日益复杂的环境中一贯表现出适合年龄的发音技巧: 单词 短语 句子 对话	对适合年龄的发音技巧的表现不一致 表现出不一致的构音能力 儿童的言语可理解性与年龄不相符,因为出现如下错误: 单词水平 短语水平 句子水平 语级别	减少构音错误 减少语音加工 增加可理解性	

续表

问题	优势	需要关注的行为举例	可发展的新技能	注释
IV.C. 儿童的言语可理解性如何？	儿童是可理解的： 对家庭成员 对熟悉的人 对不熟悉的人 在已知的情境中 在未知的情境中	对话级别 儿童表现出： 构音错误 语音加工 不一致的言语产出 儿童是不可理解的： 对家庭成员 对熟悉的人 对不熟悉的人 在已知的情境中 在未知的情境中	增加可理解性	
V. 嗓音和流畅度				
V.I 儿童嗓音的音高、质量和响度如何？	儿童有充分的呼吸来支持言语的产出 适合儿童的年龄、大小和性别的： 音高 质量 共振率 等级 音量	儿童没有充分的呼吸来支持言语的产出 声音不适合儿童的年龄、大小和性别性： 音高：震颤的，太高或太低、中断、单调 质量：喘气声、刺耳、嘶哑、鼻音 速度：太快或太慢 音量：柔软或太大声 韵律：断断续续	提高质量 音调 语鸣 共鸣 等级 音量 参考医学评估	
V.II 儿童的言语流畅度如何？	儿童表现出流畅的言语 儿童表现出典型的不流畅： 全字重复 短语重复	儿童展示不流畅行为： 主要：过长的声音、声音重复、单词部分重复 次要：表情痛苦，经常眨眼	通过在不同交流情境下与不同的交流伙伴的交流提高流畅度 寻求语言病理学家的帮助	

续表

问题	优势	需要关注的行为举例	可发展的新技能	注释
VI. 口部机制				
VI.A. 发音器的结构和功能如何?	儿童的姿势和肌肉张力对于支持呼吸和产生语音是适宜的；构音器官的外观是对称的；全方位的舌头运动：仰角、缩回，突出；全范围的唇部运动：圆形、回缩、分离；下颌运动：控制良好，不会过度运动；构音器官对于言语的产出是有效的；儿童能够产生快速和交替的准确地产生言语声音序列	头部不在身体中线位置，过于前身或回缩；肌张力影响语音产生：音调太低（低音）或过多音调（高音）；姿势不足以支持呼吸；构音器官的外观和运动是不对称的；有限的舌头运动；有限的嘴唇运动：圆形、回缩、分离；下颌运动：控制不善或运动过度；不良口腔卫生影响了牙齿；唇裂和/或腭裂修复的证据；舌头在静息状态伸出或出现颤抖；反颌，闭牙合、开牙合；习惯性用口腔呼吸；摸索言语动作；流体运动难度；言语速度慢；言语错误不一致；随着言语长度和复杂性的增加，言语错误也增加；有限的声音；不适合年龄的流泪：有意识？在哪些活动中？	进一步评估：医学评估；牙科评估；言语病理学家增加对言语产出构音器官的控制	

TPBA2 观察记录：交流能力发展

儿童的姓名：_____ 年龄：_____ 出生日期：_____

父母姓名：_____ 评估日期：_____

填表人：_____

说明：记录儿童的信息（姓名、照料者、出生日期、年龄）、评估日期，填写表格的人员以及您观察到的儿童情况。在记录的观察之前，您可以查看相应的 TPBA2 观察指南，因为指南列出了要观察的内容。刚接触 TPBA2 观察指南的用户可以选择使用 TPBA2 观察指南作为在评估期间收集信息的方法，而不是 TPBA2 观察记录。

注意：听力包含在本观察记录中，但不包括在"回应观察指南"或"观察注意事项"表格中，因为 TPBA 没有真正评估听力，而 TPBA 可以进行听力的筛查。

Ⅰ. 语言理解（理解和回应语言）

Ⅱ. 语言生成（任何形式的语言使用）

续表

Ⅲ. 语用学(在不同的社会环境中基于不同的目的,使用的有意识的非言语和言语交流)	
Ⅳ. 构音和语音学(产生声音即构音和表征语音的声音系统)	
Ⅴ. 嗓音和流畅度(质量、音调、响度、流畅度)	
Ⅵ. 口部机制(口腔咬合器的结构和功能)	

TPBA2 观察总结表：交流能力发展

儿童姓名：_____　　年龄：_____　　出生日期：_____

父母姓名：_____

填表人：_____　　评估日期：_____

说明：对于下面的每个子类，以 1—9 点目标达标量表显示，依据 TPBA2 观察指南或该领域的 TPBA2 观察记录的结果，圈出表示儿童发育状态的数字。接下来，通过将儿童表现与 TPBA2 年龄表进行比较，并考虑与同龄人的表现。使用年龄表来确定每个子类中儿童级别（按照年龄表上的指示）。然后，通过计算延迟百分比，圈出 AA、T、W 或 C：

如果儿童的年龄水平 < 自然年龄：1 − (年龄水平/CA) = _____% 延迟

如果儿童的年龄水平 > 自然年龄：(年龄水平/CA) − 1 = _____% 超出

计算自然年龄时，请以评估日期减去儿童的出生日期，然后根据需要向上或向下取整。减去天数时，请考虑当月的天数（即 28、30、31）。

注意：本观察汇总表包含了听力，但不包括在相应的观察指南或观察记录表中，由于听力不一定由 TPBA 进行评估，但如果需要，TPBA 可能会将儿童转介做进一步的听力筛查。

TPBA2 子类	在功能活动中观察到的儿童的能力水平									与其他同龄儿童比较				
	1	2	3	4	5	6	7	8	9	高于平均水平	典型	观望	担忧	年龄水平
语言理解	专注于说话者的面孔，并对噪音做出反应		注意或回应自己的名字和熟悉的动作、手势或单词		理解动作、手势和/或单词，简单的单步骤请求，能够使用一些简单的提问形式：是/否，什么，在哪里		理解熟悉和新颖的两步骤指令，理解 who 和 when 的问题，并对手势或口语做出评论		理解与年龄相适应的基本概念和词汇，why 和 how 的问题，语法结构以及多步骤请求	AA	T	W	C	—
										注释：				MODE
语言生成	进行反射性的表达需要（例如，哭泣、厌恶性皱眉、身体动作等）		通过眼睛注视、面部表情、身体动作、手势和发声来进行交流		使用动作、声音、口头表达（单词、短语）和/或 AAC 进行交流		使用动作、单词、短语、手势和/或 AAC 来产生句子（非语法正确的），并提出和回答问题		始终能够使用完整的句子，并提出和回答各种问题	AA	T	W	C	—
										注释：				

续表

附录 TPBA2 和 TPBI2 表格

TPBA2子类	在功能活动中观察到的儿童的能力水平									与其他同龄儿童比较				
	1	2	3	4	5	6	7	8	9	高于平均水平	典型	观望	担忧	年龄水平
										AA	T	W	C	MODE
语用学	不理解意义或需要成人给予一些"可读"的、身体的、声音的或单词的提示来传达需求		使用并回应眼睛注视，以让照料者注意某些物体/活动。使用眼睛注视、有意地使用动作和声音来向他人发送消息		在会话中进行1—2个话轮，并使用眼睛注视，手势和/或单词、请求、评论、抗议、打招呼和规范他人的行为		能够在长时间内轮流发起、回应对话拓展对话的主题，询问信息或澄清，讨论过去资料者支持他的事情		在不同情况下，基于不同的目的，使用和回应口头和非语言交流	AA	T	W	C	—
										注释：				
构音和语音学	发出咕咕语，笑叫声，笑声或笑声的游戏		产生不符合意义的元音和辅音的字符串		生成可能不可理解的近似单词、单词或短语		熟悉和不熟悉的听众在谈话和各种活动中都能理解该儿童的言语。		能够在不同活动和对话中准确地说出让人理解的言语	AA	T	W	C	—
										注释：				
嗓音和流畅度	呼吸支持足以用于哭泣，咕噜声，咕咕声或笑声，但不能用于产生嗓音（发音）		呼吸支持足够能支持声音，但儿童还不能牙牙学语或产生近似单词的单个单词		呼吸支持足以用于产生嗓音，但以下任何行为都是明显的，并且会干扰儿童交流的：音高：非常高，非常低或单调音质：厉害，嘶哑或鼻音重或鼻音沉闷响度：明显不足或非常响亮		呼吸支持足以用于产生嗓音。以下任何行为都不会以明显地干扰交流的方式出现的：音高：略高，略低或稍微有些单调音质：有轻微呼吸声，嘶哑，略微刺耳，或稍微有鼻音，略微的鼻音，声音略显沉闷		音高，音量和响度都与儿童的年龄、体型、性别和文化相适应	AA	T	W	C	—
										注释：				

续表

TPBA2子类	在功能活动中观察到的儿童的能力水平									与其他同龄儿童比较				
	1	2	3	4	5	6	7	8	9	高于平均水平	典型	观望	担忧	年龄水平
										AA	T	W	C	MODE
口部机制	上颚、嘴唇、下巴、舌头或咬肌的结构和/或对称性会干扰功能性言语		结构完整，但言语主要是由于颌骨和嘴唇的移动而产生，能过大或受限制		结构完整，儿童可以做出圆唇的动作；能够将舌头向上、向下和向前移动，并能精确地运动下巴以产生声音和简单的单词		结构完整，儿童能独立地移动嘴唇、舌头、下颚，但是在运动中整合动作发出复杂单词或单词组时存在困难		口头机制的结构和功能足以发出与年龄相适的言语	AA	T	W	C	—
										注释：				
听力	不知道或只是最低限度地意识到环境中的声音		能够区分一个声音与另一个声音不同，有或没有自适应支持		能够区分环境和一些语音，有或没有自适应支持		能够不断地回应声音和口语，有或没有自适应支持		能够注意和定位声音和言语，使用听力功能，有或没有自适应支持	AA	T	W	C	—
										注释：				

附录 TPBA2 和 TPBI2 表格　339

TPBA2 观察指南：认知发展

儿童姓名：_____　年龄：_____　出生日期：_____
父母姓名：_____　　　　　　　　　评估日期：_____
填表人：_____

说明：记录儿童的信息（姓名、照料者、出生日期、年龄），评估日期和填写此表的人。观察指南提供此表的三个类别下列出的项目旁边画圈，突出显示或做出标记。在"备注"列中列举观察到的其他行为。有经验的 TPBA 使用者能。在您观察到的孩子行为所对应的三个类别下列出的项目旁边画圈，突出显示或做出标记。在"备注"列中列举观察到的其他行为。有经验的 TPBA 使用者用观察记录而不是仅仅使用 TPBA2 观察指南作为评估期间收集信息的方法。

问题	优势	需要关注的行为举例	可发展的新技能	备注
I. 注意				
I.A. 儿童在任务中的注意选择，注意集中程度以及注意稳定性如何？	能选择一个焦点 能短暂地聚焦 能维持注意集中表现到任务结束 注意集中表现在方面： 感知 社交游戏 精细动作 大肌肉动作 角色扮演游戏 以上所有	困难的表现 选择焦点 维持聚焦 兴趣狭窄（只聚焦在有限的物品、动作或事件上）	提高能力来维持聚焦 在以下活动中拓宽注意的焦点： 感知探索 社交游戏 精细动作活动 大肌肉运动游戏 角色扮演所有 以上方面 其他方面	
I.B. 儿童抑制外部刺激的能力如何？	能不受一些类型外在刺激的干扰 能不受关无关外在刺激的干扰并维持注意	容易受到某些刺激的干扰： 声音的 视觉的 触觉的 其他	提高能力不受以下各种刺激干扰的能力： 声音的 视觉的 触觉的 其他	
I.C. 儿童能否将注意从刺激或问题的一个方面转移到另一个方面？	在需要时能否将注意转向情境或问题的需要方向： 从人到物 从物到物 从物的一个方面转向另一个方面	注意被以下刺激吸引住了： 人或物 物的具体方面 问题的具体方面	提高把注意从一个方面转移到另一个方面的能力	

续表

问题	优势	需要关注的行为举例	可发展的新技能	备注
Ⅱ. 记忆				
Ⅱ.A. 通过儿童自发的行为和交流可以证实哪些短时和长时记忆能力？短时记忆＝能在一个活动或游戏环节的一段时间里学习 长时记忆＝在游戏环节前学习	概念记忆的表现：通过看、画或手势对概念的识别（短时/长时记忆）产生的文字、标志、符号的识别（短时/长时记忆）重复简单的动作和流程（短时/长时记忆）重复复杂的动作和流程（短时/长时记忆）通过口头或角色扮演手段重建简单的事件或故事（短时/长时记忆）通过口头或角色扮演手段重建复杂的事件或故事（短时/长时记忆）以上所有（短时/长时记忆）	短时记忆技能降低的原因：（列举如下）长时记忆技能降低的原因：（列举如下）	增加与下列有关的再认：概念的再认 产生的文字、标志、符号 重复的程序和常规（简单的/复杂的） 通过口头或角色扮演手段重建事件或故事（简单的/复杂的） 增加：短时记忆 长时记忆	
Ⅱ.B. 儿童需要多长时间来对概念、动作序列或事件进行加工和回忆？	立即回应：提供有关当前情况的言语信息的要求 提供有关一段时间情况的言语信息的要求 采取行动的要求	对以下方面处理时间存在延迟 口头表达 模仿动作 需要言语支持来处理视觉或身体信息 需要用身体或视觉的途径处理言语信息	等待几秒钟后反应 视觉提示后反应 口头提示后反应	
Ⅲ. 问题解决				
Ⅲ.A. 哪些行为可说明儿童具备因果推理能力或问题解决能力（执行功能）？	拥有与年龄相适应的对以下事物因果关系的理解能力：物 人 情境 以上所有 形成对以下事物因果关系的理解和解决问题的技能：物 人 情境 以上所有	在以下方面表现出解决问题技能 发展迟缓 物 人 情境 以上所有	重复动作让同样的事情发生 先看着身边某些东西然后看成人示意或成人重现 预期事件的重现 使用简单的动作来使事情发生 使用复杂的动作步骤来使事情发生 和他人一起组合出有因果联系的行为 确定事件的因果关系 思考引起一个事件的多个原因	

续表

问题	优势	需要关注的行为举例	可发展的新技能	备注
Ⅲ.B. 儿童如何识别和计划解决一个问题？	可以找出与年龄水平相应的问题解决方案 知道这是个问题但需要协助来制定计划	问题解决技能减弱	增加对物和人的探索 预期行动结果 查找事物的部件来做成什么或发现它们之间的联系 尝试寻找问题的解决办法 不需进行具体操作解决后就继续下一个问题	
Ⅲ.C. 儿童根据目标来组织、监控、评估进展和修正错误的能力如何？	能够向目标组织行动 能够在适合年龄的水平上监控和纠正自己 能够在协助下改正	组织技能降低 监控和更改计划的能力降低	尝试替代行为 组织一系列行动 根据情境选择策略 根据行动的结果调整后的尝试	
Ⅲ.D. 儿童分析和回应问题情境的速度和流度如何？	儿童能立刻分析形势与对策 儿童表露延迟的回应时间，但不超过几秒钟	儿童在回应前需要 5—10 秒或更多 面对问题情境，儿童没有回应	练习问题解决方式来提高注意和流畅性	
Ⅲ.E. 儿童将一个情境下的信息归纳并迁移到另一情境中的能力加如何？	儿童看到类似的问题 与成人的支持有相似之处	不能概括解决方法	对建议回应 找出问题的具体相似之处 发现情境的微妙或抽象的相似之处	
Ⅳ. 社会认知				
Ⅳ.A. 儿童表现出哪些与社会认知有关的基本技能？	有如下基础技能： 对人感兴趣 模仿成人的行为 共同参照 社会参照 用手势表示愿望 意识到自己/他人的社会原因 理解结果的社会原因 参与象征性游戏 以上所有	社会沟通理解能力发展迟缓	发展： 对人感兴趣 模仿成人的行为 12个月后： 共同参照 社会参照 手势表示愿望或目标 18个月后： 意识到情绪 理解结果的社会原因 参与象征性游戏	

续表

问题	优势	需要关注的行为举例	可发展的新技能	备注
Ⅳ.B. 儿童推断他人想法和行为的能力如何？	对他人行动感兴趣 对他人想法感兴趣 明白别人的想法和行为 理解自己和他人行为的结果 对自我和他人行为动机有基本的理解	有限的能力去理解别人的想法和感受	预测： 基于背景线索、手势或动作的未来动作 基于手势的他人行为/感受 理解 他人的愿望不同于自己 他人的信念不同于自己 偶然的和有意的区别	
Ⅴ. 游戏的复杂程度（见年龄表：认知发展详细排序）				
Ⅴ.A. 哪些行为展示了儿童游戏的水平和复杂性？	表现出来的游戏水平： 感觉游戏 功能—联系游戏 建构游戏 假扮游戏 规则游戏 追跑打闹游戏 （在最高游戏水平处标"h"，在主导游戏水平处标"p"）	同类游戏技巧和游戏水平发展迟缓 专注于特定类型的游戏	增强： 感觉探索 功能性地组合、关联和使用物品 建构：代表性的建筑 角色扮演：动作序列、事件序列、故事或脚本游戏 规则游戏：轮流和遵守规则的能力 体育游戏	
Ⅴ.B. 哪些方法代表了不同游戏类别中行为的多样性？	行动的多样性 排序的多样性 游戏兴趣的多样性 好奇心、尝试和创造性 以上所有	有限的动作 有限的动作顺序 有限的兴趣	增加种类： 动作 排序 游戏兴趣 经验和好奇心 以上所有	
Ⅴ.C. 幽默感展现了儿童怎样的认知能力？	微笑和/或大笑： 感觉的输入 好笑的行为或事件 用好玩的方式说话 让他人微笑或大笑： 感觉的输入 好笑的行为或事件 用好玩的方式说话	理解幽默能力发展滞后	增强理解非一致性行为的能力 增强理解非一致性语言的能力	

续表

问题	优势	需要关注的行为举例	可发展的新技能	备注
VI. 概念性知识（见年龄表：概念发展详细排序）				
VI. A. 儿童能识别什么样的异同？	能够区分： 人 动物 物体 物体的一部分： 　行为 　相似的或组合在一起的物体 　不属于一类的东西 　以上所有	发现相似和差异的能力发展滞后 分类能力发展滞后	从以下方面提高识别相似性和差异的能力： 人 动物 物体 物体的一部分： 　行为 　事件 　功能 　特征	
VI. B. 什么可以作为儿童概念性或类别知识的证据？	认识到或联系以下相关概念： 物体 人 动物 行为 地点 事件 功能 因果关系（如：为什么和怎么样） 以上所有	概念的理解和概念联系发展滞后	增加与以下方面相关的概念： 知识 物 人 动物 行为 地点 事件 功能 因果关系 特征/性能，例如：	
VI. C. 哪些行为表明儿童将概念整合到一个分类系统中？	理解： 一层（标签命名） 二层（球是玩具） 多层水平（苹果是水果，水果是食物） 概念的内在联系（水果和蔬菜都是食物）	有限的概念分类	提高以下分类的能力： 基础水平 关系水平 多层关系水平 概念间的相互关系	

续表

问题	优势	需要关注的行为举例	可发展的新技能	备注
VI.D. 儿童对数学和科学中的测量概念的理解程度如何？	明白以下测量概念： 整体水平（一些/许多） 比较水平（更多/更少；重/轻；高/更高） 分离数量水平（用一对一的对应关系标记项目） 数字心理表征中的比较单元（5比4大） 使用数字心理表征来操作（增加/减少）单元	延迟比较和顺序测量技能发展迟滞	增加对测量概念的理解： 整体水平 比较水平 个别和总量水平 单元间比较 心智控制 (强调需要的概念：数量、大小、时间、速度、距离、力量、重量、质量、温度、金钱)	
VII. 读写（见年龄表：概念发展详细排序）				
VII.A. 儿童表现出什么样的听觉技巧？	关注或识别环境和语言 听成人讲话 倾听并回应歌曲、手指游戏、韵文 注意或识别单词中的声音 注意或识别字母中的声音	以下能力不足： 倾听听觉输入 区分或识别声音 听较长的听觉信息	增加以下的能力： 倾听和寻找声音来源 识别声音 分类声音（一样、相似、不同） 识别和再现韵律 将字母声音与视觉符号（声音符号）相关联	
VII.B. 儿童如何使用书？	感觉输入（视觉、触觉、味觉） 对图片识别 和成人互动 对书上的故事 对书中的内容 对字母识别 用于学习阅读或朗读	使用书和书中内容的能力发展迟滞	增加： 探索书 功能地使用图书 分享图画书 分享故事书 分享说明书 注意阅读方面的技巧（文本、文字、字母声音）	

续表

问题	优势	需要关注的行为举例	可发展的新技能	备注
VII.C. 当儿童看书或分享一本书时他理解到了什么?	理解图片： 作为有趣的刺激 作为真实对象/行为的代表 作为动作序列、故事或信息的代表 理解： 书中情感 图片/文字的序列每次都保持不变 所阅读的单词与页面上的文本相关 一些文本(文字)的含义	对书籍的理解迟滞	增加对以下事物的理解： 图片 词汇和概念 图片/故事发展顺序与生活某方面的关系 故事中关于自我/他人的情感方面的关系 稳定性和可预测的词语和故事 文本与书中文字的关系 印刷文本(字母和文字)	
VII.D. 儿童从熟悉的故事中能回忆起什么单词、短语、故事情节和内容?	拥有适龄的文字记忆能力 找最喜欢的书来读 从记忆中描述图片或故事的细节 填写省略的单词 复述部分或全部书 表演故事或所有的故事 将故事或书中创作成图画 将书本中的概念应用于家庭或学校的生活	文字记忆能力的发展迟滞	增加： 记住与图片相关联的词汇 记住故事词、短语或句子 通过交流、绘画或表演表达部分的能力 能够将书本中的概念应用于新的情境	
VII.E. 在儿童试图阅读时，出现了哪些新的读写技能?	使用"书面语言"(例如读书的音调) 谈论图画 读标志和故事 把讲故事和"阅读语言"结合起来(使用阅读的方式和语调) 认识一些字母 认识一些文字 使用"出声"和混合的声音 读取文本时几乎没有错误	表达文字的能力发展迟滞	增加： 谈论画面 识别标志和标识 看图讲故事 文本/文字意识 使用符号和图片来"阅读" 了解字母表和字母声音 图书阅读中的读写策略	

问题	优势	需要关注的行为举例	可发展的新技能	备注
Ⅶ.F. 儿童对书写的理解是什么？	知道： 书写是在纸上做标记 画出代表某些真实事物的东西 纸上的标记可以读 文本具有特殊形式，包含线条和曲线 文字由字母组成 文字组合以共享文本信息	对画和写的意思的理解发展迟滞	增加以下的能力： 用标记来代表思想 联系标记来说话 联系标记与书写字母 形成书写字母 在空间分组中组合书写字母表达意义	
Ⅶ.G. 儿童书写时有什么特征？	画或做标记 绘制图片 尝试用"模拟"书写或类似字母的方式写"字" 想要大人写文字 书写的记号可辨认的字母 书写的记号在纸张上方向适当（顶部/底部，左/右） 适龄的错误（反转，旋转，定向）顺序，特殊用法，大写字母和小写字母，标点符号	对画和写缺乏兴趣和动机 画和写的技能发展迟滞	增加： 探索写作、绘画和艺术材料 诱导写作 在角色表演中有画和写的机会 对书写的空间定位的理解 在成人的反馈和支持下进行有意义书写的机会 写作的技术	

TPBA2 观察记录：认知发展

儿童姓名：_____ 父母姓名：_____ 年龄：_____
出生日期：_____ 评估日期：_____
填表人：_____

说明：记录儿童的信息（姓名，照料者，出生日期，年龄），评估日期和填写此表的人。在记录您的观察之前，您可以查看相应的 TPBA2 观察指南，因为指南列出了要观察的内容。刚接触 TPBA 的使用者可选择使用 TPBA2 观察指南作为在评估期间收集信息的工具，而不是 TPBA2 观察记录。

Ⅰ. 注意（选择，焦点，抑制，刺激，转移，注意）

Ⅱ. 记忆（认识，产生，重复，再造，简单的，复杂的，短期目标，长期目标，加工处理时间）

Ⅲ. 问题解决（因果关系，辨别，计划，组织，监控，适应，分析，加工处理时间，概括）

续表

Ⅳ. 社会认知（基础、思维推理、他人感受、理解社会原因）				
Ⅴ. 游戏的复杂程度（发展水平、各种行动、顺序、兴趣、好奇心、幽默感）				
Ⅵ. 概念性知识（理解相似性、差异、种类、分类等级、度量）				
Ⅶ. 读写（倾听、图书使用、记忆、阅读、理解及书写和拼写使用情况）				

附录 TPBA2 和 TPBI2 表格

TPBA2 观察总结表：认知发展

儿童姓名：_____ 年龄：_____ 出生日期：_____
父母姓名：_____ 评估日期：_____
填表人：_____

说明：对于下面每一个子类，目标达成量表中采用 1~9 级评分，在表示儿童发育现状的数字上画圈，对照该领域 TPBA2 观察指南或者 TPBA2 观察记录，之后通过使用 TPBA2 年龄表比较儿童表现与同龄儿童表现。（根据观察指南或者 TPBA2 年龄表上的指导语）在年龄表中找到该项目儿童达到的年龄水平。然后，根据计算的结果在 AA，T，W 或 C 上画圈。

如果儿童年龄水平＜实际年龄，用 1－（年龄水平/实际年龄）＝_____ % 延迟
如果儿童年龄水平＞实际年龄，用（年龄水平/实际年龄）－1＝_____ % 超出

计算自然年龄时，请以评估日期减去儿童的出生日期，然后根据需要向上或向下取整。减去天数时，请考虑当月的天数（即 28,30,31）。

TPBA2 子类	功能活动中观察到的儿童能力水平									与其他同龄儿童比较 高于平均(AA) 典型(T) 观察(W) 担忧(C) 年龄水平(常模)
	1	2	3	4	5	6	7	8	9	
注意	无法注意，对周围环境无意识或分心，无法一段时间持续集中注意在一个物体或人上		选择注意的焦点，很难与他人分享注意焦点，或只注意感兴趣的特定事物，很难将注意的焦点从一件事移到另一件事		经提示能关注相关的人或事件，并能与他人分享注意的焦点，但需要语言和身体上的支持才能维持或者转移注意力		独立地关注相关的人和事物，偶尔需要言语或手势的指导来维持注意		能选择注意的焦点并维持注意，能适当地从物到人，人到人之间转移注意力	AA T W C 评价：_____
记忆	长时间看新奇的事物来记忆		尝试做什么或者如何做来应对熟悉的玩具、人或事，在示范之后模仿简单动作		用言语或非言语了解简单物品，人、地点、行为和日常活动的名称		在经过短时间成长时间后，能表现出准确识别、重现、重建日常活动技能，概念和事件的能力		能联系到复杂的分类和规则系统、概念化的过程、身体技巧的过程和事件的各方面细节	AA T W C 评价：_____

续表

TPBA2子类	功能活动中观察到的儿童能力水平									与其他同龄儿童比较 高于平均(AA) 典型(T) 观察(W) 担忧(C)	年龄水平(常模)
	1	2	3	4	5	6	7	8	9		
问题解决	能辨认出人、物、行为发生的变化		能够发现简单行为或事件的联系和导致其发生的原因		能借助他人或自己之力,使希望的事发生		能够做出一系列的行为反应来达到不熟悉的目标,采用"试误"的方式来找到正确的做法		能够理解复杂的因果关系,通过认知到目标,需要时能进行调整,然后可以泛化到新的情境	AA　T　W　C 评价:	——
社会认知	不能注意到他人面部表情、手势语言或肢体语言及/或其附带语义		能够理解和回应他人的面部表情、手势、肢体语言和动作		通过做些事情来维持积极情绪或减少消极情绪,对别人的情绪做出回应		能基于自己的需求、想法和逻辑对别人进行预测和回应,即使别人的想法和自己的不一样		理解别人的动机、愿望和想法,即使它们和自己的想法不一样	AA　T　W　C 评价:	——
游戏的复杂程度	喜欢人并用多种感官来探索环境		喜欢感官探索,身体运动和重复探索事物		喜欢把东西放在一起,尝试让事情发生并再现熟悉的行为和日常活动		组合多种游戏来创造真实和想象结构、场景和结果		在各种形式的游戏(感官游戏、身体游戏、功能性游戏、建构游戏、角色扮演和规则游戏)中表现出逻辑和创造性思维,用自己的规则创建自己的游戏	AA　T　W　C 评价:	——

附录 TPBA2 和 TPBI2 表格

续表

TPBA2子类	功能活动中观察到的儿童能力水平									与其他同龄儿童比较 高于平均(AA) 典型(T) 观察(W) 担忧(C)	年龄水平(常模)
	1	2	3	4	5	6	7	8	9		
概念性知识	识别熟悉的声音、气味、味道、人、行为和物品		能注意特征的显著异同,看到事物间的异同,能标签一些动物、人、物、行为和事件		识别、讨论、使用异同的具体动物、人、物、行为或事件,将具体事件分类成类型、分组,例如类型、位置、用途、联系和因果关系		通过具体的和抽象的组织和分类自己的想法和行为。用新的概念和规则来构建和联系形成分类系统		描述、比较、区别和动态、理解概念的特征(例如,谁、哪里、何时、为什么、如何)。理解数学、物理、生物、心理学和文学概念中的逻辑关系并通过陈述来分享自己的观点	AA T W C 评价:	——
读写	能听到声音,识别出熟悉的声音和喜欢的节奏		喜欢翻书、看图,听别人朗读的节奏,在纸上做标记		倾听一个简单的故事,翻页,标签图片,重复成人读到书上的话,模仿成人的语调,试图在纸上表现人和事物		倾听较长的故事,假装去读书,谈论图片时能重述故事,字母字像写画		能理解故事,有(主动)读书的行为,具备语音意识,有在有意识别词汇、上下文中识别写像字母的记号,画或书写,收集,如卡片、作品、列表、故事笔记	AA T W C 评价:	——
整体需要:											

TPBA2 儿童评价和建议清单

儿童姓名：＿＿＿＿＿＿ 出生日期：＿＿＿＿＿＿
填表人：＿＿＿＿＿＿ 填表日期：＿＿＿＿＿＿

指导语：本表格在完成以游戏为基础的多领域融合评估之后填写，为以游戏为基础的多领域融合干预做准备。填写儿童信息（姓名和出生日期）及填表人姓名。在"什么？""哪里？"由谁（来做）？"和"如何支持？"列中将与干预需求相关的项目打钩，在"准备好？"列中写出范例，下，在"多长时间？"列中写出日期、时间、频率和强度。

什么？	准备好？	哪里？	由谁（来做）？	如何支持？	多长时间？
与优势相关的标注"S"，优先关注的标注"P"，不需要标注出所有的内容	注明干预方法和策略的例子	检查需要干预的地点	注明谁应用和需要干预策略的知识	写明所有将提供的服务，包括频率和强度	注明在回访前提供多长时间的服务
感觉运动的发展 ☐ 基础运动功能 ☐ 粗大运动 ☐ 手和臂的使用 ☐ 动作规划与协调 ☐ 感觉模式及其与情绪、活动水平和注意的关系 ☐ 感觉运动对日常生活自理的影响 ☐ 视觉	☐ 下一步具备的技能： ☐ 更多的： ☐ 做出调整： ☐ 互动： ☐ 材料： ☐ 环境材料：	☐ 家： ☐ 学校： ☐ 社区： ☐ 其他：	☐ 妈妈 ☐ 爸爸 ☐ 家庭内部成员 ☐ 兄弟姐妹 ☐ EI（早期干预） ☐ 教师 ☐ 照料儿童者 ☐ 翻译或助手 ☐ 其他人妈妈	☐ 咨询： ☐ 每天日程： ☐ 融合： ☐ 隔离安排： ☐ 临床或针对个体治疗： ☐ 特定的社区活动：	1. 回访日期安排：
情感和社会发展 ☐ 情感类型/适应能力 ☐ 情感控制和唤起的情况 ☐ 行为控制 ☐ 对自我的感觉 ☐ 在游戏中的情感主题 ☐ 社会互动	☐ 下一步具备的技能： ☐ 更多的： ☐ 做出调整： ☐ 互动： ☐ 材料： ☐ 环境材料：	☐ 家： ☐ 学校： ☐ 社区： ☐ 其他：	☐ 妈妈 ☐ 爸爸 ☐ 家庭内部成员 ☐ 兄弟姐妹 ☐ EI ☐ 教师 ☐ 照料儿童者 ☐ 翻译或助手 ☐ 其他人妈妈	☐ 咨询： ☐ 每天日程： ☐ 融合： ☐ 隔离安排： ☐ 临床或针对个体治疗： ☐ 特定的社区活动：	1. 回访日期安排：

续表

什么？ 与优势相关的标注"S"，优先夫关注的标注"P"，不需要标出所有的内容	准备好？ 注明干预方法和策略的例子	哪里？ 检查需要干预的地点	由谁（来做）？ 注明谁要应用和需要干预策略的知识	如何支持？ 写明所将提供的服务，包括频率和强度	多长时间？ 注明在回访前提供多长时间的服务
沟通的发展 ☐语言理解 ☐语言表达 ☐语用学的 ☐发音和流畅性 ☐声音和音韵 ☐口部机制 ☐听觉	☐下一步具备的技能： ☐更多的： ☐做出调整 ☐互动： ☐材料： ☐环境材料：	☐家： ☐学校 ☐社区： ☐其他：	☐妈妈 ☐爸爸 ☐家庭内部成员 ☐兄弟姐妹 ☐日 ☐教师 ☐照料儿童者 ☐翻译或助手 ☐其他人妈妈	☐咨询： ☐每天日程： ☐融合： ☐隔离安排： ☐临床或针对个体治疗： ☐特定的社区活动：	1. 回访日期安排：
什么？ 与优势相关的标注"S"，优先夫关注的标注"P"，不需要标出所有的内容	准备好？ 注明干预方法和策略的例子	哪里？ 检查需要干预的地点	由谁（来做）？ 注明谁要应用和需要干预策略的知识	如何支持？ 写明所将提供的服务，包括频率和强度	多长时间？ 注明在回访前提供多长时间的服务
认知的发展 ☐注意/记忆/问题解决 ☐社会认知 ☐游戏的复杂性 ☐概念化的知识/识字情况	☐下一步具备的技能： ☐更多的： ☐做出调整 ☐互动： ☐材料： ☐环境材料：	☐家： ☐学校 ☐社区： ☐其他：	☐妈妈 ☐爸爸 ☐家庭内部成员 ☐兄弟姐妹 ☐日 ☐教师 ☐照料儿童者 ☐翻译或助手 ☐其他人妈妈	☐咨询： ☐每天日程： ☐融合： ☐隔离安排： ☐临床或针对个体治疗： ☐特定的社区活动：	1. 回访日期安排：

TPBI2 团队干预计划

儿童姓名：_____ 年龄：_____
决定干预计划者：_____
出生日期：_____ 日期：_____
(与儿童) + 关系或角色：_____
预计再次评估的月份：_____
联系人：_____ 联系电话：_____

指导语：选择 TPBA2 各领域发展结果或 OSEP（儿童进展汇报表和工作手册）整体结果列表，作为一小组（1,2,3,4）优先考虑下面的一个或多个结果哪些对儿童的家庭和社区生活是重要的(H/C)和/或幼儿保育环境(S/CC)是重要的。两种情况下优先考虑的结果相同也可能不同，取决于儿童在每个环境中的需要。

TPBA2 各领域整体评估结果			OSEP 儿童发展结果		
	H/C	S/CC		H/C	S/CC
独立有效地移动以及调整和使用感官输入学习的能力（感知运动发展）			积极的社交情感技巧		
有效地与他人交往，控制情绪情感和行为的能力（情绪和社会发展）			获取和使用知识的技巧		
理解和使用口头和非语言沟通信号的能力（沟通发展）			采取适当行为来满足需要		
理解问题、解决问题和学习的能力（认知发展）					

在为儿童选择了优先进展后，看功能性进展注释（FORS）与优先进展的对应关系。检查在 TPBA 期间填写的目标达成量表的内容已被列在功能性进展注释中。讨论家庭给出评分给最低的评分（干预）领域，确定所选择的领域中的哪些子类对于帮助儿童的学习和发展是最重要的。指出选择进行干预的子项目，在旁边对应优先进展评分等级上标注评分之对应年龄水平写在对应的横线上。

选择优先干预子类：_____ 评分 _____ 年龄水平 _____

对于上面确定的每个子类，团队应该编写一个功能性干预目标（IT）来介入干预。IT 应该包括儿童在日常活动中将能够做做的功能技能或活动过程以及会在什么样情况下产生。指出 IT 用个特殊的子吃非流食，每次吃点心或吃饭非食物的 75% 送到嘴里"）。

功能性干预目标：_____

续表

A. 如何提供家庭和社区服务：_____

　　谁提供：_____

　　频率/强度/持续时间：_____

　　干预协调员的作用：_____

　　家庭成员的角色：_____

B. 如何提供学校和儿童保健服务：_____

　　谁提供：_____

　　频率/强度/持续时间：_____

　　干预协调员的作用：_____

　　家庭成员的角色：_____

TPBI2 协作解决问题工作表（CPSW）

儿童姓名：＿＿＿＿＿＿ 给家庭/社区□ 给儿童照料机构□ 给学校□
日期：＿＿＿＿＿＿
填表人：

1. 在第一列填写评估后选择和记录在团队干预计划中的功能性干预领域。
2. 在第二列填写作为实现这个目标的部分条件的需要的相关领域。
3. 在第三列(T)填写能确定实现功能性干预目标的每一天的优先时间、常规工作、活动；在第四列(I)，用头脑风暴的形式列出所有可能的互动支持（参考 TPBI2 与建议目标相关联系的领域和干预子类）。在第五列(P)，用头脑风暴的形式列举环境可能做出的调整。每一栏内容参考 TIP 策略建议清单。
4. 在工作表下方，注明所有利于干预实施的资源，包括阅读材料、光盘、设施、玩具、辅具，并与社区机构取得联系。
5. 注明实施干预评估获得资源所需要的协助。

功能性干预目标 及其所属分类	相关领域	T 自然状态下进行 干预的时间	I 支持发展的互动	P 潜在的环境 调整

所需的附加资源：＿＿＿＿＿＿
所需支持的类型：＿＿＿＿＿＿

附录 TPBA2 和 TPBI2 表格

TPBI2 团队干预计划策略清单：家庭和社区

儿童姓名：_____ 年龄：_____ 出生日期：_____
父母姓名：_____ 评估日期：_____
填表人：_____

以下列举了一天中多数活动的时间（T），可以结合干预措施、互动（I）和做出潜在的环境调整（P）来支持儿童发展。该清单旨在激发干预小组与干预协作者做出计划时的创意。作为一个团队，在您想要尝试干预的项目旁边做出选择标记，在"其他方面"一栏写下自己的想法。这个清单在完成协作解决问题工作表时可能会很有用。有关这些想法和更多想法的深入讨论，请参阅 TPBI2 的第二章。

T 自然干预的时间	√	I 支持发展的互动	√	P 潜在的环境调整	√
换尿布/厕所		跟随儿童		调整环境：简化	
喂饭/自己吃		对尝试互动做出反应		调整活动：时间长度	√
洗澡/洗漱		模仿儿童的行为和声音		调整材料的位置	
穿衣/脱衣		等待儿童		调整儿童使用的工具	
梳洗		鼓励参与		调整感官方面的环境	
独自玩		和儿童轮流玩		调整房间使之安全	
和家庭成员玩		建设下一步		调整玩具/材料的数量	
和其他儿童玩		示范		调整时间表	
分享书		加上声音、行动、语言		调整玩具对应的发展水平	
睡觉/起床		体会到快乐		使用视觉具体的线索	
失败后能平静下来		提高儿童的水平		组合材料利于互动	
室内游戏		给予清晰的指导		组织材料利于成功	
室外游戏		调整情感		适应材料：感官方面	
闲逛或乘车外出		和儿童一起调整位置		适应儿童的定位	
逛商店/出去办事		创建界限和规则		设备使用：运动	
拜访朋友		温和而坚定地重复指导		设备使用：进行沟通	
宗教活动		提供选择		设备使用：视觉听觉	
家庭庆祝活动		评价、讨论			
其他方面		尝试反应/问题		其他方面	
		给予积极关注			
		其他方面			

TPBI2 关键策略清单：学校和儿童照料中心

儿童姓名：＿＿＿＿＿ 年龄：＿＿＿＿＿ 出生日期：＿＿＿＿＿
父母姓名：＿＿＿＿＿ 评估日期：＿＿＿＿＿
填表人：＿＿＿＿＿

以下列举了一天中多数时间（T）的活动，可以结合干预措施，互动（I）和做出潜在的环境调整（P）来支持儿童发展。该清单旨在激发干预小组与干预协作者做计划时的创意。作为一个团队，尝试干预项目旁边做出选择标记，在"其他方面"一栏写下自己的想法。这个清单在完成协作者解决问题工作表时可能会很有用。有关这些想法和更多的深入讨论，请参阅 TPBI2 的第二章。

T 自然干预的时间	✓	I 支持发展的互动	✓	P 潜在的环境调整	✓
问好/进门		跟随儿童		调整活动：简化	
换尿布/厕所		对尝试互动的行为做出反应		调整活动：时间长度	
喂饭/自己吃		模仿儿童的行为和声音		调整材料的位置	
洗手		等待儿童		调整儿童方面使用的工具	
穿衣/脱衣		鼓励参与		调整感官方面的环境	✓
梳洗		和儿童轮流玩		调整房间内使之安全	
睡午觉/醒来时		建议下一步		调整玩具/材料的数量	
失败后能平静下来		示范		调整时间表	
过渡环节		加上声音，行动，语言		调整玩具对应具体的发展水平	
社区游览		让活动有趣		使用视觉或具体的线索	
吃点心/吃饭		提供符合儿童水平的提示		组合材料利于互动	
圆圈活动/群体活动		给予清晰的指导		组织材料利于成功	
小团体/中心活动		调节情感		适应材料：感官方面	
分享书		和儿童一起调整位置		调整儿童的位置	
音乐/画画/书写		创建界限和规则		设备使用：运动	
游戏：操弄		温和而坚定地指导		设备使用：进行沟通	
游戏：混乱的/感官		提供选择		设备使用：视觉/听觉	
游戏：角色扮演		评论，讨论		其他方面	
游戏：音乐/跳舞		尝试反应/问题			
游戏：功能性的识字/数学		给予积极关注			
其他方面		其他方面			

附录 TPBA2 和 TPBI2 表格

TPBI2 团队评价进度表（TAP）

儿童姓名：_____ 出生日期：_____ 填表日期：_____

信息提供人：

TAP 表单帮助团队监控进度。使用最初的团队计划表作为起始点，团队主要的干预实施者和儿童生活中的重要成人一起完成 TAP 表单。这一过程应酌情在家庭和社区、学校或保育中心环境中进行。

1. 在 TPBI2 小组干预为专栏中注明干预计划确定的优先项目要列入表中。
2. 在适当的专栏中注明最新评估的日期（第一个日期是初始评估的日期），以下列出了三次测量的日期（如果需要的话可以添加更多的日期）。
3. 帮助父母、照料者，或教师为每个相应的优先干预项目填写目标达成量表（GAS）。
4. 注明每次测量得出的目标达成量表分数。
5. 使用 TPBA2 年龄发展表，在评估更新时间确定儿童在每个类别的年龄发展水平。完善和更新 TPBA2 领域发展表或者 OSEP 表后（两个表格内容相同，但组织方式不同），与家人和服务提供者进行讨论。然后小组干预计划可以通过重新审视整体预期达成情况进行修订，确定干预项目的新优先次序，制定新的干预目标。
6. 参考可选择 OSEP 儿童结果报告单和表格说明，将这些信息转换成联邦儿童进展报告的格式。

家庭和社区评估

优先干预项目	日期 1:		日期 2:		日期 3:	
	目标达成量表得分	年龄水平	目标达成量表得分	年龄水平	目标达成量表得分	年龄水平

学校和保育中心评估

优先干预项目	日期 1:		日期 2:		日期 3:	
	目标达成量表得分	年龄水平	目标达成量表得分	年龄水平	目标达成量表得分	年龄水平

TPBA2 功能进展量表（FOR）：感觉运动发展

儿童姓名：_____ 年龄：_____ 出生日期：_____ 评估日期：_____

填表人：_____

结果：独立有效地移动、调整和使用感官输入来学习的能力

方法：以下跨领域的目标达成量表适用于确定有效的感觉运动发展必须的技能。家庭成员、其他照料者、提供教育或治疗服务的专业人士，或团队作为一个整体来填写注释。对于每个子类，圈出最能代表儿童技能的相应数字。随后的评估结果与"初评分"一致，观察总结表上的评分行为或技能代表儿童技能的相应数字。随后的评估结果与第二和第三次评分的栏中注明。TPBA2 观察总结表中评分为一个整体，"初评日期"与本表格中的"评估日期"相同。团队如果认为必要，可以评估三次以上。

TPBA2 子类				在功能活动中观察到的儿童能力水平					第二次评分的日期	第三次评分的日期
运动的基础功能	1 所有体位都需要全身的支持	2 保持头部稳定，并能在有支撑的情况下坐着	3	4 保持头部稳定，并能在有支撑的情况下坐着	5 在不同的坐姿和俯卧姿势之间转换，可以独立站一会儿	6	7 显示尝试调整姿势，独立地站立、坐在椅子上	8	9 能够承担和保持功能性体位，并能顺利地、独立地在各种体位之间移动		
粗大运动活动	1 停留在原地，不能移动和转换姿势	2	3 通过滚动和胸腹贴地爬行移动	4	5 在周围的环境中四处移动，到处看，并能走几步	6	7 轻松地走和跑	8	9 能够做复杂的大动作（如跳跃、边跳边走）		
手臂和手的使用	1 跟踪物品，不会有意识地控制手臂、手和手指	2	3 向物体和人伸出手，拍打物体，不会抓握	4	5 用大把抓的方式拿物体；很少主动放手	6	7 抓住大小和形状合适的物品；会撒手	8	9 能充分、有效地使用手臂、手、手指够到物体，掌握、操纵手中物品，准确地松开和放置物品		
运动规划和协调	1 需要意志执行动作，日常的活动尝试新颖或多步骤活动	2	3 很难理解如何应对环境中的物体或事物。使用没有功能的目标的重复动作，甚至难以执行简单的、非常规的一系列动作	4	5 可以设想一个目标，但需要提示或演示和有意识的努力，组织和尝试多步骤任务。表现得比较困难和缓慢，完成得不太准确	6	7 可以设想一个目标，但需要提示或演示和有意识的努力执行并需要实现一个多步骤。通过努力和实践，可以达到准确	8	9 能够构想一个目标，不需要提示或演示的努力，能够有效地组织和执行一系列复杂的行动，有效地达到预定的目标		

续表

TPBA2子类	在功能活动中观察到的儿童能力水平									第二次评分的日期	第三次评分的日期
	1	2	3	4	5	6	7	8	9		
感觉调节及其与情绪、活动水平和注意力的关系	尽管尝试进行调整，但对感官输入的反应性过度或迟钝，接触环境中的物体、人物或事件对儿童有显著的负面影响		要求对环境或人际互动进行大部分和/或频繁的调整，才能表现出对感官输入的适当反应		通过对环境或互动进行适度的调整，对感官输入做出适当的反应		通过对环境或相互作用的很小的调整，就可以对感官输入表现出适当的反应		几乎总是能够适当地对所有类型的感官输入做出反应，而无需对环境进行调整		
感觉运动对日常生活和自我照顾的贡献	由于运动技能的困难，各方面的自我照料依靠成人提供		在自我照顾活动的动作方面，能少量地配合成人		在动作方面需要成人提供中等程度的协助就可参与所有形式的自我照顾活动		需要成人少量帮助就可以完成自我照顾和日常活动		能够独立运用运动技能进行日常自理活动和安全使用餐具		

TPBA2 功能进展量表(FOR):情绪情感与社会性发展

儿童姓名：_____ 年龄：_____ 出生日期：_____ 评估日期：_____

填表人：_____

结果：有效与他人建立关系的能力和控制情绪及行为的能力

方法：以下跨领域的目标达成量表适用于确定有效的情绪情感与社会性发展水平。家庭成员，提供教育或治疗服务的专业人士，或团队作为一个整体来填写注释。对于每个子类，圈出最能代表儿童行为或该技能的相应的数字。TPBA2 观察总结表中评分为结果写这张表格的评分应保持一致，观察总结表上初始评分是初始评分，"初评日期"与本表格中的"评估日期"相同。团队如果认为必要，可以评估三次以上。

TPBA2 子类					在功能活动中观察到的儿童能力水平					第一次评分的日期	第二次评分的日期	第三次评分的日期
情绪表达	1 用声音和肢体动作表示舒服或不舒服	2	3 根据沟通需要尝试不同类型、水平和形式的情绪表达	4	5 经常表达极端的情绪来满足自己的需要和得到别人的回应	6	7 表达所有类型的情绪，主动表达积极的	8	9 能用适当的内容和可接受的强度沟通所有类型的情绪			
情绪风格及适应能力	1 不适应陌生人、物、时间或环境改变的常规活动，会有极端的情绪反应，持续较长时间	2	3 事先给予较多言语提示和环境支持，能适应陌生人、物、事件或常规活动的改变	4	5 通过激发动机，了解改变前后环境的逻辑联系，能适应陌生人、物、事件或常规活动的改变	6	7 事先给予言语提示，能适应陌生人、物、事件或常规活动的改变	8	9 能独自适应陌生人、物、时间或常规活动的改变，表现出适度谨慎的情绪反应			
调节情绪和觉醒状态	1 有时很难控制觉醒状态和情绪，需要外在环境的支持和照料者身体的支持，言语情绪调节需要 1 小时以上	2	3 在得到照料者身体和言语支持的情况下，环境舒缓，能控制觉醒状态和情绪，调节情绪需要 30—60 分钟	4	5 在安静的环境下，或得到成人情绪支持时，能控制觉醒和情绪状态。情绪调节需要 15—30 分钟	6	7 能使用自我调节策略(例如用毯子、特殊的玩具)或在成人控制的言语支持下能控制情绪和觉醒状态。调节情绪只需几分钟	8	9 能独立地采取适合的方式控制成人觉醒状态和情绪			
行为调节	1 不理解或不能对成人停止行为的要求做出反应	2	3 开始理解什么不能做的，但是仍然去做，一直需要成人提示和帮助控制	4	5 在成人提示下知道对错，有时行为表现适当。开始看着成人等做如何做	6	7 理解对错，多数情况下独立地表现出适当的行为，但需成人协助选择合理行为	8	9 选择适当行为，回应成人的要求，能忍耐住控制自己			

续表

TPBA2子类	在功能活动中观察到的儿童能力水平									第二次评分的日期	第三次评分的日期
	1	2	3	4	5	6	7	8	9		
自我的感受	尽管尝试进行调整，但对感官输入的反应性过度或感迟钝，对接触新的物体、人物或事件具有显著的负面影响		要求对环境或人际互动进行大部分和/或频繁的调整，才能表现出对感官输入的适当反应		通过对环境或互动进行适度的调整，对感官输入做出适当的反应		通过对环境相互作用的很小的调整，就可以对感官输入做出适当反应		几乎总是能够适当地对所有类型的感官输入做出反应，而无需对环境进行调整		
游戏中的情绪主题	在游戏中表现出有限的情绪范围和/或缺乏对他人情绪的觉察或关注		通过言语和非语言来表现一系列的情绪，体现了对游戏活动而不是情绪主题的情绪反应		识别和标记自己和他人在游戏中的基本情感。在游戏过程中表现出重复性的未解决的情感主题		象征游戏中能赋予的无生命角色情感，并用游戏社会戏剧性游戏来尝试解决情感冲突		能够适当地表现自己和别人的情感，可以解决互动游戏或社会戏剧游戏中的情感冲突		
社交互动	看着照料者，对他们发起的活动有声音或身体反应		对情感有反应，能引发与他人积极的互动。与主要照料者分离可能有困难		轮流与家人和熟悉的人进行长时间的交流。与陌生人交往时可能害羞或焦虑，但可能经常发生社交冲突		日常活动中主要与家庭成员和同伴积极的互动关系。能够发起互动并让一个同伴参与几分钟。需要成年人解决冲突		区分熟悉的人和陌生人，与家庭有密切的关系，并与一个同伴保持友谊。能够发起并保持互动，目标明确地游戏，并能独立协商冲突局势		

TPBA2 功能进展量表（FOR）：交流能力发展

儿童姓名：_____　年龄：_____　出生日期：_____　评估日期：_____

填表人：_____

结果：理解和积极有效地使用非语言和语言交流的能力

方法：以下跨领域的目标达成量表适用于确定有效沟通的技巧水平。家庭成员、其他照料者、提供教育或治疗服务的专业人士，或团队作为一个整体来填写注释。对于每个子类，圈出最能代表儿童行为或技能的相应的数字。随后的评估结果在标有第二和第三次评分的栏目中注明。TPBA2 观察总结表中评分结果与这张表格的评分理应保持一致，观察总结表上的评分应该是初始评分，"初评日期"与本表格中的"评估日期"相同。团队如果认为必要，可以评估三次以上。

TPBA2 子类	在功能活动中观察到的儿童能力水平									第二次评分日期	第三次评分日期
	1	2	3	4	5	6	7	8	9		
语言理解	视觉能聚焦于说话人的脸，对声音和语言有反应		注意或回应自己的名字和熟悉的手势、符号或词语		理解手势、符号和/或单个单词、简单的单步骤要求和"是/否，什么，在哪里"这样的简单问题		理解熟悉的新的两步"或者"何时"的提问，"谁"或指令		理解适龄的基本概念和词汇，"为什么"和"怎样"的问题，以及用符号和言语表达的多步骤的指令		
语言表达	灵活地表示需要（例如，哭泣、身体运动）		用眼睛凝视、面部表情、身体动作、手势和发声进行交流		用手势、发声、语言表达（字、词的组合，或 AAC 沟通）		使用手势、符号、词语，符号和/或句子（语法不正确）、提问和回答问题		一贯使用结构良好的句子，并问和回答各种问题		
语言运用	不理解或难以给出"可读的"肢体语言、声音，或者口头暗示来表达者需求		能使用或回应目光接触，与照料者共同注意物品或活动，用眼睛注视和手势、发声向他人表达意图		能在一个话题上进行一到两个回合来交流，能用眼睛注视并做出反应，反对和询问问题去控制别人的行为		在照料者的支持下，能围绕谈话主题，用发起、回应和拓展谈话的方式进行交流，询问信息或者澄清并探讨过去发生的事情		在多种场合中，为达到多个目的，在多个内容上通过口头和非语言的交流方式来表达和做出回应		
发音和语音	参与有声游戏的时候发出咕咕、尖叫声和笑声		产生一串的、无意义的元音和辅音		发出不可被完全理解的相近词、单词和短语		在谈话或各种活动中，对不熟悉的听众或言语通常是准确的，可理解的		在谈话或者各种样的活动中，言语表达是准确的，可理解的		

附录 TPBA2 和 TPBI2 表格

续表

TPBA2 子类	在功能活动中观察到的儿童能力水平									第二次评分的日期	第三次评分的日期
	1	2	3	4	5	6	7	8	9		
语音和流畅性	呼吸能足够支持哭、咕咕、咯咯叫、或笑,但是不能发出声音		呼吸和嗓音能支持声音的产生,但是含糊不清或者似乎说一些单个单词		呼吸能足够支持声音的产生,但是下列任何一个行为是明显的、长期的,干扰到孩子交流:**音高**:非常高、非常低、单调 **质量**:带有呼吸声,刺耳、嘶哑、有鼻音,不通气 **响度**:不充分或者非常响亮 **流畅性**:非常猛烈和频繁出现的口头节奏和音节的重复(音或音节的重复,例如"c-c-c-cat"这样延长的声音,例如"ssss"或沉默) **语速**:非常慢或者非常快		呼吸能足够支持声音的产生,但是下列任何一个行为是明显的,但对孩子交流没有显著的干扰。**音高**:稍高,稍低,或者单调 **质量**:轻微呼吸声,刺耳、嘶哑、有鼻音,不通气 **响度**:稍软或者稍响亮 **流畅性**:略有节奏和偶尔出现的口头重复(音或音节的重复,例如"c-c-c-cat"这样延长的声音,例如"ssss"或沉默) **语速**:稍慢或者稍快		音调、音质、音强和声音、说话的流畅性和语速与儿童的年龄、个头大小、性别和文化相适应		
口腔结构	腭、唇、颌、舌或咬合的结构和/或对称性,影响到语言功能		结构是足够的,但说话时主要是下巴和嘴唇的运动。这个动作过分或受限		结构适合于说话,儿童可以很好地做到嘴唇旋转和收缩;将舌头向上,向下,前后移动;用精细的下颌动作产生声音和简单的词		结构适合于说话。儿童能独立地活动嘴唇、舌头、下巴、腭部位,但整合各部分的运动以复杂的词语(如马铃薯、毛茛)或短语时有一定难度		口腔的结构和功能对应该年龄发展水平		
听	没有意识到或者仅少量觉察到环境中的声音		在有没有适当支持的情况下,都能区别一种声音与另一种声音		在有没有适当支持的情况下,都能区分环境中的声音和言语声音		在有没有适当支持的情况下,都能持续对声音和口语做出回应		在有没有适当支持的情况下,都能用听的能力注意到声音和语音,定位到声音和语音		

TPBA2功能进展量表（FOR）：认知发展

儿童姓名：_____ 年龄：_____ 出生日期：_____ 初始评级日期：_____
填表人：_____

结果：理解思路的能力，有效地解决问题，和参与学习的主动性

指导语：以下跨领域的目标达成量表适用于确定儿童有效沟通所需的技能的发展情况。对于下列每个项目，圈出最能表现出儿童表现的行为和技能将特点的相应数字。家庭成员、其他照料者、提供教育或治疗服务的专业人员，或者由整个团队来填写注释。随后的评估将特点的相应数字。观察总结果中的评分栏应该是初始评分。观察总结果表中的"评分日期"与总结表中的"初始评估日期"是相同的。如果评估团队认为有必要，可以评估三次以上。

TPBA2 子类	在功能性活动中观察到的儿童能力水平									第二次评分的日期	第三次评分的日期
注意力	1 失神，未觉察周围事物，容易分心，不能维持一段时间将注意力集中到物和人	2	3 选择注意力集中中的焦点。难以分配注意力，只关注特定的兴趣，或者，注意焦点从从一事件转移到另一事件	4	5 通过提示可以注意相关人物、事物、事件，可以与他人分享关注焦点（但是需要口头语言、身体上的支持去继续或转移注意力	6	7 独立地关注相关的人、物和事件。需要偶尔的口头语言或手势建议去保持注意力	8	9 能够选择焦点，维持注意力，能适当地将焦点从人和从人转移到另一人		
记忆	1 通过较长时间看新奇事物来考察记忆能力	2 尝试对熟悉的玩具、人、事件做出什么或者对其做出什么反应。在示范之后能模仿简单的动作	3	4 用口头语言或非语言的方式表现熟悉的简单物体、人物、地点、动作和常规活动的名称	5	6 显示在短时间和长时间后准确识别、回忆和重建语言技能、概念和事件的能力	7	8	9 能够详细描述复杂的分类和规则系统，概念化技能，将技能的序列和事件的多个方面		
问题解决	1 识别人员、物体或动作的改变	2 能看到简单动作或事件和导致其发生的原因之间的联系	3	4 利用他人或自己使期望的事件发生	5	6 能够对于一个不熟悉的目标完成一系列操作，并能使用试误的操作进行更正	7	8	9 能理解复杂的因果关系，指向目标的心理组织化过程，根据需要进行调整，然后可以泛化到新的情境		
社会认知	1 不能注意到其他人的面部表情、手势或肢体语言的附加意义	2 能够读懂其他人的面部表情、手势、肢体语言，并做出回应	3	4 对他人表达的情绪做出反应，保持积极情绪，减少消极情绪	5	6 基于自己需要、期望和逻辑去预期他人的需要、预期他人的需要和回应他人的不同，可能与其不匹配	7	8	9 即使他人的动机、期望和想法与自己的不同，也能理解和回应他人的动机、期望和想法		

附录 TPBA2 和 TPBI2 表格　367

续表

TPBA2子类	在功能性活动中观察到的儿童能力水平									第二次评分的日期	第三次评分的日期
	1	2	3	4	5	6	7	8	9		
游戏的复杂程度	用多感官去喜欢人和观察环境		喜欢用感觉探索、身体动作反复探索物体		喜欢把东西放在一起,尝试让事情发生,并重新创建熟悉的动作和序列		结合各种各样的游戏,去创建实际和想象的结构、场景和结果		在各种形式的游戏(感官的、身体的、功能性的、角色扮演的和规则游戏)中展现逻辑思考和创造性思维,用自己的规则创造自己的游戏		
概念知识	能辨识熟悉的声音、嗅觉、味道、人物、动作、物体		注意显著的属性,看到相似和不同之处,能简单地标签一些动物、人、物体、动作和事件		对于群体动物、人、物体和事件,能认识、讨论和使用具体的相似和不同之处进行分类或者分组,例如:类型、地点,使用方法,关联和因果关系		认识、描述和按类别抽象的概念与行动。正在形成一个分类系统,新的规则概念被结构化并与之相关		描述、比较、区分和理解概念的特征和动态(例如:谁,哪里,什么时候,怎么样)。了解数学、物理、化学、生物学、心理学之间的逻辑关系,化学和文字概念,可以通过象征符号表示来分享想法		
识字	听声音;识别熟悉的声音和一样的节奏		喜欢探索书籍,看图片,听某人朗读的节奏,在纸上做记号		听一个简单的故事,翻页,标签图片,重复成人的话,模仿语调,尝试在纸上描述物体或人		听长的故事,假装阅读,讨论故事,可以复述故事,在纸上制作字母形状的表格		理解故事,使用阅读意识,有音韵、字母知识,和一些上下文中的单词识别。字义可以做画、字母或单词做类似书写的标记。使用成书写的产物,如卡片、笔记、列表和故事		

TPBA2 忠实性核查表 (Fidelity Checklist)

儿童的姓名：_____ 出生日期：_____ 评估日期：_____
填表人：_____
指导语：团队成员可以使用这个工具检核 TPBA 实施的过程和程序，以及评估其实施 TPBA 的准确程度。

对 TPBA 团队提出的疑问	是	否	评价
初步信息的收集			
1. 已收集所有与健康、社会性和发展有密切联系的信息吗？			
2. 已收集到关于家庭日常事务和家庭关注的信息吗？			
3. 已了解到多少关于家庭如何看待儿童的技能和行为的信息？			
角色			
4. 是否通过匹配儿童和家庭的优先考虑和关注来确定团队角色？			
5. 团队成员是否通过以下方式承担跨领域角色； 角色释放（让来自其他领域的团队成员与自己领域有关的观察和互动） 角色支持（与其他团队成员分享信息，扩充他们的专业知识） 角色扩展（将关于其他领域信息融合于自己的专业知识）			
环境设置			
6. 是否根据家庭的选择和舒适程度来选择环境？			
7. 环境是否可能提供评估问题的答案？			
玩具、材料和设备			
8. 是否有可供选择的适合发展水平的玩具？			
9. 可供选择的玩具数量是合适的吗？（一段时间内玩具不过多或者不过少）			
10. 是否有各种各样的玩具、材料和可利用的设备去充分激发儿童的技能和行为，它们包括视觉和听觉信息？			
11. 是否有合适的熟悉和陌生（新奇）的玩具可供使用？			
12. 是否有一系列简单而富有挑战性的材料可供使用？			
13. 材料是否提供了一定范围强度的感觉刺激？			

附录 TPBA2 和 TPBI2 表格　369

续表

对 TPBA 团队提出的疑问	是	否	评价
14. 材料是否为独自游戏和集体游戏提供了机会？			
15. 玩具和材料是否充分评估了精细运动技能？			
16. 玩具和材料是否充分评估了粗大运动技能？			
17. 可选择的材料是否评估有关概念化和学业准备的能力？			
18. 是否有独特材料来确定特定的评估问题？			
TPBA 的结构			
19. 互动伙伴（例如：父母、帮助者、同龄人）的出现顺序是根据儿童和家庭的舒适和需要来决定的吗？			
20. 游戏材料、情境出现的顺序是由儿童的兴趣和动机（除了已知的强迫行为）来决定的吗？			
21. 活动的时间安排是否能观察到所有领域多种能力和行为表现？			
22. 从自发行为和诱发行为的组合中是否能够观察到儿童普遍能力和潜能？			
家庭实施			
23. 在游戏前，团队是否审阅了儿童和家庭史问卷中的所有必要信息？			
24. 在游戏前，团队是否审查了儿童功能评估表中的所有必要信息？			
25. 家庭引导者是否表现出良好的倾听技巧，如能够与相关团队分享所有关于如下内容的信息： 历史 发展 常规活动 行为 感觉、态度和家庭成员的价值观 在游戏单元观察到家庭互动情况，与儿童在其他环境的互动相比较 关于儿童的必要性建议意见			
26. 家庭调解人是否表现出良好的沟通技巧，通过使用： 倾听 开放式问题			

续表

对TPBA团队提出的疑问	是	否	评价
对非言语线索的反应 调语步调/进度 积极观察 重新构建负面看法 关注家庭优先事项 对感觉的回应 鼓励合作和问题解决 总结 跟随家庭 游戏引导			
27. 游戏协调员是否表现出与儿童和家人的融洽关系?			
28. 游戏协调员是否表现出根据环境需要以保持儿童的注意力和兴趣的应变能力?			
29. 游戏协调员是否展现了促进游戏的互动? 追随儿童的指引和回应 能等待互动发起的能力 根据儿童发起的行动做出回应 保持控制/轮流游戏的平衡 在适当的时机模仿动作 激发儿童自发行为的能力 帮助儿童典型构建出更高水平的能力 行动上提供最低限度的帮助 根据需要模仿行动的顺序 调整游戏的节奏			
30. 协调员是否使用方法策略去促进交流? 等待模仿和回应 与儿童交流中做出应变 在控制/轮流的口头语言和非语言交流中保持平衡 适当时候语言交流 评论 自言自语 平行的交谈			

续表

对 TPBA 团队提出的疑问	是	否	评价
减少提问和使用开放式和封闭式的问题的方法 提供最少的语言提示 以儿童的水平模仿交流和扩展 缓和沟通的速度			
31. 协调员是否用令人舒服的方式让家庭参与其中? 进入 玩耍 分开 重聚 结束			
32. 协调员是否有效地涉及兄弟姐妹和同龄人?			
33. 协调员是否在互动和材料方面进行了调整,为了激发儿童各种各样的技能和行为?			
34. 在游戏中儿童看上去快乐吗?			
35. 协调员看上去享受游戏吗?			
TPBA 后的讨论			
36. 在与家庭讨论之前,团队是否有机会对数据进行总结?			
37. 团队是否与家庭就功能性观察进行了跨领域讨论?			
38. 家庭成员是否作为团队成员平等地参与讨论?			
39. 团队是否对家庭兴趣和需求表现出反应和敏感性?			
40. 所有的评估问题是否得到解决?			
41. 家庭观察与团队观察之间存在的所有差异是否得到讨论?			
42. 录像呈现的内容是否能体现出儿童的技能、行为,是否有其他有效的引导策略?			
43. 是否形成解答家庭优先关注事项的建议?			
44. 是否形成针对满足儿童对不同环境需求的功能性建议?			

TPBI2 忠实性核查表（Fidelity Checklist）

儿童的姓名：_____ 出生日期：_____ 评估日期：_____

填表人：_____

指导语：团队成员可以使用这个工具检核 TPBI 实施的过程和程序，以及评估他们实施 TPBI 的准确程度。

对 TPBI 团队提出的疑问	是	否	评价
使用 TPBA 的初级信息			
1. 计划干预之前是否从家庭那里获得所有与健康、社会性和发展有密切联系的信息？			
2. 关于家庭日常事务和家庭关注的信息包含在干预计划中吗？			
使用 TPBA 的评估数据			
3. 团队是否使用 TPBA2 观察指南中的信息来查看儿童发展的优势和需要关注的行为？			
4. 团队是否使用 TPBA2 年龄表中的信息来确定儿童发展优势、差距或在干预中给予关注的技能？			
5. 干预计划团队是否使用 TPBA2 的功能评定来确定优势和干预计划的优先事项？			
6. 家庭对孩子的技能和行为的评价是否被用来建立基线？			
7. TPBA 评估过程中获得的有关儿童互动和学习需求的信息是否纳入整体计划之中？			
干预计划中的团队分工			
8. 家庭成员是否作为关键团队成员参与计划、实施和评估干预？			
9. 儿童生活中的照料者、教师和其他重要人员是否被纳入关键团队成员，实施和评估干预？			
10. 是否通过匹配儿童和家庭的优先考虑和关注的内容来确定小组分工？			
11. 团队成员是否通过以下方式承担跨领域角色？ 角色释放（让其他领域的团队成员进行自己领域的观察或与儿童互动） 角色支持（和其他的团队成员分享信息和技能去扩展他们的专业知识） 角色扩展（将其他领域信息纳入自己的专业知识内）			

续表

对 TPBI 团队提出的疑问	是	否	评价
活动和环境			
12. 是否根据家庭的选择适合性以及儿童的需要来选择干预活动和环境?			
13. 是否根据需要对活动和环境进行了调整,以确保最大程度地鼓励儿童参与?			
14. 活动的数量和种类以及环境设置是否足以解决能迁移的问题?			
玩具,材料和设备			
15. 在干预中是否使用家庭或学校中使用的玩具和材料?			
16. 是否对玩具和材料进行了调整,使其更容易激励和激发儿童参与的动机?			
17. 是否根据需要提供玩具,材料和设备?(新奇,挑战,或是为了特殊的发展需要)			
18. 如果需要,是否提供辅助设备?			
19. 是否协助家庭进行必要的环境改造以促进儿童发展和学习?			
TPBI 计划的结构			
20. 在制定干预目标时,家庭是否参与总结和回顾评估信息?			
21. 是否从居家和社区方面整体地确定了干预效果?			
22. 来自学校或儿童照料机构的其他主要人员是否根据他们所处环境整体地确定所关注的干预效果吗?			
23. 家庭和团队是否根据功能性结果评价表确定从目标量表中选择 3 或 4 个关键目标作为基本目标?			
24. 来自学校或儿童保育机构的主要人员是否根据功能性结果评价表中优先关注的内容,从目标量表中确定基本目标?			
25. 家庭和团队是否为确定的每个优先关注的子项目制定了有针对性的干预策略?			
26. 照料者,教师是否为确定优先关注的子项目提供了有针对性的干预策略?			
27. 家庭和其他重要的人员是否将环境设置,活动和事件确定为嵌入干预目标和策略的重点?			
28. 照料者和教师是否确定环境,活动和事件是嵌入干预目标和策略的重点?			

续表

对 TPBI 团队提出的疑问	是	否	评价
29. 家庭和其他夫妻关键角色是否将跨领域的问题解决策略嵌入到活动中?			
30. 照料者和教师是否将跨领域的问题解决策略嵌入到活动中?			
31. 是否与家庭一起制定书面计划?			
32. 是否与照料者和/或教师一起制定书面计划?			
实施干预			
33. 是否将家庭成员和其他夫妻关键成人作为平等的团队成员包括在内,以确定干预结果、优先事项、功能性干预目标、活动安排和干预策略?			
34. 家庭成员是否被告知关于干预服务和干预做出情况知情决定所需的所有信息?			
35. 团队是否通过以下方式在干预计划会议中展现良好的交流技能: 倾听 开放式提问 对于非言语线索的反应 步调适度 概念的澄清 积极观察 重新定义负面事项 关注家庭优先事项 感官回应 鼓励合作和问题解决 总结			
干预协调员			
36. 干预协调员是否与儿童和家庭、照料者、教师和其他人会面?			
37. 干预协调员是否会协助成人根据需要改变环境以满足儿童的需要?			
38. 干预协调员是否在干预过程中为儿童生活中的成人提供情感支持?			
39. 干预协调员是否根据需要或要求向家庭提供信息?			
40. 干预协调员是否帮助家庭和教师获得所需资源?			

续表

对TPBI团队提出的疑问	是	否	评价
41. 干预协调员是否用令人舒服的方式让家庭成员和教师参与进来？ 实施者使用的方法策略的观察者 共同实施干预者 干预指导提供者 作为儿童的互动同伴，回应促进者的反馈 作为儿童的互动同伴，不做观察而是与促进者一起讨论和解决问题 持续的问题解决和支持的提供者			
42. 干预协调员是否有效地让兄弟姐妹和同龄人参与进来？			
43. 干预协调员是否演示了如何调整材料，以引发各种技能和行为？			
44. 儿童看上去喜欢实施者的到来吗？			
45. 家庭和提供者是否提到他们喜欢或受益主持人的来访？			
TPBI团队的参与			
46. 团队成员是否定期与家庭和教师分担干预责任？			
47. 团队成员是否始终作为一个团队参与关系到每个儿童的持续问题解决？			
48. 团队成员是否根据需要来相互提供信息，指导和监督？			
49. 团队成员是否单独通过主要的干预实施者来支持家庭、照料者和教师？			
50. 在团队会议之外，团队成员是否通过倾听、对话和个人互动相互提供情感支持？			